"十二五"国家重点图书出版规划项目
材料科学研究与工程技术系列

# 高分子科学导论

主　编　娄春华　樊丽权　王雅珍
副主编　高　悦

哈尔滨工业大学出版社

## 内容提要

本书以浅显、生动的语言系统讲述了高分子科学的基础知识。全书共分6章,包括高分子的合成反应、聚合物的结构与性能、聚合物的成型加工,以及通用高分子材料和新型高分子材料等几个方面的基本内容。

本书可作为高等院校化学、化工和轻工纺织等专业本科生和研究生教材,也可供从事高分子材料研究、应用和生产领域相关专业技术人员参考。

图书在版编目(CIP)数据

高分子科学导论/娄春华,樊丽权,王雅珍主编.
——哈尔滨:哈尔滨工业大学出版社,2013.4
(材料科学研究与工程技术系列)
ISBN 978-7-5603-3942-9

Ⅰ.①高… Ⅱ.①娄… ②樊…③王… Ⅲ.①高分子化学 Ⅳ.①O63

中国版本图书馆 CIP 数据核字(2013)第 001401 号

材料科学与工程
图书工作室

| | |
|---|---|
| 责任编辑 | 许雅莹 何波玲 |
| 封面设计 | 卞秉利 |
| 出版发行 | 哈尔滨工业大学出版社 |
| 社　　址 | 哈尔滨市南岗区复华四道街10号 邮编150006 |
| 传　　真 | 0451-86414749 |
| 网　　址 | http://hitpress.hit.edu.cn |
| 印　　刷 | 黑龙江省委党校印刷厂 |
| 开　　本 | 787mm×1092mm 1/16 印张17 字数387千字 |
| 版　　次 | 2013年4月第1版 2013年4月第1次印刷 |
| 书　　号 | ISBN 978-7-5603-3942-9 |
| 定　　价 | 30.00元 |

(如因印装质量问题影响阅读,我社负责调换)

# 前 言

材料已成为国民经济建设、国防建设和人民生活的重要组成部分。直到 20 世纪中叶,金属材料在材料工业中一直占有主导地位。20 世纪中叶以后,科学技术迅猛发展,作为发明之母和产业粮食的新材料又出现了划时代的变化。首先是人工合成高分子材料问世,并得到广泛应用。仅半个世纪时间,高分子材料已与有上千年历史的金属材料并驾齐驱,并在年产量上超过了钢,成为国民经济、国防尖端科学和高科技领域不可缺少的材料。

高分子材料科学是研究有机及生物高分子材料的制备、结构、性能和加工应用的高新技术专业。目前,高分子材料已被广泛应用于生活、生产、科研和国防等各个领域,成为我国科学研究的一个重点领域。近代科学技术与工业的进步,为高分子材料学科的发展开拓了更广泛的前景。高分子材料已由传统的有机材料向具有光、电、磁、生物和分离效应的功能材料延伸。高分子结构材料正朝着高强度、高韧性、耐高温、耐极端条件的高性能材料发展,为航天航空、近代通信、电子工程、生物工程、医疗卫生和环境保护等各个方面提供各种新型材料。

全书共 6 章,其中第 1、2、3、4 章和第 5 章的后三节由娄春华编写,第 6 章由樊丽权编写,第 5 章的前两节由王雅珍编写。沈阳职业技术学院的高悦参与了第 5 章的编写工作。

本书引用了许多国内外文献资料,谨此向文献资料的作者致以深切的谢意。

因编者水平有限,书中缺点和错误在所难免,欢迎广大师生和读者批评指正。

编 者
2012.9

# 目 录

**第1章 绪 论** ............................................... 1
  1.1 高分子科学的历史和现状 ............................... 1
  1.2 高分子的定义、基本概念、分类和命名 .................. 2
    1.2.1 定义 .............................................. 2
    1.2.2 基本概念 .......................................... 2
    1.2.3 分类 .............................................. 3
    1.2.4 命名 .............................................. 3

**第2章 聚合反应** ............................................. 5
  2.1 连锁聚合反应 ........................................... 5
    2.1.1 自由基聚合反应 .................................... 7
    2.1.2 自由基共聚合反应 ................................. 10
    2.1.3 离子型聚合 ........................................ 11
    2.1.4 配位聚合反应 ...................................... 17
    2.1.5 聚合实施方法 ...................................... 19
  2.2 逐步聚合反应 .......................................... 26
    2.2.1 缩聚反应 .......................................... 27
    2.2.2 逐步加聚反应 ...................................... 32
    2.2.3 逐步聚合反应实施方法 ............................. 34
  2.3 高分子材料制备反应新进展 ............................. 37
    2.3.1 基团转移聚合反应 ................................. 38
    2.3.2 开环易位聚合反应 ................................. 39
    2.3.3 活性可控自由基聚合反应 ........................... 41
    2.3.4 变换聚合反应 ...................................... 44

**第3章 聚合物的结构与性能** ................................. 46
  3.1 聚合物的结构 .......................................... 46
    3.1.1 一级结构 .......................................... 46
    3.1.2 二级结构 .......................................... 49
    3.1.3 三级结构 .......................................... 51
    3.1.4 四级结构 .......................................... 57
  3.2 聚合物的分子运动及物理状态 .......................... 57
    3.2.1 聚合物分子运动的特点 ............................. 57
    3.2.2 聚合物的物理状态 ................................. 59

## 3.3 聚合物的性能 … 61
### 3.3.1 聚合物的力学性能 … 61
### 3.3.2 聚合物的溶液性质 … 69
### 3.3.3 聚合物的物理性能 … 72

## 第4章 聚合物成型加工 … 80
### 4.1 塑料的成型加工 … 80
#### 4.1.1 挤出成型 … 80
#### 4.1.2 注塑成型 … 82
#### 4.1.3 压缩成型 … 85
#### 4.1.4 压注成型 … 88
#### 4.1.5 其他塑料成型方法 … 89
### 4.2 橡胶的成型加工 … 97
#### 4.2.1 挤出成型 … 97
#### 4.2.2 注射成型 … 102
### 4.3 纤维纺丝 … 108
#### 4.3.1 原料制备 … 108
#### 4.3.2 熔体或溶液的制备 … 110
#### 4.3.3 化学纤维的纺丝成型 … 112
#### 4.3.4 化学纤维的后加工 … 114

## 第5章 通用聚合物材料 … 116
### 5.1 塑料 … 116
#### 5.1.1 通用塑料 … 116
#### 5.1.2 工程塑料 … 121
### 5.2 合成纤维 … 136
#### 5.2.1 通用合成纤维 … 138
#### 5.2.2 特种合成纤维 … 141
### 5.3 橡胶 … 143
#### 5.3.1 概述 … 143
#### 5.3.2 天然合成橡胶 … 146
#### 5.3.3 通用合成橡胶 … 148
#### 5.3.4 特种合成橡胶 … 153
#### 5.3.5 热塑性弹性体 … 154
### 5.4 胶黏剂和涂料 … 155
#### 5.4.1 胶黏剂 … 155
#### 5.4.2 涂料 … 160
### 5.5 功能高分子材料 … 165
#### 5.5.1 感光高分子 … 165
#### 5.5.2 导电高分子 … 165

  5.5.3 医用高分子 ································································· 166
**第6章 新型高分子材料** ································································· 168
 6.1 光电活性高分子材料 ······················································· 168
  6.1.1 光致变色高分子材料 ··················································· 168
  6.1.2 光导电性高分子材料 ··················································· 174
 6.2 生物医用仿生高分子材料 ··················································· 183
  6.2.1 生物相容和生物功能的仿生基础 ······································· 183
  6.2.2 组织工程仿生高分子材料 ·············································· 183
  6.2.3 生物医用检测和诊断用仿生高分子材料 ······························ 194
 6.3 高分子电解质 ······································································· 202
  6.3.1 高分子电解质的类型 ··················································· 202
  6.3.2 高分子电解质的合成 ··················································· 204
  6.3.3 高分子电解质的性质 ··················································· 213
 6.4 超支化高分子 ······································································· 221
  6.4.1 超支化聚苯 ······························································· 221
  6.4.2 超支化聚酯 ······························································· 226
  6.4.3 超支化聚醚 ······························································· 234
 6.5 储能高分子材料 ··································································· 238
  6.5.1 聚合物锂离子电池 ······················································ 238
  6.5.2 燃料电池聚合物电解质膜 ············································· 245
**参考文献** ···················································································· 255

# 第1章 绪 论

## 1.1 高分子科学的历史和现状

人类直接利用天然高分子的历史可以追溯到远古时期,例如,利用纤维素造纸,利用蛋白质练丝和鞣革,利用生漆做涂料和利用动物胶做墨的黏结剂(又称胶黏剂、黏合剂)等。但人工合成高分子化合物则是20世纪才开始的。虽然在19世纪的中后期人们已经知道对天然高分子进行改性,典型例子是天然橡胶的硫化成功(1839年)和硝酸纤维素的发现(1868年)。然而真正从小分子出发合成高分子化合物是从酚醛树脂开始的(1909年)。

德国化学家斯托丁格(Staudinger)从1920年发表划时代的文献"论聚合"起,到1932年发表第一部高分子专著《有机高分子化合物——橡胶和纤维素》,历经十余年创立了高分子学说。斯托丁格成为高分子科学的奠基人,1953年72岁的他登上了诺贝尔化学奖的领奖台。

高分子学说一经创立,便有力地促进了高分子合成工业的发展。20世纪20年代末和30~40年代,大量重要的新聚合物被合成出来,如醇酸树脂(1927年)、聚氯乙烯(1929年)、脲醛树脂(1929年)、聚苯乙烯(1933年)、聚甲基丙烯酸甲酯(1936年)、尼龙-6(1938年)、高压聚乙烯(1939年)、聚偏氯乙烯(1939年)、丁基橡胶(1940年)、涤纶(1941年)、不饱和聚酯(1942年)、聚氨酯(1943年)、环氧树脂(1947年)、聚丙烯腈(1948年)等。

到了20世纪50年代,德国的齐格勒(Ziegler)和意大利的纳塔(Natta)发明了新的催化剂,使乙烯低压聚合制备高密度聚乙烯(1954年)和丙烯定向聚合制备全同聚丙烯(1957年)实现工业化,这是高分子科学的又一个里程碑。齐格勒和纳塔获得了1963年的诺贝尔化学奖。此后,随着新的高效催化剂的问世,聚乙烯、聚丙烯的生产更大型化,价格也更便宜。顺丁橡胶(1958年)、异戊橡胶(1959年)和乙丙橡胶(1960年)等弹性体获得大规模的发展,同时聚甲醛(1956年)、聚碳酸酯(1958年)、聚酰亚胺(1963年)、聚砜(1965年)、聚苯硫醚(1968年)等工程塑料相继出现。各种新的高强度、耐高温的高分子材料层出不穷。所以,从这一时期开始高分子全面走向繁荣。

当今,高分子科学与高分子工业的研究和发展方向是:

① 通过新型高效催化剂的开发,重要的通用高分子品种向更大型工业化发展。
② 通过新型聚合方法、化学和物理改性以及复合,获得新性能、新品种、新用途的高聚物。
③ 开发功能高分子,如生物高分子、光敏高分子、导电高分子等。

高分子科学已经发展成为一门独立的学科,与其他传统学科不同,它既是一门基础学科又是一门应用学科。在基础的化学一级学科中,高分子化学与物理和无机、有机、分析、物理化学并列为二级学科;而在应用性的材料科学中,高分子材料、金属材料和无机非金属材料成为最重要的三个领域。从另一角度看,高分子科学是建立在有机化学、物理化学、生物化学、物理学和力学等学科基础上的一门新兴交叉学科,现已渗透到许多传统的学科中。目前已形成了高分子化学、高分子物理、高分子材料(又称合成材料)和高分子工艺(包括合成工艺和加工工艺)四个主要的分支。

## 1.2 高分子的定义、基本概念、分类和命名

### 1.2.1 定义

高分子与低分子的区别在于前者相对分子质量很高,通常将相对分子质量大于 10 000 的称为高分子(Polymer),相对分子质量小于 1 000 的称为低分子。相对分子质量介于高分子和低分子之间的称为低聚物(又称齐聚物,Oligomer)。一般高聚物的相对分子质量为 $10^4 \sim 10^6$,相对分子质量大于这个范围的称为超高相对分子质量聚合物。

英文的高分子主要有两个词,即 Polymer 和 Macromolecule。前者又可译为聚合物或高聚物,后者又可译为大分子。这两个词虽然常混用,但仍有一定区别,前者通常是指有一定重复单元的合成产物,一般不包括天然高分子,而后者指相对分子质量很大的一类化合物,包括天然高分子和合成高分子,也包括无一定重复单元的复杂大分子。

### 1.2.2 基本概念

(1) 主链(Main Chain):构成高分子骨架结构,以化学键结合的原子集合。最常见的是碳链,偶尔有非碳原子夹入,如杂入的 O、S、N 等原子。

(2) 侧链或侧基(Side Chain or Side Group):连接在主链原子上的原子或原子集合,又称支链。支链可以较小,称为侧基;可以较大,称为侧链。

(3) 单体(Monomer):通常将生成高分子的那些低分子原料称为单体。

(4) (结构)重复单元(Constitutional Repeating Unit, CRU):大分子链上化学组成和结构均可重复的最小单位,简称重复单元,在高分子物理中也称为链节。高分子的结构式常用 n 表示链节的数目,即 ╌链节╌。

(5) 结构单元(Structural Unit):由一种单体分子通过聚合反应而进入聚合物重复单元的那一部分。

(6) 单体单元(Monomer Unit):与单体的化学组成完全相同只是化学结构不同的结构单元。

(7) 聚合度(Degree of Polymerization):聚合物分子中,单体单元的数目称聚合度。聚合度常用符号 DP 表示,也可用 X 表示(如数均聚合度为 $\overline{X}_n$)。

高分子化合物一般又称为聚合物,但严格地讲,两者并不等同,因为有些高分子化合物并非由简单的重复单元连接而成,而仅仅是相对分子质量很高的物质,这就不宜称为聚合物。但通常,这两个词是相互混用的。聚合物是由大分子构成的,如果组成该大分子的

重复单元数很多,增减几个单元并不影响其物理性质,一般称此种聚合物为高聚物。如果组成该种大分子的结构单元数较少,增减几个单元对聚合物的物理性质有明显的影响,则称为低聚物(Oligomer)。广义而言,聚合物是总称,包括高聚物和低聚物,但谈及聚合物材料时,所称的聚合物(Polymer)常常是指高聚物。

### 1.2.3 分 类

可从来源、性能、结构、用途等不同角度对聚合物进行多种分类。这里仅简要介绍工业上常用的分类方法。

**1. 按大分子主链结构分类**

根据主链结构,可将聚合物分成碳链、杂链和元素有机聚合物三类。

(1) 碳链聚合物:大分子主链完全由碳原子构成。绝大部分烯类和二烯类聚合物都属于这一类,常见的有聚氯乙烯、聚乙烯、聚丙烯、聚苯乙烯、聚丙烯腈、聚丁二烯等。

(2) 杂链聚合物:大分子主链中除碳原子外,还有氧、氮、硫等杂原子。常见的这类聚合物如聚醚、聚酯、聚酰胺、聚脲、聚硫橡胶、聚砜等。

(3) 元素有机聚合物:大分子主链中没有碳原子,主要由硅、硼、铝、氧、氮、硫、磷等原子组成,但侧基却由有机基团如甲基、乙基、芳基等组成。典型的例子是有机硅橡胶。

如果主链和侧基均无碳原子,则称为无机高分子,如硅酸盐类。

**2. 按性能和用途分类**

根据以聚合物为基础组分的高分子材料的性能和用途分类,可将聚合物分成橡胶、纤维、塑料、胶黏剂、涂料、功能高分子等不同类别。这实际上是高分子材料的一种分类,并非聚合物的合理分类,因为同一种聚合物,根据不同的配方和加工条件,往往既可用作这种材料也可用作那种材料。例如,聚氯乙烯既可作塑料亦可作纤维,又如氯纶、尼龙、涤纶是典型的纤维材料,但也可用作工程塑料。

### 1.2.4 命 名

聚合物的名称习惯常按单体来源来命名,有时也会有商品名。1972年,国际纯粹与应用化学联合会(IUPAC)对线形聚合物提出了结构系统命名法。

**1. 单体来源命名法**

聚合物名称常以单体名为基础。烯类聚合物以烯类单体名前冠以"聚"字来命名,例如乙烯、氯乙烯的聚合物分别为聚乙烯、聚氯乙烯。

由两种单体合成的共聚物,常摘取两单体的简名,后缀"树脂"两字来命名,例如苯酚和甲醛的缩聚物称为酚醛树脂。这类产物的形态类似天然树脂,因此有合成树脂之统称。目前已扩展到将未加有助剂的聚合物粉料和粒料也称为合成树脂。合成橡胶往往从共聚单体中各取一字,后缀"橡胶"二字来命名,如丁(二烯)苯(乙烯)橡胶、乙(烯)丙(烯)橡胶等。

杂链聚合物还可以进一步按其特征结构来命名,如聚酰胺、聚酯、聚碳酸酯、聚砜等。这些都代表一类聚合物,具体品种另有专名,如聚酰胺中的己二胺和己二酸的缩聚物学名为聚己二酰己二胺,国外商品名为尼龙-66(聚酰胺-66)。尼龙后的前一数字代表二元胺的碳原子数，后一数字则代表二元酸的碳原子数；如果只有一位数，则代表氨基酸的碳原子数，如尼龙-6（锦纶）是己内酰胺或氨基己酸的聚合物。我国习惯以"纶"字作为合成纤维商品名的后缀字，如聚对苯二甲酰乙二醇酯、聚丙烯腈、聚乙烯醇的纤维分别称为涤纶、腈纶、维尼纶，其他如丙纶、氯纶则分别代表聚丙烯、聚氯乙烯的纤维。

### 2. 系统命名法

为了作出更严格的科学系统命名，国际纯粹与应用化学联合会（IUPAC）对线形聚合物提出下列命名原则和程序：先确定重复单元结构，再排好其中次级单元次序，给重复单元命名，最后冠以"聚"字，就成为聚合物的名称。写次级单元时，先写侧基最少的元素，再写有取代的亚甲基，然后写无取代的亚甲基。这一次序与习惯写法有些不同，举例如下：

$$\overset{\phantom{Cl}}{\underset{Cl}{+CHCH_2+_n}} \quad +CH=CHCH_2CH_2+_n \quad \overset{\phantom{F}}{\underset{F}{+O-CHCH_2+_n}} \quad \overset{\phantom{COOCH_3}}{\underset{COOCH_3}{+CHCH_2+_n}}$$

系统命名：聚-1-氯代亚乙基　　聚-1-亚丁烯基　　聚氧化-1-氟代亚乙基　聚[1-（甲氧羰基）亚乙基]
习惯命名：　聚氯乙烯　　　　　聚丁二烯　　　　聚氧化氟乙烯　　　　聚丙烯酸甲酯

IUPAC 系统命名法比较严谨，但有些聚合物，尤其是缩聚物的名称过于冗长，为方便起见，许多聚合物都有缩写符号，例如聚甲基丙烯酸甲酯的符号为 PMMA。书刊中第一次出现比较不常用的符号时，应注出全名。在学术性比较强的论文中，虽然并不反对能够反映单体结构的习惯名称，但鼓励尽量使用系统命名，并不希望用商品俗名。

# 第 2 章 聚合反应

## 2.1 连锁聚合反应

连锁聚合反应亦称链式聚合反应。烯类单体的加聚反应大部分属于连锁聚合反应，总反应式可表示为：

$$n\text{M} \longrightarrow -\!\!\!\![\text{M}]\!\!\!\!-_n$$

若以 $R^*$ 表示活性中心，M 表示单体，则连锁聚合反应可表示为：

链引发： $R^* + M \longrightarrow RM^*$

链增长： $RM^* + M \longrightarrow RM_2^* \xrightarrow{M} RM_3^* \cdots$

链终止： $RM_x^* + RM_y^* \longrightarrow RM_{x+y}R$ （偶合终止）

或 $RM_x^* + RM_y^* \longrightarrow RM_x + RM_y$ （歧化终止）

根据链增长活性中心，可将连锁聚合反应分成自由基聚合、阳离子聚合、阴离子聚合和配位络合聚合等。

化合物的价键有两种断裂方式：一是均裂，即构成共价键的一对电子拆成两个带一个电子的基团，这种带独电子的基团称为自由基或游离基；另一种是异裂，构成价键的电子对归属于某一基团，形成负离子（阴离子），另一基团成为正离子（阳离子）。这就是说，均裂形成自由基而异裂形成正、负离子。均裂和异裂可表示为：

均裂： $RR \longrightarrow 2R\cdot$

异裂： $R_1 : R_2 \longrightarrow R_1^{\oplus} + R_2^{\ominus}$

自由基、阳离子和阴离子的活性如果足够高，就可打开烯类单体的 π 键，引发相应的连锁聚合反应。

烯类单体对不同的连锁聚合机理具有一定的选择性，这主要是由取代基的电子效应和空间位阻效应所决定的。

烯类单体上的取代基是推电子基团时，使碳碳双键 π 电子云密度增加，易与阳离子结合，生成碳离子。阳碳离子形成后，由于推电子基团的存在，使碳上电子云稀少的情况有所改变，体系能量有所降低，阳碳离子的稳定性就增加。因此，带有推电子基团的单体有利于阳离子聚合，如异丁烯，见反应式(2.1)。

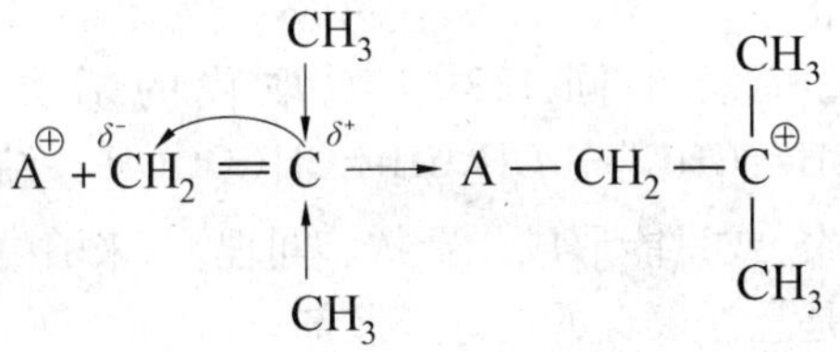

$$A^{\oplus} + CH_2 \stackrel{\delta^-}{=} \stackrel{CH_3}{\underset{CH_3}{C}}{}^{\delta^+} \longrightarrow A-CH_2-\stackrel{CH_3}{\underset{CH_3}{C}}{}^{\oplus} \quad (2.1)$$

相反，取代基是吸电子基团时，使碳碳双键上 π 电子云密度降低，这就容易与阴离子结合,生成阴碳离子。阴碳离子形成后,由于吸电子基团的存在,密集于阴碳离子上的电子云相对的分散,形成共轭体系,使体系能量降低,这就使得阴碳离子有一定的稳定性,再与单体继续反应,使聚合继续进行下去。因此,带有吸电子基团的烯类单体易进行阴离子聚合,如丙烯腈,见反应式(2.2)。

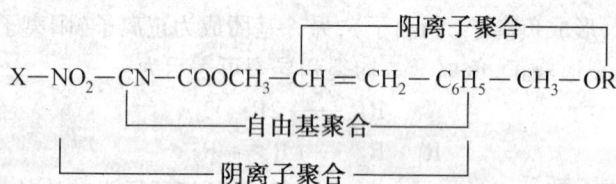

$$\text{B}^{\ominus} + \text{CH}_2 \overset{\delta^+}{=} \overset{\text{H}}{\underset{\text{CN}}{\overset{|}{\text{C}}}}{}^{\delta^-} \longrightarrow \text{B} - \text{CH}_2 - \overset{\text{H}}{\underset{\text{CN}}{\overset{|}{\text{C}}}}{}^{\ominus} \tag{2.2}$$

自由基聚合有些类似阴离子聚合。如果有吸电子基团存在,碳碳双键上 π 电子云密度降低,易与含有独电子的自由基结合。形成自由基后,吸电子基团又能与独电子形成共轭体系,使体系能量降低。这样,链自由基有一定的稳定性,而使聚合反应继续进行下去。这是丙烯腈既能阴离子聚合,又能自由基聚合的原因。丙烯酸酯类也有类似的情况。但如果基团的吸电子倾向过强,如偏二腈乙烯,就只能阴离子聚合,而难以进行自由基聚合。

乙烯分子无取代基,结构对称,偶极矩为零。需在高温、高压的苛刻条件下才能进行自由基聚合,或在特殊的配位络合催化剂作用下进行聚合。

带有共轭体系的烯类,如苯乙烯、丁二烯类,π 电子流动性大,易诱导极化,往往能按上述三种机理进行聚合。

按照 $CH_2=CHX$ 中取代基 X 电负性次序和聚合的关系,排列如下:

$$X-NO_2-CN-COOCH_3-CH=CH_2-C_6H_5-CH_3-OR$$

（阳离子聚合 / 自由基聚合 / 阴离子聚合）

除了取代基的电子效应对聚合性能有很大的影响外,取代基的数量、体积和位置所引起的空间位阻效应也有显著的影响。

对于单取代的烯类单体,即使取代基体积较大,也不妨碍聚合。例如乙烯基咔唑也能进行自由基聚合或阳离子聚合。

对于 1,1 - 双取代的烯类单体 $CH_2=CXY$ ,如 $CH_2=C(CH_3)_2$ 、$CH_2=CCl_2$ 、$CH_2=C(CH_3)COOCH_3$ ,一般都能按相应的机理聚合。并且结构上越不对称,极化程度越高,越易聚合。但两个取代基都是芳基时,如 1,1 - 二苯基乙烯,因苯基体积较大,只能形成二聚体,而使反应终止。

与 1,1 - 双取代的烯类不同,1,2 - 双取代的烯类单体 $XCH=CHY$ ,如 $CH_3CH=CHCH_3$ 、$ClCH=CHCl$ 、$CH_3CH=CHCOOCH_3$ 结构对称,极化程度低,加上位阻效应,一般不能均聚,或只能形成二聚物。同理,马来酸酐难以均聚,但能与苯乙烯一类单体共聚,其共聚物是悬浮聚合的良好分散剂。

三取代和四取代乙烯一般都不能聚合,但氟代乙烯却是例外。不论氟代的数量和位置如何,均易聚合,即一氟乙烯、1,1-二氟乙烯、1,2-二氟乙烯、三氟乙烯、四氟乙烯都能制得相应的聚合物。聚四氟乙烯和聚三氟氯乙烯就是典型例子,这与氟的原子半径较小(仅大于氢)有关。

### 2.1.1 自由基聚合反应

#### 1. 自由基

自由基是带有未配对独电子的基团,性质不稳定,可进行多种反应。带有未配对独电子的基团 R 表示为 R·,这时独电子(·)应理解为处在碳原子上。自由基的活性差别很大,这与其结构有关。烷基和苯基自由基活泼,可以成为自由基聚合的活性中心。带有共轭体系的自由基,如三苯甲基自由基,因为独电子的电子云受到共轭体系的分散而均匀化,所以比较稳定,甚至可分离出来。稳定的自由基不但不能使单体聚合,反而能与活泼自由基结合使聚合终止,故有自由基捕捉剂之称。各种自由基的活性次序大致如下:

$$H\cdot > \dot{C}H_3 > \dot{C}_6H_5 > R\dot{C}H_2 > R_2\dot{C}H > R_3\dot{C} > R\dot{C}HCOR > R\dot{C}HCN >$$

$$R\dot{C}HCOOR > CH_2=CH\dot{C}H_2 > C_6H_5\dot{C}H_2 > (C_6H_5)_2\dot{C}H > (C_6H_5)_3\dot{C}$$

最后 4 个自由基是不活泼自由基,有阻聚作用。

在热、光或辐射能的作用下,烯类单体有可能形成自由基而进行聚合。例如苯乙烯、甲基丙烯酸甲酯等单体,在热的作用下也可引发自由基聚合。许多单体在光的激发下,能形成自由基而聚合,称为光引发聚合。在高能辐射作用下亦可引发单体进行自由基聚合,称为辐射聚合。但应用比较普遍的是加入所谓引发剂的特殊化合物来产生自由基,引发烯类单体的自由基聚合反应。

#### 2. 引发剂

引发剂是容易分解成自由基的化合物,分子结构上具有弱键,在热能或辐射能的作用下,沿弱键均裂成自由基。一般聚合温度下(40～100 ℃),要求离解能为 $(1.25～1.47)\times 10^5 \text{J}\cdot\text{mol}^{-1}$。根据此要求,引发剂有偶氮化合物、过氧化物和氧化-还原体系 3 类。

(1) 偶氮类引发剂

最常用的有偶氮二异丁腈(AIBN),其热分解反应见反应式(2.3)。

$$(CH_3)_2\underset{CN}{C}-N=N-\underset{CN}{C}(CH_3)_2 \longrightarrow 2(CH_3)_2\underset{CN}{\dot{C}} + N_2\uparrow \qquad (2.3)$$

偶氮二异庚腈(ABVN)的热分解反应见反应式(2.4)。

$$(CH_3)_2CHCH_2\underset{CN}{\overset{CH_3}{C}}-N=N-\underset{CN}{\overset{CH_3}{C}}CH_2CH(CH_3)_2 \longrightarrow 2(CH_3)_2CHCH_2\underset{CN}{\overset{CH_3}{\dot{C}}} + N_2\uparrow \qquad (2.4)$$

(2) 过氧化物类引发剂

常用的有过氧化二苯甲酰(BPO),其分解反应见反应式(2.5)。

$$C_6H_5\overset{O}{\underset{\|}{C}}-O-O-\overset{O}{\underset{\|}{C}}C_6H_5 \longrightarrow 2C_6H_5\overset{O}{\underset{\|}{C}}-O\cdot \longrightarrow 2\dot{C}_6H_5 + 2CO_2\uparrow \qquad (2.5)$$

过氧化十二酰(LPO)、过氧化二叔丁基是常用的低活性引发剂。高活性的过氧化物引发剂有过氧化二碳酸二异丙酯[$(CH_3)_2CHOCO$]$_2O_2$(IPP)、过氧化二碳酸二环己酯($C_6H_{11}OCO$)$_2O_2$(DCPD)等。过氧化乙酰基环己烷磺酰(ACSP)是活性极大的不对称过氧化物类引发剂。

此外常用的还有水溶性的过硫酸盐,如过硫酸钾的分解反应见反应式(2.6)。

$$KO-\overset{O}{\underset{O}{\overset{\|}{S}}}-O-O-\overset{O}{\underset{O}{\overset{\|}{S}}}-OK \longrightarrow 2KO-\overset{O}{\underset{O}{\overset{\|}{S}}}-\dot{O} \qquad (2.6)$$

它一般用于乳液聚合和水溶液聚合。

(3) 氧化 - 还原体系

由过氧化物引发剂和还原剂组成的引发体系称为氧化还原引发体系。常用的还原剂有亚铁盐、亚硫酸盐和硫代硫酸盐等。在过氧化物中加入还原剂,可使分解活化剂大幅度下降。例如过氧化氢中加入亚铁盐所构成的氧化还原体系:

$$HO-OH + Fe^{2+} \longrightarrow H\dot{O} + OH^- + Fe^{3+}$$

可使分解活化能由 217.7 kJ/mol 降至 39.4 kJ/mol。

关于引发剂的选择,首先要根据聚合实施方法选择引发剂类型。本体聚合、悬浮聚合和溶液聚合选用油溶性(即溶于单体)的引发剂,如偶氮类、有机过氧化物。乳液聚合选用过硫酸盐一类的水溶性引发剂或氧化还原体系,当用氧化还原体系时,氧化剂可以是水溶性的或油溶性的,但还原剂一般应是水溶性的。其次,要根据聚合温度选择半衰期或分解活化能适当的引发剂。

**3. 自由基聚合机理**

自由基聚合机理,即由单体分子转变成大分子的微观历程,由链引发、链增长、链终止、链转移等基元反应串、并联而成,应该与宏观聚合过程相联系,并加以区别。

(1) 链引发

链引发反应是形成自由基活性中心的反应。用引发剂引发时,引发反应由两步组成:
第一步:引发剂 I 分解,形成初级自由基 R·,见反应式(2.7a)。

$$I \longrightarrow 2R\cdot \qquad (2.7a)$$

第二步:初级自由基与单体加成,形成单体自由基,见反应式(2.7b)。

$$R\cdot + CH_2=\underset{X}{CH} \longrightarrow RCH_2\underset{X}{\dot{C}H} \qquad (2.7b)$$

这两步反应中,引发剂的分解是控制步骤。

**(2) 链增长**

引发阶段形成的单体自由基,具有很高的活性,可打开单体的 π 键并与之结合形成新的自由基,继续和其他单体分子结合成单元更多的链自由基,这个过程就称为链增长反应(见反应式(2.8)),它是一种加成反应。

$$RCH_2\dot{C}H + CH_2=CH \longrightarrow RCH_2CHCH_2\dot{C}H \cdots \longrightarrow RCH_2\dot{C}H(CH_2CH)_n CH_2\dot{C}H$$
$$\phantom{RCH_2\dot{C}H} \phantom{+} \phantom{CH_2} \phantom{=CH} \phantom{\longrightarrow RCH_2} X\phantom{CH_2CH} X \phantom{\cdots \longrightarrow RCH_2} X \phantom{CH_2CH} X \phantom{\quad} X$$
(2.8)

为方便起见常将上述链自由基表示为 $\sim\!\!CH_2\dot{C}H$ 。
$\phantom{为方便起见常将上述链自由基表示为 \sim\!\!CH_2\dot{C}H}\,\,|$
$\phantom{为方便起见常将上述链自由基表示为 \sim\!\!CH_2\dot{C}H}\,\,X$

链增长反应有两个特征:一是强放热,一般烯类聚合热为 55 ~ 95 kJ·mol$^{-1}$;二是活化能低,为 20 ~ 34 kJ·mol$^{-1}$,所以增长速率很高。

在链增长反应中,结构单元间的结合可能存在"头-尾"和"头-头"(或"尾-尾")两种方式,见反应式(2.9)。

$$\sim\!\!CH_2\dot{C}H + CH_2=CH- \begin{cases} \sim\!\!CH_2CH-CH_2\dot{C}H \quad \text{头-尾} \\ \phantom{\sim\!\!CH_2}|\phantom{CH-CH_2}| \\ \phantom{\sim\!\!CH_2}X\phantom{CH-CH_2}X \\ \sim\!\!CH_2CH-\dot{C}HCH_2 \quad \text{头-头} \\ \phantom{\sim\!\!CH_2}|\phantom{CH-}|\phantom{CH_2} \\ \phantom{\sim\!\!CH_2}X\phantom{CH-}X \end{cases}$$
(2.9)

按"头-尾"方式链接时,取代基 X 与独电子在同一碳原子上,像苯基一类的取代基对独电子有共轭稳定作用,加上相邻次甲基的超共轭效应,故形成的自由基较稳定,增长反应活化能较低。而按"头-头"方式链接时无此种共轭效应,反应活化能就高一些。另外,—CH$_2$—端空间位阻较小,也有利于"头-尾"链接。所以在烯类单体的自由基聚合中,单体主要按"头-尾"方式链接。

对于共轭双烯类的自由基聚合还有 1,4-加成和 1,2-加成两种可能方式。

**(3) 链终止**

自由基活性高,难孤立存在,易相互作用而终止。双基终止有偶合和歧化两种方式。

偶合终止是两自由基的独电子相互结合成共价键的终止方式(见反应式(2.10)),结果出现"头-头"链接,大分子的聚合度是链自由基结构单元数的 2 倍,大分子两端均为引发剂残基。

$$\sim\!\!CH_2\dot{C}H + \dot{C}HCH_2\!\!\sim \xrightarrow{\text{偶合}} \sim\!\!CH_2CH-CHCH_2\!\!\sim$$
$$\phantom{\sim\!\!CH_2CH}|\phantom{{}+{}}|\phantom{CHCH_2\sim \xrightarrow{\text{偶合}} \sim\!\!CH_2CH}|\phantom{-CHCH}|$$
$$\phantom{\sim\!\!CH_2CH}X\phantom{{}+{}}X\phantom{CHCH_2\sim \xrightarrow{\text{偶合}} \sim\!\!CH_2CH}X\phantom{-CHCH}X$$
(2.10)

歧化终止是某自由基夺取另一自由基的氢原子或其他原子而终止的方式(见反应式(2.11))。

$$\sim\!\!CH_2\dot{C}H + \dot{C}HCH_2\!\!\sim \xrightarrow{\text{歧化}} \sim\!\!CH_2CH_2 + HC=CH\!\!\sim$$
$$\phantom{\sim\!\!CH_2}|\phantom{CH + }|\phantom{CHCH_2 \xrightarrow{\text{歧化}} \sim\!\!CH_2CH_2}|\phantom{+ HC=}|$$
$$\phantom{\sim\!\!CH_2}X\phantom{CH + }X\phantom{CHCH_2 \xrightarrow{\text{歧化}} \sim\!\!CH_2CH_2}X\phantom{+ HC=}X$$
(2.11)

### (4) 链转移

在自由基聚合过程中,链自由基有可能从单体、引发剂、溶剂等低分子或大分子上夺取一个原子而终止,将电子转移给失去原子的分子而成为新自由基,继续新链的增长。

向低分子链转移的反应,见反应式(2.12a)、(2.12b)、(2.12c)。向低分子链转移的结果,将使聚合物相对分子质量降低,若新生成的自由基活性基本不变,则聚合速率并不受影响。有时为了避免产物相对分子质量过高,特意加入某种链转移剂对相对分子质量进行调节。例如在丁苯橡胶生产中,加入十二硫醇来调节相对分子质量。这种链转移剂称为相对分子质量调节剂。

$$\sim\!\!\text{CH}_2\dot{\text{CH}} + \text{CH}_2=\text{CH} \longrightarrow \begin{cases} \sim\!\!\text{CH}_2\text{CH}_2 + \text{CH}_2=\dot{\text{C}} \\ \phantom{\sim\!\!\text{CH}_2\text{CH}_2}\ \ |\phantom{\text{CH}_2=\ }\ | \\ \phantom{\sim\!\!\text{CH}_2\text{CH}_2}\ \ X\phantom{\text{CH}_2=}\ X \\ \sim\!\!\text{CH}=\text{CH} + \text{CH}_3\text{—}\dot{\text{CH}} \\ \phantom{\sim\!\!\text{CH}=}\ \ |\phantom{+\text{CH}_3\text{—}}\ | \\ \phantom{\sim\!\!\text{CH}=}\ \ X\phantom{+\text{CH}_3\text{—}}\ X \end{cases} \quad (2.12a)$$

（单体）

$$\sim\!\!\text{CH}_2\dot{\text{CH}} + \text{Y—Z} \longrightarrow \sim\!\!\text{CH}_2\text{CH—Y} + \dot{\text{Z}} \quad (2.12b)$$
$$\phantom{\sim\!\!\text{CH}_2\ }| \phantom{+\text{Y—Z}\longrightarrow \sim\!\!\text{CH}_2\text{CH}}|$$
$$\phantom{\sim\!\!\text{CH}_2\ }X \phantom{+\text{Y—Z}\longrightarrow \sim\!\!\text{CH}_2\text{CH}}X$$

（溶剂）

$$\sim\!\!\text{CH}_2\dot{\text{CH}} + \text{R—R} \longrightarrow \sim\!\!\text{CH}_2\text{CH—R} + \dot{\text{R}} \quad (2.12c)$$
$$\phantom{\sim\!\!\text{CH}_2\ }| \phantom{+\text{R—R}\longrightarrow \sim\!\!\text{CH}_2\text{CH}}|$$
$$\phantom{\sim\!\!\text{CH}_2\ }X \phantom{+\text{R—R}\longrightarrow \sim\!\!\text{CH}_2\text{CH}}X$$

（引发剂）

链自由基亦可能向已经终止了的大分子进行链转移反应,其结果形成支链大分子。

自由基向某些物质转移后,如果形成稳定自由基,就不能再引发单体聚合,最后失活终止,这一现象称为阻聚作用。具有阻聚作用的化合物称为阻聚剂,如苯醌。

### 2.1.2 自由基共聚合反应

两种单体混合物引发聚合后,并非各自聚合生成两种聚合物,而是生成含有两种单体单元的聚合物,这种聚合物称为共聚物,该聚合过程称为共聚合反应,简称共聚反应。两种单体参加的共聚反应称为二元共聚,两种以上单体共聚则称为多元共聚。相应的,只有一种单体参加的聚合反应就称为均聚反应,所得聚合物称为均聚物。

由于单体单元排列方式的不同,可构成不同类型的共聚物,大致有以下几种类型。

① 无规共聚物,即 $M_1$ 和 $M_2$ 两种单体单元在共聚物大分子中是无规则排列的。

② 交替共聚物,即 $M_1$ 和 $M_2$ 是交替排列的:

$$\cdots\cdots M_1M_2M_1M_2M_1M_2M_1\cdots\cdots$$

例如苯乙烯与顺丁烯二酸酐的共聚物就是典型的例子。

③ 嵌段共聚物,即共聚物大分子分别由 $M_1$ 及 $M_2$ 的长链段构成:

$$\cdots\cdots M_1M_1M_1M_1\cdots\cdots M_2M_2M_2M_2\cdots\cdots M_1M_1M_1M_1\cdots\cdots$$

④ 接枝共聚物,以一种单体单元(如 $M_1$)构成主链,另一种单体单元(如 $M_2$)构成支链:

$$\begin{array}{c}\sim\!\!\mathrm{M_1M_1M_1M_1M_1}\cdots\cdots\mathrm{M_1M_1M_1M_1M_1}\cdots\cdots\\ |\qquad\qquad\qquad\qquad|\\ \mathrm{M_2M_2M_2}\!\sim\qquad\qquad\mathrm{M_2M_2M_2}\!\sim\end{array}$$

以上四种共聚物,除①、②两种是两种单体共聚反应制得外,后两种需用特殊的方法制取。

共聚物的命名表示方法是将两种单体或多种单体名各用短划线分开并在前面冠以"聚"字,或在后面加"共聚物"字样,例如聚乙烯-丙烯、聚丙烯腈-苯乙烯-丁二烯,或乙烯-丙烯共聚物、丙烯腈-苯乙烯-丁二烯共聚物。至于单体单元的排列方式,可分别用无规、交替、接枝和嵌段等字样加以表示。

### 2.1.3 离子型聚合

根据增长离子的特征可将离子型聚合分为阳离子聚合、阴离子聚合和配位离子聚合三类。

离子型聚合与自由基聚合的特征有很大不同,可概括如下。

① 自由基聚合以易发生均裂反应的物质作引发剂,离子型聚合则采用易产生活性离子的物质作为引发剂。阳离子聚合以亲电试剂(广义酸)为催化剂,阴离子聚合以亲核试剂(广义碱)为催化剂。这些催化剂对反应的每一步都有影响而不像自由基聚合那样,引发剂只影响引发反应。离子型聚合引发反应活化能要比自由基聚合小得多。

② 离子型聚合对单体有更高的选择性。带有供电子取代基的单体易进行阳离子聚合,带有吸电子基团的单体易进行阴离子聚合。

③ 溶剂对离子型聚合速率、相对分子质量和聚合物的结构规整性有明显的影响。

④ 离子型聚合中增长链活性中心都带相同电荷,所以不能像自由基聚合那样进行双分子终止反应,只能发生单分子终止反应或向溶剂等转移而中断增长,有的情况甚至不发生链终止反应而以"活性聚合链"的形式长期存在于溶剂中。

⑤ 自由基聚合中的阻聚剂对离子型聚合并无阻聚作用,而一些极性化合物,如水、碱、酸等都是离子型聚合的阻聚剂。

**1. 阴离子聚合**

阴离子聚合常以碱作催化剂。碱性越强越易引发阴离子聚合反应。取代基吸电子性越强的单体,越易进行阴离子聚合反应。

阴离子聚合与其他连锁聚合一样,也可分为链引发、链增长和链终止三个基元反应。

(1) 链引发

根据所用催化剂类型的不同,引发反应有两种基本类型。

① 催化剂 R—A 分子中的阴离子直接加到单体上形成活性中心,见反应式(2.13)。

$$\mathrm{R{-}A\ +\ CH_2{=}CH \longrightarrow RCH_2{-}\bar{C}HA^+} \qquad (2.13)$$
$$\qquad\qquad\qquad |\qquad\qquad\qquad |$$
$$\qquad\qquad\qquad \mathrm{Y}\qquad\qquad\qquad \mathrm{Y}$$

以烷基金属(如 LiR)和金属络合物(如碱金属的蒽、萘络合物)为催化剂时即得此种情况。

② 单体与催化剂通过电子转移形成活性中心,见反应式(2.14)。

$$e + CH_2=CH(Y) \longrightarrow \dot{C}H_2-\bar{C}H(Y) \qquad (2.14)$$

例如以碱金属为催化剂时即为此种情况,见反应式(2.15)。

$$Na + CH_2=CH(C_6H_5) \longrightarrow \overset{+}{Na}\overset{-}{C}H(C_6H_5)-CH_2 \longrightarrow \overset{+}{Na}\overset{-}{C}H(C_6H_5)-CH_2-CH_2-\overset{-}{C}H(C_6H_5)\overset{+}{Na} \qquad (2.15)$$

与自由基聚合的情况相似,活泼的单体形成的阴离子不活泼,不活泼的单体则形成反应活性大的阴离子。活性大的单体对活性小的单体有一定的阻聚作用。

(2) 链增长

引发阶段形成的活性阴离子继续与单体加成,形成活性增长链,见反应式(2.16)。

$$C_4H_9CH_2-\bar{C}H\overset{+}{Li}(C_6H_5) + nCH_2=CH(C_6H_5) \xrightarrow{K_p} C_4H_9-(CH_2-CH(C_6H_5))_n-CH_2-\bar{C}H\overset{+}{Li}(C_6H_5) \qquad (2.16)$$

现已证明,许多反应物分子在适当的溶剂中,可以几种不同的形态而存在,如

$$AB \rightleftharpoons A^+B^- \rightleftharpoons A^+ // B^- \rightleftharpoons A^+ + B^-$$

共价键　　紧密离子对　　被溶剂隔开　　自由离子
　　　　　　　　　　　　的离子对
（Ⅰ）　　　（Ⅱ）　　　　（Ⅲ）　　　　（Ⅳ）

即从一个极端的共价键(Ⅰ)、紧密离子对(Ⅱ)、被溶剂隔开的离子对(Ⅲ),到另一个极端的完全自由的离子(Ⅳ)的状态存在着。离子型聚合中活性增长链离子对在不同溶剂中也存在上述平衡关系。因此,链增长反应就可能以离子对方式、自由离子方式或以离子对和自由离子两种同时存在的方式等进行。换言之,离子型聚合可能存在着几种不同的活性中心同时进行链增长反应,显然这比自由基聚合要复杂些。离子对存在状态决定于反离子的性质、溶剂和反应温度。

如果离子对以共价键状态存在,则没有聚合反应能力;而离子对(Ⅱ)和(Ⅲ)的精细结构取决于特定的反应条件。当以离子对(Ⅱ)或(Ⅲ)方式进行链增长反应时,聚合速率较小。由于单体加成时受到反离子的影响,使加成方向受到限制,所以产物的立构规整性好。而以自由离子(Ⅳ)方式进行链增长反应时,聚合速率较大。单体的加成方向和自由基聚合的情况相似,易得无规立构体。

(3) 链终止

阴离子聚合中一个重要的特征是在适当的条件下可以不发生链转移或链终止反应。因此,链增长反应中的活性链直到单体完全耗尽仍可保持活性,这种聚合物链阴离子称为"活性聚合物"。当重新加入单体时,又可开始聚合,聚合物相对分子质量继续增加。甲

基丙烯酸甲酯在丁基锂和二乙基锌催化络合物 $C_4H_9^-[LiZn(C_2H_5)_2]^+$ 作用下的聚合情况就是如此,如图 2.1 所示。

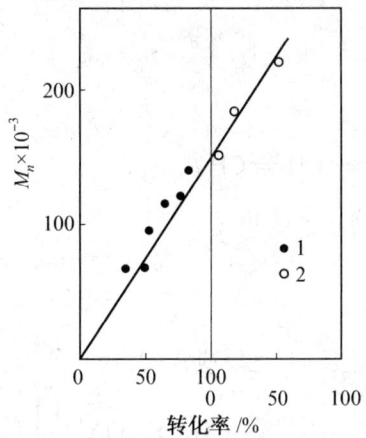

图 2.1　甲基丙烯酸甲酯聚合时聚合物的相对分子质量和转化率关系
1— 加入第一批单体；2— 加入第二批单体

阴离子聚合中,由于活性链离子间相同电荷的静电排斥作用,不能发生类似自由基聚合那样的偶合或歧化终止反应；活性链离子对中反离子常为金属阳离子,碳－金属键的解离度大,也不可能发生阴阳离子的化合反应；如果发生向单体链转移反应,则要脱 $H^-$,这要求很高的能量,通常也不易发生。因此,只要没有外界引入的杂质,链终止反应是很难发生的。

阴离子聚合的链终止反应如何进行,依具体体系而定。一般是阴离子发生链转移或异构化反应,使链活性消失而终止。所以它们的终止反应速率属于一级反应。

① 链转移反应。活性链与醇、酸等质子给予体或与其共轭酸发生转移,见反应式 (2.17a)、(2.17b)。

$$\sim\!\!\sim\!\!\overset{|}{\underset{Y}{C}}HA^+ + CH_3OH \longrightarrow \sim\!\!\sim\!\!\overset{|}{\underset{Y}{C}}H_2 + CH_3OA \tag{2.17a}$$

$$\sim\!\!\sim\!\!\overset{|}{\underset{Y}{C}}HA^+ + RH \longrightarrow \sim\!\!\sim\!\!\overset{|}{\underset{Y}{C}}H_2 + R^-A^+ \tag{2.17b}$$

如果转移后生成的产物 $R^-A^+$ 很稳定,不能引发单体,则 RH 相当于阴离子聚合的阻聚剂。如果转移后产物 $R^-A^+$ 还相当活泼,并可继续引发单体,则 RH 就起相对分子质量调节剂的作用。例如甲苯在某些阴离子聚合中就常作为链转移剂使用,可节约引发剂用量。

② 活性链端发生异构化,见反应式(2.18)。

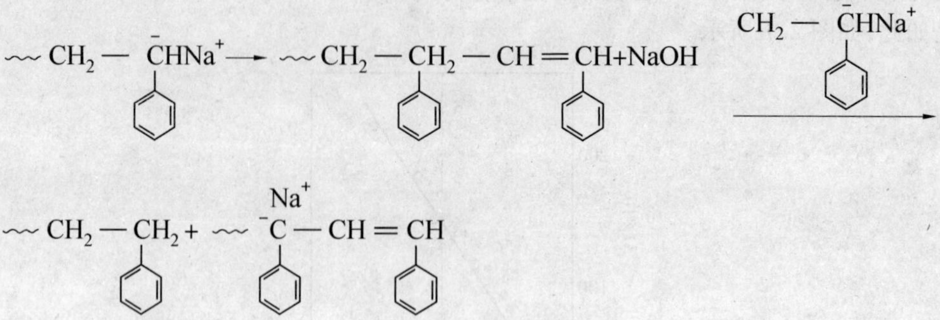

$$\sim CH_2 - \bar{C}HNa^+ \longrightarrow \sim CH_2 - CH_2 - CH = CH + NaOH \xrightarrow{CH_2 - \bar{C}HNa^+ \; \text{(Ph)}}$$

$$\sim CH_2 - CH_2 + \underset{Na^+}{\bar{C} - CH = CH} \text{(Ph)(Ph)(Ph)}$$

(2.18)

③ 与特殊添加剂发生终止反应,见反应式(2.19)。

$$\sim \bar{C}H_2A^+ + CH_2\!-\!\!\underset{O}{\overset{}{\diagup}}\!\!CH_2 \longrightarrow \sim CH_2CH_2\bar{O}A^+ \xrightarrow{CH_3OH} \sim CH_2CH_2CH_2OH$$

(2.19)

加入的终止剂除使活性链失活外还可得到所需的端基,此种方法可用以制备"遥爪"或"星形"聚合物。

反离子、溶剂和反应温度对聚合反应速率、聚合物相对分子质量和结构规整性有关键性的影响。

阴离子聚合中显然应选用非质子性溶剂(如苯、二氧六环、四氢呋喃、二甲基甲酰胺等),而不能选用质子性溶剂(如水、醇等),否则溶剂将与阴离子反应使聚合反应无法进行。

在无终止反应的阴离子聚合体系中,反应总活化能常为负值,故聚合速率随温度升高而下降,而聚合物的相对分子质量则减小。

### 2. 阳离子聚合

由于乙烯基单体形成的碳阳离子高温下不稳定,易和碱性物质结合,易发生异构化等复杂反应,所以需低温下反应才能获得高相对分子质量聚合物。此外,聚合中只能使用高纯有机溶剂而不能使用水等便宜的物质作介质,所以产品成本高。目前,采用阳离子聚合大规模生产的只有丁基橡胶,它是异丁烯和异戊二烯的共聚物,以 $AlCl_3$ 为催化剂、氯甲烷为溶剂、在 $-100\ ℃$ 左右聚合而得。

与阴离子聚合相反,能进行阳离子聚合的单体多数是带有强供电取代基的烯类单体,如异丁烯、乙烯基醚等,还有显著共轭效应的单体,如苯乙烯、α-甲基苯乙烯、丁二烯、异戊二烯等。此外还有含氧、氮原子的不饱和化合物和环状化合物,如甲醛、四氢呋喃、环戊二烯、3,3-双氯甲基丁氧环等。

常用的催化剂有以下三类。

① 含氢酸,如 $HClO_4$、$H_2SO_4$、$H_3PO_4$、$CCl_3COOH$ 等。这类催化剂除 $HClO_4$ 外,都难以获得高相对分子质量产物,一般只用于合成低聚物。

② 路易斯(Lewis)酸,其中较强的有 $BF_3$、$AlCl_3$、$SbCl_3$;中等的有 $FeCl_3$、$SnCl_4$、$TiCl_4$;较弱的有 $BiCl_3$、$ZnCl_2$ 等。Lewis 酸是最常用的阳离子催化剂。除乙烯基醚外,对其他单体必须含有水或卤代烷等作共催化剂时才能聚合。Lewis 酸与共催化剂先形成催化络合物,它使烯烃质子化从而发生引发反应。设以 A、RH 和 M 分别表示 Lewis 酸、共催化剂和单体,则引发反应可表示为:

$$A + RH \rightleftharpoons H^+[AR]^-$$

$$H^+[AR]^- + M \xrightleftharpoons{K_j} HM^+[AR]^-$$

③ 有机金属化合物,如 $Al(CH_3)_3$、$Al(C_2H_5)_2Cl$ 等,此外还有 $I_2$ 以及某些较稳定的碳阳离子盐,如 $(C_6H_5)_3C^+SnCl_5^-$、$C_7H_7^+BF_4^-$ 等。

阳离子聚合反应同样存在链引发、链增长和链终止 3 个主要基元反应。以 $BF_3$ 催化异丁烯聚合为例,反应过程可表示如下。

① 链引发。质子供体 $H_2O$ 与 Lewis 酸先形成络合物和离子对,然后引发异丁烯聚合,见反应式(2.20)。

$$BF_3 + H_2O \rightleftharpoons H^+[BF_3OH]^-$$

$$H^+[BF_3OH]^- + CH_2=C(CH_3)_2 \longrightarrow CH_3-C^+(CH_3)_2(BF_3OH)^- \qquad (2.20)$$

② 链增长,见反应式(2.21)。

$$CH_3-C^+(CH_3)_2(BF_3OH)^- + CH_2=C(CH_3)_2 \xrightarrow{K_p} CH_3-C(CH_3)_2-CH_2-C^+(CH_3)_2(BF_3OH)^- \xrightarrow{K_p}$$

$$\cdots \xrightarrow{K_p} H \left[ CH_2-C(CH_3)_2 \right]_n CH_2-C^+(CH_3)_2(BF_3OH)^- \qquad (2.21)$$

阳离子聚合的一个特点是容易发生重排反应。因为碳阳离子的稳定性次序是:伯碳阳离子 < 仲碳阳离子 < 叔碳阳离子,而聚合过程中活性链离子总是倾向生成热力学稳定的阳离子结构,所以容易发生复杂的分子内重排反应。而这种异构化重排作用常是通过电子或键的移位或个别原子的转移进行的(如通过 $H^-$ 或 $R^-$ 进行)。发生异构化的程度与温度有关。通过增长链碳阳离子发生异构化的聚合反应称为异构化聚合。如 3 - 甲基 - 1 - 丁烯(用 $AlCl_3$ 在氯乙烷中)的聚合(见反应式(2.22)),就是氢转移的异构化聚合。

$$CH_2=CH \atop \underset{CH_3\ \ CH_3}{CH}} \longrightarrow \sim CH_2-{}^+CH(AlCl_4)^- \atop \underset{CH_3\ \ CH_3}{CH}\ (V)} \xrightarrow{1,2-\text{聚合}} \sim (CH_2-CH)_n \atop \underset{CH_3\ \ CH_3}{CH}\ (VI)}$$

$$\downarrow$$

$$\left( \sim CH_2-\underset{\underset{CH_3\ CH_3}{|}}{\overset{+}{C}}\cdots H(AlCl_4)^- \right) \longrightarrow \sim CH_2-CH_2-\underset{CH_3}{\overset{CH_3}{|}}{C^+}(AlCl_4)^- \quad (VII)$$

$$\xrightarrow{1,3-\text{聚合}} \ -(\sim CH_2-CH_2-\underset{CH_3}{\overset{CH_3}{|}}{C})_n - \quad (VIII)$$

(2.22)

所得聚合物(VIII)的结构,在 0 ℃ 占 83%;在 -80 ℃ 占 86%;在 -130 ℃ 占 100%,这时主要是 1,3-聚合,因为(VII)的结构比(V)的结构更稳定。其他单体如 4-甲基-1-戊烯、5-甲基-1-己烯等也可进行异构化聚合。

③ 链终止。与阴离子聚合反应一样,阳离子聚合也不发生双分子终止反应,而是单分子终止。形成聚合物的主要方式是靠链转移反应。例如活性链向单体分子的转移,见反应式(2.23a)、(2.23b)。

$$\sim CH_2-\underset{CH_3}{\overset{CH_3}{|}}{C^+}(BF_3OH)^- + CH_2=\underset{CH_3}{\overset{CH_3}{|}}{C} \longrightarrow CH_3-\underset{CH_3}{\overset{CH_3}{|}}{C^+}(BF_3OH)^- + \sim CH_2-\underset{CH_3}{\overset{CH_3}{|}}{C}=CH_2$$

(2.23a)

或

$$\sim CH_2-\underset{CH_3}{\overset{CH_3}{|}}{C^+}(BF_3OH)^- + CH_2=\underset{CH_3}{\overset{CH_3}{|}}{C} \longrightarrow \sim CH_2-\underset{CH_3}{\overset{CH_3}{|}}{CH} + CH_2=\underset{CH_3}{\overset{CH_3}{|}}{C}-\overset{+}{C}H_2(BF_3OH)^-$$

(2.23b)

所以聚合物相对分子质量决定于向单体的链转移常数,当然此种转移反应并非真正的链终止。但是,活性链离子对中的碳阳离子与反离子化合物可发生真正的链终止反应,见反应式(2.24)。

$$\sim\sim CH_2-\underset{CH_3}{\overset{CH_3}{\underset{|}{\overset{|}{C^+}}}}(BF_3OH)^- \longrightarrow \sim\sim CH_2-\underset{CH_3}{\overset{CH_3}{\underset{|}{\overset{|}{C}}}}-OH + BF_3 \quad (2.24)$$

### 2.1.4 配位聚合反应

最早制备立构规整型聚合物的催化剂是由过渡金属化合物和金属烷基化合物组成的配位体系,称为 Ziegler-Natta 催化剂,亦称为配位聚合催化剂或络合催化剂。聚合时单体与带有非金属配位体的过渡金属活性中心先进行配位,构成配位键后使其活化,进而按离子型机理进行增长反应。如果活性链按阴离子机理增长就称为配位阴离子聚合;若活性链按阳离子机理增长就称为配位阳离子聚合。重要的配位催化剂大都是按配位阴离子机理进行的。

配位离子聚合的特点是,在反应过程中,催化剂活性中心与反应系统始终保持化学结合(配位络合),因而能通过电子效应、空间位阻效应等因素,对反应产物的结构起重要的选择作用。人们还可以通过调节络合催化剂中配位体的种类和数量,改变催化性能,从而达到调节聚合物的立构规整型的目的。

Ziegler-Natta 催化剂就是配位离子型聚合中常用的一类络合催化剂。由于这种催化剂具有很强的配位络合能力,所以它具有形成立构规整型聚合物的特效性。

关于络合催化剂能形成立构规整型聚合物的机理,现在尚处于研究探索阶段。如果以[Cat]表示催化剂部分,则配位聚合反应机理见反应式(2.25)。

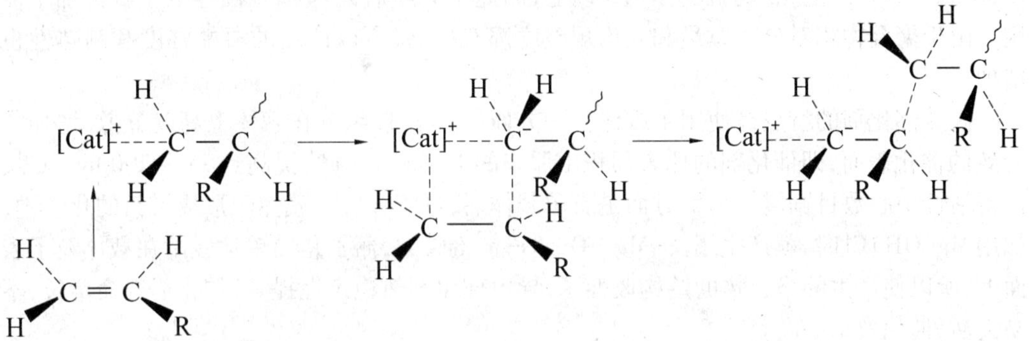

$$(2.25)$$

通常聚合过程是,单体与催化剂首先发生络合(Ⅸ),经过渡态(Ⅹ),单体"插入"到活性链与催化剂之间,使活性链进行增长(Ⅺ)。单体与催化剂的络合能力和加成方向,是由它们的电子效应和空间位阻效应等结构因素决定的。极性单体配位络合能力较强,配位络合程度较高,只要它不破坏催化剂,就易得高立构规整型聚合物。非极性的乙烯、丙烯及其他 α-烯烃,配位程度较低,因此要采用立构规整性极强的催化剂,才能获得高立构规整型聚合物。通常要选用非均相络合催化剂,以便在反应过程中借助于催化剂固体表面的空间影响。而当使用均相(可溶性)催化剂时,产物立构规整性极低,甚至有时只得无规体。那些极性介于上述两者之间的单体(如苯乙烯、1,3-丁二烯),用非均相或均相催化剂都可获得立构规整型聚合物。

α-烯烃如丙烯,二烯类如丁二烯、异戊二烯都可以采用 Ziegler-Natta 催化剂进行配位离子聚合,制得立构规整型聚合物。

Ziegler-Natta 络合催化剂中的第一组分是过渡金属化合物,又称主催化剂,常用的过渡金属有 Ti、V、Cr 及 Zr。丙烯定向聚合中常用的主催化剂为 $TiCl_3$,$TiCl_3$ 晶型有 α、β、γ 和 δ 四种,其中 α-$TiCl_3$、γ-$TiCl_3$ 和 δ-$TiCl_3$ 是有效成分。络合催化剂中的第二组分是烷基金属化合物,又称助催化剂,常用的有 Al、Mg 及 Zn 的化合物。工业上常用的是烷基铝,其中又以 $Al(C_2H_5)_3$ 所得聚丙烯的立构规整度较高。如果烷基铝中一个烷基被卤素原子取代,效果更好。

为了提高络合催化剂的活性,常在双组分络合催化剂中加入第三组分。第三组分常是含有给电子性的 N、O 和 S 等化合物。第三组分的作用主要是能使 $Al(C_2H_5)Cl_2$ 转化为 $Al(C_2H_5)_2Cl$。由于第三组分与铝的化合物都能络合,只是络合物稳定性大小各异,所以必须严格控制用量。一般工业上采用 $n_{Al} : n_{Ti} : n_B = 2 : 1 : 0.5$。

上述以卤化钛和烷基铝为主构成的 Ziegler-Natta 络合催化剂体系,在低压下能使 α-烯烃聚合成高聚物。它的缺点是:催化剂活性低,每克钛能催化 3 kg 的聚丙烯聚合,聚合物中残留催化剂多,后处理工艺复杂;催化剂的定向能力低,即聚合物的立构规整度低,一般在 90% 左右,须除去所含的无规体;产品表观密度小,颗粒太细,难以直接加工利用。

20 世纪 60 年代末,催化剂的研制工作有了重大的突破,出现了第二代 Ziegler-Natta 催化剂,又称高效催化剂,它的催化活性达 300 kg 聚丙烯/g 钛,有的甚至更高。立构规整度提高到 95% 以上,表观密度在 0.3 以上,因此不必经后处理和造粒等工序就可加工使用。由于聚合物相对分子质量和立构规整度都有提高,所以产品的机械强度和耐热性也增加。

高效催化剂的特点是使用了载体。一方面是由于 Ti 组分在载体上高度分散,增加了有效的催化表面,即催化剂的比表面积由原来的 $1 \sim 5 \text{ m}^2 \cdot \text{g}^{-1}$ 提高到 $75 \sim 200 \text{ m}^2 \cdot \text{g}^{-1}$,使得活性中心数目剧增。另一方面是有了载体后,过渡金属与载体间形成了新的化学键,如用 Mg(OH)Cl 时,就产生了 —Mg—O—Ti— 键骨架,而不是简单地吸附在载体粒子表面上,所以使产生的络合物的结构改变了,导致催化剂热稳定性提高,催化剂寿命增长,不易失活,催化效率提高。

值得指出的是,在使用活性载体的情况下(如用 MgO),聚乙烯的聚合反应速率常数值为 $2\,400 \text{ L} \cdot \text{mol}^{-1} \cdot \text{s}^{-1}$,比用无载体的原始体系或用惰性载体(如硅酸铝)体系时的 $k_p$ 值(在相同条件下,$k_p \approx 110 \sim 130 \text{ L} \cdot \text{mol}^{-1} \cdot \text{s}^{-1}$) 大得多。另外,改变载体结构还可以调节聚合物分子结构、相对分子质量及其分布。

极性单体如丙烯酸酯类、氯乙烯、丙烯腈、乙烯基醚类等,因为含有电子给予体原子如 O、N 等,这些基团容易和络合催化剂反应而使催化剂失去活性,所以用 Ziegler-Natta 催化剂进行定向聚合有困难。

关于定向聚合除采用 Ziegler-Natta 催化剂所进行的配位离子聚合外,某些单体也可通过自由基型聚合和离子型聚合制得立构规整型聚合物。

### 2.1.5 聚合实施方法

聚合反应的实施方法可分为本体聚合、溶液聚合、悬浮聚合和乳液聚合4种。

所谓本体聚合是单体本身加少量引发剂(或催化剂)的聚合。溶液聚合是单体与引发剂(或催化剂)溶于适当溶剂中的聚合。悬浮聚合一般是单体以液滴状态悬浮于水中的聚合方法,体系主要由水、单体、引发剂和分散剂组成。乳液聚合是单体和分散介质(一般为水)由乳化剂配成乳液状态而进行聚合,体系的基本组分是单体、水、引发剂和乳化剂。

本体聚合和溶液聚合是均相体系,而悬浮聚合和乳液聚合是非均相体系。但悬浮聚合在机理上与本体聚合相似,一个液滴就相当于一个本体聚合单元。

根据聚合物在其单体和聚合溶剂中的溶解性质,本体聚合和溶液聚合都存在均相和非均相两种情况。当生成的聚合物溶解于单体和所用的溶剂时即为均相聚合,例如苯乙烯的本体聚合和在苯中的溶液聚合。若生成的聚合物不溶于单体和所用溶剂时则为非均相聚合,亦称沉淀聚合。例如聚氯乙烯不溶于氯乙烯,在聚合过程中从单体中沉析出来,形成两相。

气态和固态单体也能进行聚合,分别称为气相聚合和固相聚合,都属于本体聚合。

各种聚合实施方法的相互关系见表2.1。各种聚合实施方法的主要配方、聚合机理、特点等见表2.2。

表2.1 聚合体系和实施方法示例

| 单体-介质体系 | 聚合方法 | | 聚合物-单体(或溶剂)体系 | |
|---|---|---|---|---|
| | | | 均相聚合 | 沉淀聚合 |
| 均相体系 | 本体聚合 | 气态 | — | 乙烯高压聚合 |
| | | 液态 | 苯乙烯,丙烯酸酯类 | 氯乙烯,丙烯腈 |
| | | 固态 | | 丙烯酰胺 |
| | 溶液聚合 | | 苯乙烯-苯<br>丙烯酸-水<br>丙烯腈-二甲基甲酰胺 | 苯乙烯-甲醇<br>丙烯酸-己烷 |
| 非均相体系 | 悬浮聚合 | | 苯乙烯<br>甲基丙烯酸甲酯 | 氯乙烯<br>四氟乙烯 |
| | 乳液聚合 | | 苯乙烯,丁二烯 | 氯乙烯 |

离子型聚合、配位离子聚合的催化剂活性会被水所破坏,所以只能选取溶液聚合和本体聚合的方法。缩聚反应一般选用熔融缩聚、溶液缩聚和界面缩聚3种方法。

鉴于悬浮聚合和乳液聚合在自由基聚合实施方法中的地位和工业生产上的重要性,重点介绍这两种方法。本体法和溶液法在原理上比较简单,不再进一步介绍。

表 2.2　4 种聚合实施方法比较

| 项　　目 | 本体聚合 | 溶液聚合 | 悬浮聚合 | 乳液聚合 |
|---|---|---|---|---|
| 配方主要成分 | 单体<br>引发剂 | 单体<br>引发剂<br>溶剂 | 单体<br>引发剂<br>水<br>分散剂 | 单体<br>水溶性引发剂<br>水<br>乳化剂 |
| 聚合场所 | 本体内 | 溶液内 | 液滴内 | 胶束和乳胶粒内 |
| 聚合机理 | 遵循自由基聚合一般机理,提高速率的因素往往使相对分子质量降低 | 伴有向溶剂的链转移反应,一般相对分子质量较低,速率也较低 | 与本体聚合相同 | 能同时提高聚合速率和相对分子质量 |
| 生产特征 | 热不易散出,间歇生产(有些也可连续生产),设备简单,宜制板材和型材 | 散热容易,可连续生产,不宜制成干燥粉状或粒状树脂 | 散热容易,间歇生产,须有分离、洗涤、干燥等工序 | 散热容易,可连续生产,制成固体树脂时,需经凝聚、洗涤、干燥等工序 |
| 产物特征 | 聚合物纯净,宜于生产透明浅色制品,相对分子质量分布较宽 | 一般聚合液直接使用 | 比较纯净,可能留有少量分散剂 | 留有少量乳化剂和其他助剂 |

**1. 悬浮聚合**

悬浮聚合体系一般由单体、水、引发剂和分散剂 4 种基本成分组成。悬浮聚合机理与本体聚合相似。与本体聚合和溶液聚合一样,悬浮聚合也有均相聚合和沉淀聚合之分。苯乙烯和甲基丙烯酸甲酯的悬浮聚合为均相聚合,氯乙烯的悬浮聚合为沉淀聚合。

悬浮聚合产物的粒子直径为 $0.01 \sim 5$ mm,一般为 $0.05 \sim 2$ mm。粒径大小决定于搅拌强度和分散剂的性质和用量。悬浮聚合结束后,排出并回收未聚合的单体,聚合物经洗涤、分离、干燥即得粒状或粉状产品。悬浮均相聚合可制成透明珠状聚合物,悬浮沉淀聚合产品是不透明的粉状物。

(1) 液滴分散和成粉过程

苯乙烯、甲基丙烯酸甲酯、氯乙烯等大多数乙烯基单体在水中溶解度很小,只有万分之几到千分之几,实际上可以看作与水不互溶。如将这类单体倒入水中,单体将浮在水面上,分成两层。

进行搅拌时,在剪切力作用下,单体液层将分散成液滴。大液滴受力还会变形,继续分散成小液滴,如图 2.2 中的过程①、②。但单体和水两液体间存在一定的界面张力,界面张力将使液滴尽量保持球形。界面张力越大,保持成球形的能力越强,形成的液滴也越大。相反,界面张力越小,形成的液滴也越小。过小的液滴还会聚集成较大的液滴。搅拌剪切力和界面张力对成滴作用影响方向相反,在一定搅拌强度和界面张力下,大小不等的液滴通过一系列的分散和合一过程,构成一定动平衡,最后达到一定的平均细度。但大小仍有一定的分布,因为反应器内各部分受到的搅拌强度是不均一的。

搅拌停止后,液滴将聚集黏合变大,最后仍与水分层,如图 2.2 中③、④、⑤过程。单靠搅拌形成的液液分散液是不稳定的。

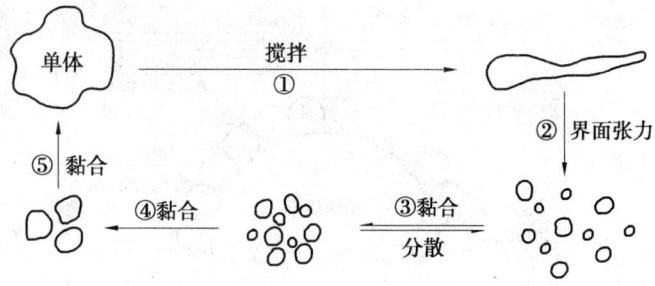

图 2.2　悬浮单体液滴分散合一示意图

在未聚合阶段,两单体液滴碰撞时,可能弹开,也可能聚集成大液滴,大液滴也可能被打散成小液滴。但聚合到一定程度后,如 20% 转化率,单体液滴中溶解有或溶胀有一定量的聚合物,变得发黏起来。这阶段,两液滴碰撞时,很难弹开,往往黏合在一起。搅拌反而促进黏合,最后会结成一整块。当转化率较高,如 60% ~ 70% 以上,液滴转变成固体粒子,就没有黏合成块的危险。因此体系中须加有一定量的分散剂,以便在液滴表面形成一层保护膜,防止黏合。

加有分散剂的悬浮聚合体系,当转化率提高到 20% ~ 70%,液滴进入发黏阶段,如果停止搅拌,仍有黏结成块的危险。因此在悬浮聚合中,分散剂和搅拌是两个重要因素。

(2) 分散剂及其分散作用

用于悬浮聚合的分散剂,大致可以分成下列两类,作用机理也有差别。

① 水溶性有机高分子物质。属于这类的有部分水解的聚乙烯醇、聚丙烯酸和聚甲基丙烯酸的盐类、马来酸酐-苯乙烯共聚物等合成高分子,甲基纤维素、羟甲基纤维素、羟丙基纤维素等纤维素衍生物,明胶、蛋白质、淀粉、藻酸钠等天然高分子。目前多广泛采用质量稳定的合成高分子。

高分子分散剂的作用机理主要是吸附在液滴表面,形成一层保护膜,起保护胶体的作用,如图 2.3 所示。同时介质的黏度增加,阻碍两液滴的黏合。明胶、部分醇解的聚乙烯醇等的水溶液还使表面张力和界面张力降低,将使液滴变小。

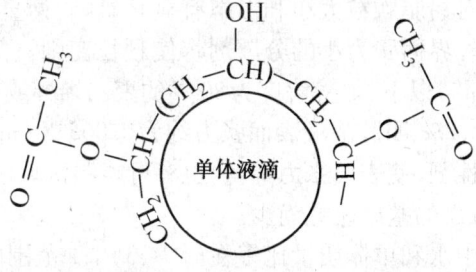

图 2.3　聚乙烯醇分散作用

② 不溶于水的无机粉末。属于这类的有碳酸镁、碳酸钙、碳酸钡、硫酸钡、硫酸钙、磷酸钙、滑石粉、高岭土、白垩等。这类分散剂的作用机理是将细粉末吸附在液滴表面,起机

械隔离的作用,如图2.4所示。

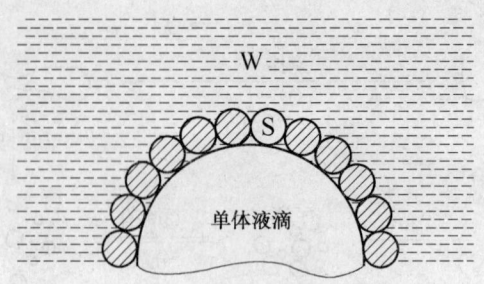

图2.4 无机粉末分散作用
W—水;S—粉末

分散剂种类的选择和用量的确定随聚合物种类和颗粒要求而定。除颗粒大小和形状外,尚须考虑树脂的透明性和成膜性等。例如聚苯乙烯、聚甲基丙烯酸甲酯要求透明,以选用碳酸镁为宜,因为残余碳酸镁可用稀硫酸除去。

聚氯乙烯树脂颗粒则希望表面疏松,以利增塑剂的吸收。因此,除了上述主分散剂外,有时还另加少量表面活性剂,作为助分散剂,如十二烷基硫酸钠、十二烷基磺酸钠、环氧乙烷缩聚物、磺化油等。但表面活性剂不宜多加,否则容易转变成乳液聚合。聚乙烯醇、明胶等主分散剂的用量约为单体量的0.1%,助分散剂则为0.01% ~ 0.03%。

(3) 颗粒大小和形态

不同聚合物对颗粒形态和大小有不同的要求。聚苯乙烯、聚甲基丙烯酸甲酯要求是珠状粒料,便于直接注塑成型。聚氯乙烯则要求是表面粗糙疏松的粉料,以便与增塑剂、稳定剂、色料等助剂混合塑化均匀。

影响树脂颗粒大小和形态的因素除了有搅拌强度和分散剂的性质和浓度两主要因素外,还有:① 水、单体比;② 聚合温度;③ 引发剂种类和用量;④ 聚合速率;⑤ 单体种类;⑥ 其他添加剂等。

一般,搅拌强度越大,树脂粒子越细。转速过低,粒子将黏结合一成饼状而使聚合失败。

生产规模:聚合釜搅拌转速一般为每分钟数十到上百转,视叶径而定。搅拌强度将与搅拌器形式、尺寸和转速、反应器结构和尺寸、挡板、温度计套管形式和位置等许多因素有关。

分散剂性质和用量对树脂颗粒大小和形态有显著影响,衡量分散剂性质的主要参数是表面张力或界面张力。界面张力小的分散剂将使颗粒变细。氯乙烯悬浮聚合时,分散液表面张力在 $0.05\ N\cdot m^{-1}$ 以下,如醇解度为80%的聚乙烯醇或甲基纤维素,容易制得疏松型树脂。而0.1% ~ 0.2% 明胶溶液表面张力约为 $0.065\ N\cdot m^{-1}$,将形成紧密型树脂。明胶液中加适量表面活性剂,使表面张力降低,也有可能制得疏松型树脂。分散剂的选择往往需经实验确定,这方面的基础研究尚少。

工业生产悬浮聚合中水和单体质量比多在(1 ~ 3):1范围内。水少,容易结饼或粒子变粗;水多,则粒子变细,粒径分布窄。

(4) 微悬浮聚合

悬浮聚合的液滴直径一般为50 ~ 2 000 μm,产物颗粒直径大致与单体液滴相当。但近年来发展了称为微悬浮聚合的方法,可将单体液滴及新制得的聚合物粒径达到0.2 ~

$2~\mu m$,比一般乳液聚合产物粒径还要小。微悬浮法已在工业上用来制备高质量的聚氯乙烯糊树脂。

微悬浮(Micro-Suspension)法中,分散剂是由普通乳化剂和难溶助剂(如十六醇)复合组成的。在微悬浮聚合中,不论采用油溶性或水溶性引发剂,都在微液滴中引发聚合,有别于胶束成核,但产物粒径却比乳液聚合的还小。所以微悬浮聚合兼有悬浮聚合和乳液聚合的特征,具有其自身的规律和特点。

**2. 乳液聚合**

乳液聚合(Emulsion Polymerization)是在乳化剂的作用下并借助于机械搅拌,使单体在水中分散成乳状液,由水溶性引发剂引发而进行的聚合反应。乳液聚合最简单的配方是由单体、水、水溶性引发剂、乳化剂四组分组成。工业上的配方则要复杂得多。

乳化剂(Emulsifying Agent)通常是一些兼有亲水的极性基团和疏水(亲油)的非极性基团的表面活性剂,按其结构可分为以下三大类(按其亲水基类型)。

① 阴离子型:亲水基团一般为 —COONa、—$SO_4$Na、—$SO_3$Na 等,亲油基一般是 $C_{11}$ ~ $C_{17}$ 的直链烷基,或是 $C_3$ ~ $C_6$ 烷基与苯基或萘基结合在一起的疏水基。这类乳化剂在碱性溶液中较稳定,遇酸性物质乳液被破坏。

② 阳离子型:通常是一些胺盐和季铵盐。其特点是在酸性介质中稳定,碱性介质中不稳定。由于它的乳液稳定性较差,在乳液聚合中使用较少。

③ 非离子型:有代表性的是聚乙烯醇、环氧乙烷的聚合物等。这类乳化剂具有非离子型的特性,所以对 pH 的变化不敏感,微酸性反而较稳定。在乳液聚合中,常用作辅助乳化剂,对乳液也起稳定的作用。

乳化剂在乳液聚合中起特殊的作用:

① 当有乳化剂存在时,体系界面张力降低,有利于使单体分散成细小液滴。

② 乳化剂分子会吸附在单体液滴表面形成保护层,使乳液稳定。

③ 当乳化剂浓度大于临界胶束浓度(Critical Micelle Concentration,CMC)时,乳化剂分子便形成胶束。胶束可呈球形或棒状,它一般由 50 ~ 100 个乳化剂分子组成,乳化剂分子的极性基指向水相,亲油基指向油相,如图 2.5 所示。部分单体分子可溶解在胶束内,因此乳化剂起增溶作用。

烯类单体在水中的溶解度一般很小,只有千分之几到万分之几。如苯乙烯在 20 ℃ 水中的溶解度只有 0.02%。搅拌后,单体分散成液滴,表面吸附了乳化剂保护层,液滴较稳定。由于胶束的增溶作用,在常用的乳化剂浓度下,可溶解苯乙烯 1% ~ 2%。胶束中增溶单体后,体积增大,其直径由 4 ~ 5 nm 增大到 6 ~ 10 nm。增溶后的胶束在热力学上是稳定的,在乳化剂作用下,单体和水转变成难以分层的乳液,这种作用称为乳化作用。

聚合发生前,单体和乳化剂分别以下列三种状态存在于体系中:

① 极少量单体和少量乳化剂以分子分散状态溶解于水中。

② 大部分乳化剂形成胶束(Micelle),直径为 4 ~ 5 nm,胶束内增溶有一定量的单体,胶束的数目为 $10^{17}$ ~ $10^{18}$ 个/$m^3$。

③ 大部分单体分散成液滴,直径约 1 000 nm,表面吸附着乳化剂,形成稳定的乳液,液滴数为 $10^{10}$ ~ $10^{12}$ 个/$cm^3$。

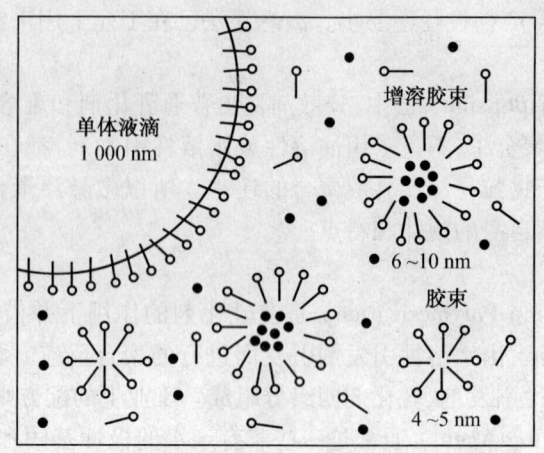

图 2.5　乳液聚合体系示意图
—○乳化剂分子；●单体分子

典型的乳液聚合可分为以下三个阶段，图 2.6 表示了这三个阶段的转化率和聚合速率随时间的变化。

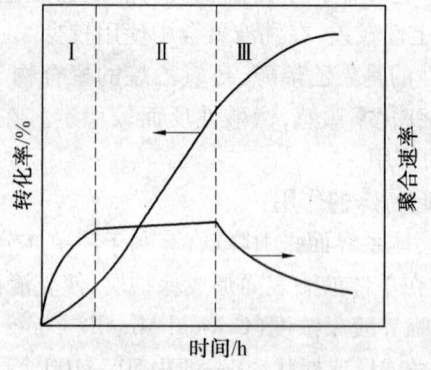

图 2.6　乳液聚合的三个阶段

① M/P 乳胶粒的形成（Ⅰ）。当聚合反应开始时，溶于水相中的引发剂分解产生的初级自由基由水相扩散到增溶胶束内，引发增溶胶束内的单体进行聚合，从而形成含有聚合物的增溶胶束，称为 M/P 乳胶粒。随着胶束中单体的消耗，胶束外的单体分子逐渐地扩散进胶束内，使聚合反应持续进行。在此阶段，单体增溶胶束与 M/P 乳胶粒并存，M/P 乳胶粒逐渐增加，聚合速率加快，直至单体转化率约为 10% 转入第二阶段。

② 单体液滴与 M/P 乳胶粒并存阶段（Ⅱ）。单体转化率为 10%～50%，随着单体增溶胶束的消耗，M/P 乳胶粒数量不再增加，聚合速率保持恒定，而单体逐渐消耗，单体液滴不断缩小，单体液滴数量不断减少。

③ 单体液滴消失，M/P 乳胶粒子内单体聚合阶段（Ⅲ）。M/P 乳胶粒内单体得不到补充，聚合速率逐渐下降，直至反应结束。

归纳成以下三句话：

① 提速阶段（Ⅰ）：乳胶粒不断增加，聚合总速率不断增加。

② 恒速阶段（Ⅱ）：乳胶粒数量稳定，聚合总速率不再变化。

③ 降速阶段（Ⅲ）：单体液滴消失，乳胶粒中单体也减少，聚合总速率降低。

在本体、溶液和悬浮聚合中，使聚合速率提高的一些因素，往往使相对分子质量降低。但是在乳液聚合中，速率和相对分子质量可以同时很高。控制产品质量的因素也有所不同。在不改变聚合速率的前提下，各种聚合方法都可以采用链转移剂来降低相对分子质量，而欲提高相对分子质量则只有采用乳液聚合的方法。

乳液聚合不同于悬浮聚合，乳液聚合物的粒径为 $0.05 \sim 0.2 \mu m$，比悬浮聚合常见粒径 ($50 \sim 200 \mu m$) 要小得多；乳液聚合所用的引发剂是水溶性的，悬浮聚合则为油溶性的。这些都与聚合机理有关。乳液聚合时，链自由基处于孤立隔离状态，长链自由基很难彼此相遇，以致自由基寿命较长，终止速率较小，因此聚合速率较高，且可获得高的相对分子质量。

乳液聚合有以下优点：

① 以水作为分散介质，价廉安全。乳液的黏度与聚合物相对分子质量及聚合物含量无关，这有利于搅拌、传热和管道输送，便于连续操作。

② 聚合速率快，同时产物相对分子质量高，可以在较低的温度下聚合。

③ 直接应用胶乳的场合，如水乳漆、黏结剂、纸张、皮革、织物处理剂，以及乳液泡沫橡胶，更宜采用乳液聚合。

乳液聚合也有以下一些缺点：

① 需要固体聚合物时，乳液需经凝聚（破乳）、洗涤、脱水、干燥等工序，生产成本较悬浮法高。

② 产品中留有乳化剂等，难以完全除尽，有损电性能。

许多应用背景促使乳液聚合技术向纵深方向发展。除了常规乳液聚合外，近年来还发展了种子乳液聚合、核-壳乳液聚合、反相乳液聚合、微乳液聚合等许多技术。

(1) 种子乳液聚合

一般乳液聚合得到的聚合物微粒粒径在 $0.2 \mu m$ 以下，改变乳化剂种类和用量或者改变工艺条件，虽可使微粒粒径有所增加，但是要求微粒粒径接近 $1 \mu m$ 甚至超过 $1 \mu m$ 则无法达到。为了达到此目的，工业上发展了种子乳液聚合法。此法是在乳液聚合系统中已有生成的高聚物胶乳微粒，当物料配比和反应条件控制适当时，单体原则上仅在已生成的微粒上聚合，而不形成新的微粒，即仅增大原来微粒的体积，而不增加反应体系中微粒的数目。这种情况下，原来的微粒似种子，因此称为种子乳液聚合法。此法主要用于聚氯乙烯糊树脂的生产。

(2) 核-壳乳液聚合

两种单体进行共聚合时，如果一种单体首先进行乳液聚合，然后加入第二种单体再次进行乳液聚合，则前一种单体聚合形成胶乳粒子的核心，似种子；后一种单体则形成胶乳粒子的外壳，相似于种子乳液聚合。不同的是，种子乳液聚合产品是均聚物，目的在于增大微粒粒径，所以种子的用量甚少。核-壳乳液聚合目的在于合成具有适当性能的共聚物，核、壳两种组分的用量相差不大甚至相等，核-壳共聚物直接用作涂料和黏结剂。可以根据用途和成膜后性质的要求，调整核、壳两部分聚合物的化学组成、玻璃化温度和相对分子质量。

### (3) 反相乳液聚合

可溶于水的单体制备的单体水溶液,在油溶性表面活性剂(如硬脂酸单山梨醇酯等)的作用下与有机相(高沸点脂肪烃和芳烃,如甲苯、二甲苯等)形成油包水型乳状液,再经油溶性引发剂或水溶性引发剂引发聚合反应形成油包水型聚合物胶乳,称为反相乳液聚合。

采用反相乳液聚合的目的有两个:一是利用乳液聚合反应的特点,以较高的聚合速率生产高分子水溶性聚合物;二是利用胶乳微粒甚小的特点,使反相胶乳生产的含水聚合物微粒迅速溶于水中以制备聚合物水溶液。反相乳液聚合物主要用于各种水溶液聚合物的工业生产,其中以聚丙烯酰胺的生产最重要。

### (4) 微乳液聚合

微乳液是由油、水、乳化剂和助乳化剂组成的各向同性、热力学稳定的胶体分散体系。微乳液体系中乳化剂的浓度很高,并加有戊醇等助乳化剂,使水介质的表面张力降得很低。单体浓度很低,单体主要以微珠滴形式分散于水中,并且少量存在于界面层。助乳化剂大部分存在于界面层,同时有一部分溶于单体珠粒及水相中。微乳液聚合广泛应用于三次采油、污水治理、萃取分离、催化、食品、生物医药、化妆品、材料制备、化学反应介质和涂料等领域。

### (5) 无皂乳液聚合

无皂乳液聚合是指在反应体系中不加或只加入微量(其浓度小于 CMC)乳化剂的乳液聚合。乳化剂是在反应过程中形成的,一般采用可离子化的引发剂,它分解后生成离子型自由基。这样在引发聚合反应后,产生的链自由基和聚合物链带有离子性端基,其结构类似于离子型乳化剂,因而起到乳化剂的作用。常用的阴离子型引发剂有过硫酸盐和偶氮烷基羧酸盐等;阳离子型引发剂主要有偶氮烷基氯化铵盐。最常用的是过硫酸钾(KPS)。

无皂乳液聚合由于不含乳化剂,克服了传统乳液聚合由于残存的乳化剂而对最终产品性能的不良影响。此外,无皂乳液聚合还可用来制备粒径为 $0.5 \sim 1.0~\mu m$、单分散、表面清洁的聚合物粒子,还可通过粒子设计使粒子表面带有各种官能团而广泛用于生物、医学等领域。

## 2.2 逐步聚合反应

逐步聚合反应包括缩聚反应和逐步加聚反应。与连锁聚合相比,这类反应没有特定的反应活性中心。每个单体分子的官能团,都有相同的反应能力。所以在反应初期形成二聚体、三聚体和其他低聚物,随着反应时间的延长,相对分子质量逐步增大。增长过程中,每一步产物都能独立存在,在任何时候都可以终止反应,在任何时候又能使其继续以同样活性进行反应。显然这是连锁反应的增长过程所没有的特征。

对于逐步聚合反应与连锁聚合反应,可以从表2.3看出它们的主要区别。

表 2.3　逐步聚合反应与连锁聚合反应的比较

| 特性 | 连锁聚合反应 | 逐步聚合反应 |
| --- | --- | --- |
| 单体转化率与反应时间的关系 | 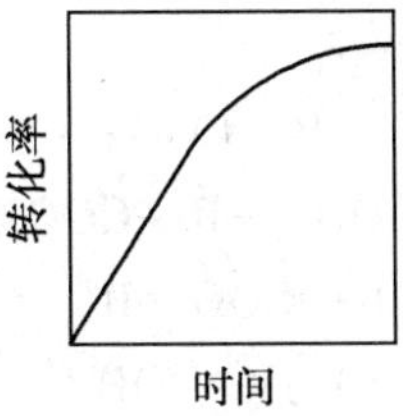 单体随时间逐渐消失 |  单体很快消失，与时间关系不大 |
| 聚合物的相对分子质量与反应时间的关系 | 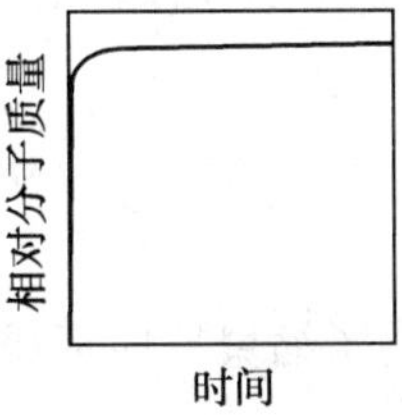 大分子迅速形成，不随时间变化 | 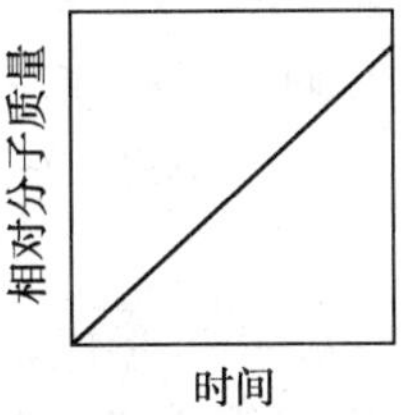 大分子逐步形成，相对分子质量随时间增大 |
| 基元反应及增长速率 | 引发、增长、终止等基元反应的速率和机理截然不同。增长反应活化能较小，$E_p \approx 21 \times 10^3 \text{J} \cdot \text{mol}^{-1}$，增长速率极快，以秒计 | 无所谓引发、增长、终止等基元反应。反应活化能较高，例如酯化反应 $E_p \approx 63 \times 10^3 \text{J} \cdot \text{mol}^{-1}$，形成大分子的速率慢，以小时计 |
| 热效应及反应平衡 | 反应热效应大，$\Delta H = 84 \times 10^3 \text{J} \cdot \text{mol}^{-1}$，聚合临界温度高，200~300 ℃。在一般温度下为不可逆反应，平衡主要依赖温度 | 反应热效应小，$\Delta H = 21 \times 10^3 \text{J} \cdot \text{mol}^{-1}$，聚合临界温度低，40~50 ℃。在一般温度下为可逆反应，平衡不仅依赖温度，也与副产物有关 |

## 2.2.1　缩聚反应

缩聚反应在高分子合成反应中占有重要地位。人们所熟悉的一些聚合物，如酚醛树脂、不饱和聚酯树脂、氨基树脂以及尼龙（聚酰胺）、涤纶（聚酯）等，都是通过缩聚反应合成的。特别是近年来，近代技术所需要的一些数量虽然不多，但性能要求特殊而严格的产物，例如聚碳酸酯、聚砜、聚苯撑醚、聚酰亚胺、聚苯并咪唑、吡龙等性能优异的工程塑料或耐热聚合物等，都是通过缩聚反应制得的。

缩聚反应是由多次重复的缩合反应形成聚合物的过程。例如对于二元酸和二元醇在适当条件下的缩合脱水过程，见反应式(2.26)。

$$\text{HOOC—R—COOH} + \text{HO—R'—OH} \rightleftharpoons \text{HOOC—R—COO—R'—OH} + \text{H}_2\text{O} \quad (2.26)$$

所得酯分子的两端,仍有未反应的羧基和羟基,可再进行反应,见反应式(2.27a)、(2.27b)。

$$\text{HOOC—R—COOH} + \text{HOOC—R—COO—R'—OH} \rightleftharpoons$$
$$\text{HOOC—R—COO—R'—OOC—R—COOH} + \text{H}_2\text{O} \quad (2.27a)$$

$$\text{HO—R'—OH} + \text{HOOC—R—COO—R'—OH} \rightleftharpoons$$
$$\text{HO—R'—OOC—R—COO—R'—OH} + \text{H}_2\text{O} \quad (2.27b)$$

生成物仍有继续反应的能力,见反应式(2.28a)、(2.28b)。

$$\text{HOOC—R—COO—R'—OOC—R—COOH} + \text{HO—R'—OOC—R—COO—R'—OH} \rightleftharpoons$$
$$\text{HOOC—R—COO—R'—OOC—R—COO—R'—OOC—R—COO—R'—OH} + \text{H}_2\text{O} \quad (2.28a)$$

$$2\text{HOOC—R—COO—R'—OOC—R—COO—R'—OH} \rightleftharpoons$$
$$\text{HOOC—R—COO—R'—OOC—R—COO—R'—OOC—R—COO—R'—OOC—R—COO—R'—OH} + \text{H}_2\text{O} \quad (2.28b)$$

如此反复脱水缩合,形成聚酯分子链,说明了缩聚反应形成大分子过程的逐步性。这一系列反应过程,可简要表示为反应式(2.29)。

$$n\,\text{HOOC—R—COOH} + n\,\text{HO—R'—OH} \rightleftharpoons$$
$$\text{H}\!\!-\!\!(\text{O—R'—OCO—R—CO})_n\!\!-\!\!\text{OH} + n\text{H}_2\text{O} \quad (2.29)$$

对于一般缩聚反应可以由通式(2.30)表示。

$$n\,\text{a—R—a} + n\,\text{b—R'—b} \rightleftharpoons \text{a}\!\!-\!\!(\text{R—R'})_n\!\!-\!\!\text{b} + (2n-1)\text{ab} \quad (2.30)$$

式中,a、b表示能进行缩聚反应的官能团;ab表示缩合反应的小分子产物;—R—R'—表示聚合物链中的重复单元结构。

当两种不同的官能团a、b存在于同一单体时,如ω-氨基酸、羟基酸等,其聚合反应过程基本相同,见反应式(2.31)。

$$n\,\text{a—R—b} \rightleftharpoons \text{a}\!\!-\!\!(\text{R})_n\!\!-\!\!\text{b} + (n-1)\text{ab} \quad (2.31)$$

双官能团单体的缩聚反应,除生成线型缩聚物外,常常有成环反应的可能性,因此在选取单体时必须克服成环的可能性。例如,用ω-羟基酸HO—(CH$_2$)$_n$—COOH合成聚酯时,它既能生成线型聚合物,也能形成环内酯。反应究竟往哪个方向进行,决定于羟基酸的种类和反应条件。当$n=1$时,容易发生双分子缩合,形成环状的乙交酯

$$\begin{matrix}&\text{CH}_2\text{—O}&\\ \text{O}\!=\!\text{C}&&\text{C}\!=\!\text{O}\\ &\text{O—CH}_2&\end{matrix}\,;$$

当$n=2$时,由于β羟基易失水,容易生成丙烯酸 CH$_2$=CH—COOH;当$n=3$或4时,容易发生分子内缩合,形成五节环和六节环的内酯;当$n \geqslant 5$时,主要是分子间缩合形成线型聚酯。氨基酸缩合时也有类似情况。实际上所有多官能团单体的缩合反应,都有类似问题。

在缩聚反应中,成环、成线反应是竞争反应,它与环的大小、官能团的距离、分子链的挠曲性、温度以及反应物的浓度等都有关系。关于环的大小对环状物稳定性的影响,已经

由测定各种环状化合物的燃烧热和环张力得到证明。如果用数字表示环的大小,其稳定性的顺序为:3、4、8～11 < 7、12 < 5 < 6。三节环、四节环由于键角的弯曲,环张力最大,稳定性最差;五节环、六节环键角变形很小,甚至没有,所以最稳定。在环中如果有取代基时,要考虑其影响,一般不改变上述顺序。在缩聚反应中应尽力排除成环反应的可能性。环化反应多是单分子反应,而线型缩聚则是双分子反应。所以随着单体浓度的增加,对成环反应不利。浓度因素比热力学因素对线型缩聚的影响要大。

缩聚反应可以从不同角度分成不同的类型。

按生成聚合物分子的结构分类,可分成线型缩聚反应和体型缩聚反应两类。如果参加缩聚反应的单体都只含两个官能团得到线型分子聚合物,则此反应称为线型缩聚反应,如二元醇与二元酸生成聚酯的反应。如果参加缩聚反应的单体至少有一种含两个以上的官能团,则称为体型缩聚反应,产物为体型结构的聚合物,如丙三醇与邻苯二甲酸酐的反应。

按参加缩聚反应的单体种类分,可分为均缩聚、混缩聚和共缩聚三类。只有一种单体进行的缩聚反应称为均缩聚。两种单体参加的缩聚反应称为混缩聚或杂缩聚,例如二元胺和二元羧酸所进行的生成聚酰胺的反应。若在均缩聚中再加入第二种单体或在混缩聚中加入第三种单体,这时的缩聚反应称为共缩聚。

缩聚反应还可按反应后所形成键合基团的性质分为聚酯反应、聚酰胺反应、聚醚反应等。按反应热力学特征分为平衡缩聚和不平衡缩聚等。

理论和实验都证明,在缩聚反应中,官能团的反应活性与此官能团所连接的链长无关,这就是缩聚反应中官能团等活性的概念。等活性概念也是高分子化学反应的一个基本观点。

**1. 缩聚反应平衡**

在缩聚反应中,参加反应的官能团的数目与初始官能团数目之比称为反应程度,以 $p$ 表示。不难证明,聚合产物平均聚合度 $\overline{X}_n$ 与反应程度的关系为

$$\overline{X}_n = \frac{1}{1-p} \text{ 或 } p = \frac{\overline{X}_n - 1}{\overline{X}_n}$$

此关系对均缩聚或混缩聚都适用。但需注意,$\overline{X}_n$ 是以结构单元为基准的数均聚合度。对混缩聚,$\overline{X}_n$ 应当是重复单元数目的两倍。

根据官能团等活性概念,可简单地用官能团来描述缩聚反应。例如对聚酯反应

$$\sim\!\!\sim \text{COOH} + \text{HO} \sim\!\!\sim \underset{k_{-1}}{\overset{k_1}{\rightleftharpoons}} \sim\!\!\sim \text{OCO} \sim\!\!\sim + \text{H}_2\text{O}$$

设 $K$ 为平衡常数,则

$$K = \frac{k_1}{k_{-1}} = \frac{[\text{OCO}][\text{H}_2\text{O}]}{[\text{COOH}][\text{—OH}]}$$

以 $n_\text{W}$ 表示产生的小分子水的浓度,则

$$K = \frac{[-\text{OCO}-][\text{H}_2\text{O}]}{[-\text{COOH}][-\text{OH}]} = \frac{pn_\text{W}}{(1-p)^2}$$

或

$$\frac{1}{(1-p)^2} = \frac{K}{pn_\text{W}}$$

如果反应在封闭系统中进行,则 $n_\text{W} = p$,得

$$\overline{X}_n = \frac{1}{p}\sqrt{K}$$

当反应程度 $p \rightarrow 1$ 时,则有

$$\overline{X}_n = \sqrt{\frac{K}{n_\text{W}}}$$

这就是平衡缩聚中平均聚合度与平衡常数及反应区内小分子含量的关系,称为缩聚平衡方程。

应当指出,对于平衡缩聚,除了有产生的小分子参与正、逆反应之外,还存在大分子链之间的可逆平衡反应即交换,见反应式(2.32a)、(2.32b)。

$$\begin{aligned}&\sim\!\!\text{R}-\overset{\text{O}}{\underset{\|}{\text{C}}}-\text{NH}-\text{R}'\!\!\sim + \quad \sim\!\!\text{R}''-\overset{\text{O}}{\underset{\|}{\text{C}}}-\text{NH}-\text{R}'\!\!\sim +\\ &+\sim\!\!\text{R}''-\overset{\text{O}}{\underset{\|}{\text{C}}}-\text{NH}-\text{R}'''\!\!\sim \quad +\sim\!\!\text{R}-\overset{\text{O}}{\underset{\|}{\text{C}}}-\text{NH}-\text{R}'''\!\!\sim\end{aligned} \quad (2.32\text{a})$$

或者

$$\begin{aligned}&\sim\!\!\text{R}-\overset{\text{O}}{\underset{\|}{\text{C}}}-\text{NH}-\text{R}'\!\!\sim + \quad \sim\!\!\text{R}''-\overset{\text{O}}{\underset{\|}{\text{C}}}-\text{NH}-\text{R}'\!\!\sim +\\ &+\sim\!\!\text{R}''-\overset{\text{O}}{\underset{\|}{\text{C}}}-\text{OH} \quad\quad +\sim\!\!\text{R}-\overset{\text{O}}{\underset{\|}{\text{C}}}-\text{OH}\end{aligned} \quad (2.32\text{b})$$

**2. 线型缩聚产物相对分子质量的控制**

缩聚物作为材料,其性能与相对分子质量有关。在缩聚反应中,必须对产物相对分子质量即聚合度进行有效的控制。上面已谈及,控制反应程度即可控制聚合度;然而再进一步加工时,端基官能团可再进行反应,使反应程度提高,相对分子质量增大,影响产品性能。所以用反应程度控制相对分子质量并非有效的方法。有效的方法是使端基官能团丧失反应能力或条件,这种方法主要是通过非等当量比配料,使某一原料过量,或加入少量单官能团化合物,进行端基封端,例如用醋酸或月桂酸作聚酰胺相对分子质量稳定剂。

设 $r$ 为两种反应基团的当量比,$r = N_\text{a}/N_\text{b} \leq 1$,$N_\text{a}$ 及 $N_\text{b}$ 为起始官能团 a 及 b 的数目,则可得到

$$\overline{X}_n = \frac{1+r}{1+r-2rp} = \frac{1+r}{2r(1-p)+(1+r)}$$

当 $r = 1$，即等当量比时，得
$$\overline{X}_n = \frac{1}{1-p}$$

当 $p = 1$，即官能团 a 完全反应时，得
$$\overline{X}_n = \frac{1+r}{1-r}$$

利用非当量比控制相对分子质量时，可进一步得到聚合度与单体过量分子分数 $Q$ 的关系。设单体 b—R—b 的过量分子分数 $Q = \dfrac{N_a - N_b}{N_a + N_b}$，则有
$$\overline{X}_n = \frac{1}{Q}$$

若用单官能团分子控制相对分子质量时，可得聚合度与单官能团化合物过量分数的关系。

设
$$r = \frac{N_a}{N_b + 2N'_b} = \frac{N_a}{N_a + 2N'_b}$$

式中，$N'_b$ 为单官能团化合物在系统中的分子数；系数 2 是由于一个单官能团分子相当于两个 b 官能团的作用。

于是可得
$$\overline{X}_n = \frac{1+r}{1-r} = \frac{N_a + N'_b}{N'_b} = \frac{1}{q}$$

式中，$q$ 为单官能团化合物的分子分数，$q = \dfrac{N'_b}{N_a + N'_b}$。

#### 3. 体型缩聚

有多于两个官能团单体参加因而形成支化或交联等非线型结构产物的缩聚反应称为体型缩聚反应。体型缩聚的特点是当反应进行到一定时间后出现凝胶。所谓凝胶就是不溶不熔的交联聚合物。出现凝胶时的反应程度称为凝胶点。

为了便于热固性聚合物的加工，对于体型缩聚反应，要在凝胶点之前终止反应。凝胶点是工艺控制中的重要参数。

根据反应程度与凝胶点的关系，热固性聚合物的生成过程可分为甲、乙、丙三个阶段。反应程度在凝胶点以前就终止的反应产物称为甲阶聚合物；当反应程度接近凝胶点而终止的反应产物称为乙阶聚合物；反应程度大于凝胶点的产物称为丙阶聚合物。所谓体型缩聚的预聚体通常是指甲阶或乙阶聚合物。丙阶聚合物是不溶不熔的交联聚合物。

凝胶点是体型缩聚的重要参数，可由实验测定也可进行理论计算。有两种理论计算方法：卡洛泽斯(Carothers)法和统计计算法。这两种方法都是建立反应单体的平均官能度与凝胶点的关系。

缩聚反应单体的平均官能团数，即平均官能度 $\bar{f}$ 为
$$\bar{f} = \frac{f_a N_a + f_b N_b + \cdots}{N_a + N_b + \cdots} = \frac{\sum f_i N_i}{\sum N_i}$$

式中，$N_i$ 和 $f_i$ 分别为第三单体的分子数和官能度。

根据 Carothers 计算方法，当反应体系开始出现凝胶时，数均聚合度 $\overline{X}_n \to \infty$。由此点出发可推导出凝胶点 $P_c$ 为

$$P_c = \frac{2}{f}$$

此方法的缺点是过高估计了出现凝胶时的反应程度，即 $P_c$ 的计算值偏高，这是因为实际上在凝胶点 $P_c$ 并非趋于无穷。

根据 Flory 统计方法计算 $P_c$ 可表示为

$$P_c = \frac{1}{r^{\frac{1}{2}}[1+\rho(f-2)]^{\frac{1}{2}}}$$

式中，$\rho$ 为多官能单元上的官能团数占全部同类官能团数的分数；$r^{\frac{1}{2}} \leqslant 1$ 为两种反应官能团的当量比。

### 2.2.2 逐步加聚反应

单体分子通过反复加成，使分子间形成共价键而生成聚合物的反应称为逐步加成反应。例如二异氰酸酯和二元醇生成聚氨基甲酸酯的反应，双环氧化合物、双亚乙基亚胺化合物、双内酯、双偶氮内酯等二官能环状化合物以及某些烯烃化合物都可按逐步加聚反应形成聚合物。Diels-Alder 反应也可视作一种逐步加聚反应。以下仅举几例作简单介绍。

**1. 聚氨酯的合成**

异氰酸酯基很活泼，可与醇、酸、胺、水等起反应。二异氰酸酯如 TDI 与二元醇反应即可制得聚氨基甲酸酯，见反应式(2.33)。

$$O{=}CN{-}R{-}NC{=}O + HO{-}R'{-}OH \longrightarrow O{=}CN{-}R{-}NHCO{-}O{-}R'{-}OH \xrightarrow{HO{-}R'{-}OH}$$
$$HO{-}R'{-}OCONH{-}R{-}NHCO{-}O{-}R'{-}OH \xrightarrow{OCN{-}R{-}NCO} \cdots \longrightarrow {\{}O{-}R'{-}OCONH\ R{-}NHCO{\}}_n$$
(2.33)

**2. 环氧聚合物**

环氧树脂是分子中至少带有两个环氧 $-CH{-}CH_2$（中间为 $O$ 的三元环）端基的物质。双酚 A 型环氧树脂是由环氧氯丙烷与双酚 A 的加成产物，结构为：

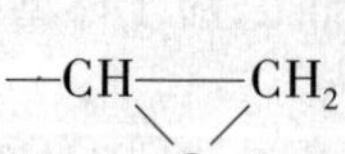

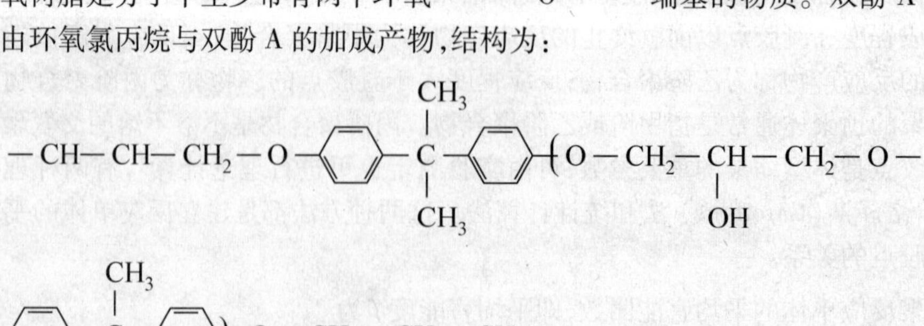

使用能与环氧基起反应的物质可使环氧树脂固化,形成体型结构。例如胺类固化剂所引起的交联反应,见反应式(2.34)。

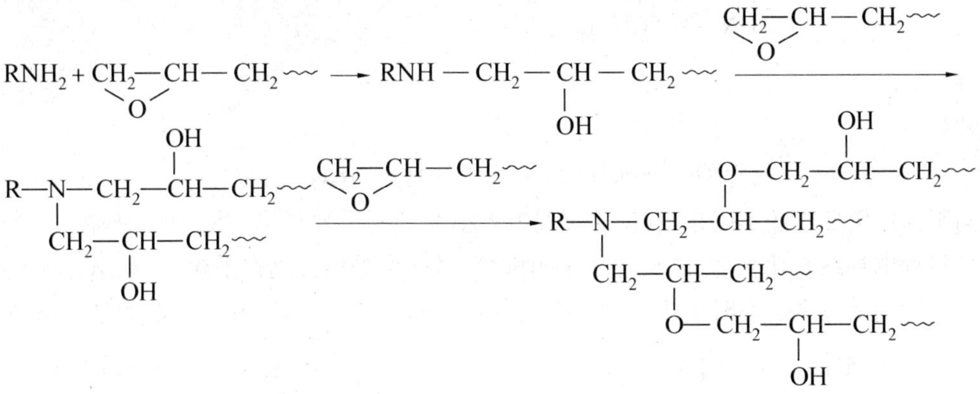

$$RNH_2 + CH_2-CH-CH_2\sim \longrightarrow RNH-CH_2-CH-CH_2\sim \xrightarrow{CH_2-CH-CH_2\sim}$$

(2.34)

### 3. Diels-Alder 反应

它是一个双轭双烯与一个烯类化合物发生的1,4-加成反应并形成各种环状结构,可用以制备梯形聚合物、稠环聚合物等。例如1,3-二烯烃在 $TiCl_4 - Al(C_2H_5)_2Cl$ 形成有效催化剂 $C_2H_5AlCl^+$ 存在下可制得梯形聚合物,见反应式(2.35)。

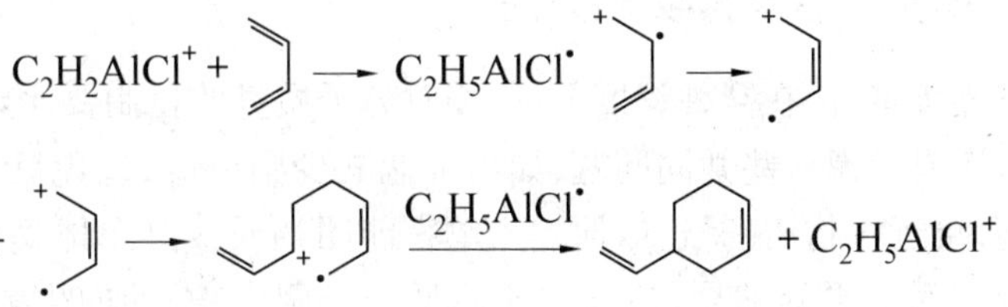

(2.35)

如此反复进行可得到梯形聚合物,见反应式(2.36)。

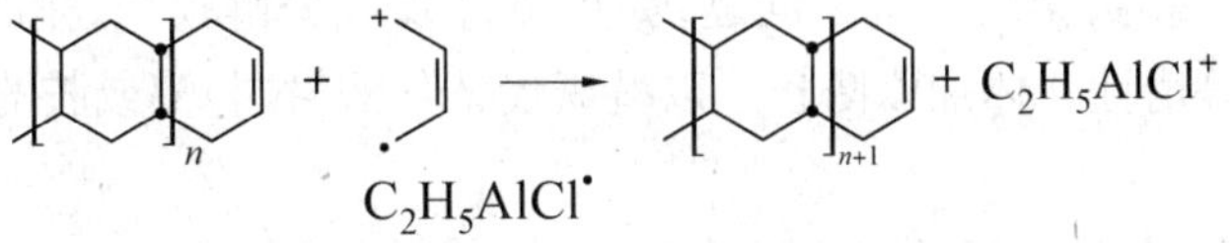

(2.36)

### 4. 环内酰胺的平衡聚合反应

ε-己内酰胺以水为催化剂的聚合反应,亦称水解聚合,已用于工业生产,其反应过程如下。

首先 ε-己内酰胺与水反应而开环,见反应式(2.37)。

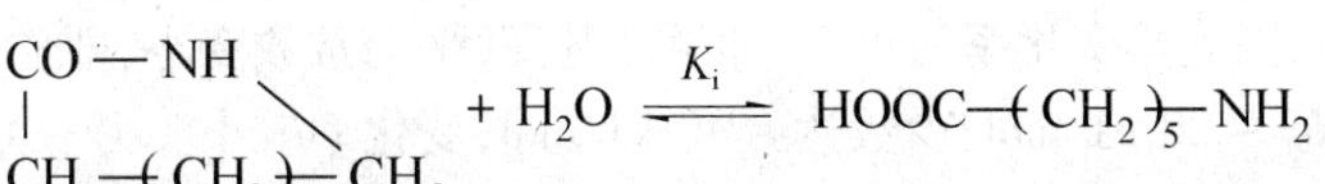

$$\underset{CH_2\,(CH_2)_3\,CH_2}{\overset{CO-NH}{\big|}} + H_2O \underset{}{\overset{K_i}{\rightleftharpoons}} HOOC+CH_2)_5-NH_2 \quad (2.37)$$

因己内酰胺不能用含水的胺引发反应,但可用氨基己酸引发反应,所以可以设想参与反应的活性中心为 $^-OOC+CH_2)_5\overset{+}{N}H_3$,铵离子对单体进行亲电加成,见反应式(2.38)。

$$^-OOC\!-\!(CH_2)_5\!-\!\overset{+}{N}H_3 + \underset{HN-(CH_2)_5}{\overset{O}{\underset{|}{\overset{\|}{C}}}} \underset{K_p}{\rightleftharpoons} {}^-OOC\!-\!(CH_2)_5\!-\!NHCO\!-\!(CH_2)_5\!-\!\overset{+}{N}H_3$$

$$\underset{HN-(CH_2)_5}{\overset{O}{\underset{|}{\overset{\|}{C}}}} \cdots \underset{K_p}{\rightleftharpoons} {}^-OOC\!-\![(CH_2)_5\!-\!NHCO]_n\!-\!CH_2\!-\!\overset{+}{N}H_3 \tag{2.38}$$

与平衡缩聚反应的不同在于:反应过程中无小分子副产物析出;并有两个平衡,一个是引发过程的环线转化平衡,以 $K_i$ 表示平衡常数,另一个是增长过程平衡,以 $K_p$ 表示平衡常数。设达到反应平衡态时单体和水的浓度分别为 $M_e$ 和 $X_e$,单体和水的起始浓度分别为 $M_0$ 和 $X_0$,则根据上述的两个平衡,可求得平均聚合度 $\overline{X}_n$ 与水起始浓度的关系为

$$\overline{X}_n = \frac{M_0 - M_e}{X_0 - X_e}$$

式中,$X_e$ 及 $M_e$ 可分别由 $K_i$ 及 $K_p$ 求出。

由上式可见,起始水用量越大,平均聚合度越小。

环醚单体,如四氢呋喃等的阳离子聚合也是这种类型的逐步聚合反应。

### 2.2.3 逐步聚合反应实施方法

对于线型逐步聚合,在某种程度上说,相对分子质量的控制要比聚合速率重要。提高相对分子质量需要考虑一些共同问题,如尽可能减少副反应,以免反应程度受到限制,要求原料纯度高,接近等物质的量,以便加入单官能团物质或某单体稍过量,就有可能控制相对分子质量。对于平衡缩聚,应设法排除低分子副产物,使向生成聚合物的方向移动等。

大部分逐步聚合反应在室温下的速率较低,必须提高反应温度(如 150~200 ℃ 或是更高)。聚合温度提高后,会出现若干问题,如单体挥发或分解损失,聚合也可能氧化降解,必须通 $N_2$、$CO_2$ 等惰性气体加以防止。以酰氯代替羧酸时,与醇或胺的反应就很快,可在室温下进行。

逐步聚合的聚合热不大,远比自由基聚合小,但其活化能却较大,一般需在较高温度下进行。

平衡常数对温度的变化率可表示为

$$\frac{\mathrm{d}\ln K}{\mathrm{d}T} = \frac{\Delta H}{RT^2}$$

式中,$\Delta H$ 为负值,因此其变化率为负值,即温度升高,平衡常数变小,即逆反应增加。但聚合热不大,如 $\Delta H = -20$ kJ/mol,少数达 $-40$ kJ/mol,变化率较小。另一方面,要保证一定速度下聚合,需提高反应温度。反应热过小,不足以维持较高的温度,需要另行加热。

逐步聚合方法通常有熔融、溶液、固相和界面聚合 4 种方法,根据不同反应类型的特点加以选择。

**1. 熔融缩聚**

这是目前生产上大量使用的一种缩聚方法,普遍用来生产聚酰胺、聚酯和聚氨酯。其特点是反应温度较高(200～300 ℃),此时,不仅单体原料处于熔融状态,而且生成的聚合物也处于熔融状态,一般反应温度要比生成的聚合物熔点高10～20 ℃。

熔融缩聚反应是一个可逆平衡的过程。高温有利于加快反应的速率,同时也有利于反应生成的低分子产物迅速和较完全地排除,使反应朝着生成大分子的方向进行。但是由于反应温度高,除了有利于主反应外,也有利于逆反应和副反应的发生,如交换反应、降解反应、官能团的脱羧反应等。这些副反应除了影响聚合物的相对分子质量外,还会在大分子链上形成"反常结构",使聚合物的热和光稳定性有所降低。

熔融聚合除了反应温度高这个特点外,还有以下几点:

① 反应时间较长,一般需要几个小时。

② 由于反应在高温下进行,且长达数小时之久,为了避免生成的聚合物氧化降解,反应必须在惰性气氛(氮气、二氧化碳等)中进行。

③ 为了使生成的低分子产物能较完全排除到反应系统之外,后期反应常在真空中进行,有时甚至在高真空中进行,如涤纶树脂的生产;或在薄层中进行,以有利于低分子产物较完全地排除;或直接将惰性气体通入熔体鼓泡,赶走低分子产物。

用熔融缩聚法合成聚合物的设备简单且利用率高,因为不使用溶剂或介质,近年来已由过去的釜式法间歇生产改为连续法生产,如尼龙-6、尼龙-66等。

**2. 溶液聚合**

单体加适当催化剂在溶剂中进行的缩聚反应称为溶液缩聚,它在工业生产中的应用规模仅次于熔融缩聚。一些新型的耐高温材料,如聚砜、聚酰亚胺、聚苯并噻唑等,大都采用此法制备。一般油漆、涂料也是用溶液缩聚。

从反应温度上分类,溶液缩聚分为高温溶液缩聚和低温溶液缩聚。前者为平衡反应,后者多为不可逆缩聚,用活性大的单体在100 ℃以下进行。按照缩聚产物在溶剂中是否溶解,也可分为两种情况:产物溶于溶剂时,是真正的均相反应;产物不溶解,自动析出沉淀,则是非均相过程。

溶液缩聚的基本特点是使用溶剂。溶剂起溶解单体、有利于热交换的作用,使反应过程平稳。它溶解或溶胀增长中的分子链,使大分子链伸展,反应速率增加,相对分子质量提高。它有利于低分子副产物的除去,例如用对水亲和性小的溶剂,可以使癸二酸与己二胺缩聚产物相对分子质量增大,当低分子副产物能与溶剂形成恒沸混合物时可以及时将低分子带出反应体系,或者用沸点远比低分子副产物温度高的溶剂,将反应中低分子生成物不断蒸发掉。

除了上述一般作用,溶剂还可能有以下特殊作用:

① 作低分子副产物的受体。当缩聚副产物为HCl时,最好有HCl接受体性质的溶剂,如二甲基甲酰胺、吡啶等。一般溶剂碱性越大,对HCl结合越紧,产物相对分子质量越高。

有时溶剂兼起受体和催化剂的作用。例如,二元酰氯和双酚A类化合物缩聚时,吡啶同时起溶剂、催化剂及HCl接受体的作用。

② 起缩合剂作用。例如,聚磷酸、浓硫酸等常兼起溶剂与缩合剂的作用。

选用溶剂时,通常要考虑以下几个因素:

① 溶剂的极性。缩聚反应的速率一般取决于离子型中间物的形成速率,它比起始反应物极性大,所以在大多数情况下,增加溶剂极性有利于提高反应速率,增加产物相对分子质量。

② 溶剂化作用。如果溶剂与反应物生成稳定的溶剂化物,就使反应速率降低,反应活化能提高;如果与离子型中间物生成较稳定的溶剂化物,就减小反应活化能,提高反应速率。

③ 溶剂的副反应。如二元芳胺与二元芳酰氯缩聚时,用二甲基甲酰胺为溶剂时产物相对分子质量比二甲基乙酰胺时低得多,原因是发生某些不希望发生的副反应。

### 3. 固相缩聚

尼龙盐、ω—氨基酸、聚酯低聚物等在单体及聚合物熔点以下的惰性气体或高真空下加热缩聚称为固相缩聚。这种方法目前尚处于研究阶段。

按实施情况,固相缩聚分为以下三种:

① 反应温度在起始单体熔点以下,这是"真正的"固相缩聚。

② 反应温度在单体熔点以上,但在缩聚产物熔点以下。这时通常是先用熔融缩聚或溶液缩聚法制得预聚物,然后在预聚物熔点或软化点以下进一步进行固相缩聚。

③ 体型缩聚和环化缩聚。在反应程度较深时,进一步的反应实际是在固态下进行的,链段活动性很小,反应的基本规律与一般固相缩聚相近。

固相缩聚可以制得高相对分子质量、高纯度的聚合物。对于熔点很高或熔点以上易于分解的单体的缩聚,对于耐高温聚合物的制备,特别是对于无机缩聚物的制备,固态缩聚是非常合适的方法。其特点如下:

① 反应速率比熔融缩聚小得多,表观活化能也大,反应完成常需要几十个小时。

② 固相缩聚是扩散控制过程。两种单体 $a—R_1—b$ 和 $a—R_2—b$ 在一起共缩聚时,可以生成无规共聚物,表明在缩聚过程中单体由一个晶相扩散到了另一晶相。

③ 一般说来,固相缩聚有显著的自催化效应,反应速率随时间的延长而增加。到反应后期,由于官能团浓度很小,反应速率才迅速下降。

④ 固相缩聚对反应物的晶格结构、结晶缺陷、杂质的存在很敏感。结晶部分与非晶部分反应速率相差很大,一般得到的相对分子质量分布比较宽。

### 4. 界面缩聚

1957 年 P·W·Morgan 提出的界面缩聚方法,是缩聚高分子合成的一个重大进展。这种方法是在多相(一般为两相)体系中,在相界面处进行的缩聚反应。它已成为聚碳酸酯的主要生产方法,并广泛用于实验室及小规模合成聚酰胺、聚砜、含磷缩聚物及其他耐高温缩聚物。

按体系的相状态,界面缩聚分为液-液和液-气界面缩聚,按工艺方法可分为不进行搅拌的静态界面缩聚和进行搅拌的动态界面缩聚。

界面缩聚有如下几个特点:

① 复相反应。将两单体分别溶于两个互不相溶的溶剂中,例如在实验室内合成聚酰

胺时，将己二胺溶于水（加适量碱以中和副产物 HCl），将己二酰氯溶于氯仿，放在烧杯中，于界面处很快反应成膜，不断将膜拉出。新的聚合物可以在界面处不断形成，并可抽成丝（图 2.7）。

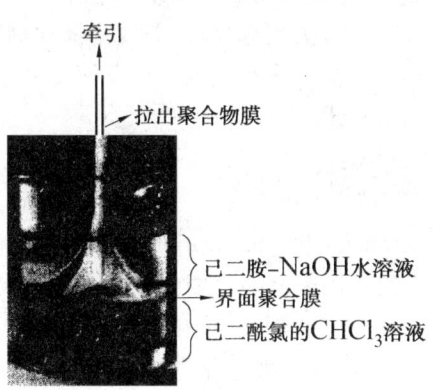

图 2.7　界面缩聚制备尼龙－66 的实验装置照片

② 不可逆。界面缩聚采用单体活性高、反应温度低，能及时除去小分子副产物，因此一般是不可逆缩聚。

③ 扩散控制过程。界面缩聚的总速率决定于扩散速率，反应区域中单体浓度比决定于单体向反应区域中扩散的速率。

④ 相对分子质量对配料比敏感性小。界面缩聚产物相对分子质量与单体配料比的关系与均相缩聚不同，最大相对分子质量并不对应于单体的等物质的量比，相对分子质量对配料比的敏感性小，而且曲线是不对称的。其原因是界面缩聚是复相反应，对产物相对分子质量起影响的是反应区域中两单体的物质的量比，而不是整个体系中的物质的量比，这与均相缩聚根本不同。反应区域的单体浓度不仅取决于两相的单体浓度，而且与两单体向反应区域扩散速率常数有关。

⑤ 界面缩聚在低反应程度时就可以得到高相对分子质量产物。这一点也与均相缩聚不同，而与链式聚合相似。要做到这一点，需要保证生成的聚合物不溶于任何一相，并且要及时更换界面。

界面缩聚需要采用活性大的单体，如二元胺与二元酰氯，而二元醇与二元酰氯反应慢，不宜采用此法。

在许多界面缩聚体系中加入相转移催化剂可以大大加速缩聚反应。这种催化剂的作用是使水相（甚至固相）的反应物顺利地转入有机相，从而促进二分子间的反应。常用的相转移催化剂有季铵盐和大环多醚类，如冠醚和穴醚。

## 2.3　高分子材料制备反应新进展

20 世纪 30~60 年代奠定了高分子材料合成反应的基础。目前工业生产的聚合物主要使用自由基聚合、离子聚合、配位加成聚合及逐步聚合反应（主要是缩聚反应）。相对新近发展的基团转移聚合、开环易位聚合等新的聚合反应，也将自由基聚合、离子聚合、配位加成聚合及逐步聚合反应称为传统聚合反应。

传统聚合反应包括理论和实践两个方面,近年来也有很大发展。例如,不平衡缩聚反应、插烯亲核取代缩聚反应、相转移催化剂在缩聚反应中的应用等方面都取得了很大进展。在离子聚合和配位聚合方面有关高选择性、高效率催化剂研究方面的进展十分突出,有关这方面的详细情况可参见有关专著和文献。以下简要介绍一下新近发展的一些新型制备反应以及某些新型的制备技术。

### 2.3.1 基团转移聚合反应

基团转移聚合(Group Transfer Polymerization,GTP)是一种新型的聚合反应,被认为是20世纪50年代发现配位聚合以来又一重要的新聚合技术。

所谓GTP是以$\alpha,\beta$-不饱和酯、酮、酰胺和腈类为单体,以带有硅、锗、锡烷基基团的化合物为引发剂,用阴离子型或路易氏酸型化合物为催化剂,以适当的有机物为溶剂而进行的聚合反应。通过催化剂与引发剂端基的硅、锗、锡原子配位,激发硅、锗、锡原子,使之与单体的羰基或氮结合成共价键,单体中的双键与引发剂中的双键完成加成,而硅、锗、锡烷基基团转移至链的末端,形成"活性"化合物,以上过程反复进行,得到相应的聚合物。实际聚合过程可看作引发剂中活性基团,如 —SiMt$_3$— 从引发剂转移至单体而完成链引发,然后又不断向单体转移而使聚合链不断增长,因而称为基团转移聚合反应。

例如,以二甲基乙烯酮甲基三甲基硅烷基缩醛 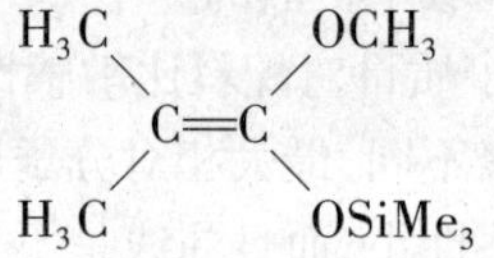 (MTS)为引发剂,用阴离子型催化剂($HF_2^-$),甲基丙烯酸甲酯(MMA)为单体,聚合反应可表示如下。

首先是在催化剂作用下,MTS 与 MMA 发生加成反应,见反应式(2.39)。

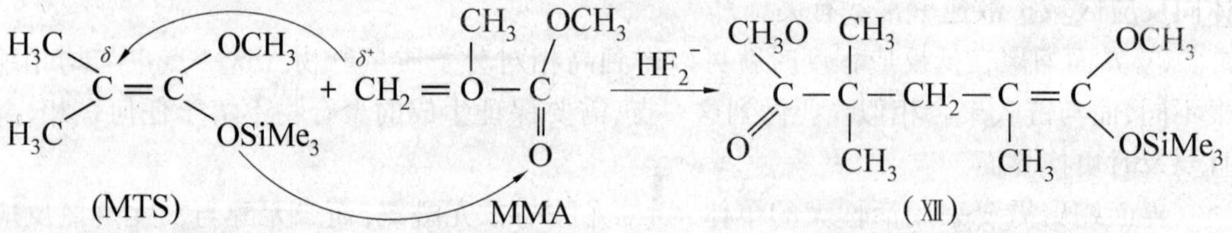

(2.39)

上述加成物(XII)的一端仍含有与 MTS 相似的结构,即末端 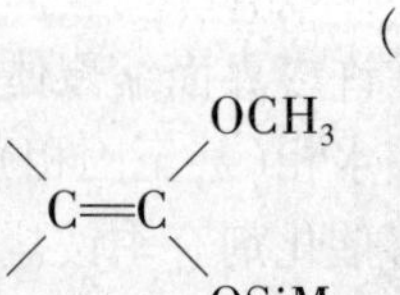 ,它可继续与 MMA 加成,直至所有的单体耗尽。所以聚合过程就是活性基团 —SiMt$_3$— 不断转移的过程。

当前,基团转移聚合主要包括两种新型的聚合过程。第一种是基于硅烷基烯酮缩醛类为引发剂,MMA 等为单体的聚合反应,在聚合过程中,活性基团从增长链末端转移到加进来的单体分子上,见反应式(2.40)。

$$\cdots Y'{-}X + \diagup Y \longrightarrow \cdots Y'{-}X \quad Y \diagup \longrightarrow \cdots \diagup Y \quad Y'{-}X \qquad (2.40)$$

第二种过程是醛醇基转移(Aldol Group Transfer)聚合。这时,连在进来加成的单体分子上的一个基团转移到增长链的末端,见反应式(2.41)。

$$\cdots Y' + \diagup Y{-}X \longrightarrow \cdots Y' \quad Y{-}X \diagup \longrightarrow \cdots \diagup Y{-}X \quad Y' \qquad (2.41)$$

例如三甲基硅烷乙烯醚的聚合,见反应式(2.42)。

$$\cdots \underset{O}{\overset{H}{C}} + H_2C = C\underset{OSiMe_3}{\overset{H}{\diagup}} \longrightarrow H_3C - \underset{OSiMe_3}{\overset{H}{C}} - CH_2 - \underset{O}{\overset{H}{C}} \qquad (2.42)$$

阴离子聚合的主要单体为单烯烃类和共轭双烯烃,这些都是非极性单体。极性单体容易导致副反应,使聚合体系失去活性。极性单体则可用 GTP 技术聚合。GTP 法可在室温下使丙烯酸酯类及甲基丙烯酸酯类单体迅速聚合,该法可视为反复进行的 Michael 加成反应,增长链是稳定的分子,可视为一种特殊的活性聚合。GTP 法在控制相对分子质量及其分布、端基官能化和反应条件等方面,比传统的聚合方法具有更多的优点,为高分子材料的分子设计开辟了新的途径。

GTP 在许多方面具有与阴离子聚合相似的特点,特别是"活性聚合"方面。所以,GTP 可用以合成相对分子质量分布窄($\overline{M}_w/\overline{M}_n = 1.03 \sim 1.20$)的均聚物作为标准样品,也可用以制备无规共聚物、嵌段共聚物、星形聚合物以及带官能团的遥爪聚合物。GTP 法是迄今最好的合成相对分子质量及其分布可控的丙烯酸酯及甲基丙烯酸酯类聚合物的方法。

GTP 法尚存在不少问题,引发剂价格昂贵,使得 GTP 法尚难于大规模应用。由于存在固有的终止反应,在制备高相对分子质量聚合物方面尚有困难。当前 GTP 法仅用于特殊场合及少量需求的情况。

### 2.3.2 开环易位聚合反应

环烯烃开环易位聚合(Ring-opening Metathesis Polymerization, ROMP),亦称开环置换聚合或开环歧化聚合。ROMP 可视为烯烃易位反应的一种特例。烯烃易位反应见反应式(2.43)。

$$2R^1CH{=\!\!=}CHR^2 \rightleftharpoons R^1CH{=\!\!=}CHR^1 + R^2CH{=\!\!=}CHR^2 \qquad (2.43)$$

烯烃易位反应一般以过渡金属化合物为催化剂,活性中心是过渡金属碳烯。C=C 可在链烯上亦可在环烯上,若为环烯,则易位反应的结果是聚合。这种易位反应是可逆平衡反应。

不同烯烃之间可进行交叉易位反应。环烯烃和链烯烃之间的交叉易位反应也可导致聚合,形成聚合物,例如反应式(2.44)。

$$RCH=CHR + n\text{□} \longrightarrow RCH \mathbin{\!=\!\mathbin{\!=\!}} CH-CH_2CH_2CH_2-CH \mathbin{\!=\!\mathbin{\!=\!}}_n CHR \qquad (2.44)$$

这时,链烯烃起链转移剂的作用,可用以控制相对分子质量。

开环易位聚合既不同于链烯烃双键开裂的加成聚合,也不同于内酰胺、环醚等杂环的开环聚合,而是双键不断易位,链不断增长,而单体分子上的双键仍保留在生成的聚合物大分子中。

开环易位聚合反应条件温和,反应速率快,多数情况下反应中几乎没有链转移反应和链终止反应,因而是一种活性聚合。利用开环易位聚合可制得许多特殊结构的聚合物。近十几年来,利用开环易位聚合反应已开发出一大批具有优异性能的新型高分子材料,如反应注射成型聚双环戊二烯、聚降冰片烯和聚环辛烯(新型热塑性弹性体)等,上述三种产品已进行工业规模生产。因此,开环易位聚合已成为高分子材料制备的一种重要聚合方法。

开环易位聚合催化剂是以过渡金属为主催化剂,主族金属有机化合物为共催化剂组成的复合催化剂。可从不同角度进行分类,按均相和非均相分,可分为非均相催化剂和均相催化剂两种。非均相催化剂一般是过渡金属化合物(如 $WO_3$、$W(CO)_6$、$Re_2O_7$ 等)吸附于惰性金属氧化物(如 $Al_2O_3$)载体上,再加入活化剂(共催化剂)如 $Sn(CH_3)_4 + AlEtCl_2$ 等。均相催化剂有 $WCl_6 + AlEt_3$,以及二茂二氯钛 + $Al(CH_3)_3$ 等。

开环易位聚合的一个显著特点是单体中的 C=C 双键在聚合物中保持不变,这是所得聚合物立体异构的主要原因之一。生成的聚合物有顺式和反式之分。双环烯制得聚合物的情况更为复杂,大分子内碳环的取向是立体异构的另一个重要原因。聚合物的立体结构与所用催化体系及催化体系中各组分用量比有密切关系。

开环易位聚合已获得广泛的实际应用。例如,降冰片烯可从石油化工副产品环戊二烯与乙烯通过 Diels-Alder 反应制得。经过开环易位聚合制得相对分子质量高达 $2 \times 10^6$ 的热塑性聚降冰片烯,其主链为反式结构,已实现工业化,商品名为"Norsorex",是一种高吸油树脂,还可用作减震材料、密封材料等。

环辛烯在钨系催化剂下进行的开环易位聚合可得到以反式主链结构为主的聚合物,相对分子质量为 $10^5$ 以上,已实现工业化。这类产品是性能优良的橡胶配合剂,能显著改善橡胶的加工流动性,提高硫化胶的弹性。

环戊烯在不同的催化剂作用下可生成反式或顺式两种主链结构的聚合物,见反应式(2.45)。这两种环戊烯都是优良的弹性体,前者的性能接近于天然橡胶,后者则有优良的低温性能。

$$\text{[cyclopentene]} \begin{array}{c} \xrightarrow{R_2AlCl/MoCl_5} \left[ CH_2-\underset{CH_2}{CH=CH}-CH_2 \right]_n \\ \xrightarrow{R_3Al/WCl_6} \left[ CH_2-\underset{CH_2}{CH=CH}-CH_2 \right]_n \end{array} \qquad (2.45)$$

在石油化工裂解制备乙烯的过程中有大量的 $C_5$ 馏分副产品(约占乙烯产量的 15%~17%),其中含有大量的双环戊二烯。它们以往主要作为燃料烧掉,既污染了环境,又浪费了宝贵的资源。自从开环易位聚合问世以来,这一难题在一定程度上得到了解决。

双环戊二烯在钨系催化剂 $WCl_6$ - $Et_2AlC$ 作用下可进行开环易位聚合,生成一种交联的聚合物。这种聚合物具有很高的冲击、拉伸和弯曲强度,是一种新型的高抗冲塑料,可用于制备汽车零部件和运动器材,在机械工业中也有应用。20 世纪 80 年代,反应性注射成型聚双环戊二烯也已实现工业化生产。

又如,聚乙炔是一种性能优异的导电高分子材料,但其溶解性能不好,难于加工,限制了实际应用。采用开环易位聚合可克服这个问题。采用环辛四烯开环易位聚合可制得易成型加工的聚乙炔,用碘掺杂后,电导率可达 50~350 $S\cdot cm^{-1}$。

开环易位聚合在制备高性能离子交换树脂、高性能涂料及胶黏剂方面也有重要作用,所以这是一类发展很快、应用价值突出的一类新型聚合反应。

### 2.3.3 活性可控自由基聚合反应

活性聚合是指无链终止反应和无链转移反应的聚合反应。在聚合过程中,活性中心的活性自始至终保持,引发速率远大于增长速率,可认为全部活性中心几乎是同时产生的,从而保证所有活性中心几乎以相同速率增长。因此,活性聚合可以有效地控制聚合物相对分子质量,相对分子质量分布窄,结构规整性好。已成功的活性聚合反应体系包括活性阴离子聚合、活性阳离子聚合、活性开环聚合、活性开环易位聚合、基团转移聚合、配位阴离子聚合等。但这类反应,当前真正大规模工业化应用的并不多,原因是反应条件一般比较苛刻,成本高,且适用的单体较少。

自由基聚合具有可聚合的单体种类多、反应条件温和、容易实现工业化等优点。但自由基聚合中,链自由基活泼,易于发生双分子偶合或歧化终止以及链转移反应,不是活性聚合,相对分子质量及其分布、端基结构等都难于控制。所以自由基活性聚合,近年来一直是高分子科学界的重要研究课题。

在离子型聚合中,增长碳阴离子或碳阳离子由于静电排斥,彼此不发生反应。而自由基却强烈地表现出偶合或歧化终止反应的倾向,其终止反应速率常数接近扩散控制速率常数 ($k_t = 10^7$ ~ $10^9$ $m^{-1}\cdot s^{-1}$),比相应增长速率常数 ($k_p = 10^2$ ~ $10^4$ $m^{-1}\cdot s^{-1}$) 高出 5 个数量级。此外,经典自由基引发剂的慢分解 ($k_d = 10^{-6}$ ~ $10^{-4}$ $S^{-1}$) 又常常导致引发不完全。这些动力学因素(慢引发、快增长、速终止和易转移)决定了传统自由基聚合的不可控制性。

另外,从自由基聚合反应动力学角度考虑,引发剂分解速率与引发剂分子中化学键的解离能密切相关,而解离能又是温度的函数,升高温度固然可以提高引发剂的分解速率,但同时加快了链增长反应速度,并且导致链转移等副反应的增加。因而,活性自由基聚合的研究焦点集中在稳定自由基、控制链增长上。

由高分子化学可知,链终止速率和链增长速率之比可表示为

$$\frac{R_t}{R_p} = \frac{k_t}{k_p} \times \frac{[P \cdot]}{[M]}$$

式中,$R_p$、$R_t$、$k_p$、$k_t$、$[P \cdot]$、$[M]$ 分别为链增长速率、链终止速率、链增长速率常数、链终止速率常数、自由基瞬时浓度和单体瞬时浓度。

不难看出,$k_t/k_p$ 值越小,链终止反应对整个聚合反应的影响越小。通常 $k_t/k_p$ 为 $10^4 \sim 10^5$,因此,链终止反应对聚合过程影响很大。另外,$\frac{R_t}{R_p}$ 还取决于自由基浓度与单体浓度之比。如自由基本体聚合中,$[M]_0$ 约为 $1 \sim 10$ mol·L$^{-1}$,一般情况下难以改变。由此可见,要降低 $\frac{R_t}{R_p}$ 值,主要应通过降低体系中的瞬时自由基浓度来实现。假定体系中单体浓度为 1 mol·L$^{-1}$,则

$$\frac{R_t}{R_p} \approx 10^4 \sim 10^5 [P \cdot]$$

当然,自由基活性种浓度不可能无限制地降低。一般来说,$[P \cdot]$ 在 $10^{-8}$ mol·L$^{-1}$ 左右,聚合反应的速率仍很可观。在这样的自由基浓度下,$\frac{R_t}{R_p} = 10^{-4} \sim 10^{-3}$,$R_t$ 相对于 $R_p$ 就可忽略不计。另一方面,自由基浓度的下降必定降低聚合反应速度。但由于链增长反应活化能高于终止反应活化能,因此提高聚合反应温度,不仅能提高聚合速率(因为能提高 $k_p$),而且能有效降低比值 $\frac{k_t}{k_p}$,抑制终止反应的进行。基于这一原因,活性自由基聚合一般应在较高温度下进行。

在实际操作中,要使自由基聚合成为可控聚合,聚合反应体系中必须具有低而恒定的自由基浓度。因为对增长自由基浓度而言,终止反应为动力学二级反应,而增长反应为动力学一级反应。既要维持可观的聚合反应速度(自由基浓度不能太低),又要确保反应过程中不发生活性种的失活现象(消除链终止、链转移反应),需要解决的有两个问题:一是如何自聚合反应开始一直到反应结束始终控制如此低的反应活性种浓度;二是在如此低的反应活性种浓度的情况下,如何避免聚合所得聚合物的聚合度过大($\overline{DP}_n = \frac{[M]_0}{[P]} = 1/10^{-8} = 10^8$),这是一对矛盾。为解决这一矛盾,受活性阳离子聚合的启发,将可逆链终止反应与可逆链转移反应概念引入自由基聚合,通过在活性种与休眠种(暂时失活的活性种)之间建立快速交换反应,建立一个可逆的平衡反应(见反应式(2.46)),成功地实现了上述矛盾的对立统一。

$$P^{\cdot} + X \underset{k_a}{\overset{k_d}{\rightleftharpoons}} P-X \qquad (2.46)$$

式中,$k_d$ 为单体转化率。这就解决了上面提出的第二个问题。

由此可见,借助于 X 的快速平衡反应不但使自由基浓度控制得很低,而且可以控制产物的相对分子质量,因此,可控自由基合成为可能。但是上述方法只是改变了自由基活性中心的浓度而没有改变其反应本质,因此是一种可控聚合,而并不是真正意义上的活性聚合。为了区别于真正意义上的活性聚合,通常人们将这类宏观上类似于活性聚合的聚合方法称为活性可控聚合,有时也简称为活性自由基聚合或可控自由基聚合。

经过几十年的努力,自由基活性可控聚合的研究已取得重大突破。1993 年,加拿大 Xerox 公司的研究人员首先报道了 TEMPO/BPO 引发苯乙烯的高温(120 ℃)本体聚合。这是有史以来第一例活性自由基聚合体系。但是除苯乙烯以外,TEMPO 不能使其他种类的单体聚合。另外 TEMPO 的价格昂贵,难以工业化应用。

1994 年,Wayland 等人采用四(三甲基苯基)卟啉 - 2,2′ - 二甲基丙基合钴 [(TEM)Co-CH$_2$(CH$_3$)$_3$] 引发丙烯酸甲酯的聚合反应,发现聚丙烯酸甲酯的相对分子质量与单体转化率呈线性增长关系,且其相对分子质量分布很窄($\frac{\overline{M_w}}{\overline{M_n}}$ = 1.10 ~ 1.21),因此是一种活性自由基聚合。但此体系也不能使其他种类的单体聚合,而且价格也很昂贵,难有工业化前途。

1995 年,Matyjiaszewski 等人在采用 1 - PECl/CuCl/bpy 组成的非均相体系引发苯乙烯及丙烯酸酯的聚合时发现,单体转化率与时间和聚合物相对分子质量与单体转化率之间呈线性关系且接近理论值($\overline{DP} = \frac{\Delta[M]}{[I]}$),同时聚合物的相对分子质量分布很窄($\frac{\overline{M_w}}{\overline{M_n}} \leq$ 1.5),因此聚合过程呈现"活性特征"。这就是轰动高分子化学界的,被认为是活性聚合领域最重要发现的原子转移自由基聚合(ATRP)。以下仅对 ATRP 作简单介绍。

原子转移自由基聚合的概念源于有机合成中过渡金属催化的原子转移自由基合成(Atom Transfer Radical Addition,ATRA)。ATRA 是有机合成中形成 C—C 键的有效方法,总反应为:

$$RX + M \xrightarrow{\text{过渡金属催化剂}} RMX$$

式中,M 表示烷烯。

ATRP 就是在此基础上提出并发展的。但应注意,ATRA 只是 ATRP 的必要条件而非充分条件。ATRA 能否转化为 ATRP,不仅取决于反应条件以及过渡金属离子及配体的性质,还与卤代烷与不饱和化合物(单体)的分子结构有关。ATRA 的关键是卤原子能顺利地加成到双键上,而加成物中的卤原子能否顺利地转移下来,对 ATRA 来说并不重要,而对 ATRP 来说却是关键。为此,分子中必须有足够的共轭效应或诱导效应以削弱 α 位置 C—X 键的强度。这是选择 R—X 的原则,这也决定了 ATRP 所适应的单体范围。

ATRP 引发体系包括引发剂、催化剂和配体三部分。

(1) 引发剂

所有α位上含有诱导或共轭基团的卤代烷都能引发ATRP反应。目前已报道的比较典型的ATRP引发剂主要有：α-卤代苯基化合物，如α-氯代苯乙烷、α-溴代苯乙烷、α-苄基溴等；α-卤代羰基化合物，如α-氯丙酸乙酯、α-溴丙酸乙酯、α-溴代异丁酸乙酯等；α-卤代氰基化合物，如α-氯乙腈、α-氯丙腈等；多卤化物，如四氯化碳、氯仿等。此外，含有弱S—Cl键的取代芳基磺酰氯是苯乙烯和(甲基)丙烯酸酯类单体的有效引发剂。近年的研究发现，分子结构中并没有共轭或诱导基团的卤代烷(如1,2-二氯甲烷)在$FeCl_2 \cdot 4H_2O/PPh_3$的催化作用下，也可引发甲基丙烯酸丁酯的可控聚合，从而拓宽了ATRP的引发剂选择范围。

(2) 催化剂和配体

催化剂是含有过渡金属化合物与N、O、P等强配体所组成的络合物，其中心离子易发生氧化还原反应，通过建立快速氧化还原可逆平衡，使增长活性种变为休眠种。配体亦称为配位剂，主要作用是与过渡金属形成络合物，使其溶于溶剂，调整中心金属的氧化还原电位，当金属离子氧化态改变时，配位数随之增减，建立原子转移的动态平衡。

可用的过渡金属有铜、铁、镍、钌、钼、钯、铼、铑等。最早使用的配体是联二吡啶，它与卤代烷、卤化铜组成的引发体系是非均相体系，效率不高，产物相对分子质量分布也宽。用油溶性长链烷基取代的联二吡啶效果较好。已采用过的配体还有2-吡啶缩醛亚胺、邻菲咯啉、氨基醚类化合物[如双(二甲基氨基乙基)醚]等。

可用ATRP方法聚合的单体主要有苯乙烯类、(甲基)丙烯酸酯类。至今为止，采用ATRP技术尚不能使烯烃类单体、二烯烃类单体、氯乙烯和醋酸乙烯酯等单体聚合。

原子转移自由基聚合的提出至今大约10年时间，已经取得了巨大的发展，它在制备窄相对分子质量分布聚合物、端活性聚合物、嵌段共聚物、星状聚合物、超支化聚合物和梯度共聚物方面都取得了巨大成就。ATRP是当前高分子合成技术研究的热点领域。重要的研究方向主要集中在：制备高活性催化剂，能够使用极少量催化剂在较低温度下(40~80℃)即可使单体聚合；研究能使醋酸乙烯酯、氯乙烯、乙烯等单体聚合的引发体系；研究无金属存在的ATRP催化剂；ATRP对聚合物立体规整性的控制问题等。

### 2.3.4 变换聚合反应

变换聚合反应就是将一种聚合机理所得到的并已终止的聚合物链重新引发并按另一种聚合机理进行另一种单体聚合的聚合方法。实际涉及的主要是活性聚合物链末端的转化。这种方法可以集各种聚合机理的特点于一体，弥补单一机理之不足，使不同聚合性质的单体能相互结合，得到单一聚合方法难于合成的特异结构和性质的高分子，如特种嵌段、接枝、梳状及星状等形态的高分子。变换聚合反应已成为从分子水平进行高分子设计、合成的重要手段，在新材料制备、成型加工等方面具有广阔的应用前景。

变换聚合反应的研究起于20世纪70年代。近年来，随着负离子、正离子、配位和自由基等各种活性聚合或可控聚合反应的发展，使得变换聚合反应的研究从方法论上的兴趣转变为分子构筑的重要手段。

常见的变换聚合反应有阴离子聚合向阳离子聚合的变换、向自由基聚合的变换、向活性可控自由基聚合的变换等;阳离子聚合向自由基聚合、ATRP 以及阴离子聚合的变换;配位聚合向自由基聚合、阳离子聚合、阴离子聚合的变换;自由基聚合向阳离子聚合反应的变换等。例如阴离子聚合向阳离子聚合的变换(见反应式(2.47a)、(2.47b))。即能使单体 $M_1$ 进行阴离子聚合形成阴离子活性聚合物,再将其转变成聚合物阳离子。生成的聚合物阳离子引发单体 $M_2$ 聚合,从而生成相应的嵌段共聚物。

$$\sim\sim M_1^- Na^+ + RX \xrightarrow{\text{终止}} \sim\sim M_1R + NaX \qquad (2.47a)$$

$$\sim\sim M_1R \xrightarrow{\text{阳离子催化剂}} \sim\sim M_1R^+ M_1R \xrightarrow{M_2} \sim\sim M_1M_2 \sim\sim \qquad (2.47b)$$

# 第3章　聚合物的结构与性能

## 3.1　聚合物的结构

由于高分子的分子链很庞大且组成可能不均一，所以高分子的结构很复杂。整个高分子结构是由四个不同层次组成，分别称为一级结构和高级结构（包括二级、三级和四级结构）。

### 3.1.1　一级结构

高分子链的一级结构指单个大分子内与基本结构单元有关的结构，包括结构单元的化学组成、键接方式、构型、支化和交联以及共聚物的结构。

**1. 键接方式**

单烯类单体聚合时可能出现两种链接方式：一种是"头－尾"链接，一种是"头－头"（或尾－尾）链接。由于位阻效应和端基活性种的共振稳定性两方面原因，一般聚合物以"头－尾"链接占大多数。

$$CH_2=CHR \longrightarrow -CH_2CH-CH_2CH- \quad 或 \quad -CH_2CH-CHCH_2-$$
$$\qquad\qquad\qquad\qquad\quad |\qquad\quad |\qquad\qquad\qquad\quad |\qquad\quad |$$
$$\qquad\qquad\qquad\qquad\quad R\qquad\quad R\qquad\qquad\qquad\quad R\qquad\quad R$$

　　　　　　　　　　　　　头-尾链接　　　　　　　　　头-头链接

**2. 构型**

构型是指分子中由化学键所固定的原子在空间的排列。这种排列是稳定的，要改变构型，必须经过化学键的断裂和重组。有两类构型不同的异构体，即旋光异构体和几何异构体。

（1）旋光异构

碳原子的四个价键形成正四面体结构，键角都是 109°28′（图3.1）。当四个取代基团或原子都不一样即不对称时就产生旋光异构体，这样的中心碳原子称不对称碳原子。例如丙氨酸有两种旋光异构体，它们互为镜影结构，就如同左手和右手互为镜影而不能实际重合一样（图3.2）。

结构单元为 —CH$_2$CH— 型单烯类高分子中，每一个结
　　　　　　　　　　|
　　　　　　　　　　R

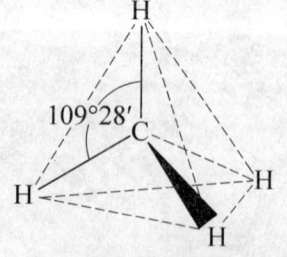

图3.1　甲烷的四面体结构

构单元有一个不对称碳原子，因而每一个链节就有 D 型和 L 型两种旋光异构体。若将 C—C 链放在一个平面上，则不对称碳原子上的 R 和 H 分别处于平面的上或下侧。当取代基全部处于平面的一侧，即序列为 DDDDDD（或 LLLLLL）时

称为全同(或等规)立构。当取代基相间地分布于平面上下两侧,即序列为 DLDLDL 时称为间同(或间规)立构。而不规则分布时称为无规立构。图 3.3 是三类不同旋光异构体的示意图。

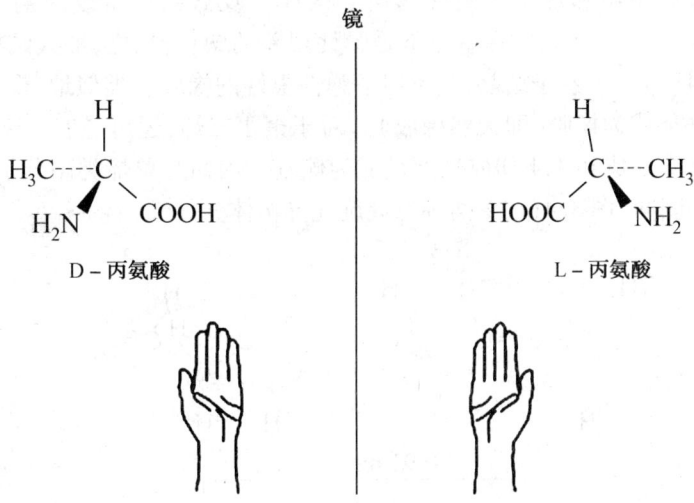

图 3.2　旋光异构体的互为镜影关系

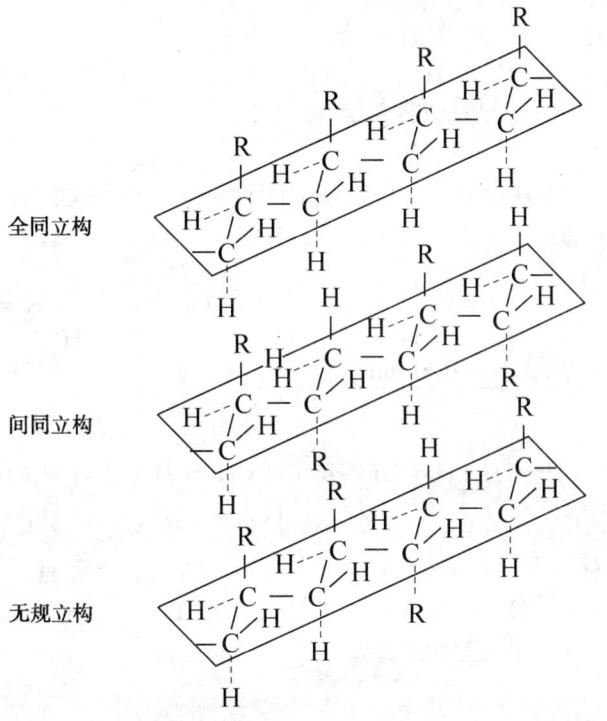

图 3.3　单烯类高分子的旋光异构体

### (2) 几何异构

双烯类高分子主链上存在双键。由于取代基不能绕双键旋转,因而双键上的基团在双键两侧排列的方式不同而有顺式构型和反式构型之分,称为几何异构体。以聚1,4-丁二烯为例,有顺1,4和反1,4两种几何异构体。反式结构重复周期为0.51 nm(图3.4(b)),比较规整,易于结晶,在室温下是弹性很差的塑料;反之,顺式结构重复周期为0.91 nm(图3.4(a)),不易于结晶,是室温下弹性很好的橡胶。类似地,聚1,4-异戊二烯也只有顺式才能成为橡胶(即天然橡胶)。对于聚丁二烯,还可能有1,2加成(对于聚异戊二烯则有1,2加成和3,4加成),双键成为侧基。因而与单烯类高分子一样,有全同(图3.4(d))和间同(图3.4(c))两种有规旋光异构体。

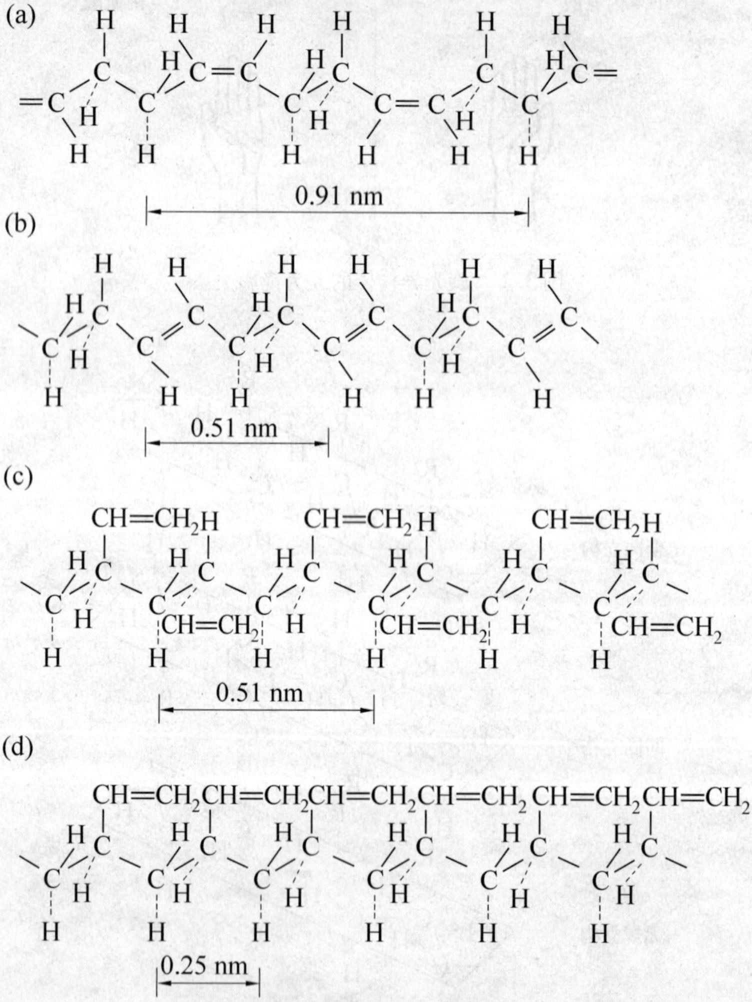

图 3.4 双烯类高分子聚丁二烯的有规异构体

### 3. 分子构造

分子构造指的是高分子链的几何形状。一般高分子链为线形,也有支化或交联结构。图3.5是几种典型的非线形构造的高分子链示意图。

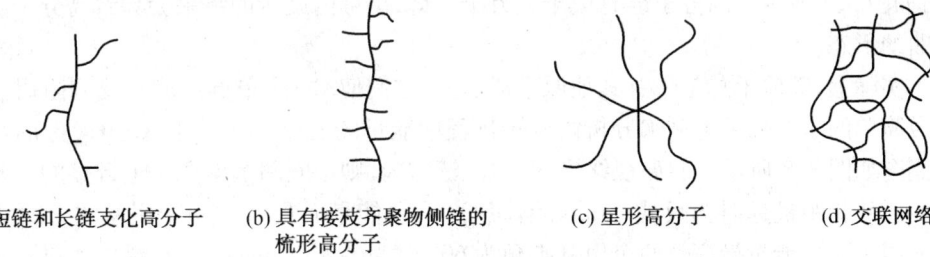

(a) 短链和长链支化高分子　　(b) 具有接枝齐聚物侧链的　　(c) 星形高分子　　(d) 交联网络
　　　　　　　　　　　　　　　　梳形高分子

图3.5　几种典型的非线形构造的高分子链

线形高分子的分子间没有化学键结合,在受热或受力时可以互相移动,因而线形高分子在适当溶剂中的溶解,加热时可以熔融,易于加工成形。

交联高分子的分子间通过支链联结起来成为一个三维空间网状大分子,高分子链不能动弹。因而不溶解也不熔融,当交联度不大时只能在溶剂中溶胀。

支化高分子的性质介于线形高分子和交联(网状)高分子之间,取决于支化程度。

低密度聚乙烯是支化高分子,热固性塑料是交联高分子,橡胶是轻度交联的高分子。

**4. 共聚物的序列结构**

高分子如果只由一种单体反应而成,称为均聚物;如果由两种以上单体合成,则称为共聚物。共聚物的序列结构如图3.6所示。以●、○两种单体的二元共聚物为例,有无规共聚物、交替共聚物、嵌段共聚物和接枝共聚物四类。

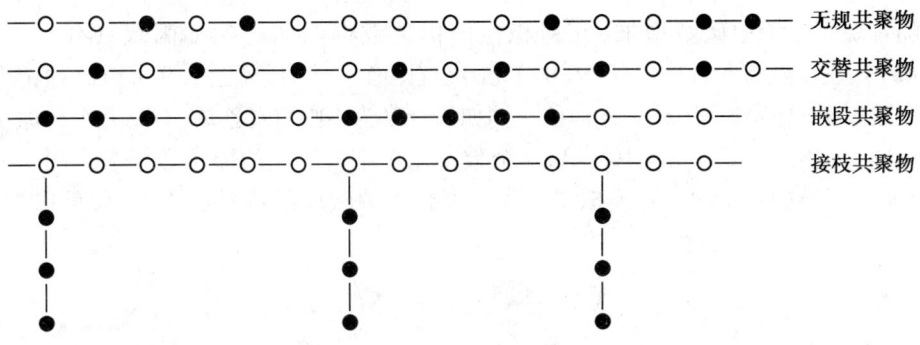

图3.6　共聚物的序列结构

共聚物的性质一般是均聚物的综合(如ABS),但有时却有很大差异,例如聚乙烯和聚丙烯都是塑料,但乙丙无规共聚物却是橡胶(称乙丙橡胶),这是因为共聚物破坏了结晶性。

## 3.1.2　二级结构

二级结构指的是若干链节组成的一段链或整根分子链的排列形状。高分子链由于单键内旋转而产生的分子在空间的不同形态称为构象(或内旋转异构体),属二级结构。构象与构型的根本区别在于,构象通过单键内旋转可以改变,而构型无法通过内旋转改变。

高分子主链上的C—C单键是由$\sigma$电子组成的,电子云分布具有轴对称性,因而C—C单键是可以绕轴旋转的,称为内旋转。假设碳原子上没有氢原子或取代基,单键的内旋转完全自由。由于键角固定在 109.5°，一个键的自转会引起相邻键绕其公转，轨迹为圆锥形，如图 3.7 所示。高分子链有成千上万个单键，单键内旋转的结果会导致高分子链总体卷曲的形态。

实际上，碳原子总是带有其他原子或基团，它们使 C—C 单键内旋转受到阻碍。下面以最简单的丁烷分子为例来分析内旋转过程中能量的变化。丁烷中 C—C 键的内旋转位能图如图 3.8 所示。假如视线沿 C—C 键方向，则中间两个碳原子上键接的甲基分别在两边并相距最远时为反式(trans，缩写 t)，构象能量 $u$ 最低。两个甲基重合时为顺式(cis，缩写 c)，能量最高。两个甲基夹角为 60° 时为旁式(ganshe，有左旁式 g 和右旁式 g′ 两种)，能量也相对较低。显然只有反式和旁式较为稳定，大多数分子取这种构象。

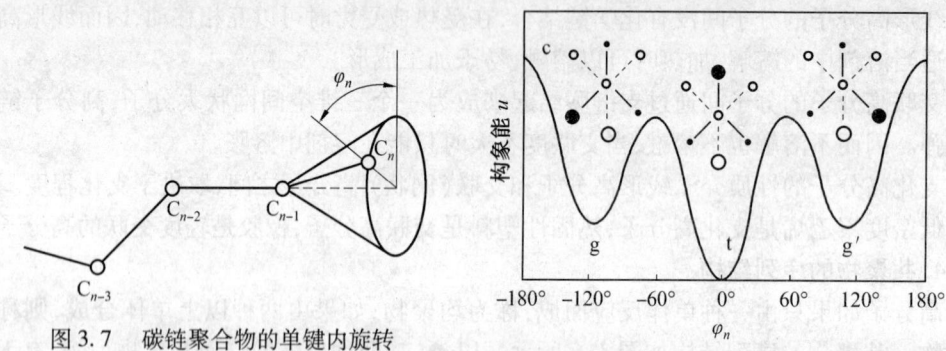

图 3.7　碳链聚合物的单键内旋转
（$\varphi_n$ 为内旋转角）

图 3.8　丁烷中 C—C 键的内旋转位能图

随着烷烃分子中碳数增加，相对稳定的构象数也增加。例如丙烷只有一种构象(3.9(a))，正丁烷有 3 种构象(3.9(b))，正戊烷则有 9 种构象(图 3.9(c))。理论上，含有 $n$ 个碳原子的正烷烃有 $3^{n-3}$ 种构象。例如聚合度为 $10^4$ 的聚乙烯，有 2 万个碳原子，整个分子链的构象数为 $3^{19997}(=10^{9541})$，这个数字比全宇宙存在的原子数还多。图 3.10 是 100 个碳原子链的构象的计算模拟图。通常聚合物的碳原子数目成千上万，可以想象普通的高分子链的卷曲程度。

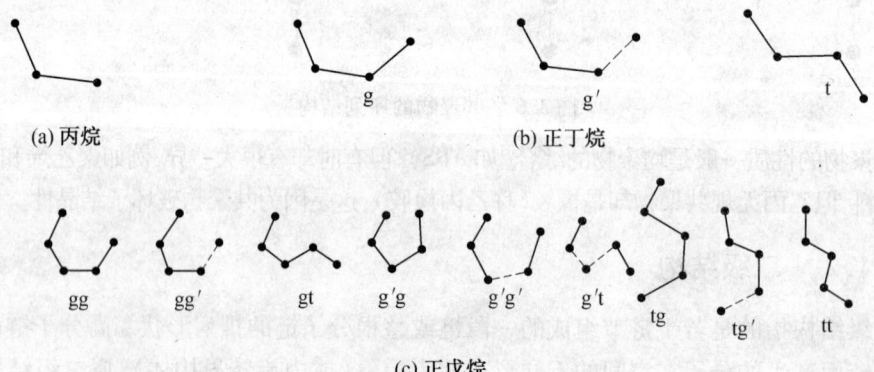

图 3.9　几种烷烃的相对稳定构象示意图
（虚线表示 g′，实线表示 g）

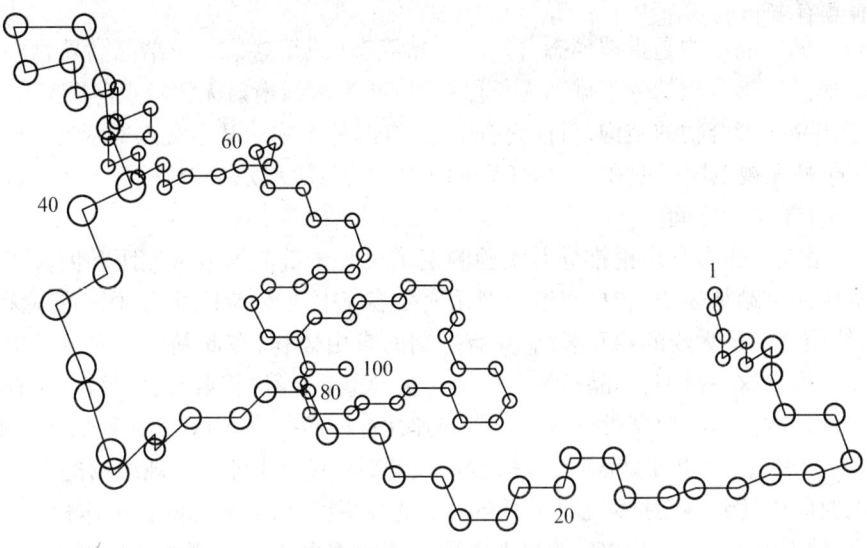

图 3.10　碳数为 100 的链构象模拟图

如果施加外力使链拉直,再除去外力时,由于热运动,链会自动回缩到自然卷曲的状态,这就是高分子普遍存在一定弹性的根本原因。

由于高分子链中的单键旋转时互相牵制,即一个键转动,要带动附近一段链一起运动,这样每个键不能成为一个独立运动的单元,而是由若干键组成的一段链作为一个独立运动单元,称为链段。整个分子链则可以看作由一些链段组成,链段并不是固定由某些键或链节组成,这一瞬间由这些键或链节组成一个链段,下一瞬间这些键或链节又可能分属于不同的链段。

高分子链有五种基本构象,即无规线团、伸直链、折叠链、螺旋链和锯齿形链,如图 3.11 所示。无规线团是线形高分子在溶液和熔体中的主要形态。这种形态可以想象为煮熟的面条或一团乱毛线。其中锯齿形链指的是更细节的形状,由碳链形成的锯齿形状可以组成伸直链,也可以组成折叠链,因而有时也不把锯齿形链看成一种单独的构象。

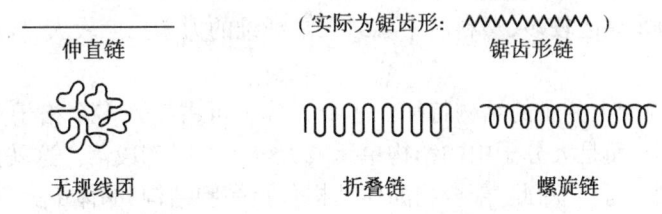

图 3.11　高分子的二级结构

### 3.1.3　三级结构

三级结构指在单个大分子二级结构基础上,许多这样的大分子聚集在一起而成的结构,也称聚集态结构或超分子结构。三级结构包括非晶结构、结晶结构、液晶结构和取向结构等。

### 1. 非晶结构

聚合物的非晶结构是指玻璃态、橡胶态、黏流态(或熔融态)及结晶高聚物中非晶区的结构。非晶态聚合物的分子排列无长程有序,对 X 射线衍射无清晰点阵图案。

关于非晶态聚合物的结构,目前尚有争论,有两种不同的基本观点即两种不同的基本模型:Flory 的无规线团模型和叶叔酉(Yeh)的折叠链缨状胶束球粒模型。还有其他一些模型,但都介于二者之间。

Flory 用统计热力学理论推导并实验测定了大分子链的均方末端距和回转半径及其与温度的关系。结果表明,非晶态聚合物无论在溶液中或本体中,大分子链都呈无规线团的形态,线团之间是无规的相互缠结,具有过剩的自由体积,在此基础上提出了单相无规线团模型。根据这一模型,非晶态聚合物结构犹如羊毛杂乱排列而成的毛毡,不存在任何有序的区域结构。这一模型可以解释橡胶的弹性等许多行为,但难于解释如下的事实:有些聚合物(如聚乙烯)几乎能瞬时结晶,很难设想,原来杂乱排列无规缠结的大分子链能在很短的时间内达到规则排列。根据 Flory 无规线团模型,非晶态的自由体积应为 35%,而事实上,非晶态只有大约 10% 的自由体积。因此很多人对无规线团模型表示异议,提出了非晶态聚合物局部有序(即短程有序)的结构模型,其中有代表性的是 Yeh 在 1972 年所提出的折叠链缨状胶束球粒模型,亦称为两相模型,如图 3.12 所示。此模型的主要特点是:认为非晶态聚合物不是完全无序的,而是存在局部有序的区域,即包含有序和无序两个部分,因此称为两相结构模型。根据这一模型,非晶态聚合物主要包括两个区域:一是由大分子链折叠而成的"球粒"或"链结",其尺寸约为 3 ~ 10 nm。在这种"颗粒"中,折叠链的排列比较规整,但比晶态的有序性要小得多;二是球粒之间的区域,是完全无规的,其尺寸约为 1 ~ 5 nm。

### 2. 结晶结构

三级结构中最重要的是结晶结构。低分子化合物的结晶结构通常是完善的,结晶中分子有序排列。但高分子结晶结构通常是不完善的,有晶区也有非晶区。一根高分子链同时穿过晶区与非晶区,也就是说,结晶高分子不能 100% 结晶,其中总是存在非晶部分,所以只能算半结晶高分子。晶区与非晶区两者的比例显著地影响着材料的性质。纤维的晶区较多,橡胶的非晶区较多,塑料居中。结果是纤维的力学强度较大,橡胶较小,塑料居中。

这些特点来源于大分子的结构特征。一个大分子可占据许多个格子点,构成格子点的并非整个大分子,而是大分子中的结构单元或大分子的局部段落。这就是说,一个大分子可以贯穿若干个晶胞。因此,聚合物晶体结构包括晶胞结构、晶体中大分子链的形态以及单晶和多晶的形态等。

(1) 晶胞结构

聚合物晶体晶胞中,沿大分子链的方向和垂直于大分子链方向,原子间距离是不同的,使得聚合物不能形成立方晶系。一般取大分子链的方向为 $Z$ 轴方向。晶胞结构和晶胞参数与大分子的化学结构、构象及结晶条件有关。图 3.13 是聚乙烯的晶胞结构。

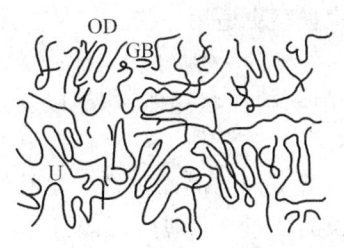 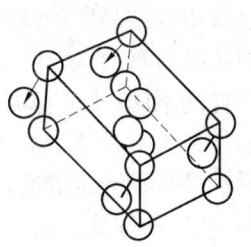

图 3.12　折叠链缨状胶束球粒模型　　图 3.13　聚乙烯晶胞结构
OD— 有序区；GB— 晶界区；U— 粒间区

聚合物晶胞中，大分子链可采取不同的构象（形态），聚乙烯、聚乙烯醇、聚丙烯腈、涤纶、聚酰胺等晶胞中，大分子链大都为平面锯齿状；聚四氟乙烯、等规聚丙烯等晶胞中大分子链呈螺旋形态。

（2）聚合物晶态结构模型

聚合物晶态结构模型的中心问题是晶体中大分子链的堆砌方式，基本模式有两种：一种是缨状胶束模型（图 3.14），它是由非晶态结构的无规线团模型衍生出来的；另一种是折叠链模型（图 3.15），它是从局部有序的非晶态结构模型衍生出来的。

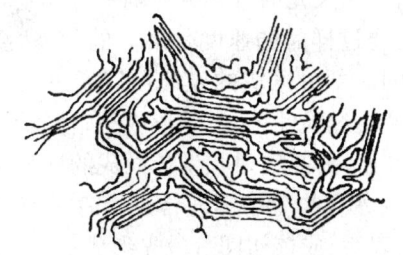 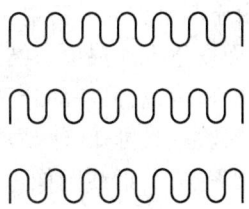

图 3.14　缨状胶束模型　　　　　　图 3.15　折叠链模型

缨状胶束模型认为，聚合物结晶中存在许多胶束和胶束间区域，胶束是结晶区，胶束间是非晶区。此种模型流行多年，主要是因为它能解释一些事实，例如晶区和非晶区之间的强力结合而形成具有优良力学性能的结构等。但此模型难于解释另外一系列事实，因而提出了折叠链模型。

折叠链模型的要点是，在聚合物晶体中，大分子链是以折叠的形式堆砌起来的。近年来许多人将上述两种模型的概念加以融合，又提出了一系列模型，但基本上仍在上述两种模型的范畴之内。

对于结晶度较高的情况，折叠链模型较为适用。高结晶度情况下，也存在各种缺陷，其中有以下几种。

① 点缺陷，如空出的晶格位置和在缝隙间的原子、链端、侧基等。

② 位错，主要是螺型位错和刃型位错。螺型位错使晶体生长成螺旋形，这在聚合物单晶和聚合物本体中都常见到。

③ 二维缺陷，如折叠链表面。

④ 链无序缺陷，如折叠点、排列改变等。

⑤ 非晶态缺陷，即无序范围较大的区域。

对低结晶度及中等结晶度的情况,缨状胶束模型更适用一些。

（3）聚合物结晶形态

根据结晶条件的不同,聚合物可以生成单晶体、树枝状晶体、球晶以及其他形态的多晶聚集体。多晶体基本上是片状晶体的聚集体。

聚合物单晶都是折叠链构成的片晶,链的折叠方向与晶面垂直。单晶的生长规律与低分子晶体相同,往往沿螺旋位错中心盘旋生长而变厚。一般而言,聚合物单晶只能从聚合物稀溶液中生成。浓溶液和熔体一般形成球晶或其他形态的多晶体。

聚乙烯在高静压和较高温度下结晶时,可以形成伸直链片晶,其厚度与大分子链长度相当,厚度的分布与相对分子质量分布相对应。这是热力学上最稳定的晶体。尼龙6、涤纶等也可生成伸直链片晶。

球晶是微小片晶聚集而成的多晶体,直径可达几十至几百微米,可用光学显微镜直接观察到,在偏光显微镜的正交偏振片之间,呈现特有的黑十字消光或带有同心环的黑十字图形,如图 3.16 所示。

黑十字消光图像是聚合物球晶的双折射性质和对称性的反映。一束自然光通过起偏镜后变成偏振光,使其振动（电矢量）方向都在单一方向上。一束偏振光通过球晶时,发生双折射,分成两束电矢量相互垂直的偏振光,这两束光的电矢量分别平行和垂直于球晶半径方向,由于两个方向的折射率不同,两束光通过样品的速度是不等的,必然要产生一定的相位差而发生干涉现象。结果,通过球晶的一部分区域的光线可以通过与起偏镜处于正交位置的检偏镜,另一部分区域的光线不能通过检偏镜,最后形成亮暗区域。

由以上实验观察可知,球晶是由一个晶核开始,片晶辐射状生长而成的球状多晶聚集体。微束（细聚焦）X 射线图像进一步证明,结晶聚合物分子链通常是沿着垂直于球晶半径方向排列的。大量关于球晶生长过程的研究表明,成核初期阶段先形成一个多层片晶,然后逐渐向外张开生长,不断分叉形成捆束状形态,最后形成填满空间的球状晶体,如图 3.17 所示。

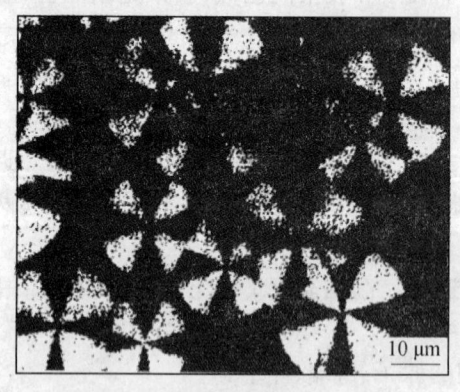

图 3.16　全同立构聚苯乙烯球晶的偏光显微镜照片

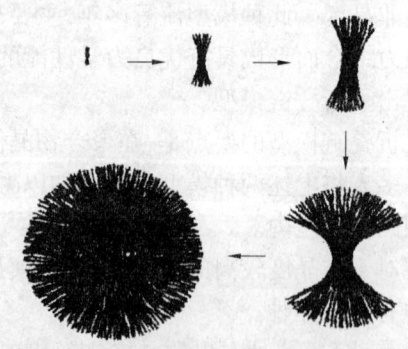

图 3.17　球晶生长过程示意图

聚合物在切应力作用下结晶时,往往生成一长串半球状的晶体,称为串晶,如图3.18所示。这种串晶具有伸直链结构的中心轴,其周围间隔地生长着折叠链构成的片晶,如图

3.19 所示。由于伸直链结构的中心轴存在,串晶的力学强度较高。

图 3.18  聚乙烯串晶

图 3.19  串晶结构示意图

(4) 结晶过程

聚合物的结晶速率是晶核生成速率和晶粒生长速率的总效应,如图 3.20 所示。成核分均相成核和异相成核(外部添加物或杂质)。若成核速率大,生长速率小,则形成的晶粒(一般为球晶)小,反之则形成的晶粒大。在生产上可通过调整成核速率和生长速率来控制晶粒的大小,从而控制产品的性能。

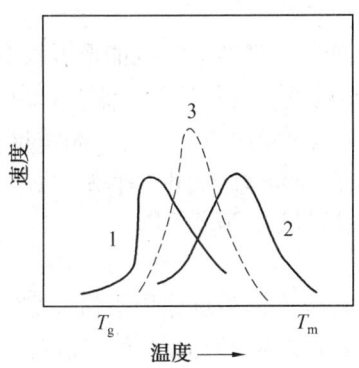

图 3.20  结晶速度与温度的关系
1— 成核速率;2— 晶粒生长速率;3— 结晶速率

聚合物结晶过程可分为主、次两个阶段。次期结晶是主期结晶完成后,某些残留非晶部分及结晶不完整部分继续进行的结晶和重排作用。次期结晶速率很慢,产品在使用中常因次期结晶的继续进行而影响性能。因此,可采用退火的方法消除这种影响。

聚合物结晶速率最大时的温度 $T_{max}$ 与其熔点 $T_m$ 的关系一般为

$$T_{max} = 0.8 T_m$$

聚合物结晶速率对温度十分敏感,有时温度变化 1 ℃,结晶速率可相差几倍。

依靠均相成核的纯聚合物结晶时,容易形成大球晶,力学性能不好。加入成核剂可降低球晶尺寸,对聚烯烃,常用脂肪酸碱金属盐作成核剂。

结晶可提高聚合物的密度、硬度及热变形温度,溶解性及透气性减少,断裂伸长率下降,抗张强度提高但韧性下降。

### 3. 液晶结构

液晶是介于液相(非晶态)和晶相之间的中介相,其物理状态为液体,而具有与晶体类似的有序性。根据分子排列方式的不同,液晶可分为三种不同的类型:近晶型、向列型和胆甾型,如图 3.21 所示。

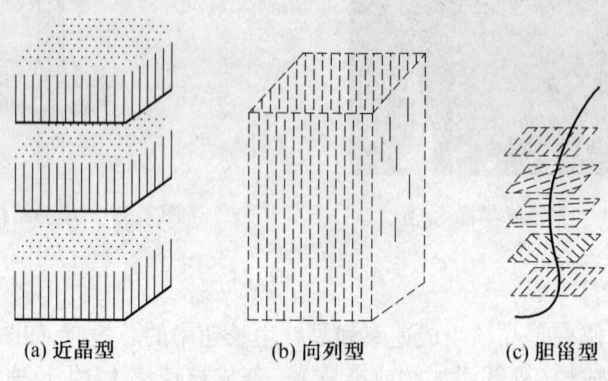

图 3.21 液晶态结构

制备液晶有两种方法:将晶体熔化,制得的液晶称为热致性液晶;将晶体溶解,得到的液晶称为溶致性液晶。

某些刚性很大的聚合物,如某些聚芳酰胺也能形成液晶态。聚合物液晶一般都是溶致性液晶。聚合物液晶最突出的性质是其特殊的流变行为,即高浓度、低黏度和低剪切应力下的高取向度。采用液晶纺丝可克服通常情况下高浓度必伴随高黏度的困难,且易达到高度取向。美国杜邦公司的 Kevlar 纤维(B-纤维)就是采用液晶纺丝而制得的高强度纤维,其强度高达 2 815 MPa,模量达 126.5 GPa。

### 4. 取向结构

链段、整个大分子链以及晶粒在外力场作用下沿一定方向排列的现象称为聚合物的取向,相应的链段、大分子链及晶粒称为取向单元。按取向方式可分为单轴取向和双轴取向;按取向机理可分为分子取向(链段或大分子取向)和晶粒取向。

单轴拉伸而产生的取向称单轴取向,如图 3.22(a) 所示。双轴取向是沿相互垂直的两个方向上拉伸而产生的取向状态,取向单元沿平面排列,在平面内,取向的方向是无规的,如图 3.22(b) 所示。

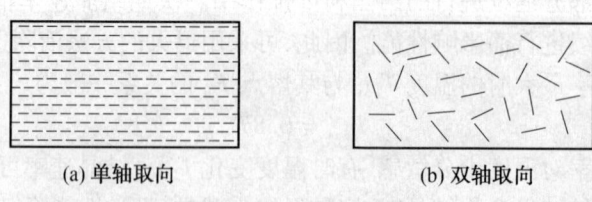

图 3.22 聚合物取向

非晶态聚合物取向比较简单,视取向单元的不同,分为大尺寸取向和小尺寸取向。大尺寸取向是指大分子链作为整体是取向的,但就链段而言,可能并未取向。小尺寸取向是指链段取向,而整个大分子链并未取向。大尺寸取向慢,解取向也慢,这种取向状态比较稳定。小尺寸取向快,解取向也快,此种取向状态不大稳定。分子链取向而链段不取向的情况对纺丝工艺十分重要,这样可制得强韧而又富弹性的纤维。

结晶聚合物的取向比较复杂,有凝聚态结构的变化。一般而言,结晶聚合物的取向实际上是球晶的形变过程。在弹性形变阶段,球晶被拉成椭球形,再继续拉伸到不可逆形变阶段,球晶变成带状结构。在球晶形变过程中,组成球晶的片晶之间发生倾斜,晶面滑移和转动甚至破裂,部分折叠链被拉成伸直链,原有的结构部分或全部破坏,形成由取向的折叠链片晶和在取向方向上贯穿于片晶之间的伸直链所组成的新结晶结构,这种结构称为微丝结构,如图3.23(a)所示。在拉伸取向过程中,也可能原有的折叠链片晶部分地转变成分子链沿拉伸方向规则排列的伸直链晶体,如图3.23(b)所示。拉伸取向的结果,伸直链段增多,折叠链段减少,系结链数目增多,从而提高了材料的力学强度和韧性。

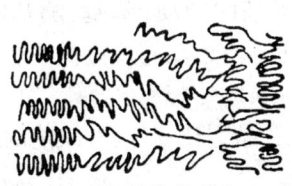 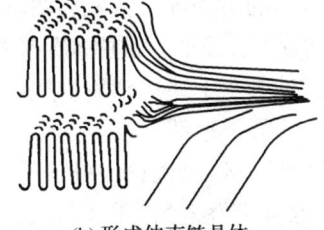

(a) 微丝结构的形成　　　　(b) 形成伸直链晶体

图 3.23　结晶聚合物取向机理

聚合物取向后呈现明显的各向异性,取向方向的力学强度提高,垂直于取向方向的强度下降。

### 3.1.4　四级结构

四级结构是指高分子在材料中的堆砌方式。在高分子加工成材料时往往还在其中添加填料、助剂、颜料等外加成份。有时用两种或两种以上高分子混合(称为共混)改性,这就形成更为复杂的结构问题。这一层次的结构又称为织态结构。

## 3.2　聚合物的分子运动及物理状态

### 3.2.1　聚合物分子运动的特点

分子运动的性质和程度取决于温度,不同的运动形式需要不同数量的能量来激发。因此不同形式的运动,存在不同的临界温度,在此温度之下,该形式的运动处于"冻结"状态。

由于聚合物结构的多重性,因此聚合物的分子运动就存在与其结构相对应的一系列特点,可归纳为以下几个方面。

**1. 运动单元的多重性**

从长链高分子结构角度来看,除了整个高分子主链可以运动之外,链内各个部分还可以有多重运动,如分子链上的侧基、支链、链节、链段等都可以产生相应的各种运动。具体地说,高分子的热运动包括四种类型。

(1) 高分子链的整体运动

高分子链的整体运动是分子链质量中心的相对位移。例如,宏观熔体的流动是高分子链质心移动的宏观表现。

(2) 链段运动

链段运动是高分子区别于小分子的特殊运动形式,即在高分子链质量中心不变的情况下,一部分链段通过单键内旋转而相对于另一部分链段运动,使大分子可以伸展或卷曲。例如,宏观上的橡皮拉伸、回缩。

(3) 链节、支链、侧基的运动

链节数 $n \geqslant 4$ 的主链 $\text{\textit{(}CH_2\text{\textit{)}}_n}$ 中,可能有 $C_8$ 链节的曲柄运动。杂链聚合物聚芳砜中,可产生杂链节砜基的运动等。实验表明,这类运动对聚合物的韧性有重要影响。侧基或侧链的运动多种多样,例如,与主链直接相连的甲基的转动,苯基、酯基的运动,较长的 $\text{\textit{(}CH_2\text{\textit{)}}_n}$ 支链运动等。上述运动简称次级松弛,比链段运动需要更低的能量。

(4) 晶区内的分子运动

晶态聚合物的晶区中,也存在分子运动。例如,晶型转变、晶区缺陷的运动、晶区中的局部松弛模式、晶区折叠链的"手风琴式"运动等。

几种运动单元中,整个大分子链称为大尺寸运动单元,链段和链段以下的运动单元称为小尺寸运动单元。

**2. 分子运动的时间依赖性**

在一定的温度和外场(力场、电场、磁场)作用下,聚合物从一种平衡态通过分子运动过渡到另一种与外界条件相适应的新的平衡态总是需要时间的,这种现象即为聚合物分子运动的时间依赖性。分子运动依赖于时间的原因在于整个分子链、链段、链节等运动单元的运动均需要克服内摩擦阻力,是不可能瞬时完成的。

如果施加外力将橡皮拉长 $\Delta x$,然后除去外力,$\Delta x$ 不能立即变为零,形变恢复过程开始时较快,以后越来越慢,如图 3.24 所示。橡皮被拉伸时,高分子链由卷曲状态变为伸直状态,即处于拉紧的状态。除去外力,橡皮开始回缩,其中的高分子链也由伸直状态逐渐过渡到卷曲状态,即松弛状态,故该过程简称松弛过程,可表示为

$$\Delta x(t) = \Delta x(0) e^{-\frac{t}{\tau}} \qquad (3.1)$$

式中,$\Delta x(0)$ 为外力作用下橡皮长度的增量;$\Delta x(t)$ 为除去外力后 $t$ 时间橡皮长度的增量;$t$ 为观察时间,一般为物性测量中所用的时间尺度;$\tau$ 为松弛时间。

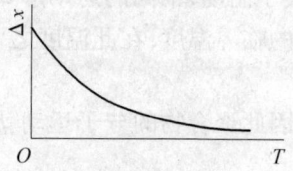

图 3.24 拉伸橡皮的回缩曲线

一般,松弛时间的大小取决于材料固有的性质以及温度、外力的大小。聚合物的松弛

时间一般都比较长,当外场作用时间较短或者实验的观察时间不够长时,不能观察到高分子的运动,只有当外场作用时间或实验观察时间足够长时,才能观察到松弛过程。此外,由于聚合物相对分子质量具有多分散性,运动单元具有多重性,所以实际聚合物的松弛时间不是单一的值,可以从与小分子相似的松弛时间 $10^{-8}$ s 起,一直到 $10^{-1} \sim 10^{4}$ s 甚至更长。

**3. 分子运动的温度依赖性**

温度变化对于高聚物分子运动的影响非常显著。温度升高,一方面运动单元热运动能量提高,另一方面由于体积膨胀,分子间距离增加,运动单元活动空间增大,使松弛过程加快,松弛时间减小。

对于高聚物中的许多松弛过程,特别是那些由于侧基运动或主链局部运动引起的松弛过程,松弛时间与温度的关系符合 Eyring 关于速度过程的一般理论,即

$$\tau = \tau_0 e^{\frac{\Delta E}{RT}} \tag{3.2}$$

式中,$\tau_0$ 为常数;$R$ 为气体常数;$T$ 为绝对温度;$\Delta E$ 为松弛过程所需要的活化能,kJ/mol。

$\Delta E$ 相应于运动单元进行某种方式运动所需要的能量(kJ/mol),其值可以通过测定各种温度下过程的松弛时间,以 $\ln \tau$ 对 $\frac{1}{T}$ 作图,从所得直线的斜率 $\frac{\Delta E}{R}$ 求出。

由式(3.2)可以看出,温度增加,$\tau$ 减小,松弛过程加快,可以在较短的时间内观察到分子运动;反之,温度下降,$\tau$ 增大,则需要较长的时间才能观察到分子运动。所以,对于分子运动或对于一个松弛过程,升高温度和延长观察时间具有等效性。

### 3.2.2 聚合物的物理状态

**1. 相态和凝聚态**

相态是热力学概念,是根据结构学来判别的。具体地说,相态取决于自由焓、温度、压力、体积等热力学参数,相之间的转变必定有热力学参数的突跃变化。

凝聚态是动力学概念,是根据物体对外场特别是外力场的响应特性来划分的,所以也常称为力学状态。凝聚态所涉及的是松弛过程。一种物质的力学状态与时间因素密切相关,这是与相态的根本区别。

气相和气态是一致的。液态一般即为液相,但有时力学状态为液体,结构上却划入晶相,如液晶的情况。液相也不一定是液态,如玻璃属于液相,但表现固体的性质。液相的水,在频率极大的外力作用下会表现固体的弹性。对凝聚态而言,速度和时间是关键,因此它只有相对的意义。当然,我们平常所指的凝聚态(固态、液态和气态)都是指一般时间尺度下的情况。

**2. 非晶态聚合物的三种力学状态**

聚合物无气相和气态。聚合物存在晶相和非晶态(无定形)两种相态,非晶态在热力学上可视为液相。

当液体冷却固化时,有两种转变过程:一种是分子作规则排列,形成晶体,这是相变过程;另一种情况,液体冷却时,分子来不及作规则排列,体系黏度已变得很大(如 $10^{12}$ Pa·s),冻结成无定形状态的固体,这种状态又称为玻璃态或过冷液体,此转变过程

称为玻璃化过程。玻璃化过程中,热力学性质无突变现象,而有渐变区,取其折中温度,称为玻璃化温度 $T_g$。

非晶态聚合物,在玻璃化温度以下时处于玻璃态。玻璃态聚合物受热时,经高弹态最后转变成黏流态(图3.25),开始转变为黏流态的温度称为流动温度或黏流温度,这三种状态称为力学三态。在图3.25所示的温度-形变曲线(热机械曲线)上有两个斜率突变区,分别称为玻璃化转变区和黏弹转变区。

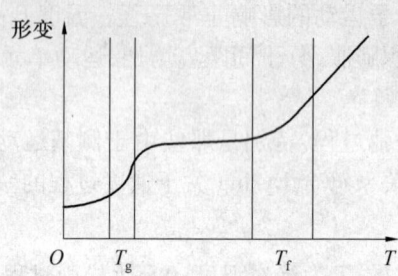

图 3.25 非晶态聚合物的温度-形变曲线

(1) 玻璃态

由于温度低,链段的热运动不足以克服主链内旋转位垒,因此,链段的运动处于"冻结"状态,只有侧基、链节、键长、键角等的局部运动。在力学行为上表现为模量高($10^9 \sim 10^{10}$ Pa)和形变小(1%以下),具有虎克弹性行为,质硬而脆。

玻璃态转变区是对温度十分敏感的区域,温度约为 3~5 ℃。在此温度范围内,链段运动已开始"解冻",大分子链构象开始改变,进行伸缩,表现出明显的力学松弛行为,具有坚韧的力学特性。

(2) 高弹态

在 $T_g$ 以上,链段运动已充分发展。聚合物弹性模量降为 $10^5 \sim 10^6$ Pa,在较小应力下,即可迅速发生很大的形变,除去外力后,形变可迅速恢复,因此称为高弹性或橡胶弹性。

黏弹转变区是大分子链开始能进行重心位移的区域,模量降至 $10^4$ Pa 左右。在此区域,聚合物同时表现黏性流动和弹性形变两个方面,这是松弛现象十分突出的区域。

应当指出,交联聚合物不发生黏性流动。对线型聚合物,高弹态的温度范围随相对分子质量的增大而增大,相对分子质量过小的聚合物无高弹态。

(3) 黏流态

温度高于 $T_f$ 以后,由于链段的剧烈运动,在外力作用下,整个大分子链质心可发生相对位移,产生不可逆形变即黏性流动,此时聚合物为黏性液体。相对分子质量越大,$T_f$ 就越高,黏度也越大。交联聚合物则无黏流态存在,因为它不能产生分子间的相对位移。

同一聚合物材料,在某一温度下,由于受力大小和时间的不同,可能呈现不同的力学状态。因此上述的力学状态只具有相对意义。

在室温下,塑料处于玻璃态,玻璃化温度是非晶态塑料使用的上限温度,熔点则是结晶聚合物使用的上限温度。对于橡胶,玻璃化温度则是其使用的下限温度。

**3. 结晶聚合物的力学状态**

结晶聚合物因存在一定的非晶部分,因此也有玻璃化转变。但由于结晶部分的存在,链段运动受到限制,所以在 $T_g$ 以上,模量下降不大;$T_g$ 和 $T_m$ 之间不出现高弹态;在 $T_m$ 以上模量迅速下降。若聚合物相对分子质量很大且 $T_m < T_f$,则在 $T_m$ 与 $T_f$ 之间将出现高弹态;若相对分子质量较低且 $T_m > T_f$,则熔融之后即转变成黏流态。

## 3.3 聚合物的性能

由于高聚物的相对分子质量很大,所以其力学性能、热性能、溶解性等与小分子化合物大为不同。

### 3.3.1 聚合物的力学性能

聚合物作为材料使用时,对它性质的要求最重要的还是力学性质,如作为纤维要经得起拉力;作为塑料制品要经得起敲击;作为橡胶要富有弹性和耐磨损等。聚合物的力学性质,主要是研究其在受力作用下的形变,即应力 – 应变关系。

**1. 应力 – 应变曲线**

(1) 应力和应变

当材料在外力作用下,而材料不能产生位移时,它的几何形状和尺寸将发生变化,这种形变称为应变。材料发生形变时内部产生了大小相等但方向相反的反作用力抵抗外力,定义单位面积上的这种反作用力为应力。

材料受力方式不同,形变方式也不同。常见的应力和应变有以下几种:

① 张应力、张应变和拉伸模量。材料受简单拉伸时(图 3.26),张应力为 $\sigma = \dfrac{F}{A_0}$;张应变(又称伸长率)为 $\varepsilon = \dfrac{l - l_0}{l_0} = \dfrac{\Delta l}{l_0}$;拉伸模量(又称杨氏模量)为 $E = \dfrac{\sigma}{\varepsilon}$。

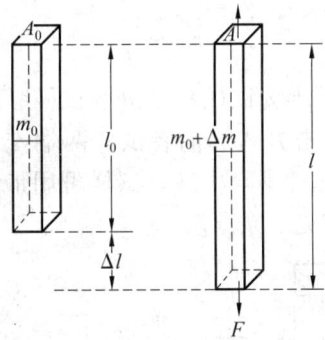

图 3.26 简单拉伸示意图

② (剪)切应力、(剪)切应变和剪切模量。剪切(Shear)时应力方向平行于受力平面,如图 3.27 所示。切应力 $\sigma_s = \dfrac{F}{A_0}$;切应变 $\gamma = \tan\theta$;剪切模量 $G = \dfrac{\sigma_s}{\gamma}$。

还有一个材料常数称为泊松(Poisson)比,定义为在拉伸试验中,材料横向单位宽度的减小与单位长度的增加的比值 $\nu = -\dfrac{\dfrac{\Delta m}{m_0}}{\dfrac{\Delta l}{l_0}}$（注：加负号是因为 $\Delta m$ 为负值）。

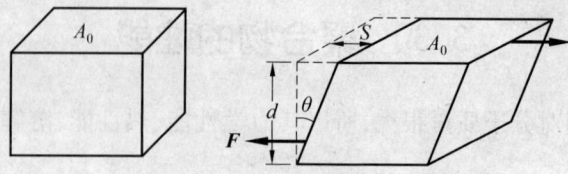

图 3.27　简单剪切示意图

可以证明没有体积变化时，$\nu = 0.5$，橡胶拉伸时就是这种情况。其他材料拉伸时，$\nu < 0.5$。$\nu$ 与 $E$ 和 $G$ 之间有关系式 $E = 2G(1 + \nu)$。

因为 $0 < \nu \leq 0.5$，所以 $2G < E \leq 3G$。也就是 $E > G$，即拉伸比剪切困难，这是因为在拉伸时高分子链要断键，需要较大的力；剪切时是层间错动，较容易实现。

(2) 极限强度

极限强度是材料抵抗外力破坏能力的量度，不同形式的破坏力对应于不同意义的强度指标。极限强度在实用中有重要意义。

① 抗张强度。在规定的试验温度、湿度和试验速率下，在标准试样(通常为哑铃形)上沿轴向施加载荷直至拉断为止。抗张强度(Tensile Strength)定义为断裂前试样承受的最大载荷 $P$ 与试样的宽度 $b$ 和厚度 $d$ 的乘积的比值，即

$$\sigma_t = \dfrac{P}{bd}$$

② 冲击强度。冲击强度(Impact Strength)是衡量材料韧性的一种强度指标，定义为试样受冲击载荷而折断时单位截面积所吸收的能量，即

$$\sigma_i = \dfrac{W}{bd}$$

式中，$W$ 为冲断试样所消耗的功；$b$ 为试样宽度；$d$ 为试样厚度。

有简支梁和悬臂梁两种冲击方式。前者试样两端支承，摆锤冲击试样的中部(图 3.28)；后者试样一端固定，摆锤冲击自由端。试样可用带缺口和不带缺口两种，带缺口试样更易冲断，其厚度 $d$ 指缺口处剩余厚度。

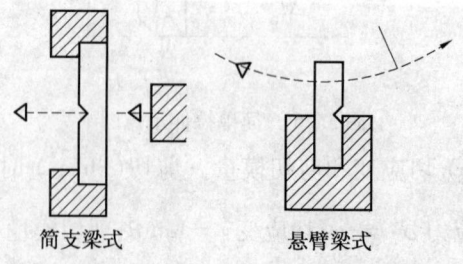

图 3.28　简支梁式和悬臂梁式摆锤冲击试验

根据材料的室温(20 ℃)冲击强度,可以将聚合物分为三类:

脆性 —— 聚苯乙烯、聚甲基丙烯酸甲酯;

缺口脆性 —— 聚丙烯、聚氯乙烯(硬)、尼龙(干)、高密度聚乙烯、聚苯醚、聚对苯二甲酸乙二醇酯、聚砜、聚甲醛、纤维素酯、ABS(某些)、聚碳酸酯(某些);

韧性 —— 低密度聚乙烯、聚四氟乙烯、尼龙(湿)、ABS(某些)、聚碳酸酯(某些)。

③ 硬度。硬度(Hardness)是衡量材料表面抵抗机械压力的能力的一种指标。硬度实验方法很多,采用的压入头及方式不同,计算公式也不同。硬度可分为布氏、洛氏和邵氏等几种。

(3) 玻璃态聚合物拉伸时的应力 – 应变曲线

玻璃态聚合物在拉伸时典型的应力 – 应变关系如图 3.29 所示。应力 – 应变曲线可以分为以下 5 个阶段。

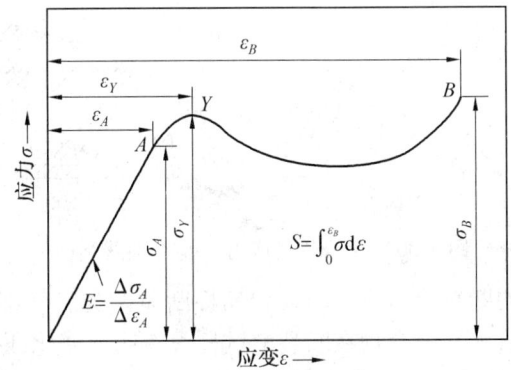

图 3.29　玻璃态聚合物拉伸时的应力 – 应变曲线示意图

① 弹性形变。在 $Y$ 点之前应力随应变正比地增加,从直线的斜率可以求出杨氏模量 $E$。从分子机理看来,这一阶段的普弹性行为主要是由于高分子的键长键角变化引起的。

② 屈服(Yield)。应力在 $Y$ 点达到极大值,这一点称为屈服点,其应力 $\sigma_Y$ 为屈服应力。

③ 强迫高弹形变(又称大形变)。过了 $Y$ 点应力反而降低,这是由于此时在大的外力帮助下,玻璃态聚合物本来被冻结的链段开始运动,高分子链的伸展提供了材料的大的形变。这种运动本质上与橡胶的高弹形变一样,只不过是在外力作用下发生的,为了与普通的高弹形变相区别,通常称为强迫高弹形变。这一阶段加热可以恢复。

④ 应变硬化。继续拉伸时,由于分子链取向排列,使硬度提高,从而需要更大的力才能形变。

⑤ 断裂。达到 $B$ 点时材料断裂,断裂时的应力 $\sigma_B$ 即是抗张强度 $\sigma_t$;断裂时的应变 $\varepsilon_B$ 又称为断裂伸长率。直至断裂,整条曲线所包围的面积 $S$ 相当于断裂功。

因而,从应力 – 应变曲线上可以得到以下重要力学指标:$E$ 越大,说明材料越硬,相反则越软;$\sigma_B$ 或 $\sigma_Y$ 越大,说明材料越强,相反则越弱;$S$ 越大,说明材料越韧,相反则越脆。

实际聚合物材料,通常只是上述应力 – 应变曲线的一部分或其变异,如图 3.30 所示 5 类典型的聚合物应力 – 应变曲线,它们的特点分别为软而弱、硬而脆、硬而强、软而韧和硬而韧。其代表性聚合物如下：

软而弱 —— 聚合物凝胶；
硬而脆 —— 聚苯乙烯、聚甲基丙烯酸甲酯、酚醛塑料；
硬而强 —— 硬聚氯乙烯；
软而韧 —— 橡胶、增塑聚氯乙烯、聚乙烯、聚四氟乙烯；
硬而韧 —— 尼龙、聚碳酸酯、聚丙烯、醋酸纤维素。

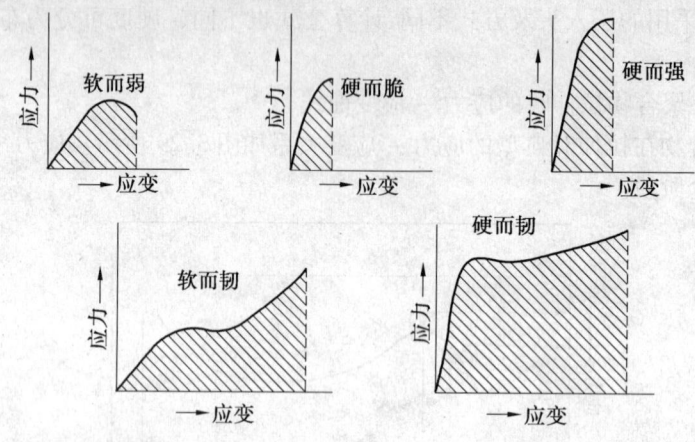

图 3.30　聚合物的应力-应变曲线类型

总体来说，聚合物的断裂分为脆性断裂和韧性断裂两类。仔细观察拉伸过程中聚合物试样的变化不难发现，脆性聚合物在断裂前试样没有明显变化，断裂面光滑且与拉伸方向相垂直。而韧性聚合物拉伸到屈服点时，常可以看到试样出现与拉伸方向成大约45°角倾斜的"剪切滑移变形带"（图3.31）。这是由于剪切模量小于拉伸模量（$G < E$），在材料断裂前45°斜面上的剪切应力首先达到材料的剪切强度。

(4) 结晶态聚合物拉伸时的应力-应变曲线

图 3.32 为晶态聚合物拉伸时的应力-应变曲线，也同样经历了5个阶段。除了 $E$ 和 $\sigma_1$ 都较大外，其主要特点是细颈化和冷拉。所谓"细颈化"是指试样在一处或几处薄弱环节首先变细，此后细颈部分不断扩展，非细颈部分逐渐缩短，直至整个试样变细为止。这一阶段应力不变，应变可达 500% 以上。由于是在较低温度下出现的不均匀拉伸（注：玻璃态聚合物试样在拉伸时横截面是均匀收缩的），所以又称为"冷拉"。

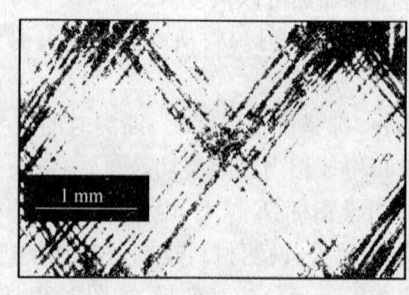

图 3.31　聚苯乙烯试样的剪切屈服

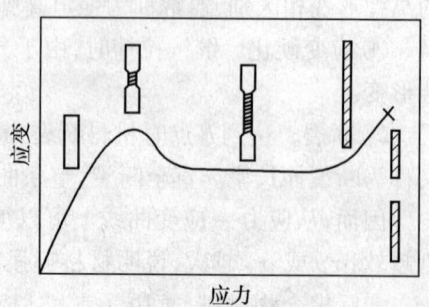

图 3.32　结晶态聚合物拉伸时应力-应变曲线

**(5) 影响聚合物强度的结构因素和增强增韧途径**

聚合物断裂的机理是:首先局部范德华力或氢键力等分子间作用力被破坏,然后应力集中在取向的主链上,使这些主链的共价键断裂。因而聚合物的强度上限取决于主链化学键力和分子链间作用力。一般情况下,增加分子间作用力如增加极性或氢键可以提高强度。例如,高密度聚乙烯的抗张强度只有 22～38 MPa,聚氯乙烯因有极性基团,抗张强度为 49 MPa,尼龙 – 66 有氢键,抗张强度为 81 MPa。

主链有芳环,其强度和模量都提高。例如,芳香尼龙高于普通尼龙,聚苯醚高于脂肪族聚醚等。实际上工程塑料大都在主链上含有芳环。

支化使分子间距离增加,分子间作用力减少,因而抗张强度降低;但交联增加了分子链间的联系,使分子链不易滑移,抗张强度提高;结晶起了物理交联的作用,与交联的作用类似;取向使分子链平行排列,断裂时破坏主链化学键的比例大大增加,从而强度大为提高,因而拉伸取向是提高聚合物强度的主要途径。

相对分子质量越大,强度越高。因为相对分子质量较小时,分子间作用力较小,在外力作用下,分子间会产生滑动而使材料开裂。但当相对分子质量足够大时,分子间的作用力总和大于主链化学键力,材料更多地发生主价键的断裂,也就是说达到临界值后,抗张强度达到恒定值(但冲击强度不存在临界值)。

以上讨论主要是对于抗张强度,对于冲击强度,除了上述结构因素外,还与自由体积有关。总的来说,自由体积越大,冲击强度越高。结晶时体积收缩,自由体积减小,因而结晶度太高时材料变脆。支化使自由体积增加,因而冲击强度较高。

聚合物的增强除了根据上述原理改变结构外,还可以添加增强剂。增强剂主要是碳纤维、玻璃纤维等纤维状的物质,以及木粉、炭黑等活性填料。前者所形成的复合材料有很高的强度,例如,玻璃纤维增强的环氧树脂的比强度超过了高级合金钢,所以又称为环氧玻璃钢。后者不同于一般只为了降低成本的增量型填料,例如,在天然橡胶中加入 20% 的炭黑,抗张强度从 150 MPa 提高到 260 MPa,这种作用称为对橡胶的补强作用。

如果脆性塑料中加入一些橡胶共混,可以达到提高冲击强度的效果,又称为增韧。增韧的机理是橡胶粒子作为应力集中物,在应力下会诱导大量银纹,从而吸收大量冲击能。所谓银纹是 PS、PMMA 等聚合物在受力时会在垂直于应力方向上出现一些肉眼可见的微细凹槽或裂纹,由于光的散射和折射而闪闪发光,如图 3.33 所示。银纹不等于裂缝,它还保留有 50% 左右的密度,残留的分子链沿应力方向取向,所以它仍然有一定强度。在橡胶增韧塑料中银纹产生自一个橡胶粒子,又终止于另一个橡胶粒子,从而不发展成裂缝而导致断裂。

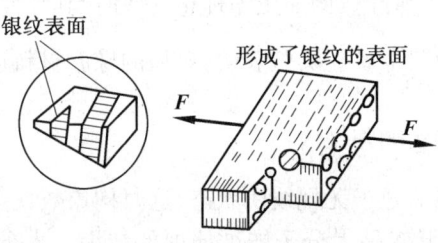

图 3.33　银纹结构示意图

## 2. 高弹性

处于高弹态的聚合物表现出高弹性能。高弹性是分子材料极重要的性能。以高弹性为主要特征的橡胶,是一类极其重要的高分子材料。聚合物在高弹态能表现一定程度的高弹性,但并非都可作橡胶使用。作为橡胶材料必须具备一定的结构要求。以下对高弹性的特点、本质及橡胶材料的结构特征作一简要阐述。

(1) 高弹性的特点

高弹性即橡胶弹性,同一般的固体物质所表现的普弹性相比具有如下的主要特点,这些特点也就是橡胶材料的特点。

① 弹性模量小、形变大。一般材料,如铜、钢等,形变量最大为1%左右,而橡胶的高弹形变很大,可拉伸5~10倍。橡胶的弹性模量则只有一般固体物质的万分之一左右。

② 弹性模量与绝对温度成正比,而一般固体的模量随温度的提高而下降。

③ 形变时有热效应,伸长时放热,回缩时吸热。

④ 在一定条件下,高弹形变表现明显的松弛现象。

上述特点是由高弹形变的本质所决定的。

(2) 高弹形变的本质

对固体的弹性形变如可逆平衡的拉伸形变,根据热力学第一定律和第二定律,可导出弹性回复力关系式为

$$f = \left(\frac{\partial u}{\partial l}\right)_{T,V} - T\left(\frac{\partial S}{\partial l}\right)_{T,V} \tag{3.3}$$

或

$$f = \left(\frac{\partial u}{\partial l}\right)_{T,V} + T\left(\frac{\partial f}{\partial T}\right)_{l,V} \tag{3.4}$$

可将弹性区分为能弹性和熵弹性两个基本类型。晶体、金属、玻璃以及处于 $T_g$ 以下的塑料等,弹性产生的原因是键长、键角的微小改变所引起的内能变化,熵变化的因素可以忽略,所以称为能弹性。表现能弹性的物体,弹性模量大,形变小,一般为 0.1~1%。绝热伸长时变冷,即形变时吸热,恢复时放热(释放出形变时储存的内能)。能弹性又称为普弹性,弹力 $f = \left(\frac{\partial u}{\partial l}\right)_{T,V}$,即式(3.3)及式(3.4)中的第二项可以忽略。普弹形变遵从虎克定律。

理想气体、理想橡胶的弹性起源于熵的变化,内能不变,即式(3.3)及式(3.4)中的第一项可以忽略,故称为熵弹性。例如压缩理想气体时,其弹性来源于体系的熵值随体积的减小而减小,即 $f = -T\left(\frac{\partial S}{\partial l}\right)_{T,V}$。实验表明,典型的橡胶材料进行拉伸形变时,其弹力可表示为 $f = -T\left(\frac{\partial S}{\partial l}\right)_{T,V}$,属于熵弹性。

大分子链在自然状态下处于无规线团状态,这时构象数最大,因此熵值最大。当处于拉伸应力作用下时,拉伸形变是大分子链被伸展的结果。大分子链被伸展时,构象数减少,熵值下降,即 $\left(\frac{\partial S}{\partial l}\right)_{T,V} < 0$。热运动可使大分子链恢复到熵值最大、构象数最多的卷曲

状态,因而产生弹性回复力,这就是高弹形变的本质。由此本质出发即可解释高弹形变的一系列特点,例如根据 $f = -T\left(\dfrac{\partial S}{\partial l}\right)_{T,V}$ 即可解释温度上升时何以弹性模量提高。

由线型无交联的大分子构成的聚合物,虽然在高弹态能表现一定的高弹形变,但力作用时间稍长时,会发生大分子之间的相对位移而产生永久形变,所以不能表现典型的高弹性。适度交联的聚合物,如交联的天然橡胶,则表现出典型的高弹行为。

**3. 聚合物的力学松弛 —— 黏弹性**

聚合物的黏弹性是指聚合物既有黏性又有弹性的性质,实质是聚合物的力学松弛行为。在玻璃化转变温度以上,非晶态线型聚合物的黏弹性表现最为明显。

对理想的黏性液体,即牛顿液体,其应力-应变行为遵从牛顿定律,$\sigma = \eta\gamma$。对虎克体,应力-应变关系遵从虎克定律,即应变与应力成正比,$\sigma = G\gamma$。聚合物既有弹性又有黏性,其形变和应力或其柔量和模量都是时间的函数。多数非晶态聚合物的黏弹性都遵从 Boltzman 叠加原理,即当应变是应力的线性函数时,若干个应力作用的总结果是各个应力分别作用效果的总和。遵从此原理的黏弹性称为线性黏弹性。线性黏弹性可用牛顿液体模型及虎克体模型的简单组合来模拟。

温度提高会加速黏弹过程,也就是使过程的松弛时间减少。黏弹过程中时间-温度的相互转化效应可用 WLF 方程表示。

(1) 静态黏弹性

静态黏弹性是指在固定的应力(或应变)下形变(或应力)随时间延长而发展的性质。典型的表现是蠕变和应力松弛。

① 蠕变。在一定温度、一定应力作用下,材料的形变随时间的延长而增加的现象称为蠕变(Creep)。对线型聚合物,形变可无限发展且不能完全回复,保留一定的永久形变;对交联聚合物,形变可达一平衡值。

蠕变的简易测定方法:把 PVC 薄膜切成一长条,用夹具分别夹住两端。上端固定,下端挂上一定质量的砝码,就会观察到薄膜慢慢地伸长;解下砝码后,薄膜会慢慢地回缩。记录形变与时间的关系,得到如图 3.34 所示的蠕变及其回复曲线。

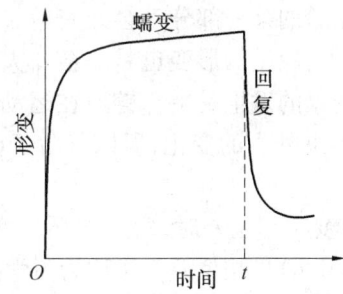

图 3.34 线型非晶态聚合物的蠕变及其回复曲线

从分子机理来看,蠕变包括三种形变:普弹形变、高弹形变和黏性流动。

a. 普弹形变。当外力作用在高分子材料上时,分子链内部的键长、键角的改变是瞬间发生的,但形变量很小,称普弹形变,用 $\varepsilon_1$ 表示。外力除去后,普弹形变能立刻完全回复。

b. 高弹形变。当外力作用时间和链段运动所需要的松弛时间同数量级时,分子链通过链段运动逐渐伸展,形变量比普弹形变大得多,称高弹形变,用 $\varepsilon_2$ 表示。外力除去后,高弹形变能逐渐完全回复。

c. 黏性流动。对于线型聚合物,还会产生分子间的滑移,称为黏性流动,用 $\varepsilon_3$ 表示。外力除去后黏性流动产生的形变不可回复,是不可逆形变。

所以聚合物受外力时总形变可表达为

$$\varepsilon = \varepsilon_1 + \varepsilon_2 + \varepsilon_3$$

蠕变影响了材料的尺寸稳定性。例如,精密的机械零件必须采用蠕变小的工程塑料制造;相反聚四氟乙烯的蠕变性很大,利用这一特点可以用作很好的密封材料(用于密封水管接口等的生料带)。

② 应力松弛。在温度、应变恒定的条件下,材料的内应力随时间延长而逐渐减小的现象称为应力松弛(Stress Relaxation)。这种现象在日常生活中能观察到,例如橡胶松紧带开始使用时感觉比较紧,用过一段时间后越来越松。也就是说,实现同样的形变量,所需的力越来越少。

从分子机理来看,线型聚合物拉伸时张力迅速作用使缠结的分子链伸长,但这种伸直的构象是不平衡的,由于热运动分子链会重新卷曲,但形变量被固定不变,于是链可能解缠结而转入新的无规卷曲的平衡态,于是应力松弛为零。交联聚合物不能解缠结,因而应力不能松弛到零。

应力松弛同样也有重要的实际意义。成型过程中总离不开应力,在固化成制品的过程中应力来不及完全松弛,或多或少会被冻结在制品内。这种残存的内应力在制品的存放和使用过程中会慢慢发生松弛,从而引起制品翘曲、变形甚至应力开裂。消除的方法是退火或溶胀(如纤维热定形时吹入水蒸气)以加速应力松弛过程。

(2) 动态黏弹性

① 滞后现象。当外力不是静力,而是交变力(应力大小呈周期性变化)时,应力和应变的关系就会呈现出滞后现象。所谓滞后现象(Retardation),是指应变随时间的变化一直跟不上应力随时间的变化的现象。

例如,自行车行驶时橡胶轮胎的某一部分一会儿着地,一会儿离地,因而受到的是一个交变力。在这个交变力作用下,轮胎的形变也是一会儿大一会儿小的变化。形变总是落后于应力的变化,这种滞后现象的发生是由于链段在运动时要受到内摩擦力的作用。当外力变化时,链段的运动跟不上外力的变化,所以落后于应力,有一个相位差 $\delta$。相位差越大,说明链段运动越困难。

② 力学损耗。当应力与应变有相位差时,每一次循环变化过程中要消耗功,称为力学损耗(又称内耗,Internal Friction)。相位差 $\delta$ 又称为力学损耗角,人们常用力学损耗角的正切 $\tan\delta$ 来表示内耗的大小。

从分子机理看,橡胶在受拉伸阶段外力对体系做的功,一方面改变链段构象,另一方面克服链段间的摩擦力。在回缩阶段体系对外做功,一方面使构象改变重新卷曲,另一方面仍需克服链段间的摩擦力。这样在橡胶的一次拉伸-回缩的循环中,链构象完全恢复,不损耗功,所损耗的功全用于克服内摩擦力,转化为热。内摩擦力越大,滞后现象越严重,消耗的功(内耗)也越大,所以橡胶轮胎行驶一段时间后会发烫。

内耗大小与聚合物结构有关。顺丁橡胶内耗小,因为它没有侧基,链段运动的内摩擦力较小;相反丁苯橡胶和丁腈橡胶内耗大,因为有庞大的苯基侧基或极性很强的氰基侧基。丁基橡胶的侧基虽不大,极性也弱,但由于侧基数目非常多,所以内耗比丁苯橡胶和丁腈橡胶还大。

对于制作轮胎的橡胶来说,希望它具有最小的内耗。但用作吸音或消震材料来说,希望有较大的内耗,从而能吸收较多的冲击能量。

### 3.3.2 聚合物的溶液性质

高分子溶液是高分子材料应用和研究中常碰到的对象。实际应用的常是高分子浓溶液,如纺丝液、胶黏剂、涂料以及增塑的塑料等;稀溶液一般作研究之用,如测定聚合物相对分子质量等。稀和浓之间并无绝对界限,视溶质与溶剂的性质以及溶质的相对分子质量而定。一般而言,浓度在1%以下者为稀溶液。

高分子溶液是大分子分散的真溶液,它和小分子溶液一样是热力学稳定体系。但是,由于高分子溶液中溶质大分子比溶剂分子大得多,而且相对分子质量具有多分散性,使得高分子溶液的性质具有与小分子溶液不同的特殊性,突出地表现在以下几个方面。

① 高聚物溶解过程比小分子要缓慢得多。

② 高分子溶液的性质随浓度的不同而有很大变化,当浓度较大时,大分子链之间的密切接触、相互缠结,可使体系产生冻胶或凝胶,呈半固体状态。

③ 小分子稀溶液和热力学性质一般接近于理想溶液,但高分子稀溶液的热力学性质与理想溶液有较大的偏差。

④ 高分子溶液的热力学性质(如黏度、扩散)和小分子溶液很不相同。例如高分子溶液的黏度很大,浓度为1%左右的高分子溶液,其黏度可比纯溶剂的黏度高一个数量级,5%的天然橡胶苯溶液已呈冻胶状态。

这些特性来源于大分子的长链状结构。当溶剂分子与大分子的亲和性能较大时,在溶剂分子作用下,大分子无规线团大幅度扩展,大分子线团周围束缚大量溶剂分子,使得能自由流动的溶剂分子大量减少,表现出大的黏度。浓度越大,被束缚的溶剂分子越多,并且大分子线团之间的相互缠结越多,因此黏度急剧提高,最后导致冻胶或凝胶的出现。这类溶剂也称为良溶剂,其特点是使大分子链均方末端距大幅度增加。若溶剂分子与大分子的亲和性较小(不良溶剂),则大分子链的均方末端距增加得就少。当溶剂分子与大分子链段的相互作用相当时,大分子线团可基本上不扩展,均方末端距不增加,此种溶剂称为θ溶剂。这时高分子溶液的特性消失,在行为上接近理想溶液。对于不良溶剂,也存在所谓的θ温度,在此温度,高分子溶液也接近于理想溶液。

**1. 高聚物的溶解**

高分子与溶剂分子的尺寸相差悬殊,两者的分子运动速度也差别很大,溶剂分子能较快地渗入高聚物,而大分子向溶剂的扩散则甚慢。因此,高聚物的溶解过程要经过两个阶段。首先是溶剂分子渗入高聚物内部,使高聚物体积膨胀,称为"溶胀",然后才是高分子均匀分散在溶剂中,形成完全溶解的均相体系。对于交联高聚物,与溶剂接触时也发生溶胀,但因交联化学键的存在,不能再进一步溶解,只能停留在溶胀阶段。溶胀达到的极限程度称为"溶胀平衡",此极限程度亦称为溶胀度。图3.35是高分子与小分子溶解过程的示意图。

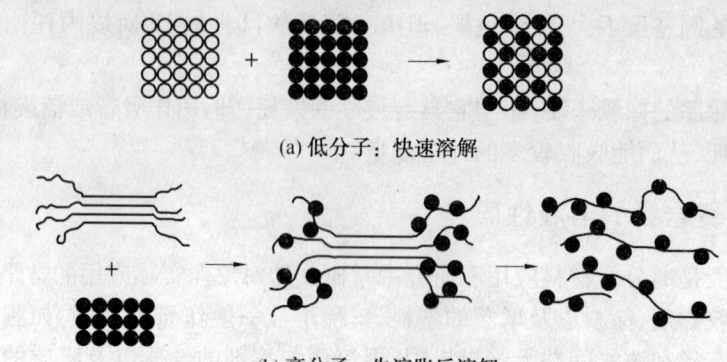

图 3.35 高分子与低分子溶解过程的比较示意图

溶解度与高聚物的相对分子质量有关。相对分子质量大的溶解度小,相对分子质量小的溶解度大。这是高聚物按相对分子质量大小进行所谓"分级"的基础。例如将相对分子质量多分散的样品溶于适当溶剂中,再加入沉淀剂,则相对分子质量大的部分先沉淀出来,于是可将试样分成相对分子质量大小不同的级分,再测定每一级分的相对分子质量,从而可测得试样的平均相对分子质量和相对分子质量的分布。

对于交联高聚物,交联度大的溶胀度小,交联度小的溶胀度大。依此,可通过测定溶胀度来计算出交联程度的大小。

非晶态高聚物分子堆砌较松,分子间相互作用较弱,溶剂分子较易渗入使之溶胀和溶解。晶态高聚物分子排列规整,分子间相互作用力强,致使溶剂分子的渗入较难。因此晶态高聚物的溶解比非晶态的要困难得多,非极性晶态高聚物室温时很难溶解,常需升高温度,甚至升高到熔点附近才能溶解,而极性晶态高聚物在室温就能溶解在极性溶剂中。这是由于极性大分子与极性溶剂分子之间具有较大的相互作用力。

溶解过程是溶质分子和溶剂分子相互混合的过程。在恒温恒压下,过程能自发进行的必要条件是混合自由焓 $\Delta G_m < 0$,即

$$\Delta G_m = \Delta H_m - T\Delta S_m < 0 \tag{3.5}$$

式中,$T$ 为溶解时的温度;$\Delta S_m$ 为混合熵。

溶解时,分子排列趋于混乱,所以一般总是 $\Delta S_m > 0$,$\Delta G_m$ 的正负取决于混合热 $\Delta H_m$ 的正负及大小。

极性高聚物在极性溶剂中,由于溶质分子与溶剂分子具有强烈的相互作用,溶解时放热,$\Delta H_m < 0$,使体系自由焓下降,所以溶解能自发进行。

对于非极性高聚物,其溶解过程一般是吸热的($\Delta H_m > 0$)。因此只有 $|\Delta H| < T|\Delta S_m|$ 时才能溶解,也就是说升高温度 $T$ 或减小 $\Delta H_m$ 才能使体系自发溶解。关于 $\Delta H_m$ 的计算,可借用小分子溶度公式来计算。假定混合过程中无体积变化,则混合热为

$$\Delta H_m = V\varphi_1\varphi_2 (\delta_1 - \delta_2)^2 \tag{3.6}$$

式中，$\varphi_1$、$\varphi_2$、$\delta_1$、$\delta_2$ 分别为溶剂和溶质的体积分数及溶解度参数；$V$ 为溶液的总体积。

式(3.6)即经典的 Hildebrand 溶度公式。式(3.6)中，$\Delta H_m$ 总是正的，溶质与溶剂的溶度参数越接近，$\Delta H_m$ 越小，越易溶解，一般 $\delta_1$ 和 $\delta_2$ 的差值不能超过 $1.7 \sim 2.0$。这就是溶度参数相近的原则。表 3.1 和表 3.2 分别列出了一些常用高聚物及溶剂的溶度参数。

表 3.1　某些高聚物溶度参数实验值

| 聚合物 | $\delta_2$ 的实验值 /$(\mathrm{J \cdot cm^{-3}})^{\frac{1}{2}}$ | | 聚合物 | $\delta_2$ 的实验值 /$(\mathrm{J \cdot cm^{-3}})^{\frac{1}{2}}$ | |
|---|---|---|---|---|---|
| | 下限值 | 上限值 | | 下限值 | 上限值 |
| 聚乙烯 | 15.8 | 17.1 | 聚丙烯腈 | 25.6 | 31.5 |
| 聚丙烯 | 16.8 | 18.8 | 聚丁二烯 | 16.6 | 17.6 |
| 聚异丁烯 | 16.0 | 16.6 | 聚异戊二烯 | 16.2 | 20.5 |
| 聚苯乙烯 | 17.4 | 19.0 | 聚氯丁二烯 | 16.8 | 18.9 |
| 聚氯乙烯 | 19.2 | 22.1 | 聚甲醛 | 20.9 | 22.5 |
| 聚四氟乙烯 | 12.7 | — | 聚对苯二甲酸乙二酯 | 19.9 | 21.9 |
| 聚乙烯醇 | 25.8 | 29.1 | 聚己二酰己二胺 | 27.8 | — |
| 聚甲基丙烯酸甲酯 | 18.6 | 26.2 | | | |

表 3.2　常用溶剂的溶度参数

| 溶剂名称 | $\delta_1/(\mathrm{J \cdot cm^{-3}})^{1/2}$ | 溶剂名称 | $\delta_1/(\mathrm{J \cdot cm^{-3}})^{1/2}$ | 溶剂名称 | $\delta_1/(\mathrm{J \cdot cm^{-3}})^{1/2}$ |
|---|---|---|---|---|---|
| 己烷 | $14.8 \sim 14.9$ | 乙醚 | $15.2 \sim 15.6$ | 苯甲醛 | $19.2 \sim 21.3$ |
| 环己烷 | 16.7 | 苯甲醚 | $19.5 \sim 20.3$ | 甲醇 | $29.2 \sim 29.7$ |
| 苯 | $18.5 \sim 18.8$ | 四氢呋喃 | 19.5 | 乙醇 | $26.0 \sim 26.5$ |
| 甲苯 | $18.2 \sim 18.3$ | 乙酸乙酯 | 18.6 | 环己醇 | $22.4 \sim 23.3$ |
| 十氢化萘 | 18.0 | 丙酮 | $20.0 \sim 20.5$ | 苯酚 | 25.6 |
| 三氯甲烷 | $18.9 \sim 19.0$ | 2-丁酮 | 19.0 | 二甲基甲酰胺 | 24.9 |
| 四氯化碳 | 17.7 | 环己酮 | $19.0 \sim 20.2$ | | |

在选择高聚物溶剂时，还经常使用混合溶剂。混合溶剂的溶度参数 $\delta_\text{混}$ 可依下式估算：

$$\delta_\text{混} = \delta_1 \varphi_1 + \delta_2 \varphi_2$$

式中，$\delta_1$、$\delta_2$ 为两种纯溶剂的溶度参数；$\varphi_1$、$\varphi_2$ 为两种纯溶剂的体积分数。

**2. 高分子溶液的热力学性质**

高分子溶液是真溶液，是热力学稳定的体系，但其热力学性质与理想溶液有较大的偏差，这是因为：

（1）理想溶液的两组分的分子尺寸差不多，混合后体积不变；高分子的体积比溶剂分子大得多，不符合理想溶液的条件。

（2）理想溶液的分子间能在相同分子及不同分子间均相等，混合后无热量变化；高分子之间、溶剂分子之间以及高分子与溶剂分子之间这三种作用力不可能相等，所以混合热 $\Delta H_m \neq 0$。

（3）高分子溶解时，由聚集态分散到溶液中形成单个分子链，构象数增加，高分子本身的熵值就大为增加，所以混合熵特别大，即 $\Delta S_m > \Delta S_m^i$。

Flory-Huggins 从"似晶格模型"出发,运用统计热力学的方法推导出了高分子溶液的混合熵、混合热、混合自由能和溶剂的化学位的关系式如下:

$$\Delta S_m = -R(n_1 \ln \varphi_1 + n_2 \ln \varphi_2)$$

$$\Delta H_m = RT\chi_1 n_1 \varphi_2$$

$$\Delta F_m = RT(n_1 \ln \varphi_1 + n_2 \ln \varphi_2 + \chi_1 n_1 \varphi_2)$$

$$\Delta \mu_1 = RT\left[\ln \varphi_1 + \left(1 - \frac{1}{x}\right)\varphi_2 + \chi_1 \varphi_2^2\right]$$

式中,$R$ 为摩尔气体常数;$n_1$ 和 $n_2$ 分别是溶剂和高分子的物质的量;$\varphi_1$ 和 $\varphi_2$ 分别是溶剂和高分子的体积分数;$x$ 是链段数;$\chi_1$ 称为 Huggins 相互作用参数,是一个表征溶剂分子与高分子相互作用程度大小的物理量。

$\Delta \mu_1$ 可分解为两项。第一项相当于理想溶液的化学位变化;第二项相当于非理想部分,称为"过量化学位"(又称"超额化学位"),加上标 $E$ 表示。

$$\Delta \mu_1^E = RT\left(\chi_1 - \frac{1}{2}\right)\varphi_2^2$$

可见 $\chi_1 = \frac{1}{2}$,即 $\Delta \mu_1^E = 0$ 时才符合理想溶液的条件,此时的状态称为 $\theta$ 状态。$\theta$ 状态下的溶剂为 $\theta$ 溶剂,温度为 $\theta$ 温度。$\theta$ 状态必须同时满足溶剂和温度两个条件。在 $\theta$ 状态下高分子链不扩张也不紧缩,可以相互自由贯穿,所以又称"无扰状态"。当 $\chi_1 < \frac{1}{2}$,即 $\Delta \mu_1^E < 0$,溶解自发发生。

### 3.3.3 聚合物的物理性能

**1. 热性能**

(1) 热导率

从微观的角度看,在一块冷平板的一个面上,外加热能的影响是增加该面上原子及分子的振动振幅。然后,热能以一定的速率向对面方向扩散。对非金属材料,扩散速率主要取决于邻近原子或分子的结合强度。主价键结合时,热扩散快,是良好的热导体,热导率大;次价键结合时,导热性差,热导率小。

根据固体物理理论,热导率 $\lambda$ 与材料的体积模量 $B$ 的关系为

$$\lambda = C_P (\rho B)^{\frac{1}{2}} l$$

式中,$C_P$ 为比热容;$\rho$ 为密度;$l$ 为热振动的平均自由行程(声子),即原子或分子间距离。

例如对聚合物,得到 $\lambda \approx 0.3 \text{ W} \cdot \text{m}^{-1} \cdot \text{K}^{-1}$,与实验值大致吻合。

对金属材料,原子晶格的振动对热导率的贡献是次要的,主要是自由电子的热运动,因此金属的热导率与电导率是成比例的。除很低温度的情况外,一般金属的热导率比其他材料要大得多。

聚合物一般是靠分子间力结合的,所以导热性一般较差。固体聚合物的热导率范围较窄,一般在 $0.22 \text{ W} \cdot \text{m}^{-1} \cdot \text{K}^{-1}$ 左右。结晶聚合物的热导率稍高一些。非晶聚合物的热导率随相对分子质量增大而增大,这是因为热传递沿分子链进行比在分子间进行的要容

易。同样加入低分子的增塑剂会使热导率下降。聚合物热导率随温度的变化有所波动，但波动范围一般不超过 10%。取向引起热导率的各向异性，沿取向方向热导率增大，横向减小。例如聚氯乙烯伸长 300% 时，轴向的热导率比横向的要大一倍多。

微孔聚合物的热导率非常低，一般为 $0.03\ \mathrm{W\cdot m^{-1}\cdot K^{-1}}$ 左右，随密度的下降而减小。热导率大致是固体聚合物和发泡气体热导率的平均值。

图 3.36 为各种材料的热导率。表 3.3 是一些常见聚合物的热导率及其他热性能。

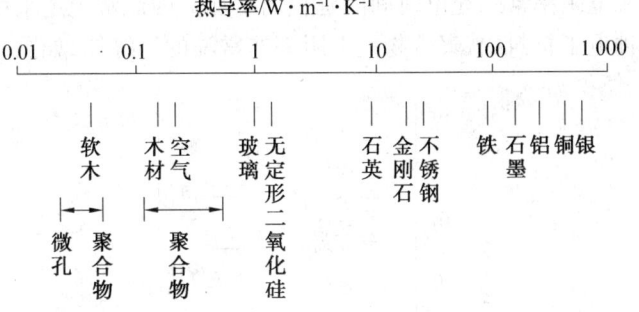

图 3.36　各种材料的热导率

表 3.3　高分子材料的热性能

| 聚合物 | 线性热膨胀系数 $10^{-5}/\mathrm{K}^{-1}$ | 比热容 $/(\mathrm{kJ\cdot kg^{-1}\cdot K^{-1}})$ | 热导率 $/(\mathrm{W\cdot m^{-1}\cdot K^{-1}})$ | 聚合物 | 线性热膨胀系数 $10^{-5}/\mathrm{K}^{-1}$ | 比热容 $/(\mathrm{kJ\cdot kg^{-1}\cdot K^{-1}})$ | 热导率 $/(\mathrm{W\cdot m^{-1}\cdot K^{-1}})$ |
|---|---|---|---|---|---|---|---|
| 聚甲基丙烯酸甲酯 | 4.5 | 1.39 | 0.19 | 尼龙 6 | 6 | 1.60 | 0.31 |
| 聚苯乙烯 | 6~8 | 1.20 | 0.16 | 尼龙 66 | 9 | 1.70 | 0.25 |
| 聚氨基甲酸酯 | 10~20 | 1.76 | 0.30 | 聚对苯二甲酸乙二醇酯 | | 1.01 | 0.14 |
| PVC（未增塑） | 5~18.5 | 1.05 | 0.16 | 聚四氟乙烯 | 10 | 1.06 | 0.27 |
| PVC（含 35% 增塑剂） | 725 | | 0.15 | 环氧树脂 | 8 | 1.05 | 0.17 |
| 低密度聚乙烯 | 13~20 | 1.90 | 0.35 | 氯丁橡胶 | 24 | 1.70 | 0.21 |
| 高密度聚乙烯 | 11~13 | 2.31 | 0.44 | 天然橡胶 | | 1.92 | 0.18 |
| 聚丙烯 | 6~10 | 1.93 | 0.24 | 聚异丁烯 | | 1.95 | |
| 聚甲醛 | 10 | 1.47 | 0.23 | 聚醚砜 | 5.5 | 1.12 | 0.18 |

（2）比热容及热膨胀性

高分子材料的比热容主要是由化学结构决定的，一般在 $1\sim 3\ \mathrm{kJ\cdot kg^{-1}\cdot K^{-1}}$ 之间，比金属及无机材料的大。一些聚合物的比热容见表 3.3。

聚合物的热膨胀性比金属及陶瓷大，一般在 $4\times 10^{-5}\sim 3\times 10^{-4}$ 之间。聚合物的膨胀系数随温度的提高而增大，但一般并非温度的线性函数。

## 2. 电性能

聚合物,如聚四氟乙烯、聚乙烯、聚氯乙烯、环氧树脂、酚醛树脂等,是极好的电器材料。聚合物的电性能主要由其化学结构所决定,受显微结构影响较小。电性能可以通过考察它对施加的不同强度和频率电场的响应特性来研究,正如力学性能可通过静态的和周期性应力的响应特性来确定一样。

(1) 电阻率和介电常数

聚合物的体积电阻率常随充电时间的延长而增加。因此常规定采用 1 min 的体积电阻率数值。在各种电工材料中,聚合物是电阻率非常高的绝缘体,如图 3.37 所示。

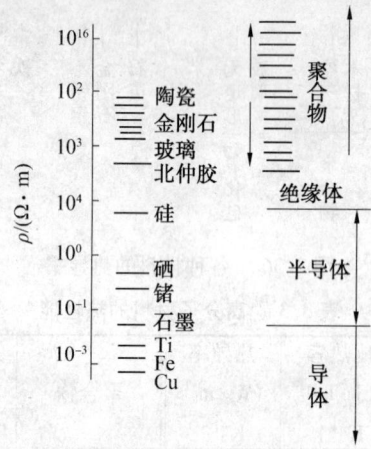

图 3.37 电工材料的体积电阻率

用来隔开电容器极板的物质叫电介质,这时的电容与极板间为真空时的电容之比称该电介质的介电常数,以无因次量 $\varepsilon$ 表示,其数值范围为 1~10。非极性聚合物介电常数为 2 左右,极性高聚物为 3~9。表 3.4 是某些聚合物的直流介电常数。

表 3.4 某些聚合物的介电常数

| 聚合物 | $\varepsilon$ | 聚合物 | $\varepsilon$ | 聚合物 | $\varepsilon$ |
|---|---|---|---|---|---|
| 聚乙烯 | 2.3 | 聚四氟乙烯 | 2.1 | 尼龙 66 | 6.1 |
| 聚丙烯 | 2.3 | 聚氨酯弹性体 | 9 | 聚苯乙烯 | 2.5 |
| 聚甲基丙烯酸甲酯 | 3.8 | 聚醚砜 | 3.5 | 酚醛树脂 | 6.0 |
| 聚氯乙烯 | 3.8 | 氯磺化聚乙烯 | 8~10 | | |

产生介电现象的原因是分子极化。在外电场作用下,分子中电荷分布的变化称为极化。分子极化包括电子极化、原子极化、取向极化及界面极化。电子极化及原子极化又称为变形极化或诱导极化,所需时间很短,为 $10^{-15} \sim 10^{-11}$ s。由永久偶极所产生的取向极化与温度有关。取向极化所产生的偶极矩与绝对温度成反比。取向极化所需时间在 $10^{-9}$ s 以上。界面极化是由于电荷在非均匀介质分界面上聚集而产生的。界面极化所需时间为几分之一秒至几分钟乃至几个小时。材料的介电常数是以上几种因素所产生介电常数分量的总和。

(2) 介电损耗

电介质在交变电场作用下,由于发热而消耗的能量称为介电损耗。产生介电损耗的原因有两个:一是电介质中微量杂质而引起的漏导电流;另一个原因是电介质在电场中发生极化取向时,由于极化取向与外加电场有相位差而产生的极化电流损耗,这是主要原因。

在交变电场中,介电常数可用复数形式表示为

$$\varepsilon = \varepsilon' - i\varepsilon''$$

式中,$\varepsilon'$ 为与电容电流相关的介电常数,即实数部分,它是实验测得的介电常数;$\varepsilon''$ 为与电阻电流相关的分量,即虚数部分。损耗角 $\delta$ 的正切 $\tan\delta = \dfrac{\varepsilon''}{\varepsilon'}$,称为介电损耗。

聚合物的介电损耗即介电松弛与力学松弛原理上是一样的。介电松弛是在交变电场刺激下的极化响应,它取决于松弛时间与电场作用时间的相对值。当电场频率与某种分子极化运动单元松弛时间的倒数接近或相等时,相位差最大,产生共振吸收峰即介电损耗峰。从介电损耗峰的位置和形状可推断所对应的偶极运动单元的归属。聚合物在不同温度下的介电损耗称介电谱。

在一般电场的频率范围内,只有取向极化及界面极化才可能对电场变化有明显的响应。在通常情况下,只有极性聚合物才有明显的介电损耗。极性基团可位于大分子主链,如硅橡胶,或处于侧基,如 PVC。当极性侧基柔性较大时,如 PMMA 极性基团的运动几乎与主链无关。还有,如 PE,因氧化而产生的末端羰基是大分子链极性的来源。非晶态极性聚合物介电谱上一般均出现两个介电损耗峰,分别记作 $\alpha$ 和 $\beta$(图3.38)。$\alpha$ 峰相应于主链链段构象重排,它和 $T_g$ 是对应的。$\beta$ 峰相应于次级转变,对聚醋酸乙烯酯是柔性侧基的运动,对 PVC 相应于主链的局部松弛运动。

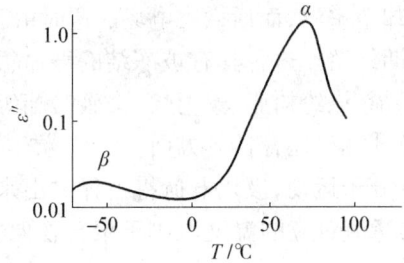

图 3.38　聚醋酸乙烯酯的 $\varepsilon''$ 与温度的关系(电场频率 $10^4$ Hz)

对非极性聚合物,极性杂质常常是介电损耗的主要原因。非极性聚合物的 $\tan\delta$ 一般小于 $10^{-4}$,极性聚合物的 $\tan\delta$ 在 $5\times10^{-3}\sim10^{-1}$ 之间。

(3) 介电强度

当电场强度超过某一临界值时,电介质就丧失其绝缘性能,这称为电击穿。发生电击穿的电压称为击穿电压。击穿电压与击穿处介质厚度之比称为击穿电场强度,简称介电强度。

聚合物介电强度可达 $1\,000$ MV·m$^{-1}$。介电强度的上限是由聚合物结构内共价键电离能所决定的。当电场强度增加到临界值时,撞击分子发生电离,使聚合物击穿,称为纯电击穿或固有击穿。这种击穿过程极为迅速,击穿电压与温度无关。

在强电场下,因温度上升导致聚合物的热破坏而引起的击穿称热击穿。这时,击穿电压要比固有击穿电压小。

#### (4) 静电现象

两种物体互相接触和摩擦时,会有电子的转移而使一个物体带正电,另一个带负电,这种现象称为静电现象。聚合物的高电阻率使它有可能积累大量静电荷,将带来麻烦的后果。例如聚丙烯腈纤维因摩擦可产生高达 1 500 V 的静电压。

由实验得知,一般介电常数大的聚合物带正电,小的带负电,如以下序列。

⊕ 聚酰胺 尼龙66 羊毛 蚕丝 皮肤 纤维素(棉花) 聚甲基丙烯酸甲酯 聚乙烯醇缩醛 涤纶 聚丙烯腈 聚氯乙烯 聚碳酸酯 聚乙烯 聚丙烯 聚四氟乙烯 ⊖

当上述序列中的两种物质进行相互摩擦时,总是左边的带正电,右边的带负电,二者相距越远,产生的电量越多。

可通过体积传导、表面传导等不同途径来消除静电现象,其中以表面传导为主。目前工业上广泛采用的抗静电剂都用以提高聚合物的表面导电性。抗静电剂一般都具有表面活性剂的功能,常增加聚合物的吸湿性而提高表面导电性,从而消除静电现象。

#### (5) 聚合物驻极体和热释电流

将聚合物薄膜夹在两个电极当中,加热到薄膜成型温度。施加每厘米数千伏的电场,使聚合物极化、取向。再冷却至室温,而后撤去电场。这时由于聚合物的极化和取向单元被冻结,因而极化偶矩可长期保留。这种具有被冻结的寿命很长的非平衡偶极矩的电介质称为驻极体。如聚偏氟乙烯、涤纶树脂、聚丙烯、聚碳酸酯等聚合物超薄薄膜驻极体已广泛用于电容器传声隔膜及计算机储存器等方面。

若加热驻极体以激发其分子运动,极化电荷将被释放出来,产生退极化电流,称为热释电流(TSC)。热释电流的峰值对应的温度取决于聚合物偶极取向机理,因此可用以研究聚合物的分子运动。

就分子机理而言,聚合物驻极体和热释电流现象与聚合物的强迫高弹性现象(即屈服形变)是极为相似的。这是同一本质的两种表现形式。

### 3. 光性能

#### (1) 折射

当光由一种介质进入另一种介质时,由于光在两种介质中的传播速度不同而产生折射现象。设入射角为 $\alpha$,折射角为 $\beta$,则折射率定义为

$$n = \frac{\sin \alpha}{\sin \beta}$$

式中,$n$ 与两种介质的性质及光的波长有关。通常以各种物质对真空的折射率作为该物质的折射率。聚合物的折射率由其分子的电子结构因辐射的光频电场作用发生形变的程度所决定。聚合物的折射率一般都在 1.5 左右。

结构上各向同性的材料,如无应力的非晶态聚合物,在光学上也是各向同性的,因此

只有一个折射率。结晶的和其他各向异性的材料,折射率沿不同的主轴方向有不同的数值,该材料被称为双折射的,如非晶态聚合物因分子取向而产生双折射。因此,双折射是研究形变微观机理的有效方法。在高分子材料中,由应力产生的双折射可应用于光弹性应力分析。

(2) 透明性及光泽

大多数聚合物不吸收可见光谱范围内的辐射,当其不含结晶、杂质和疵痕时都是透明的。如聚甲基丙烯酸甲酯(有机玻璃)、聚苯乙烯等,它们对可见光的透过程度达 92% 以上。

透明度的损失,除光的反射和吸收外,主要起因于材料内部对光的散射,而散射是由结构的不均匀性造成的。例如聚合物表面或内部的疵痕、裂纹、杂质、填料、结晶等,都使透明度降低。这种降低与光所经的路程(物体厚度)有关,厚度越大,透明度越小。

光泽是材料表面的光学性能。越平滑的表面,越光泽。从 $0°\sim90°$ 的入射角,反射光强与入射光强之比称为直接反射系数,它用以表示表面光泽程度。

(3) 反射和内反射

对透明材料,当光垂直射入时,透过光强与入射光强之比为 $T = 1 - \frac{(n-1)^2}{(n+1)^2}$。大多数聚合物,$n \approx 1.5$,所以 $T \approx 92\%$,反射光约占 8% 左右。在不同入射角时,反射率也不太高。

设光从聚合物射入空气的入射角为 $\alpha$,若 $\sin\alpha \geq \frac{1}{n}$,即发生内反射,即光线不能射入空气中而全部折回聚合物中。对大多数聚合物,$n \approx 1.5$,所以最小为 42° 左右。光线在聚合物内全反射,使其显得很明亮,利用这一特性可制造各种发光制品,如汽车的尾灯、信号灯、光导管等。图 3.39 为一透明的塑料棒光导管中光的内反射。因为当 $n = 1.5$ 时,$\sin\alpha = \frac{\gamma - d}{\gamma}$,所以只要使其弯曲部分的曲率半径 $\gamma$ 不小于棒直径 $d$ 的 3 倍,即满足 $\sin\alpha \geq \frac{2}{3}$ 的条件。这时若光从棒的一端射入,在弯曲处不会射出棒外,而全反射传播到棒的另一端。这种光导管可用于外科手术的局部照明。这种全反射特性也是制造光导纤维的依据之一。

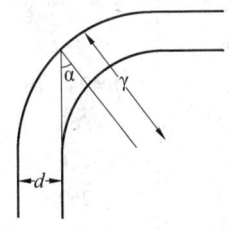

图 3.39 光导管中光的内反射

**4. 渗透性**

液体分子或气体分子可从聚合物膜的一侧扩散到其浓度较低的另一侧,这种现象称为渗透或渗析。若在低浓度聚合物膜的一侧施加足够高的压力(超过渗透压)则可使液体或气体分子向高浓度一侧扩散,这种现象称为反向渗透。根据聚合物的渗透性,高分子材料在薄膜包装、提纯、医学、海水淡化等方面都获得了广泛的应用。

液体或气体分子透过聚合物时,先是溶解在聚合物内,然后再向低浓度处扩散,最后从薄膜的另一侧逸出。所以聚合物的渗透性和液体及气体在其中的溶解性有关。当溶解性不大时,透过量 $q$ 可由 Fick 第一定律表示为

$$q = -D \frac{\mathrm{d}c}{\mathrm{d}z} \cdot At$$

式中,$A$、$t$、$D$ 为分别为面积、时间及扩散系数;$\frac{\mathrm{d}c}{\mathrm{d}z}$ 为浓度梯度。

达到稳态时,设膜厚为 $L$,膜两侧浓度差为 $(c_1 - c_2)$,则扩散速率 $J$ 为

$$J = \frac{q}{At} = \frac{D}{L}(c_1 - c_2) \qquad (c_1 > c_2)$$

根据亨利定律,溶质的浓度 $c$ 与其蒸气压 $p$ 的关系为 $c = Sp$,式中 $S$ 为溶解度系数。

$$P_g = DS$$

式中,$P_g$ 为渗透系数。

可见在其他条件相同时,溶解性越好,即 $S$ 越大,渗透系数就越大。因为

$$J = DS \frac{p_1 - p_2}{L} = P_g \frac{p_1 - p_2}{L}$$

所以渗透性也越好。以上所述规律对气体基本是符合的;对液体,由于 $D$ 与浓度有关,情况比较复杂,但基本原理是一样的。

在溶解度系数 $S$ 相同时,气体分子越小,在聚合物中越易扩散,$P_g$ 越大。若 $D$ 和 $S$ 都不同,$D$ 或 $S$ 何者占支配地位,则视具体情况而论。

聚合物的结构和物理状态对渗透性影响甚大。一般而言,链的柔性增大时渗透性提高;结晶度越大,渗透性越小。因为一般气体是非极性的,当大分子链上引入极性基团,使其对气体的渗透性下降。表 3.5 是常见聚合物对 $N_2$、$O_2$、$CO_2$ 和水蒸气的渗透系数。

表 3.5　聚合物的渗透系数

| 聚合物 | 气体或蒸气渗透系数 $\times 10^{10}/cm^2$ (标准状态)·mm/($cm^2$·s·cmHg 柱)[①] | | | |
|---|---|---|---|---|
| | $N_2$ | $O_2$ | $CO_2$ | $H_2O$ |
| 乙酸纤维素 | 1.6 ~ 5 | 4.0 ~ 7.8 | 24 ~ 180 | 15 000 ~ 106 000 |
| 氯磺化聚乙烯 | 11.6 | 28 | 208 | 12 000 |
| 环氧树脂 | | 0.49 ~ 16 | 0.86 ~ 14 | |
| 乙基纤维素 | 84 | 265 | 410 | 14 000 ~ 130 000 |
| 氟化乙烯丙烯共聚物 | 21.5 | 50 | 17 | 500 |
| 天然橡胶 | 84 | 230 | 1 330 | 30 000 |
| 酚醛塑料 | 0.95 | | | |
| 聚酰胺 | 0.1 ~ 0.2 | 0.36 | 1.6 | 700 ~ 17 000 |
| 聚丁二烯 | 64.5 | 191 | 1 380 | 49 000 |
| 丁腈橡胶 | 2.4 ~ 25 | 9.5 ~ 82 | 75 ~ 636 | 10 000 |
| 丁苯橡胶 | 63.5 | 172 | 1 240 | 24 000 |
| 聚碳酸酯 | 3 | 20 | 85 | 7 000 |
| 氯丁橡胶 | 11.8 | 40 | 250 | 18 000 |

续表 3.5

| 聚合物 | 气体或蒸气渗透系数 $\times 10^{10}/cm^2$ (标准状态)·mm/($cm^2$·s·cmHg 柱)[①] | | | |
|---|---|---|---|---|
| | $N_2$ | $O_2$ | $CO_2$ | $H_2O$ |
| 聚三氟氯乙烯 | 0.09 ~ 1.0 | 0.25 ~ 5.4 | 0.48 ~ 12.5 | 3 ~ 360 |
| 聚二甲丁二烯 | 4.8 | 21 | 73 | |
| 聚乙烯 | 3.5 ~ 20 | 11 ~ 59 | 43 ~ 260 | 120 ~ 200 |
| 聚对苯二甲酸乙二醇酯 | 0.05 | 0.3 | 1.0 | 1 300 ~ 3 300 |
| 聚甲醛 | 0.22 | 0.38 | 1.9 | 5 000 ~ 10 000 |
| 聚异丁烯-异戊二烯 | 3.2 | 13 | 52 | 400 ~ 2 000 |
| 聚丙烯 | 4.4 | 23 | 92 | 700 |
| 聚苯乙烯 | 3 ~ 80 | 15 ~ 250 | 75 ~ 370 | 10 000 |
| 苯乙烯-丙烯腈共聚物 | 0.46 | 3.4 | 10.8 | 9 000 |
| 苯乙烯-甲基丙烯腈共聚物 | 0.21 | 1.6 | | |
| 聚四氟乙烯 | | | | 360 |
| 聚氨酯 | 4.3 | 15.2 ~ 48 | 140 ~ 400 | 3 500 ~ 125 000 |
| 聚乙烯醇 | | | | 29 000 ~ 140 000 |
| 聚氯乙烯 | 0.4 ~ 1.7 | 1.2 ~ 6 | 10.2 ~ 37 | 2 600 ~ 6 300 |
| 聚氟乙烯 | 0.04 | 0.2 | 0.9 | 3 300 |
| 聚偏氯乙烯 | 0.01 | 0.05 | 0.29 | 14 ~ 1 000 |
| 偏氟乙烯六氟丙烯共聚物 | 4.4 | 15 | 78 | 520 |
| 氯化烃橡胶 | 0.08 ~ 6.2 | 0.25 ~ 5.4 | 1.7 ~ 18.2 | 250 ~ 19 000 |
| 硅橡胶 | | 1 000 ~ 6 000 | 6 000 ~ 30 000 | 106 000 |

注:①1 $cm^3$(标准状态)·mm/($m^2$·s·cmHg 柱) = 7.5 $cm^3$(标准状态)·mm/($m^2$·s·Pa)。

# 第4章 聚合物成型加工

## 4.1 塑料的成型加工

### 4.1.1 挤出成型

挤出成型是目前比较普遍的塑料成型方法之一,适用于所有的热塑性塑料及部分热固性塑料,可以成型各种塑料管材、棒材、板材、电线电缆及异形截面型材等,还可以用于塑料的着色、造料和共混等。

**1. 挤出成型原理**

挤出成型主要用于成型热塑性塑料,其成型原理如图4.1所示(以管材的挤出为例)。首先将粒状或粉状塑料加入料斗中,在挤出机旋转螺杆的作用下,加热的塑料沿螺杆的螺旋槽向前方输送。在此过程中,塑料不断地接受外加热和螺杆与物料之间、物料与物料之间及物料与料筒之间的剪切摩擦热,逐渐熔融呈黏流态,然后在挤压系统的作用下,塑料熔体通过具有一定形状的挤出模具(机头)口模以及一系列辅助装置(定型、冷却、牵引、切割等装置),从而获得截面形状一定的塑料型材。

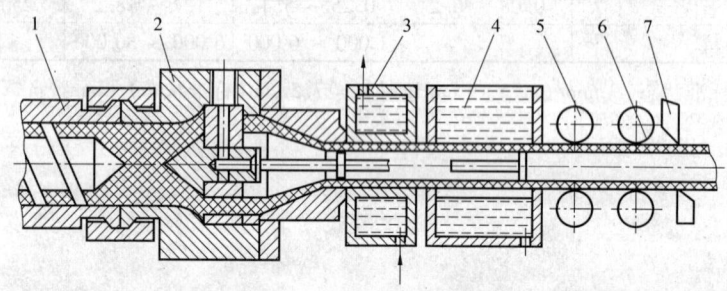

图4.1 挤出成型原理

1—挤出机料筒;2—机头;3—定径装置;4—冷却装置;5—牵引装置;6—塑料管;7—切割装置

**2. 挤出成型特点**

挤出成型所用的设备为挤出机,结构比较简单,操作方便,应用非常广泛,所成型的塑件均为具有恒定截面形状的连续型材。挤出成型的特点如图4.2所示。

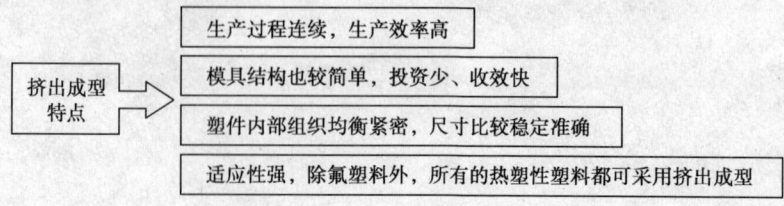

图4.2 挤出成型特点

### 3. 挤出成型工艺

热塑性塑料的挤出成型工艺过程可分为三个阶段。

第一阶段是塑料原料的塑化。塑料原料在挤出机的机筒温度和螺杆的旋转压实及混合作用下，由粉状或粒状变成黏流态物质。

第二阶段是成型。黏流态塑料熔体在挤出机螺杆螺旋力的推动作用下，通过具有一定形状的机头口模，得到截面与口模形状一致的连续型材。

第三阶段是定型。通过适当的处理方法，如定径处理、冷却处理等，使已挤出的塑料连续型材固化为塑件。

具体成型工艺如下：

（1）原料的准备

挤出成型用的大部分塑料是粒状塑料，粉状塑料用得较少。因为粉状塑料含有较多的水分，会影响挤出成型的顺利进行，同时影响塑件的质量，例如塑件出现气泡、表面灰暗无光、皱纹、波浪等，其物理性能和力学性能也随之下降，而且粉状物料的压缩比大，不利于输送。当然，不论是粉状物料还是粒状物料，都会吸收一定的水分，所以在成型之前应进行干燥处理，将原料的水分控制在 0.5% 以下。原料的干燥一般是在烘箱或烘房中进行，此外，在准备阶段还要尽可能除去塑料中存在的杂质。

（2）挤出成型

将挤出机预热到规定温度后，启动电机带动螺杆旋转输送物料，同时向料筒中加入塑料。料筒中的塑料在外加热和剪切摩擦热作用下熔融塑化。由于螺杆旋转时对塑料不断推挤，迫使塑料经过滤板上的过滤网，再通过机头成型为一定口模形状的连续型材。初期的挤出塑件质量较差，外观也欠佳，要调整工艺条件及设备装置直到正常状态后才能投入正式生产。在挤出成型过程中，要特别注意温度和剪切摩擦热两个因素对塑件质量的影响。

（3）塑件的定型与冷却

热塑件在离开机头口模以后，应该立即进行定型和冷却，否则，塑件在自重力作用下就会变形，出现凹陷或扭曲现象。在大多数情况下，定型和冷却是同时进行的，只有在挤出各种棒料和管材时，才有一个独立的定径过程，而挤出薄膜、单丝等则无需定型，仅通过冷却即可。挤出板材与片材，有时还需要通过一对压辊压平，也有定型与冷却作用。管材的定型方法可用定径套，也有采用能通水冷却的特殊口模来定径的，但不管哪种方法，都是使管坯内外形成压力差，使其紧贴在定径套上而冷却定型。

冷却一般采用空气冷却或水冷却，冷却速度对塑件性能有很大影响。硬质塑件（如聚苯乙烯、低密度聚乙烯和硬聚氯乙烯等）不能冷却得过快，否则容易造成残余内应力，影响塑件的外观质量；软质或结晶型塑件则要求及时冷却，以免塑件变形。

（4）塑件的牵引、卷取和切割

塑件自口模挤出后，会由于压力突然解除而发生离模膨胀现象，而冷却后又会发生收缩现象，从而使塑件的尺寸和形状发生改变。此外，由于塑件被连续不断地挤出，自重越来越大，如果不加以引导，会造成塑件停滞，使塑件不能顺利挤出。因此，在冷却的同时，要连续均匀地牵引塑件。

牵引过程由挤出机辅机之一的牵引装置来完成。牵引速度要与挤出速度相适应,一般是牵引速度大于挤出速度,以消除塑件尺寸的变化,同时对塑件进行适当的拉伸以提高质量。不同塑件的牵引速度不同。通常单丝的牵引速度可以快些,其原因是牵引速度大,塑件的厚度和直径减小,纵向抗断裂强度增高,扯断伸长率降低。挤出硬质塑件的牵引速度则不能大,通常需将牵引速度规定在一定范围内,并且要十分均匀,不然就会影响其尺寸均匀性和力学性能。

通过牵引的塑件根据使用要求在切割装置上裁剪(如棒、管、板、片等),或在卷取装置上绕制成卷(如单丝、电线电缆等)。此外,有些塑件有时还需进行后处理,以提高其尺寸稳定性。

图 4.3 是常见的挤出工艺过程示意图。

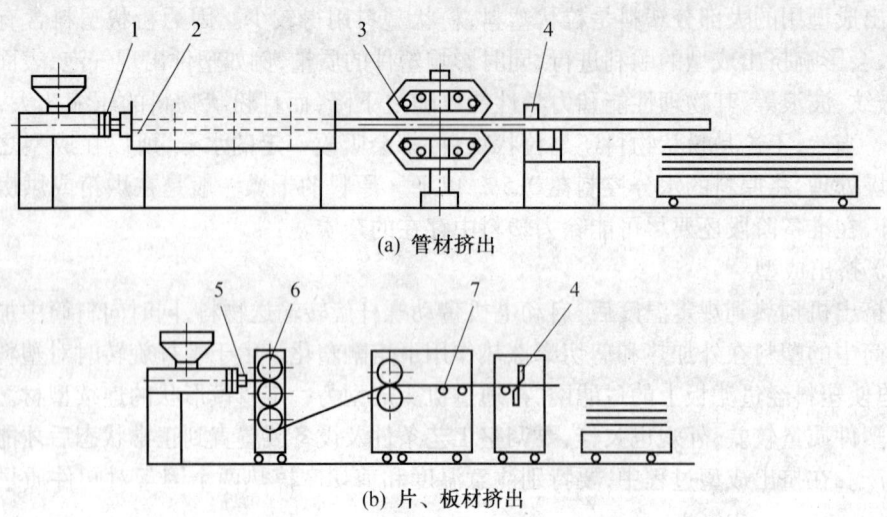

图 4.3　常见的挤出工艺过程示意图
1— 挤管机头;2— 定型与冷却装置;3— 牵引装置;4— 切断装置;
5— 片(板)坯挤出机头;6— 碾平与冷却装置;7— 切边与牵引装置

### 4.1.2　注塑成型

注塑成型是塑料成型的一种重要方法,主要适用于热塑性塑料的成型。注塑成型所用的注塑机价格较高,模具的结构较为复杂,生产成本高,适合于塑件的大批量生产。

**1. 注塑成型工艺原理**

按成型设备不同,注塑成型分为螺杆式注塑成型和柱塞式注塑成型。螺杆式注塑成型原理如图 4.4 所示。颗粒状或粉状的塑料加入到料斗中,在螺杆转动作用下,被输送至外侧安装有电加热圈的料筒中,塑料在加热及螺杆的转动剪切、摩擦热的作用下逐步得以均匀塑化,并向料筒前端堆积,当料筒前端的熔料堆积对螺杆造成一定压力时(称为螺杆的背压),螺杆就在转动中后退,直至与调整好的行程开关接触,螺杆的转动后退结束(即料筒前部熔融塑料的储量具有模具一次注塑量)。接着与注塑液压缸活塞相连接的螺杆以一定的速度和压力推进,将熔料通过料筒前端的喷嘴快速注入温度较低的闭合模具型腔中,通过保压、冷却一定时间,熔融塑料固化,从而得到模具型腔所赋予的形状和尺寸。最后开合模机构将模具打开,在推出机构的作用下,即可取出注塑成型的塑料制件。

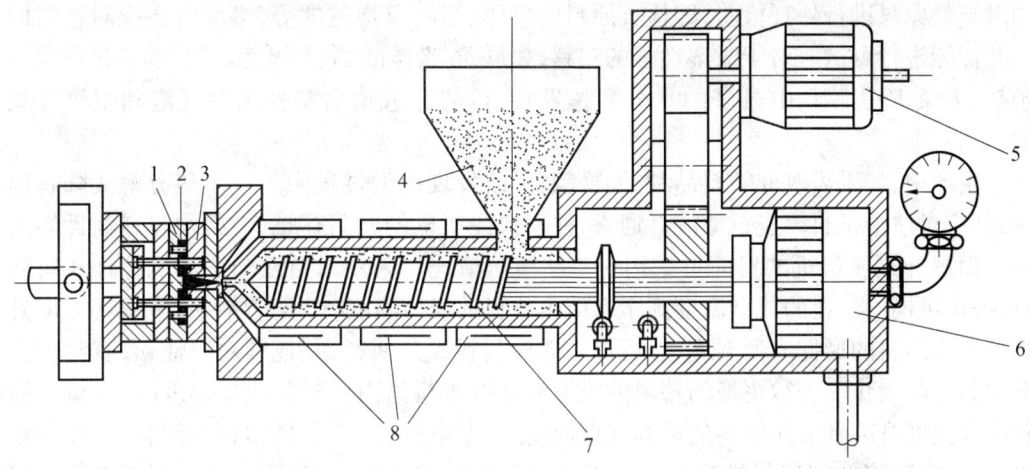

图 4.4　螺杆式注塑成型原理

1—动模;2—塑件;3—定模;4—料斗;5—传动装置;6—油缸;7—螺杆;8—加热器

**2. 注塑成型特点**

注塑成型是热塑性塑料成型的一种重要方法,成型周期短,能一次成型形状复杂、尺寸精确、带有金属或非金属嵌件的塑料制件。注塑成型的生产率高,易实现自动化生产。到目前为止,除氟塑料以外,几乎所有的热塑性塑料都可以用注塑成型的方法成型,因此,注塑成型广泛应用于各种塑件的生产。除了热塑性塑料外,一些流动性好的热固性塑料也可用注塑方法成型,其原因是这种方法生产效率高,塑件质量稳定。注塑成型的缺点是:所用的注塑设备价格较高,注塑模具的结构复杂,生产成本高,生产周期长,不适合于单件小批量的塑件生产。

**3. 注塑成型工艺过程**

注塑成型工艺过程包括成型前的准备、注塑成型过程和成型后塑件的处理,如图 4.5 所示。

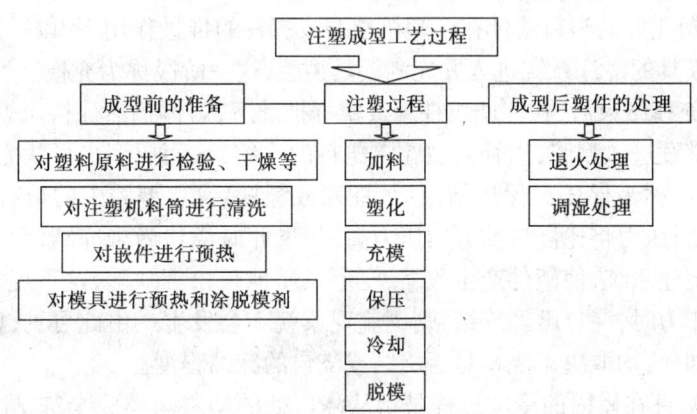

图 4.5　注塑成型工艺过程示意图

(1) 成型前的准备

为了保证注塑成型的正常进行和保证塑件质量，在注塑成型前应做一定的准备工作，如对塑料原料进行外观检验，即检查原料的色泽、细度及均匀度等，必要时还应对塑料的工艺性能进行测试。对于吸湿性强的塑料，如尼龙、聚碳酸酯、ABS等，成型前应进行充分预热、干燥，除去物料中过多的水分和挥发物，以防止成型后塑件出现气泡和银纹等缺陷。

生产中，如果需改变塑料品种、调换颜色，或发现成型过程中出现了热分解或降解反应，则应对注塑机料筒进行清洗。通常，柱塞式注塑机的料筒存量大，必须将料筒拆卸清洗。而螺杆式注塑机的料筒可采用对空注塑法清洗。采用对空注塑法清洗螺杆式料筒时，若欲更换的塑料的成型温度高于料筒内残料的成型温度时，则应将料筒和喷嘴温度升高到欲换塑料的最低成型温度，然后加入欲换塑料或其回料，并连续对空注塑，直到将全部残料排除为止。若欲更换的塑料的成型温度低于料筒内残料的成型温度时，应将料筒和喷嘴温度升高到欲换塑料的最高成型温度，切断电源，加入欲换塑料的回料，并连续对空注塑，直到将全部残料排除为止。当两种塑料的成型温度相差不大时，则不必变更温度，先用回料，然后用欲更换塑料对空注塑即可。残料属热敏性塑料时，应从流动性好、热稳定性好的聚乙烯和聚苯乙烯等塑料中选择黏度较高的品级作为过渡料对空注塑。

对于有嵌件的塑件，由于金属与塑料的收缩率不同，嵌件周围的塑料容易出现收缩应力和裂纹，因此，成型前可对嵌件进行预热，以减少它在成型时与塑料熔体的温差，避免或抑制嵌件周围的塑料容易出现的收缩应力和裂纹。在嵌件较小时，对分子链柔顺性大的塑料也可以不进行预热。

为了使塑料制件容易从模具内脱出，有的模具型腔或模具型芯还需要涂上脱膜剂，常用的脱模剂有硬脂酸锌、液体石蜡和硅油等。在成型前，有时还需对模具进行预热。

(2) 注塑过程

完整的注塑过程包括加料、塑化、充模、保压、冷却和脱模等几个阶段。

① 加料。将颗粒状或粉状塑料加入注塑机料斗，由柱塞或螺杆带入料筒进行加热。

② 塑化。成型塑料在注塑机料筒内经过加热、混料等作用以后，由松散的粉状颗粒或粒状的固态转变成熔融状态并具有良好的可塑性，这一过程称为塑化。

③ 充模。塑化好的塑料熔体在注塑机柱塞或螺杆的推进作用下，以一定的压力和速度经过喷嘴和模具的浇注系统进入并充满模具型腔，这一阶段称为充模。

④ 保压。充模结束后，在注塑机柱塞或螺杆推动下，熔体仍然保持压力进行补料，使料筒中的熔料继续进入型腔，以补充型腔中塑料的收缩，从而成型出形状完整、质地致密的塑件，这一阶段称为保压。保压结束后，柱塞或螺杆后退，型腔中的熔料压力解除，这时，型腔中的熔料压力将比浇口前方的压力高，如果此时浇口尚未冻结，型腔中熔料就会通过浇口流向浇注系统，使塑件产生收缩、变形及质地疏松等缺陷，这种现象称为倒流。如果撤除注塑压力时，浇口已经冻结，则倒流现象就不会发生。由此可见，倒流是否发生或倒流的程度如何，均取决于浇口是否冻结或浇口的冻结程度。

⑤ 冷却。塑件在模内的冷却过程是指从浇口处的塑料熔体完全冻结时起到塑件将从模具型腔内推出为止的全部过程。在此阶段，补缩或倒流均不再继续进行，型腔内的塑

料继续冷却、硬化和定型。实际上冷却过程从塑料注入模具型腔起就开始了,它包括从充模完成、保压开始到脱模前的这一段时间。

⑥脱模。塑件冷却到一定的温度即可开模,在推出机构的作用下将塑件推出模外。

(3) 塑件的后处理

由于塑化不均匀或塑料在型腔内的结晶、取向和冷却及金属嵌件的影响等原因,塑件内部不可避免地存在一些内应力,从而导致塑件在使用过程中产生变形或开裂。为了解决这些问题,可对塑件进行一些适当的后处理。常用的后处理方法有退火和调湿两种。

① 退火处理。退火处理是将塑件放在定温的加热介质(如热水、热油、热空气和液体石蜡等)中保温一段时间,然后缓慢冷却的热处理过程。利用退火时的热量,能加速塑料中大分子松弛,从而消除塑件成型后的残余应力。退火温度一般在塑件使用温度以上 10~20 ℃ 至热变形温度以下 10~20 ℃ 之间进行选择和控制。保温时间与塑料品种和塑件的厚度有关,一般可按每毫米约半小时计算。退火处理时,冷却速度不应过快,否则会产生应力。

② 调湿处理。调湿处理是一种调整塑件含水量的后处理工序,主要用于吸湿性很强且又容易氧化的聚酰胺等塑料。调湿处理除了能在加热条件下消除残余应力外,还能使塑件在加热介质中达到吸湿平衡,以防止在使用过程中发生尺寸变化。调湿处理所用的介质一般为沸水或醋酸钾溶液(沸点为 121 ℃),加热温度为 100~121 ℃,热变形温度高时取上限,反之取下限。保温时间与塑件的厚度有关,通常取 2~9 h。

### 4.1.3 压缩成型

压缩成型又称为压塑成型、压制成型等,是将粉状或松散粒状的固态塑料直接加入到模具中,通过加热、加压的方法使它们逐渐软化熔融,然后根据模腔形状成型,经固化成为塑件,主要用于成型热固性塑料。

**1. 压缩成型原理**

压缩成型原理如图 4.6 所示。成型时,先将粉状、粒状、碎屑状或纤维状的热固性塑料原料直接加入到敞开的模具加料室内,如图 4.6(a) 所示;然后合模加热,使塑料融熔,在合模压力的作用下,熔融塑料充满型腔各处,如图 4.6(b) 所示;这时,型腔中的塑料产生化学交联反应,使熔融塑料逐步转变为不熔的硬化定型的塑件,最后脱模将塑件从模具中取出,如图 4.6(c) 所示。

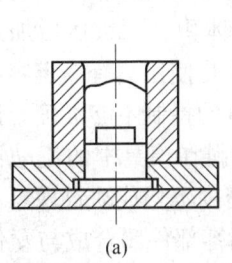 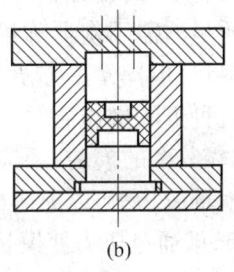 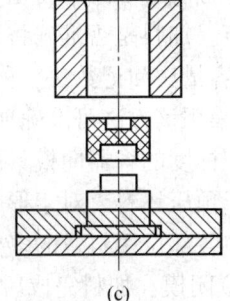

(a)　　　　　　　　　(b)　　　　　　　　　(c)

图 4.6　压缩成型原理

### 2. 压缩成型特点

压缩成型主要用于热固性塑料的成型。与注塑成型相比,压缩成型的优点是:可以使用普通压力机进行生产;因压缩模没有浇注系统,所以模具结构比较简单;塑件内取向组织少,取向程度低,性能比较均匀;成型收缩率小;可以生产一些带有碎屑状、片状或长纤维状填充剂,流动性很差且难以用注塑方法成型的塑件和面积很大、厚度较小的大型扁塑件。压缩成型的缺点是:成型周期长、劳动强度大、生产环境差、生产操作多用手工而不易实现自动化;塑件经常带有溢料飞边,高度方向的尺寸精度不易控制;模具易磨损,使用寿命较短。

压缩成型也可以成型热塑性塑料。在压缩成型热塑性塑料时,模具必须交替地进行加热和冷却,才能使塑料塑化和固化,故成型周期长,生产效率低,因此,它仅适用于成型光学性能要求高的有机玻璃镜片、不宜高温注塑成型的硝酸纤维汽车驾驶盘以及一些流动性很差的热塑性塑料(如聚酰亚胺等)。

### 3. 压缩成型工艺

(1) 成型前的准备

热固性塑料比较容易吸湿,贮存时易受潮,所以,在对塑料进行加工前应对其进行预热和干燥处理。同时,又由于热固性塑料的比容比较大,因此,为了使成型过程顺利进行,有时还要先对塑料进行预压处理。

① 预热与干燥。在成型前,应对热固性塑料进行加热。加热的目的有两个:一是对塑料进行预热,以便对压缩模提供具有一定温度的热料,使塑料在模内受热均匀,缩短压缩成型周期;二是对塑料进行干燥,防止塑料中带有过多的水分和低分子挥发物,确保塑件的成型质量。预热与干燥的常用设备是烘箱和红外线加热炉。

② 预压。预压是指压缩成型前,在室温或稍高于室温的条件下,将松散的粉状、粒状、碎屑状、片状或长纤维状的成型物料压实成重量一定、形状一致的塑料型坯,使其能比较容易地被放入压缩模加料室。预压坯料的形状一般为圆片形或圆盘形,也可以压成与塑件相似的形状。预压压力通常可以在 40 ~ 200 MPa 内选择,经过预压后的坯料密度最好能达到塑件密度的 80% 左右,以保证坯料有一定的强度。

(2) 压缩成型过程

模具装上压力机后要进行预热,若塑件带有嵌件,加料前应将预热嵌件放入模具型腔内。热固性塑料的成型过程一般可分为加料、闭模、排气、固化和脱模等几个阶段。

① 加料。加料就是在模具型腔中加入已预热的定量的物料,这是压缩成型生产的重要环节。加料是否准确将直接影响到塑件的密度和尺寸精度。常用的加料方法有体积质量法、容量法和记数法三种。体积质量法需用衡器称量物料的体积、质量,然后加入到模具内,采用该方法可准确地控制加料量,但操作不方便。容量法是使用具有一定容积或带有容积标度的容器向模具内加料,这种方法操作简便,但加料量的控制不够准确。记数法适用于预压坯料。对于形状较大或较复杂的模腔,还应根据物料在模具中的流动情况和模腔中各部位用料量的多少,合理地堆放物料,以免造成塑件密度不均或缺料现象。

② 闭模。加料完成后进行闭模,即通过压力使模具内成型零部件闭合成与塑件形状一致的模腔。在凸模尚未接触物料之前,应尽量使闭模速度加快,以缩短模塑周期和塑料

过早固化和过多降解。而在凸模接触物料之后,闭模速度应放慢,以避免模具中嵌件和成型杆件的位移和损坏,同时也有利于空气的顺利排放,避免物料被空气排出模外而造成缺料。闭模时间一般为几秒至几十秒不等。

③ 排气。压缩热固性塑料时,成型物料在模腔中会放出相当数量的水蒸气、低分子挥发物以及在交联反应和体积收缩时产生的气体。因此,模具闭合后有时还需要卸压以排出模腔中的气体,否则,会延长物料传热过程,延长熔料固化时间,且塑件表面还会出现烧糊、烧焦和气泡等现象,表面光泽也不好。排气的次数和时间应按需要而定,通常为 1~3 次,每次时间为 3~20 s。

④ 固化。压缩成型热固性塑料时,塑料依靠交联反应固化定型的过程称为固化或硬化。热固性塑料的交联反应程度(即硬化程度)不一定达到 100%,其硬化程度的高低与塑料品种、模具温度及成型压力等因素有关。当这些因素一定时,硬化程度主要取决于硬化时间。最佳硬化时间应以硬化程度适中时为准。固化速率不高的塑料,有时也不必将整个固化过程放在模内完成,只要塑件能够完整地脱模即可结束固化,因为延长固化时间会降低生产效率。提前结束固化时间的塑件需用后烘的方法来完成它的固化。通常酚醛压缩塑件的后烘温度范围为 90~150 ℃,时间为几小时至几十小时不等,视塑件的厚薄而定。模内固化时间取决于塑料的种类、塑件的厚度、物料的形状及预热和成型的温度等,一般由三十秒至数分钟不等,具体时间的长短需由实验方法确定,过长或过短对塑件的性能都会产生不利的影响。

⑤ 脱模。固化过程完成以后,压力机将卸载回程,并将模具开启,推出机构将塑件推出模外,带有侧向型芯或嵌件时,必须先完成抽芯才能脱模。

热固性塑件与热塑性塑件的脱模条件不同。对于热塑性塑件,必须使其在模具中冷却到自身具有一定的强度和刚度之后才能脱模;但对于热固性塑件,脱模条件应以其在热模中的硬化程度达到适中时为准,在大批生产中,为了缩短成型周期,提高生产效率,亦可在制件尚未达到硬化程度适中的情况下进行脱模,但此时塑件必须有足够的强度和刚度以保证在脱模过程中不发生变形和损坏。对于硬化程度不足而提前脱模的塑件,必须将它们集中起来进行后烘处理。

(3) 后处理

塑件脱模以后,应对模具进行清理,有时还要对塑件进行后处理。

① 模具的清理。脱模后,要用铜签或铜刷去除留在模内的碎屑、飞边等,然后再用压缩空气将模具型腔吹净。如果这些杂物留在下次成型的塑件中,将会严重影响塑件的质量。

② 塑件的后处理。塑件的后处理主要是指退火处理,其主要作用是消除内应力,提高塑件尺寸的稳定性,减少塑件的变形与开裂。进一步交联固化,可以提高塑件的电性能和力学性能。退火规范应根据塑件材料、形状、嵌件等情况确定。对于厚壁和壁厚相差悬殊以及易变形的塑件,退火处理时以采用低温和较长时间为宜;对于形状复杂、薄壁、面积大的塑件,为防止变形,退火处理时最好在夹具上进行。

常用热固性塑件的退火处理规范可参考表 4.1。

表4.1　常用热固性塑件退火处理规范

| 塑料种类 | 退火温度/℃ | 保温时间/h |
| --- | --- | --- |
| 酚醛塑料制件 | 80 ~ 130 | 4 ~ 24 |
| 酚醛纤维塑料制件 | 130 ~ 160 | 4 ~ 24 |
| 氨基塑料制件 | 70 ~ 80 | 10 ~ 12 |

### 4.1.4　压注成型

压注成型又称传递成型,是在压缩成型基础上发展起来的一种热固性塑料的成型方法,能成型外形复杂、薄壁或壁厚变化很大、带有精细嵌件的塑件。

**1. 压注成型原理**

压注成型原理如图4.7所示。压注成型时,将热固性塑料原料(和压缩成型时一样,塑料原料为粉料或预压成锭的坯料)装入闭合模具的加料室内,使其在加料室内受热塑化,如图4.7(a)所示;塑化后熔融的塑料在压注压力的作用下,通过加料室底部的浇注系统进入闭合的型腔,如图4.7(b)所示;塑料在型腔内继续受热、受压而固化成型,最后打开模具取出塑件,如图4.7(c)所示。

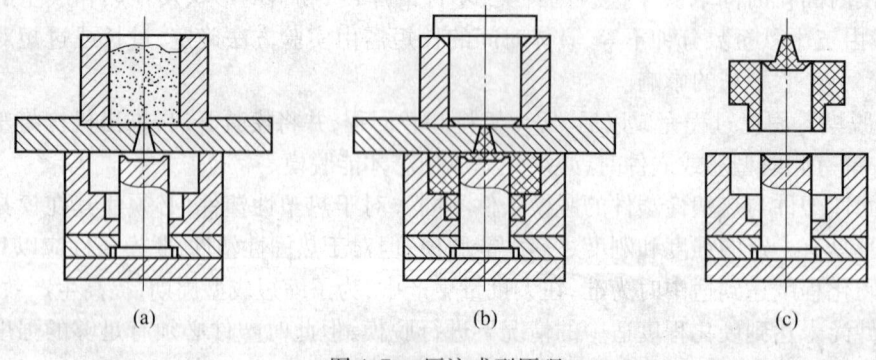

图4.7　压注成型原理

**2. 压注成型特点**

压注成型与压缩成型相比具有以下一些特点。

(1) 成型周期短、生产效率高

塑料在加料室首先被加热塑化,成型时塑料高速通过浇注系统被压入型腔,未完全塑化的塑料与高温的浇注系统相接触,使塑料升温快而均匀。同时,熔料在通过浇注系统的窄小部位时吸收摩擦热使温度进一步提高,有利于塑料制件在型腔内迅速硬化,从而缩短了硬化时间。压注成型的硬化时间只相当于压缩成型的$\frac{1}{3} \sim \frac{1}{5}$。

(2) 塑件的尺寸精度高、表面质量好

由于塑料受热均匀,交联硬化充分,因此改善了塑件的力学性能,使塑件的强度、力学性能、电性能都得以提高。塑件高度方向的尺寸精度较高,飞边很薄。

(3) 可以成型带有细小嵌件、较深侧孔及较复杂的塑件

由于塑料是以熔融状态压入型腔的,因此对细长型芯、嵌件等产生的挤压力比压缩模小。一般的压缩成型在垂直方向上成型的孔深不大于其直径的3倍,侧向孔深不大于其直径的1.5倍,而压注成型可成型孔深不大于直径10倍的通孔、不大于直径3倍的盲孔。

(4) 消耗原材料较多

由于存在浇注系统凝料,故塑料消耗比较多,这对小型塑件尤为突出。

(5) 压注成型收缩率大于压缩成型收缩率

一般酚醛塑料在压缩成型时的收缩率为0.8%,但压注成型时的收缩率则为0.9%~1%,而且收缩率具有方向性。这是由于物料在压力作用下的定向流动而引起的,因此影响塑件的精度,但对于用粉状填料填充的塑件则影响不大。

(6) 压注模的结构比较复杂,工艺条件要求严格

由于压注时熔料是通过浇注系统进入模具型腔成型的,因此压注模的结构比压缩模复杂,工艺条件要求严格,特别是成型压力较高(比压缩成型时的压力要大得多),而且操作比较麻烦,制造成本也大,因此,只有在用压缩成型无法达到要求时才用压注成型。

**3. 压注成型工艺**

压注成型工艺过程和压缩成型工艺过程基本相似,它们的主要区别在于压缩成型过程是先加料后闭模,而一般结构的压注模在压注成型时则要求先闭模后加料。

### 4.1.5 其他塑料成型方法

塑料的成型方法很多,除了前面介绍的挤出成型、注塑成型、压缩成型、压注成型之外,常用的成型方法还有中空吹塑成型、真空成型、压缩空气成型、泡沫塑料成型、浇铸成型、滚塑成型、压延成型以及聚四氟乙烯冷压成型等。本章只对生产中比较常用的中空吹塑成型、真空成型、压缩空气成型、泡沫塑料成型进行简单介绍。

**1. 中空吹塑成型**

中空吹塑成型是将处于高弹态(接近于黏流态)的塑料型坯置于模具型腔内,通入压缩空气将其吹胀,使之紧贴于型腔壁上,经冷却定形后得到中空塑件的成型方法,主要用于制造瓶类、桶类、罐类、箱类等中空塑料容器。中空吹塑成型的方法很多,主要有挤出吹塑成型、注塑吹塑成型、拉伸注塑吹塑成型、片材吹塑成型和多层吹塑成型等。

(1) 挤出吹塑成型

挤出吹塑成型是成型中空塑件的主要方法,其成型工艺过程如图4.8所示。成型时,先由挤出机挤出管状型坯,如图4.8(a)所示;然后截取一段管坯趁热将其放入模具中,在闭合模具的同时夹紧坯上下两端,如图4.8(b)所示;再用吹管通入压缩空气,使型坯吹胀并贴于型腔表壁成型,如图4.8(c)所示;最后经保压和冷却定型,便可排除压缩空气并开模取出塑件,如图4.8(d)所示。

挤出吹塑成型的模具结构简单,投资少,操作容易,适合多种塑料的中空吹塑成形。缺点是:成型塑件的壁厚不均匀,塑件需要后加工以去除飞边和余料。

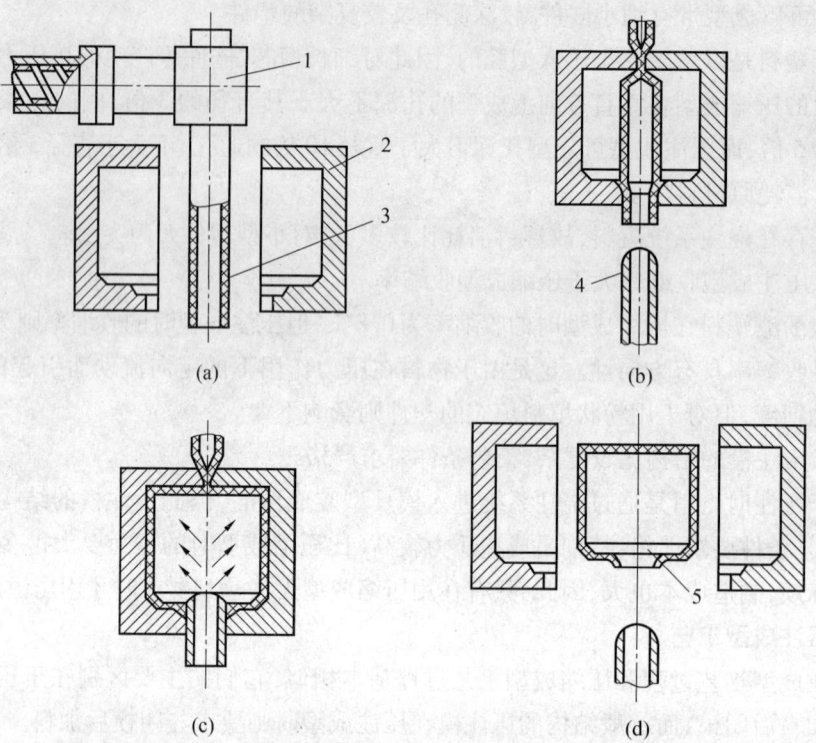

图 4.8 挤出吹塑成型
1—挤出机头;2—吹塑模;3—型坯;4—压缩空气吹管;5—塑件

（2）注塑吹塑成型

注塑吹塑成型是先用注塑机将塑料在注塑模中注塑成型坯,然后将热的塑料型坯移入中空吹塑模具中进行中空吹塑成型,其工艺过程如图 4.9 所示。成型时,首先用注塑机将熔融塑料注入注塑模中制成型坯,型坯成型在周壁带有微孔的空心凸模上,如图 4.9(a) 所示;接着趁热将空心凸模与型坯一起移入吹塑模内,如图 4.9(b) 所示;然后合模并从空心凸模的管道内通入压缩空气,使型坯吹胀并贴于吹塑模的型壁上,如图 4.9(c) 所示;最后经保压、冷却定型后放出压缩空气并开模取出塑件,如图 4.9(d) 所示。

注塑吹塑成型的优点是:塑件壁厚均匀,无飞边,不需后加工。由于注塑的型坯有底面,因此中空塑件的底部没有拼合缝,不仅外观美、强度高,而且生产效率高。但是注塑吹塑成型所用的设备与模具的投资较大,因而多用于小型中空塑件的大批量生产。

（3）注塑拉伸吹塑成型

注塑拉伸吹塑成型是将注塑成型的有底型坯置于吹塑模内,先用拉伸杆进行周向拉伸后再通入压缩空气吹胀成型的加工方法。与注塑吹塑成型相比,注塑拉伸吹塑成型在吹塑成型工位增加了拉伸工序,塑件的透明度、抗冲击强度、表面硬度、刚度和气体阻透性能都有很大提高,最典型的产品是线型聚酯饮料瓶。

注塑拉伸吹塑成型可分为热坯法和冷坯法两种方法。

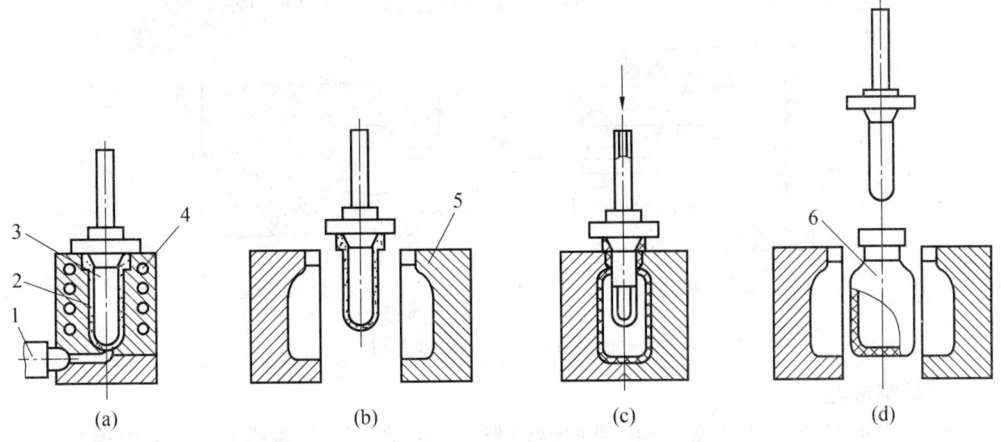

图 4.9　注塑吹塑成型

1—注塑机喷嘴；2—注塑型坯；3—空心凸模；4—加热器；5—吹塑模；6—塑件

热坯法注塑拉伸吹塑成型的工艺过程如图 4.10 所示。首先在注塑工位注塑一个空心有底的型坯，如图 4.10(a)所示；接着将型坯迅速移到拉伸和吹塑工位，进行拉伸和吹塑成型，如图 4.10(b)、(c)所示；最后经保压、冷却后开模取出塑件，如图 4.10(d)所示。这种成型方法省去了冷型坯的再加热，节省了能源，同时由于型坯的制取和拉伸吹塑在同一台设备上进行，因而占地面积小，易于连续生产，自动化程度高。

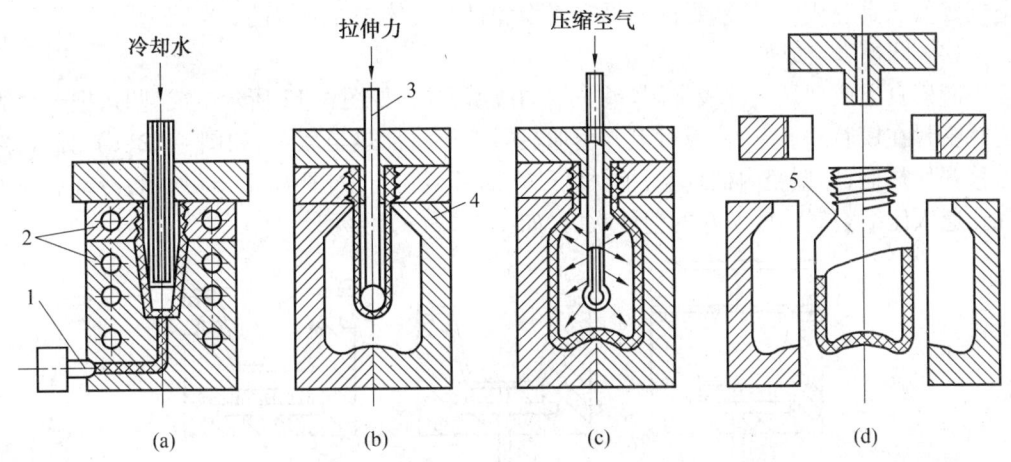

图 4.10　热坯法注塑拉伸吹塑成型

1—注塑机喷嘴；2—注塑模；3—拉伸心棒(吹管)；4—吹塑模；5—塑件

冷坯法注塑拉伸吹塑成型是将注塑好的型坯加热到合适的温度后，再将其置于吹塑模中进行拉伸吹塑的成型方法。成型过程中，型坯的注塑和塑件的拉伸吹塑成型分别在不同的设备上进行，为了补偿型坯冷却散发的热量，需要进行二次加热。这种方法的主要特点是设备结构相对比较简单。

(4) 片材吹塑成型

片材吹塑成型是将压延或挤出成型的片材再加热，使之软化后放入型腔，合模后在片材之间通入压缩空气而成型出中空塑件的成型方法,如图 4.11 所示。

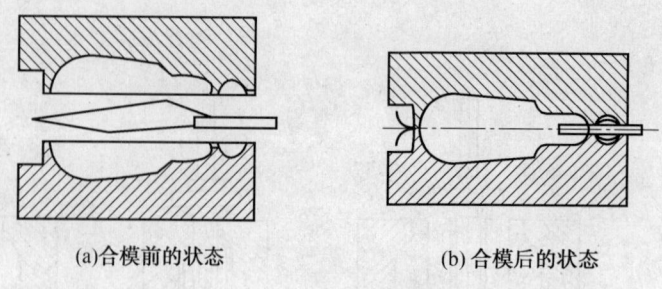

图 4.11　片材吹塑成型

**2. 真空成型**

真空成型又称吸塑成型,是把热塑性塑料板、片材等固定在模具上,用辐射加热器加热至软化温度,然后用真空泵把板材和模具之间的空气抽掉,借助大气的压力使板材贴在模腔上而成型,冷却后用压缩空气使塑件从模具型腔内脱出。真空成型的设备和模具结构比较简单,制件形状清晰,生产成本低,生产效率高,一般大、薄、深的塑件都能通过真空成型方法生产,但由于真空成型的压力有限,所以不能成型厚壁塑件。真空成型的不足之处是:成型的塑件壁厚不均匀;当模具的凹凸形状变化较大且相距较近及凸模拐角处为锐角时,塑件上容易出现皱折,塑件的周边要进行修整。

真空成型的方法主要有凹模真空成型、凸模真空成型、凹凸模先后抽真空成型、压缩空气延伸法真空成型、柱塞延伸法真空成型和带有气体缓冲装置的真空成型等。

(1) 凹模真空成型

凹模真空成型是一种最常用、最简单的成型方法,如图 4.12 所示。成型时,把板材固定并密封在模腔的上方,在板材上方用加热器将板材加热至软化,如图 4.12(a) 所示;然后移开加热器,在型腔内抽真空,板材就贴在凹模型腔上,如图 4.12(b) 所示;冷却后由抽气孔通入压缩空气将成型好的塑件吹出,如图 4.12(c) 所示。

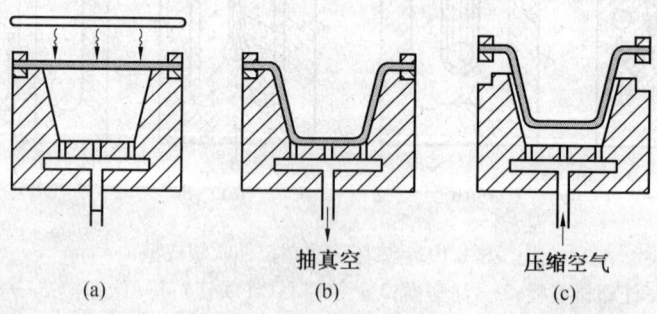

图 4.12　凹模真空成型

用凹模真空成型法成型的塑件外表面尺寸精度高,一般用于成型深度不大的塑件。对于深度很大的塑件,特别是小型塑件,其底部转角处会明显变薄。多型腔的凹模真空成型与同个数的凸模真空成型相比更经济,因为凹模模腔间距可以更近些,用同样面积的塑料板,可以加工出更多的塑件。

(2) 凸模真空成型

凸模真空成型如图 4.13 所示。被夹紧的塑料板在加热器下加热软化,如图 4.13(a) 所示;接着软化的塑料板下移,覆盖在凸模上,如图 4.13(b) 所示;最后抽真空,塑料板紧贴在凸模上成型,如图 4.13(c) 所示。由于成型过程中较冷的凸模首先与板材接触,因此塑件的内表面尺寸精度较高,但底部稍厚,多用于有凸起形状较高的薄壁塑件。

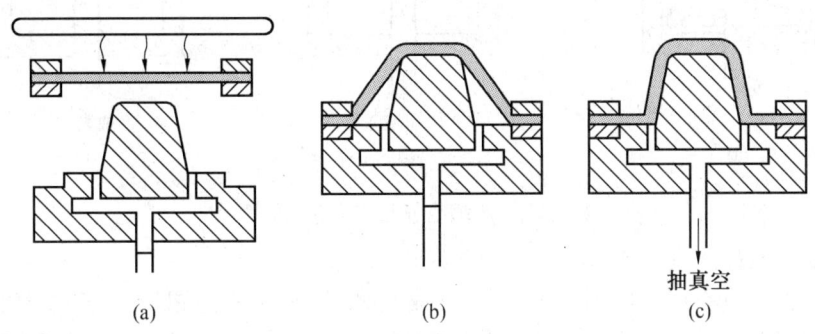

图 4.13 凸模真空成型

(3) 凹凸模先后抽真空成型

凹凸模先后抽真空成型如图 4.14 所示。首先把塑料板紧固在凹模上加热,如图 4.14(a) 所示;塑料板软化后将加热器移开,在通过凸模吹入压缩空气的同时在凹模框抽真空,从而使塑料板鼓起,如图 4.14(b) 所示;最后凸模向下插入鼓起的塑料板中并从中抽真空,同时凹模框通入压缩空气,使塑料板贴附在凸模的外表面成型,如图 4.14(c) 所示。实际上这种成型方法最终还是凸模抽真空成型,由于将软化了的塑料板吹鼓,使板材延伸后再成型,所以成型的塑件壁厚比较均匀,可用于成型深型腔塑件。

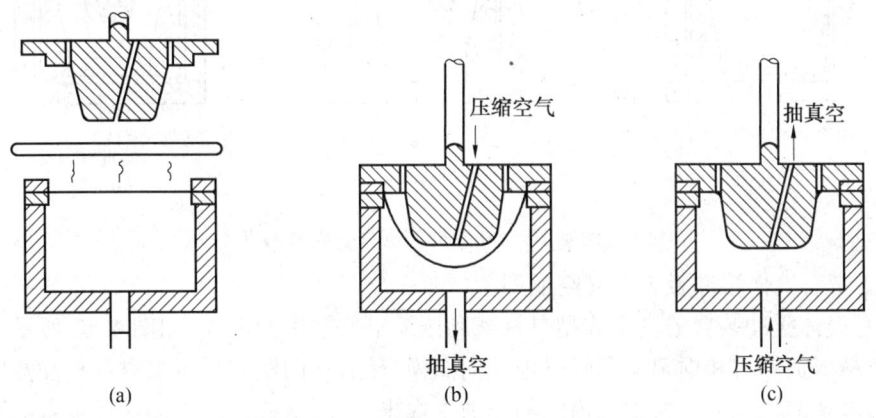

图 4.14 凹凸模先后抽真空成型

(4) 压缩空气延伸法真空成型

压缩空气延伸法真空成型与凹凸模先后抽真空成型基本类似,其成型过程如图 4.15 所示。首先将塑料板紧固在凹模上,并用加热器对其加热,如图 4.15(a) 所示;待塑料板加热软化后移开加热器,压缩空气通过凹模吹入把塑料板吹鼓后再将凸模顶起,如图 4.15(b) 所示;然后停止从凹模吹气而凸模抽真空,塑料板则贴附在凸模上成型,如图

4.15(c)所示。

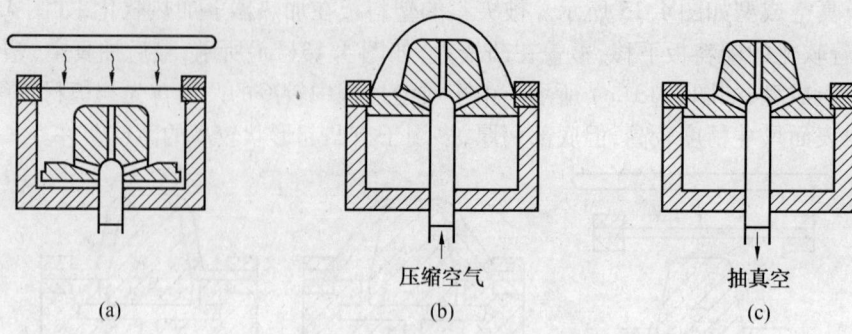

图 4.15　压缩空气延伸法真空成型

(5) 柱塞延伸法真空成型

柱塞延伸法真空成型如图 4.16 所示。成型时,首先将固定在凹模上的塑料板加热至软化状态,如图 4.16(a) 所示;接着移开加热器,用柱塞将塑料板推下,这时凹模里的空气被压缩,软化的塑料板由于柱塞的推力和型腔内封闭的空气移动而延伸,如图 4.16(b) 所示;然后凹模抽真空而成型,如图 4.16(c) 所示。这种成型方法使塑料板在成型前先延伸,壁厚变形均匀,主要用于成型深型腔塑件,但是在塑件上残留有柱塞痕迹。

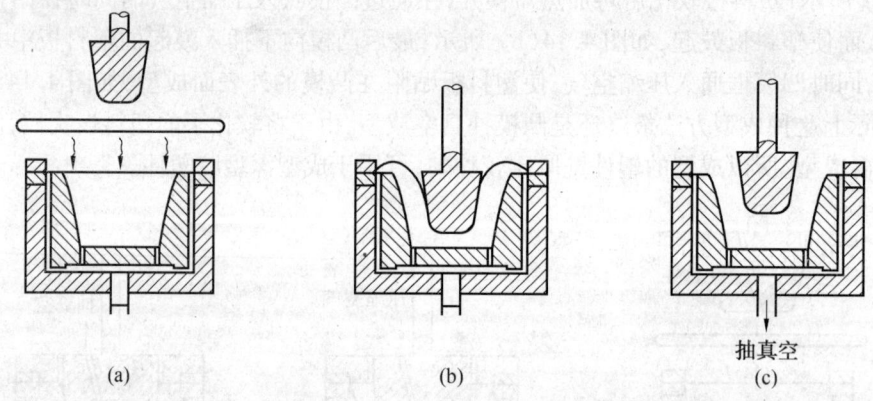

图 4.16　柱塞延伸法真空成型

(6) 带有气体缓冲装置的真空成型

带有气体缓冲装置的真空成型是柱塞和压缩空气并用的形式,如图 4.17 所示。成型时,把塑料板加热后和框架一起轻轻地压向凹模,然后向凹模腔吹压缩空气把加热的塑料板吹鼓,多余的气体从板材和凹模间的缝隙中逸出,同时从板材的上面通过柱塞的孔吹出已加热的空气,这时板材就处于两个空气缓冲层之间,如图 4.17(a)、(b) 所示;柱塞逐渐下降,如图 4.17(c)、(d) 所示;最后柱塞内停吹压缩空气,凹模抽真空,塑料板贴附在凹模型腔上成型,同时柱塞升起,如图 4.17(e) 所示。用这种方法成型出的塑件壁厚比较均匀,常用于成型较深的塑件。

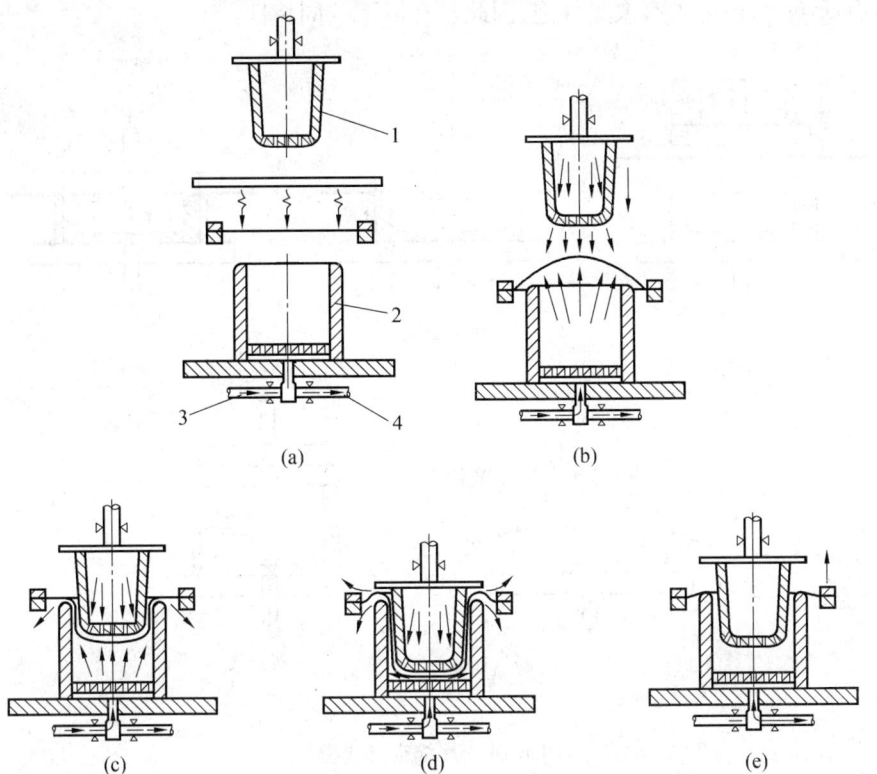

图 4.17　带有气体缓冲装置的真空成型
1— 柱塞；2— 凹模；3— 空气管路；4— 真空管路

#### 3. 压缩空气成型

压缩空气成型是借助压缩空气的压力，将加热软化的塑料板压入型腔而成型的方法。压缩空气成型的工艺过程如图 4.18 所示。图 4.18(a) 所示是开模状态；图 4.18(b) 所示是闭模后的加热过程，即从型腔通入微压空气，使塑料板直接接触加热板加热；图 4.18(c) 所示为塑料板加热后，由模具上方通入预热的压缩空气，使已软化的塑料板贴在模具型腔的内表面成型；图 4.18(d) 所示是塑件在型腔内冷却定型后，加热板下降一小段距离，切除余料；图 4.18(e) 所示为加热板上升，最后借助压缩空气取出塑件。

压缩空气成型与真空成型相似，也包括凹模成型、凸模成型、柱塞加压成型等方法。不同之处在于，压缩空气成型主要依靠压缩空气成型塑件，而真空成型主要依靠抽真空吸附成型塑件。此外，压缩空气成型采用加热板（可固定在上模座上）对模内板材加热，采用型刀切除塑件周边余料。

#### 4. 泡沫塑料成型

（1）泡沫塑料的特性

泡沫塑料是以树脂为基础、内部含有无数微小气孔的塑料，又称多空性塑料。泡沫塑料的品种很多，现代技术几乎能把所有的热固性塑料和热塑性塑料加工成泡沫塑料，目前最常用的品种有聚氨酯、聚乙烯、聚氯乙烯、聚苯乙烯、脲醛、酚醛等。虽然各种泡沫塑料的性能有所不同,但都含有大量气泡,因此具有以下共同特性。

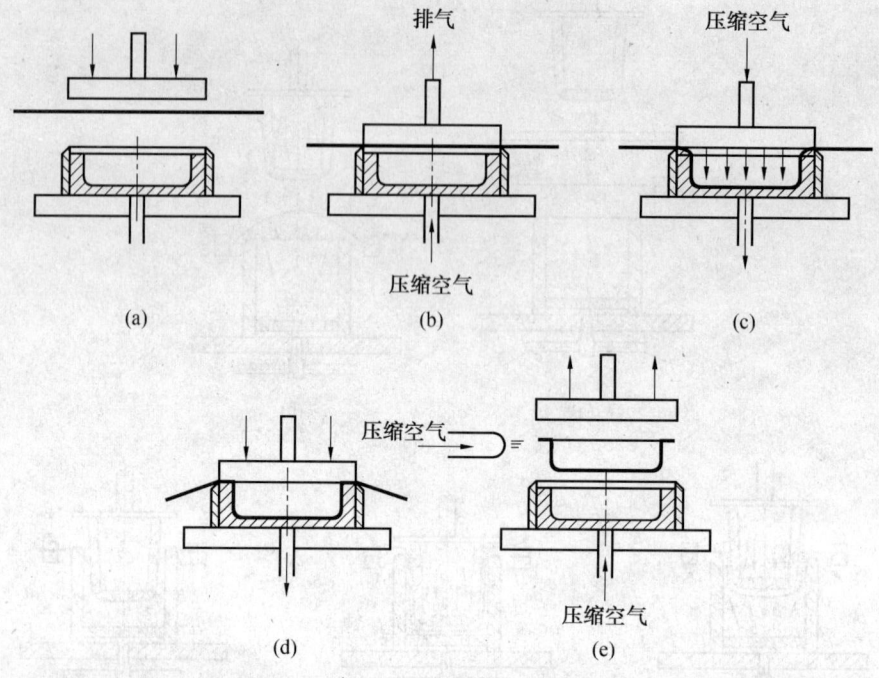

图 4.18　压缩空气成型

① 具有吸收冲击载荷的能力。泡沫塑料受到冲击载荷时,泡沫中气体通过滞留和压缩,使外来作用的能量被消耗、逸散。泡体以较小的负加速度,逐步终止冲击载荷。

② 隔热性能好。由于气体的热导率比塑料的热导率低近一个数量级,所以泡沫塑料的导热系数比纯塑料低得多。泡沫中的气体相互隔离,减少了气体中的对流传热,有助于提高泡沫塑料的隔热能力。辐射热能透过泡体中的气体层传递,泡沫塑料对辐射热的传递能力主要由塑料对红外线的吸收系数、泡孔大小、泡孔的形状和气体的容积率等因素来决定。

泡沫塑料的传热能力是气体辐射和泡体热传导两种传热结果的综合。在泡体密度很低时,辐射传热量在总的传热过程中起主要的作用;但在密度高的条件下,泡沫塑料的传热性能主要取决于泡体的热导率。

③ 具有质轻、防震、防潮、吸湿、防火、吸声隔声等特点。泡沫塑料具有质轻、防震、防潮、吸湿、防火、吸声隔声等特点,因而应用非常广泛。例如在建筑上广泛用作隔声材料;在制冷方面广泛用作绝热材料;在仪器仪表、家用电器和工艺品等方面广泛用作防震防潮的包装材料;在水面作业时常用作漂浮材料。

(2) 泡沫塑料成型

泡沫塑料成型分为气发泡沫塑料和组合泡沫塑料两种,下面介绍气发泡沫塑料成型。

气发泡沫塑料的成型过程可分成泡沫的气泡核形成、泡沫的气泡核增长和泡沫的稳定固化三个阶段。

① 泡沫的气泡核形成。在合成树脂中加入化学发泡剂或气体,当加温或降压时,就会生出气体而形成泡沫,当气体在熔体或溶液中超过其饱和限度而形成过饱和溶液时,气体就会从熔体中逸出而形成气泡。在一定的温度和压力下,溶解度系数的减小将引起溶解的气体浓度降低,放出的过量气体形成气泡。

② 泡沫的气泡核增长。在发泡过程中,泡孔增长速率是由泡孔内部压力的增长速率和泡孔的变形能力决定的。在气泡形成之后,由于气泡内气体的压力与半径成反比,气泡越小,内部的压力越高,并通过成核作用增加了气泡的数量,加上气泡的膨胀扩大了泡沫的增长。促进泡沫增长的因素主要是溶解气体的增加、温度的升高、气体的膨胀和气泡的合并。

③ 泡沫的稳定固化。如果泡孔增长过程在某一阶段未被中断,则一些泡孔可以增长到非常大,使形成泡孔壁的材料达到破裂极限,最后所有泡孔会相互串通,使整个泡沫结构瘪塌,或者会出现所有的气体从泡孔中缓慢地扩散到大气中的现象,泡沫中气体的压力逐渐衰减,泡孔会渐渐地变小并消失。

在泡沫形成中,控制泡孔的增长率和稳定泡孔是非常重要的。这可以通过使聚合物母体发生突然固化或使母体变形性逐渐降低来完成,可降低其表面张力,减少气体扩散作用,使泡沫稳定。比如,在发泡过程中,通过对物料的冷却或树脂的交联都能提高塑料熔体的黏度,以达到稳定泡沫的目的。

## 4.2 橡胶的成型加工

### 4.2.1 挤出成型

橡胶制品挤出(压出)是胶料在挤出机螺杆的挤压下,通过一定形状的口型(塑料工业中常称"口模"),中空制品则是口型加芯型(塑料工业中常称"芯模")进行连续造型的工艺过程。它广泛地用于制造胎面、内胎、胶带以及各种复杂断面形状或空心的半成品,并可用于包胶操作(如电线、电缆外套等)、挤出薄片(如防水卷材、衬里用胶片等)及快速密炼机的压片(取代原有的开炼机压片)。此外,不同形式的螺杆挤出机还可用于滤胶、造粒、塑炼、连续混炼等许多方面。

橡胶的挤出具有塑料挤出一样的特点,但也有一些不同点。

① 塑料的挤出基本以成品为主;而橡胶的挤出则是以半成品为主,也可起到补充混炼和热炼的作用,使半成品质地均匀、致密。

② 物料在挤出机中变化不同,塑料是以玻璃态加入到挤出机中,经过高弹态,直到黏流态,通过口模成型;而橡胶的胶料则是以混炼胶的胶条或胶粒等加入到挤出机,而胶条或胶粒不是玻璃态。虽然混炼胶多少有些弹性,但也不是主体上的高弹态,当然也不是严格意义上黏流态。

③ 混炼胶之所以有可塑性,是因为混炼胶的相对分子质量较低,而塑料的可塑性是因为塑料处于黏流态。

**1. 橡胶在挤出机中的变化**

(1) 胶料在挤出过程中的运动状态

胶料沿螺杆前进的过程中,受到机械和热的作用后,其黏度逐渐下降,状态发生明显变化,即由黏弹体渐变为黏流体。因此,胶料在挤出机中的运动基本与塑料在挤出机中的运动相同:既有固体沿轴向运动的特征,又有流体流动的特征。根据胶料在挤出过程中的状态变化和所受力作用,一般可将挤出机螺杆工作部分大体分为加料段、压缩段和计量段三个部分(在冷喂料挤出机中,这三段是比较明显的,而热喂料压出机不够明显),这三个部分相应的技术参数则有很大的不同。当然,橡胶挤出机与塑料挤出机的技术参数也有很大的不同。冷喂料挤出机,加料段较长;热喂料挤出机,胶料被预先热炼,故此段很短。由加料段输送来的松散胶团在压缩段将被压实和进一步软化,最后形成一体,并将胶料中夹带的空气向加料段排出。计量段的作用是将黏流态的胶料进一步均匀塑化、压缩并输送到机头和口型挤出。在挤出段中螺纹槽充满了流动的胶料,在螺杆旋转时,这些胶料沿着螺纹槽推向前进。

(2) 挤出变形

胶料在口型中的流动是胶料从螺杆的螺纹槽被推出后,流入机头内。胶料的流动也由螺纹槽内有螺旋式向前流动变成在机头中的稳定直线流动。机头内表面与胶料的摩擦作用,胶料流动受到很大阻力,因此胶料在机头内的流速分布是不均匀的。例如,挤出圆形断面胶条的机头,中间流速最大,越接近机头内表面流速越小。

胶料经机头流过后便直接流向口型,胶料在口型中流动是在机头中流动的继续,为轴向流动。由于口型内表面对胶料流动的阻碍,胶料流动速度也存在着与机头类似的速度分布。只是由于口型横截面比机头横截面小,导致胶料流动速度以及中间部位和口型壁边部位的速度梯度更大,这就使得胶料离开口型后,中间部位的变形大于边缘部位。

胶料是黏弹性物质,使得挤出半成品的形状和口模尺寸不完全相同。这种经口型压出的半成品变形,即长度沿压出方向缩短,厚度沿垂直于压力方向增加的性质,称为挤出变形。其原因与塑料挤出时相同。

挤出变形现象不仅使挤出半成品的形状与口型形状不一致,而且也影响半成品的规格尺寸。因此,无论口型设计还是工艺中对挤出半成品要求定长时,都必须考虑挤出变形的因素。影响挤出变形的因素很多,主要决定于胶种和配方,工艺条件及半成品规格等三个方面。

① 胶种和配方的影响。不同胶种具有不同的挤出变形,在通用型胶种中,SBR、CR 和 IR 的挤出变形都大于 PB 和 NR 的挤出变形。不同胶种的胎面半成品膨胀率见表 4.2。

表 4.2　不同胶种的胎面半成品膨胀率

| 生胶种类 | 膨胀率/% | | | |
| --- | --- | --- | --- | --- |
| | 边缘 | 胎冠边缘 | 胎冠 | 全宽度 |
| 100% NR | 33 | 33 | 33 | 98 |
| NR/SBR | 33 | 100 | 100 | 95 |
| 100% SBR | 28 | 115 | 120 | 90 |

胶料配方中含胶率越高,挤出变形越大。炭黑的结构性和用量增加,可以降低胶料

的挤出变形,见表4.3。白色填料,活性大的挤出变形较小,各向异性的(如陶土等),挤出变形也小。加入油膏,再生胶及其他润滑型软化剂,能增加胶料的流动性和松弛速度,使挤出变形减小。

表4.3 丁苯橡胶配用不同炭黑的挤出膨胀率

| 炭黑品种 | 用量/份 | | | | |
| --- | --- | --- | --- | --- | --- |
| | 25 | 37.5 | 50 | 62.5 | 70 |
| 中超耐磨炉黑 | 141 | 100 | 60 | 35 | 23 |
| 高耐磨炉黑 | 122 | 88 | 52 | 36 | 28 |
| 快压出炉黑 | 144 | 90 | 52 | 18 | 5 |
| 半补强炉黑 | 142 | 114 | 87 | 52 | 15 |
| 槽法炭黑 | 140 | 126 | 104 | 84 | 67 |

② 工艺条件的影响。胶料的可塑性越高弹性越小,胶料流动性越好,挤出变形较小;反之,则较大。因此,适当提高挤出前胶料热炼的均匀性,有利于降低挤出变形。但胶料可塑度不可太大,否则影响半成品挺性和成品物理力学性能。

适当提高机头温度,可以增加胶料的流动性,也可以降低挤出变形。

在挤出温度不变的条件下,挤出速度越快,胶料所受到的瞬时应力越大,挤出变形越大。口型厚度越薄,则胶料通过口型的时间越短,胶料的松弛形变越不充分,挤出变形越大。因此,对挤出变形较大的胶料,采用较慢的挤出速度,适当增加口型厚度,都有利于降低挤出变形。

挤出口型的类型不同,也影响着挤出收缩率,有芯挤出比无芯挤出的变形要小。这是因为胶料的回复变形受到芯型的阻力作用。口型孔径尺寸相同时,形状越复杂,则挤出变形较小。

此外,若将挤出半成品在带外力的条件下停放或适当提高停放温度,挤出变形也会减小。

③ 半成品规格的影响。相同配方的胶料,由于半成品的规格形状不同,挤出变形也不一样。挤出半成品尺寸越大,挤出变形越小。

总之,影响挤出变形的因素较多。在实际生产中,可以从多方面着手控制主要因素,兼顾次要因素,就能有效降低挤出变形,获得准确断面、尺寸稳定的半成品。

**2. 橡胶挤出工艺方法及工艺条件**

挤出工艺主要包括胶料热炼(冷喂料压出不必经过热炼)、供胶、挤出、冷却、裁断、接取和停放等工序。挤出工艺方法按喂料形式分为热喂料挤出法和冷喂料挤出法。一般挤出操作(除热炼外)均组成联动化作业。

(1) 挤出前胶料的准备

① 热炼。热炼主要是为了提高胶料混炼的均匀性和热塑性,以便于胶料挤出,得到规格尺寸准确,表面光滑,内部致密的半成品。热炼一般分为粗炼和细炼。粗炼为低温薄通(温度为45 ℃,辊距为1~2 mm),目的是进一步提高胶料的均匀性和可塑性。细炼为高温软化(温度为60~70 ℃,辊距为5~6 mm),目的是进一步提高胶料的热塑性。生产中对于质量要求较低或小规格半成品(如力车胎胎面胶),可以一次完成热炼过程。

用于热炼的设备一般为开炼机,但前后辊的速比要尽可能小。也可以用螺杆挤出机进行热炼。热炼机的供料能力必须与挤出机的挤出能力相一致。对热炼的要求是,同一产品其可塑度、胶温应均匀一致,返回胶的掺和率不大于30%,并且要求掺和均匀,以免影响压出质量。

热炼的工艺条件(辊温、辊距、时间)需根据胶料种类、设备特点、工艺要求而定,以胶料掺和均匀并达到要求的预热温度为佳。

通常,胶料的热塑性越高,流动性越好,挤出就越容易,但是,热塑性太高时,胶料太软,挺性差,会造成挤出品变形、下塌或产生折痕。因此,供挤出中空制品的胶料,要特别防止过度热炼。

② 供胶。由于胶料挤出为连续生产,因而要求供胶均匀、连续,并且与挤出速度相配合,以免因供胶脱节或过剩影响压出质量。

供胶方法有人工填料法和运输带连续供胶法。人工填料法是将热炼的胶料割成胶条,进行保温(保温式停放架),再由人工从喂料口填料,人工填料要特别注意胶条保温时间不宜过长(小于1 h),否则会使胶温下降或产生焦烧现象。运输带连续供胶法是采用架空运输带实现连续自动供胶。一般需配一台热炼机作为供胶机,但需注意积胶不宜太多,供胶胶条的宽度、厚度、输送速度等必须依据挤出机的螺杆转速、喂料口尺寸、挤出速度等确定,使其相配合,供胶运输带不宜太长,否则会使胶温下降而影响压出质量。

(2) 挤出工艺方法

① 热喂料挤出法。热喂料挤出法是指胶料喂入挤出机之前需经预先加热软化的挤出方法。所采取的设备为热喂料挤出机,其螺杆长径比较小(3～5),挤出机的功率也较小。常用的挤出机规格有螺杆直径为 30 mm、65 mm、85 mm、115 mm、150 mm、200 mm、250 mm 等。

热喂料挤出法是目前国内采用的主要方法,其设备结构简单,动力消耗小,胶料均匀一致,半成品表面光滑、规格尺寸稳定。但由于胶料需要热炼,增加了挤出作业工序,使总体的动力消耗大,占地面积大。

热喂料挤出法按机头可分为有芯挤出和无芯挤出,按半成品组合形式可分为整体挤出和分层挤出。整体挤出是指用一种胶料、一台挤出机挤出一个半成品或由多种胶料、多台挤出机,再通过复合机头挤出一个半成品。而分层挤出是指多种胶料、多台挤出机分别挤出多个部件,再经热贴合而形成一个半成品。

a. 挤出操作程序。挤出操作开始前,先根据技术要求安装上口型和芯型,并预热机筒、机头,口型和芯型一般采用蒸汽介质加热至规定温度范围(需10～15 min),然后开始供胶调节口型,检查挤出半成品尺寸、表面状态(光滑程度,有无气泡等),直至完全符合要求后才能开始挤出半成品。半成品的公差范围根据产品规格和尺寸要求而定,一般小规格的尺寸公差为 ±0.75 mm,大规格的为 −1.0～+1.5 mm。

挤出完毕,在停机前必须将口型拆除,以便于将留存于机身中的存胶全部清除,以防胶料在料筒残余热量的作用下发生焦烧。但拆除口型是比较费力的,所以在停机前也可以加入一些不易焦烧的胶料,将料筒内原有的胶料挤出再停车。

在挤出过程中,如果发现半成品胶料中有熟胶疙瘩及局部收缩,则是焦烧现象,必须即刻充分冷却机身。如果焦烧现象严重时,则马上停止装料,停机卸下机头,清除机身中全部胶料,否则会损坏机器。

挤出工艺条件主要包括挤出温度和挤出速度。为使挤出过程顺利,减少挤出膨胀率,得到表面光滑、尺寸准确的半成品,并防止胶料焦烧,必须严格控制挤出机各部位温度,一般距口型越近,温度越高。挤出速度是以单位时间内挤出半成品的长度(或质量)来表示,与挤出温度、胶料性质和设备特性等有关,一般以半成品规格、性质而定,通常为 3～20 m/min,螺杆的转速应控制在 30～50 r/min 为宜。

b. 影响挤出工艺及其质量的因素。影响挤出工艺及其质量的因素主要有胶料的组成和性质,挤出机的规格和特征及工艺条件等三个方面。

不同胶料具有不同的挤出性能。胶料含胶率高,挤出速度慢,挤出变形大,半成品表面不光滑。不同补强填充剂挤出性能也不同,炭黑结构性高,易于挤出;各向异性的填料挤出变形小。适当增加填料用量,挤出性能可得到改善,不仅挤出速度有所提高,而且挤出变形减少,但由于胶料硬度提高,挤出生热增加。适当采用软化剂如硬脂酸、石蜡、凡士林、油膏及矿物油等可以加快挤出速度,挤出变形小,半成品表面光滑。掺用再生胶后不仅能加快挤出速度,减少挤出生热,降低挤出变形,而且能增加挤出半成品的挺性。胶料可塑性大,流动性好,挤出速度快,挤出变形小,半成品表面光滑,挤出生热小,但可塑性太大,则挤出半成品缺乏挺性,易产生变形。

挤出机规格太大,则相对口型太小,使机头压力大,挤出速度快,但挤出变形大,同时由于胶料在机头内停滞时间长,易焦烧。相反,挤出机规格太小,则机头压力不足,挤出速度慢,排胶不均匀,半成品尺寸不稳定,且致密性较差。挤出机的长径比大,螺杆长度长,对胶料的作用时间长,胶料均匀性及所得半成品质量好,但易焦烧。螺纹槽的压缩比大,半成品致密性提高,但胶料生热高,易焦烧。

挤出温度对半成品尺寸精确性和表面光滑性影响很大。挤出温度过低,则胶料塑化不充分,使半成品挤出变形大,表面粗糙,且动力消耗也大。温度过高,胶料易焦烧。为使挤出过程顺利,减少挤出膨胀率,得到表面光滑、尺寸准确的半成品,并防止胶料焦烧,必须严格控制挤出机各部位温度,一般距口型越近温度越高。

挤出速度过快,挤出变形增大,半成品表面粗糙,挤出生热高,易焦烧;挤出速度过慢,则使生产效率降低。

此外,挤出后半成品的接取(塑料工业称为"牵引")装置速度应与挤出速度相匹配,否则会造成半成品断面尺寸不准确,甚至于表面出现裂纹等弊病。一般接取速度要比挤出速度稍快为宜。

影响挤出工艺及其质量的因素是十分复杂的。生产中只有结合胶料的配方和挤出设备的实际情况,才能制出恰当的挤出工艺条件,制得合乎要求的挤出半成品。

② 冷喂料挤出法。冷喂料挤出法是指胶料直接在室温条件下喂入挤出机中的一种方法。摩擦引起的热量比一般挤出机大,所以冷喂料挤出机所需功率较大,相当于普通挤出机的两倍。

冷喂料挤出法和热喂料挤出法相比,由于胶料无需热炼,故简化了工序,节省了人力和设备,劳动力可节约 50% 以上;挤出工艺总体消耗能源少,设施占地面积小;应用范围广,灵活性较大,不存在热炼工序对半成品质量的影响,使挤出物外形更趋一致,而且不易产生焦烧现象;但有挤出机昂贵等缺陷。

冷喂料挤出工艺与热喂料挤出工艺的区别是在加料前,需将机身和机头预热,并开快转速,使挤出机各部位温度普遍升高到120 ℃左右。然后开放冷却水,在短时间内(2 min),使温度骤降到机头70 ℃左右,机身65 ℃左右,加料口55 ℃左右,螺杆80 ℃左右,若挤出合成橡胶胶料,加料后可不通蒸汽,甚至还要开放冷却水。NR胶料进行冷喂料压出时,则各部位的温度应控制得略高些,机头和机筒还应适当通入蒸汽加热。冷喂料挤出机的温度控制比较灵敏。

胶料刚挤出后,因半成品刚刚离开口型,温度较高,有时可高达100 ℃以上,并且挤出为连续过程,故挤出后必须相继进行冷却、裁断、称量和停放等过程。

a. 冷却。冷却目的:一是降低半成品温度,防止其在存放过程中产生焦烧;二是降低半成品的热塑性和变形性,使其断面尺寸尽快地稳定下来,并具备一定挺性而防止变形。目前,冷却方法有自然冷却和强制冷却两种。自然冷却效果较差,只能用于薄型半成品冷却。对厚制品要进行强制冷却。强制冷却有冷却水冷却和强风冷却,其中以冷却水冷却效果较好。在冷却操作时要防止半成品骤冷而引起的局部收缩和喷硫现象,所以先用40 ℃左右的温水冷却,然后再进一步降至30 ~ 20 ℃。冷却后的半成品胶温在40 ℃以下为宜。

b. 裁断。裁断是根据产品施工要求将挤出半成品裁成一定长度,以便于存放和下道工序使用。裁断一般采用机械裁断,有时也可人工裁断。裁断作业有一次裁断和二次裁断。一次裁断即裁一次即可达到施工标准要求(如胶管内胶层),这样既省工又可减少返回胶料,但对定长要求高的半成品(如轮胎胎面胶),就必须进行二次裁断,即裁断成超过施工标准的长度,将半成品停放一段时间后,再进行第二次裁断以达到施工标准长度。

c. 称量。称量是称出挤出半成品单位长度或规定长度的质量,以检查挤出半成品是否符合工艺要求。通常使用自动秤进行称量。

d. 停放。半成品停放的目的是使胶料得到松弛,同时也是为了满足生产管理对半成品储备的需求。停放一般采用停放架、停放车、停放盘等工具。半成品停放温度应保证在35 ℃以下,停放时间一般为4 ~ 72 h。

实际生产中,挤出半成品的冷却、裁断、称量等均可在联动线上进行。此外,有些挤出半成品还需进行打磨、喷浆、打孔等处理。总之,挤出后的工艺应根据制品的加工及性能要求合理确定。

### 4.2.2 注射成型

橡胶注射成型是一种将橡胶直接从料筒注入模型硫化的生产方法,与塑料注射成型相类似。这是一种很有发展前途的先进的生产方法,世界上技术先进的工业国家均已开始在生产中推广应用。随着科学技术的飞速发展和自动化水平的迅速提高,特别是热塑性弹性体的出现,为橡胶注射成型开辟了更为广阔的发展前景。

橡胶工业制品如密封圈、防震垫等,最初都是用模压法进行压制的。用模压法生产橡胶制品时,只要把橡胶冲切成简单的形状,填入模腔,加压硫化后即可制得橡胶成品。硫化设备大多采用平板硫化机,较大的产品可将模具夹紧后送入硫化罐硫化。由于这种生产方法设备简单,更换产品方便,因而,到现在还被广泛采用。但模压法的缺点主要是劳动强度大、自动化程度低,尤其是生产形状复杂、胶层较厚的金属骨架制品时,遇到的困难就更大。这样,在20世纪50年代出现了压铸法。

压铸法又称传递模法或移模法。该法的生产过程是:先将预先准备好的胶料装在模型上部的塞筒(压铸室)内,在强大的压力(50~80 MPa)下铸入模腔,然后移入硫化罐硫化,得到的制品比较密实。如果制品有骨架,胶料与金属的黏合力也较好,特别是对某些大型的、形状比较复杂的制品,采用压铸法所得产品的质量比普通的模压法要好得多。另外,它是先闭模后铸胶的,因而溢边也少。

压铸法虽然解决了结构复杂的橡胶制品的生产问题,然而它仍然未能解决劳动强度大、生产效率低的问题。注射成型就是在这样的背景下诞生了。

注射成型与压铸法不同的是注射模型(塑料工业中称"模具")与设备是连在一起的,并且可以自动开闭。胶料进入注射成型机的料筒后,由柱塞或螺杆直接注入模型就地(也称为"在位")硫化,不必像压铸法那样再将模型移到硫化罐内。当胶料在模型中硫化时,注射机进行下一次注射的进料塑化动作,注射周期仅数秒至数十秒。

橡胶注射成型虽具有塑料注射成型所有的优点,但是长期以来,橡胶注射成型的推广遭到了很大的困难。首先是工艺上的问题,由于橡胶的黏度太大,高温下胶料又容易焦烧而引起堵塞,所以,需要寻找超速高效硫化剂进行配合。其次,在设备方面,注射机结构复杂,投资高,使用、维修、保养均需较高的技术水平。特别应该指出,注射成型的优点只有在正确使用和配备合适模具的条件下,才能得到充分的发挥。

近年来橡胶科学领域的成就,为橡胶注射成型奠定了基础,已经配制出性能稳定、黏度较低、硫化速度高、防焦性能好的各种胶料。随着机械化、自动化生产的普及和提高,设备的使用、维修等技术问题也逐步得到解决。从20世纪50年代末起,注射成型已在许多国家开始推广使用,广泛地用来生产橡胶工业制品和各类胶鞋,有的还用于轮胎翻修工业,中国除从外国引进一些注射设备外,已试制成功了橡胶注射成型机。

**1. 橡胶在注射成型机中的变化**

现以六模胶鞋注射机工作过程为例详细说明(图4.19)胶料在注射成型机中的变化。

(1) 胶料塑化

先将预先混炼好的胶料(通常加工成带状或粒状)经料斗送入机筒;在螺杆的旋转作用下,胶料沿螺槽推向机筒前端,此时螺杆本身在胶料的反作用下沿机筒后退,而胶料在沿螺槽前进过程中,由于激烈搅拌和变形,加上机筒外部加热,温度很快升高,可塑性增加;由于螺杆在后退时受到注胶油缸的反压力,且螺杆本身具有一定的压缩比,胶料受到强大的挤压作用而排出残留的空气,并变得十分致密。

(2) 胶料注射保压

当胶料到达机筒前端后,整个注射部位连同注射座、螺杆驱动装置一起前移,使机筒前端的喷嘴与模型的浇道口接触,然后,注胶油缸推动螺杆进行注胶,胶料经喷嘴注入模腔。当模型中充满胶料后,注射完毕。继续保压一定时间,以保证胶料密实,压力均匀,并通过分子链松弛,消除内应力。

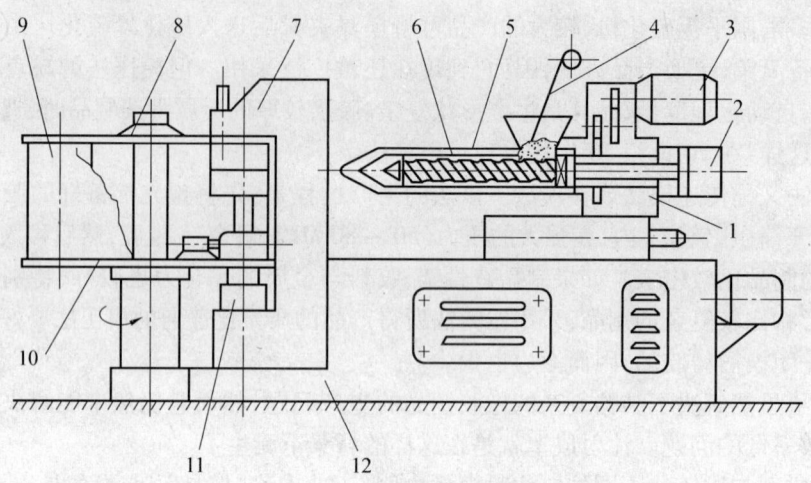

图 4.19　国产六模胶鞋注射机

1—注射座;2—注胶油缸;3—螺杆驱动装置;4—带状胶料;5—螺杆;6—机筒;
7—夹紧装置;8—旋转供应阀;9—模具;10—转盘;11—液压锁模缸;12—机座

**(3) 橡胶硫化出模**

在保压过程中,胶料在高温下渐渐转入硫化阶段,此时注射座后移,螺杆又开始旋转进料,而转盘转动一个工位,使注满胶料的模型移出夹紧机构继续硫化,直至出模。与此同时,已经取出制品而需要注胶的空模型,则转入夹紧机构中进行另一次注胶,如此周而复始,循环不息地连续生产。

在橡胶注射生产的整个过程中,胶料主要经历了塑化注射和热压硫化两个阶段。

胶料通过喷嘴、流胶道、浇口等注入硫化模型之后,便进入热压硫化阶段。当胶料通过狭小的喷嘴时,由于摩擦生热,料温可以升到120 ℃以上,再继续加热到180～220 ℃的高温,就可以使制品在很短的时间内完成硫化。注射硫化的最大特点是内层和外层胶料的温度比较均匀一致,从而保证了产品的质量,提供了高温快速硫化的必要前提。

**2. 橡胶注射成型工艺原理**

由于橡胶注射机和塑料注射机在结构上有一定的差异,下面对橡胶注射机作简单介绍。

**(1) 注射设备**

① 规格和容量性。橡胶注射成型的设备称为橡胶注射成型硫化机,简称橡胶注射机。橡胶注射机的规格是以注射容积($cm^3$)来命名的。例如,60 $cm^3$ 注射机即指该注射机一次最大注量为60 $cm^3$,写成 XZL-60,其中 X、Z、L 三个字母相应为"橡胶"、"注射成型"、"硫化机"三组汉字拼音词组的字头。

② 分类。橡胶注射成型机的类型很多。按外形来分,可分为立式、卧式和角式。按结构来分,可分为螺杆式、柱塞式、往复螺杆式和螺杆预塑柱塞式。

螺杆式注射机仅用于注射形状简单、流动性较好的软胶料制品。我国有的工厂用它来注射再生胶鞋底。螺杆式注射机注射压力较小,仅为20～30 MPa,物料在螺杆中的停留时间长,当物料流动阻力大时就有焦烧的危险,故目前应用不广。

柱塞式注射机结构简单,制造方便,造价低廉,注射压力大(最高可达200 MPa),注射速度快($10^{-4}$ m/s),充模时间短(约5～30 s)。其缺点是对胶料不起混炼作用,塑化程度低,物料均匀性差。

往复螺杆式注射机综合了螺杆式和柱塞式的优点,胶料在螺杆中强力剪切塑化,物料均匀,但设备复杂,成本高,注射压力较柱塞式低。因为存在胶料沿螺槽的倒流问题,一般注射压力为150～170 MPa。

螺杆预塑柱塞式注射的注射机两部分机构是分开的。螺杆部件专用于塑化,注射过程由柱塞完成。这种形式的最大优点是可以大大增加注射量,分别控制塑化和注射阶段的工艺条件。螺杆装置可以对各种胶料进行充分的塑化、混合,而柱塞注射装置能精确地控制注射量,充分提高注射压力。注射压力的增高,使胶料经喷嘴进入模腔时的温度也相应提高,从而减少了制品的硫化时间,降低了胶料在料筒中胶烧的危险性。这种形式的注射机虽造价高,但因它具有显著的优点,所以不仅在大型注射设备上采用,在中小型设备上采用也受到了欢迎。

③ 基本结构。现代注射机主要由注射装置、模具、液压系统和电气控制组成。

注射装置包括加料装置、料筒、螺杆、柱塞、喷嘴、注射油缸等,模型系统可分合模部件和模具两大组成部分。合模部件包括定模板、动模板、合模机构、顶出装置、锁模油缸等部件。液压系统和电气控制系统包括泵、各种阀类、电动机、电气元件和控制仪表等。

a. 注射装置。柱塞式注射机的注射装置的主要工作部件为料筒、柱塞和喷嘴。往复螺杆式注射机中,胶料的塑化或注射,均靠螺杆来完成,因而螺杆是极为关键的部件。

胶料在机筒中的升温热源与柱塞式不同。在柱塞式注射机中,胶温是靠机筒分成两到三段。对加料段、塑化段和注射机前端储料段的温度进行分段控制。

合模机构可以是液压式的或机械式的,最通常的是液压-机械组合式的。

锁模力是合模机构设计计算的基本依据。在橡胶注射成型过程中,注射压力可达200 MPa。胶料在这样的高压下进入模型时,如果锁模力过小,易将模具顶开,形成很厚的溢边而造成废品;锁模力过大则导致设备结构庞大,造成不必要的浪费。锁模力的大小取决于型腔中的胶料压力。

模内胶料压力是随时间而变化的,它在整个注射周期中经两次高峰而下降。第一次峰值在注射过程中出现。当物料充模程度达到50%～80%时,模中压力急剧上升,其值大小与胶料黏度、喷嘴结构、流胶道形状等因素有关,通常约为注射压力的0.2%～0.6%。但橡胶与塑料不同,橡胶胶料在模腔中还需要经历硫化交联的化学变化过程,而硫化是放热反应,由于橡胶的热膨胀系数比金属大几个数量级,因而在硫化反应速度最快的时刻,便会产生很大的膨胀压力,从而出现了第二次压力高峰,膨胀压力的大小与模具结构,特别是流胶孔的开设情况密切相关。第二次的膨胀压力高峰往往可以超过第一次的注射压力峰,因而模具的设计直接关系到锁模力的大小。

b. 模具。注射模是橡胶注射的硫化成型工具。注射模具有自动化程度大,溢边少,产品质量好,生产效率高等一系列优点,但结构比较复杂。从工艺的角度来看,注胶系统的设计具有十分重要的意义,它的作用是将塑化的胶料平稳而迅速地注入型腔,并能将压力均匀而充分地传到胶料各部。橡胶注射模具结构如图4.20所示。

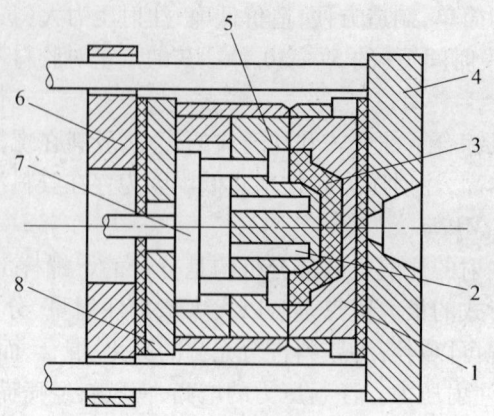

图 4.20　橡胶注射模具结构
1—定模;2—加热孔;3—橡胶制品;4—定板;
5—动模;6—动板;7—顶出机构;8—绝热板

注胶系统主要包括主流道、分流道、浇口和料井。主流道是指从喷嘴进入模具起,到分流道止的一段。分流道是从主流道到浇口的过渡段。浇口是指从分流道进入型腔时的狭窄入口。料井则用于储存两次注射间隔中的胶料,以防喷嘴部位已起变化的胶料进入型腔。

主流道与分流道要配置适当。一方面要使胶料顺利地充满型腔各处,不产生漩涡和紊流,并应使型腔内的气体顺利排出。另一方面,注胶系统应尽量减少弯折,缩短流程,以减少充模时间和胶料损失。同时还要充分利用胶料在主流道和分流道中流动所产生的最大热量,以利于快速硫化。

关于模穴数目问题,由于喷嘴面积和注射面积有一定的限制以及注射时间短而硫化温度高,大型制品都采用单模腔或双模腔。小制品可适当增加模腔数。然而模腔增多,会增加脱模困难,产品废品率增高,原料的利用率降低。因此,在增加模腔数的同时,必须改进胶料的流动性。从胶料流变性质来看,希望从喷嘴到每个模腔的流道长度相等,这样可以保证制品质量均一性。

c. 液压系统及电气控制系统。液压系统是橡胶注射成型硫化机的主要动力系统,用以推动柱塞及螺杆的往复运动和模具的开闭动作。

油泵是液压系统的动力机构,油液为工作介质。通过电动机带动先将机械能转换成油液的压力,然后,通过压力分配系统将压力经导管通往各处。压力的控制和调节,通过流量阀、方向阀、压力阀等各种阀门来实现。油箱、滤油器及冷却器等各种电气控制仪表可用来控制温度、时间程序和其他自动操作过程。

(2) 注射工艺过程

橡胶注射工艺大致包括喂料、塑化、注射、保压、硫化、出模几个过程。这个过程与热固性塑料注射成型相似,只是硫化过程相当于热固性塑料注射成型中的固化过程。

(3) 橡胶注射工艺原理及工艺条件

注射工艺的中心问题是在怎样的温度、压力条件下,能使胶料获得良好的流变性能,并在尽可能短的成型周期内获得质量合格的产品。

① 温度。首先应该指出,橡胶注射温度的控制与塑料注射有原则上的不同。热塑性塑料的注射是在料筒中先将物料加热到物料熔点 $T_m$ 或黏流温度 $T_f$ 以上,使它具有流动性,然后在柱塞或螺杆压力的推动下将物料注入模型,冷却凝固而得产品。物料的流动性主要靠外界加热提高温度来达到。橡胶注射时,首先考虑的不是加温流动,而是防止胶料温度过高发生焦烧的问题。一旦温度太高,胶料在机筒中发生早期硫化,轻则喷嘴堵塞,重则会使整个注射机堵死,所以,经喷嘴射出后,尽可能接近模腔的硫化温度,以缩短生产周期,提高生产效率。温度虽然对胶料的流动性有一定的影响,但起决定性作用的则是注射压力、相对分子质量大小(塑化程度)及胶料配方。

② 压力。注射压力对胶料充模起着决定性作用。注射压力的大小取决于胶料的性质、注射机的类型、模具的结构以及注射工艺条件的选择等,所以其值很难明确规定。

橡胶的表观黏度随压力和剪切速率的增加而降低,所以增加注射压力可以提高胶料的流动性,缩短注射时间。由于提高压力可使胶料温度上升,因而硫化周期也大大缩短。从防焦的观点来看,提高压力也是有利于防止焦烧的,因为压力虽然提高了胶料的温度,但它缩短了胶料在注射机中的停留时间,因此减少了焦烧的危险性。所以原则上说,注射压力应在许可压力范围内选用较大的数值。

③ 时间——成型周期。完成一次成型过程所需的时间称为成型周期或总周期,用 $T_{总}$ 表示,它是硫化时间 $t_{硫}$ 和动作时间 $t_{动}$ 的总和。

$$t_{总} = t_{硫} + t_{动}$$

其中,动作时间包括注射机部件往复行程所需的时间 $t_{行}$、充模时间 $t_{充}$、模型开闭时间 $t_{模}$ 和取件时间 $t_{取}$。

$$t_{动} = t_{行} + t_{充} + t_{模} + t_{取}$$

供料、塑化等过程是硫化时同时进行的,这些时间已包括在硫化时间之内,所以不必另行计算。

在整个注射周期中,硫化时间和充模时间极为重要,它们的计算分配取决于胶料的硫化特性和设备参数。从硫化工艺来看,主要根据胶料在一定温度下的焦烧时间 $t_{焦}$ 和正硫化时间 $t_{正硫}$ 进行配合,要求:

$$t_{充} < t_{焦}, t_{硫} = t_{正硫}$$

充模时间必须小于焦烧时间,不然胶料会在喷嘴和模型流道处硫化,此外还要考虑到充模后应留下一定的时间使胶料能在硫化反应开始前完成压力均化过程,通过分子链的松弛消除物料中流动取向造成的内应力。

硫化时间在整个周期中占很大比例,有时往往比其他过程所需时间多出许多倍。缩短硫化时间是注射工艺的重要任务。硫化时间虽然与喷嘴大小、流胶道结构、注射压力等因素有关,但它主要取决于胶料的性质。采用高温快速有效硫化体系可以大大缩短硫化时间,这种体系在不太高的温度下有很好的防焦性能,一旦达到高温后,在数秒内即可达到正硫化点。

为了解决某些制品(如胶鞋)硫化时间过长的矛盾,通常采用一机多模的办法,当第一模台注射完毕进行硫化时立即进行另一模台的注射。

胶料的焦烧时间和正硫化时间,通常采用门尼黏度计和硫化仪测定。

④ 胶料的注射能力。由于模压的某些胶料，可以不必改变配方直接用于注射，但是从各方面的参数来看，远不能说是最佳的，而且经济效果也比较差，因此必须事先测定胶料性能是否适合于注射。

一般若要预先估计该胶料是否适合于注射，只要测定门尼黏度和焦烧时间即可。如果门尼黏度不大于 65，而焦烧时间在 10～20 min 之间，这种胶料通常就认为适合于注射。

必须指出：门尼黏度并不是一个理想的用来表示胶料注射性能的指标，因为当注射压力大于 0.7 MPa 时，相同门尼黏度胶料的流动性可以完全不同，充模时间相差很大，有时甚至相差好几倍，这是由于测定门尼黏度时只有一种固定的切变速率，与实际相差较大，这样测得的胶料流动性可能引起很大的差错。胶料的流动，实际上是多种因素综合影响的结果，不能用现有的橡胶物理－力学性能测试方法来确定。

目前，引入了一个"胶料注射能力"的新概念。所谓"胶料的注射能力"是指胶料在一定条件下注入螺旋注射模中的充模长度，模具结构如图 4.21 所示。胶料从中心浇口注入，沿矩形断面的沟槽螺旋地回转向外流动。胶料注射性能好的充模长度长，性能差的充模长度短，也有采用同心圆模型的，这时型腔由十个矩形断面的同心圆组成，圆与圆之间有沟槽相通，注胶后观察充胶胶圈的多少作为衡量"胶料注射能力"好坏的尺度。

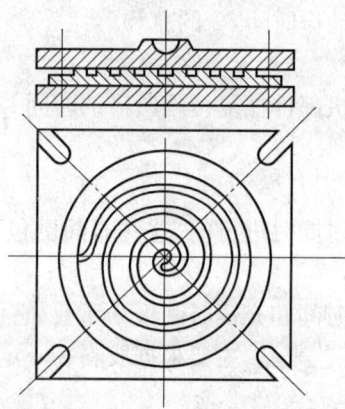

图 4.21　测定胶料"注射能力"的螺旋式标准模具结构

## 4.3　纤维纺丝

化学纤维的品种繁多，原料及生产方法各异，其生产过程可概括为原料制备、纺前准备、纺丝和后加工四个工序。

### 4.3.1　原料制备

**1. 成纤高聚物的基本性质**

用于化学纤维生产的高分子化合物，称为成纤高聚物或成纤聚合物。成纤聚合物有两大类：一类为天然高分子化合物，用于生产再生纤维；另一类为合成高分子化合物，用于生产合成纤维。作为化学纤维的生产原料,成纤聚合物的性质不仅在一定程度上决定纤维的性质,而且对纺丝、后加工工艺也有重大影响。

对成纤聚合物一般要求如下:

① 成纤聚合物大分子必须是线型的、能伸直的分子,支链尽可能少,没有庞大侧基。

② 聚合物分子之间有适当的相互作用力,或具有一定规律性的化学结构和空间结构。

③ 聚合物应具有适当高的相对分子质量和较窄的相对分子质量分布。

④ 聚合物应具有一定的热稳定性,其熔点或软化点应比允许使用温度高得多。

化学纤维的纺丝成型普遍采用聚合物的熔体或浓溶液进行,前者称为熔体纺丝,后者称为溶液纺丝。所以,成纤聚合物必须在熔融时不分解,或能在普通溶剂中溶解形成浓溶液,并具有充分的成纤能力和随后使纤维性能强化的能力,保证最终所得纤维具有一定的良好综合性能。几种主要成纤聚合物的热分解温度和熔点见表4.4。

表4.4 几种主要成纤聚合物的热分解温度和熔点

| 聚合物 | 热分解温度/℃ | 熔点/℃ |
| --- | --- | --- |
| 聚乙烯 | 350～400 | 138 |
| 等规聚丙烯 | 350～380 | 176 |
| 聚丙烯腈 | 200～250 | 320 |
| 聚氯乙烯 | 150～200 | 170～220 |
| 聚乙烯醇 | 200～220 | 225～230 |
| 聚己内酰胺 | 300～350 | 215 |
| 聚对苯二甲酸乙二酯 | 300～350 | 265 |
| 纤维素 | 180～220 | — |
| 醋酸纤维素酯 | 200～230 | — |

由表4.4可见,聚乙烯、等规聚丙烯、聚己内酰胺和聚对苯二甲酸乙二酯的熔点低于热分解温度,可以进行熔体纺丝;聚丙烯腈、聚氯乙烯和聚乙烯醇的熔点与热分解温度接近,甚至高于热分解温度,而纤维素及其衍生物则观察不到熔点,像这类成纤聚合物只能采用溶液纺丝方法成型。

**2. 原料制备**

再生纤维的原料制备过程,是将天然高分子化合物经一系列化学处理和机械加工,除去杂质,并使其具有能满足再生纤维生产的物理和化学性能。例如,黏胶纤维的基本原料是浆粕(纤维素),它是将棉短绒或木材等富含纤维素的物质,经备料、蒸煮、精选、脱水和烘干等一系列工序制备而成的。

合成纤维的原料制备过程,是将有关单体通过一系列化学反应聚合成具有一定官能团、一定相对分子质量和相对分子质量分布的线型聚合物。由于聚合方法和聚合物性质不同,合成的聚合物可能是熔体状态或溶液状态。将聚合物熔体直接送去纺丝,这种方法称为直接纺丝法;也可将聚合得到的聚合物熔体经铸带、切粒等工序制成"切片",再以切片为原料,加热熔融成熔体进行纺丝,这种方法称为切片纺丝法。直接纺丝法和切片纺丝法在工业生产中都有应用。溶液纺丝也有两种方法,将聚合后的聚合物溶液直接送去纺丝,这种方法称为一步法;先将聚合得到的溶液分离制成颗粒状或粉末状的成纤聚合物,然后溶解制成纺丝溶液,这种方法称为二步法。

在化学纤维原料制备过程中,可采用共聚、共混、接枝和添加剂等方法,生产某些改性化学纤维。

### 4.3.2 熔体或溶液的制备

**1. 纺丝熔体的制备**

切片纺丝法需要在纺丝前将切片干燥,然后加热至熔点以上、热分解温度以下,将切片制成纺丝熔体。

(1) 切片干燥

经铸带和切粒后得到的成纤聚合物切片在熔融之前,必须先进行干燥。切片干燥的目的是除去水分,提高聚合物的结晶度与软化点。

切片中含有水分会给最终纤维的质量带来不利影响。因为在切片熔融过程中,聚合物在高温下易发生热裂解、热氧化裂解和水解反应,使聚合物相对分子质量明显下降,大大降低所得纤维的质量。另外,熔体中的水分汽化,会使纺丝断头率增加,严重时使纺丝无法正常进行。在涤纶和锦纶的生产中必须对切片进行干燥。干燥后切片的含水率,视纤维品种而异。例如,对于聚酰胺切片,要求干燥后含水率一般低于0.05%;对于聚酯切片,由于在高温下聚酯中的酯键极易水解,故对干燥后切片含水率要求更为严格,一般应低于0.01%;对于聚丙烯切片,由于其本身不吸湿,回潮率为零,所以不需干燥。

切片干燥的同时,也使聚合物的结晶度和软化点提高,这样的切片在输送过程中不易因碎裂而产生粉末,也可避免在螺杆挤出机中过早地软化黏结而产生"环结阻料"现象。

(2) 切片的熔融

切片的熔融是在螺杆挤出机中完成的。切片自料斗进入螺杆,随着螺杆的转动被强制向前推进,同时螺杆套筒外的加热装置将切片加热熔融,熔体以一定的压力被挤出而输送至纺丝箱体中进行纺丝。

与切片纺丝相比,直接纺丝法省去了铸带、切粒、干燥切片及再熔融等工序,这样可大大简化生产流程,减少车间面积,节省投资,且有利于提高劳动生产效率和降低成本。但是,利用聚合后的聚合物熔体进行直接纺丝,对于某些聚合过程(如己内酰胺的聚合)留存在熔体中的一些单体和低聚物难以去除,这不仅影响纤维质量,而且恶化纺丝条件,使生产线的工艺控制也比较复杂。因此,对产品质量要求比较高的品种,一般采用切片纺丝法。

切片纺丝法的工序较多,但具有较强的灵活性,产品质量也较高,另外还可以使切片进行固相聚合,进一步提高聚合物的相对分子质量,生产高黏度切片,以制取高强度的纤维。目前,对于生产产品质量要求较高的帘子线或长丝以及不具备聚合生产能力的企业,大多采用切片纺丝法。

**2. 纺丝溶液的制备**

目前,在采用溶液纺丝法生产的主要化学纤维品种中,只有腈纶既可采用一步法又可采用二步法纺丝,其他品种的成纤聚合物无法采用一步法生产工艺。虽然采用一步法省去了聚合物的分离、干燥和溶解等工序,可简化工艺流程,提高劳动生产率,但制得的纤维质量不稳定。

采用二步法时,需要选择合适的溶剂将成纤聚合物溶解,所得溶液在送去纺丝之前还要经过混合、过滤和脱泡等工序,这些工序总称为纺前准备。

(1) 成纤聚合物的溶解

线型聚合物的溶解过程是先溶胀后溶解,即溶剂先向聚合物内部渗入,聚合物的体积不断增大,大分子之间的距离增加,最后大分子以分离的状态进入溶剂,从而完成溶解过程。

用于制备纺丝溶液的溶剂必须满足下列要求:

① 在适宜温度下具有良好的溶解性能,并能使所得聚合物溶液在尽可能高的浓度下具有较低的黏度。

② 沸点不宜太低,也不宜过高。如果沸点太低,溶剂挥发性太强,会增加溶剂损耗并恶化劳动条件;沸点太高,不易进行干法纺丝,且溶剂回收工艺比较复杂。

③ 有足够的热稳定性和化学稳定性,并易于回收。

④ 应尽量无毒和无腐蚀性,并不会引起聚合物分解或发生其他化学变化。

合成纤维生产中常用的纺丝溶剂见表4.5。

表4.5 合成纤维生产中常用的纺丝溶剂

| 成纤聚合物 | 溶剂 |
| --- | --- |
| 聚丙烯腈 | 二甲基甲酰胺、二甲基乙酰胺、二甲基亚砜、硫氰酸钠、硝酸或氯化锌的水溶液等 |
| 聚乙烯醇 | 水 |
| 聚氯乙烯 | 丙酮与二硫化碳、丙酮与苯、环己酮、四氢呋喃、二甲基甲酰胺、丙酮 |
| 聚对苯二甲酰对苯二胺 | 浓硫酸、含有 LiCl 的二甲基亚砜 |

在纤维素纤维生产中,由于纤维素不溶于普通溶剂,所以,通常是将其转变成衍生物(纤维素黄酸酯、纤维素醋酸酯等)之后,再溶解制成纺丝溶液,进行纺丝成型及后加工。采用新溶剂(N-甲基吗啉-N-氧化物)纺丝工艺时,纤维素可直接溶解在溶剂中制成纺丝溶液。

纺丝溶液的浓度根据纤维品种和纺丝方法的不同而异。通常,用于湿法纺丝的纺丝溶液浓度为12% ~ 25%;用于干法纺丝的纺丝溶液浓度则高一些,一般为25% ~ 35%。

(2) 纺丝溶液的混合、过滤和脱泡

混合的目的是使各批纺丝溶液的性质(主要是浓度和黏度)均匀一致。

过滤的目的是除去杂质和未溶解的高分子化合物。纺丝溶液的过滤一般采用板框式压滤机,过滤材料选用能承受一定压力、具有一定紧密度的各种织物,一般要连续进行2 ~ 4 道过滤。后一道过滤所用滤材应比前一道的更致密,这样才能达到应有的效果。

脱泡是为了除去留存在纺丝溶液中的气泡。这些气泡会在纺丝过程中造成断头、毛丝和气泡而降低纤维质量,甚至使纺丝无法正常进行。脱泡过程可在常压或真空状态下进行。在常压下静置脱泡,因气泡较小,气泡上升速度很慢,脱泡时间很长;在真空状态下脱泡,真空度越高,液面上压力越小,气泡会迅速胀大,脱泡速度可大大加快。

### 4.3.3 化学纤维的纺丝成型

将成纤聚合物熔体或浓溶液,用纺丝泵(或称计量泵)连续、定量且均匀地从喷丝头(或喷丝板)的毛细孔中挤出,成为液态细流,再在空气、水或特定凝固浴中固化成为初生纤维的过程,称为纤维成型,或称纺丝,这是化学纤维生产过程的核心工序。调节纺丝工艺条件,可以改变纤维的结构和物理机械性能。

化学纤维的纺丝方法主要有两大类:熔体纺丝法和溶液纺丝法。在溶液纺丝法中,根据凝固方式不同又可分为湿法纺丝和干法纺丝。化学纤维生产绝大部分采用上述三种纺丝方法。此外,还有一些特殊的纺丝方法,如乳液纺丝、悬浮纺丝、干湿法纺丝、冻胶纺丝、液晶纺丝、相分离纺丝和反应纺丝法等,用这些方法生产的纤维量很少。下面着重介绍三种常用的纺丝方法。

**1. 熔体纺丝**

熔体纺丝是切片在螺杆挤出机中熔融后或由连续聚合制成的熔体,送至纺丝箱中的各个纺丝部位,再经纺丝泵定量压送至纺丝组件,过滤后从喷丝板的毛细孔中压出而成为细流,并在纺丝甬道中冷却成型的工艺过程。初生纤维被卷绕成一定形状的卷装(对于长丝)或均匀落入盛丝桶中(对于短纤维)。图 4.22 为熔体纺丝示意图。

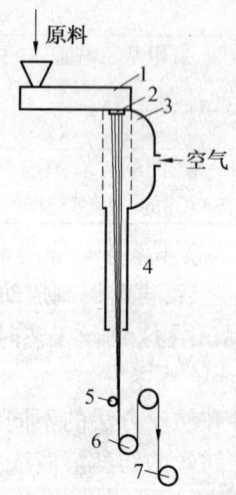

图 4.22 熔体纺丝示意图
1—螺杆挤出机;2—喷丝板;3—吹风窗;4—纺丝甬道;
5—给油盘;6—导丝盘;7—卷绕装置

由于熔体细流在空气介质中冷却,传热和丝条固化速度快,而丝条运动所受阻力很小,所以熔体纺丝的纺丝速度要比湿法纺丝高得多,目前熔体纺丝一般纺速为 1 000 ~ 2 000 m/min 或更高。为加速冷却固化过程,一般在熔体细流离开喷丝板后与丝条垂直的方向进行冷却吹风,吹风形式有侧吹和环吹等,吹风窗的高度一般在 1 m 左右。纺丝甬道的长短视纺丝设备和厂房楼层的高度而定,一般为 3 ~ 5 m。

**2. 湿法纺丝**

湿法纺丝是纺丝溶液经混合、过滤和脱泡等纺前准备后,送至纺丝机,通过纺丝泵计量,经烛形滤器、鹅颈管进入喷丝头(帽),从喷丝头毛细孔中挤出的溶液细流进入凝固浴,溶液细流中的溶剂向凝固浴扩散,浴中的凝固剂向细流内部扩散,于是聚合物在凝固浴中析出,形成初生纤维的工艺过程。湿法纺丝中的扩散和凝固不仅是一般的物理及化学过程,对某些化学纤维如黏胶纤维同时还发生化学变化,所以,湿法纺丝的成型过程比较复杂。受溶剂和凝固剂的双扩散、凝固浴的流体阻力等因素限制,纺丝速度比熔体纺丝低得多。图4.23为湿法纺丝示意图。

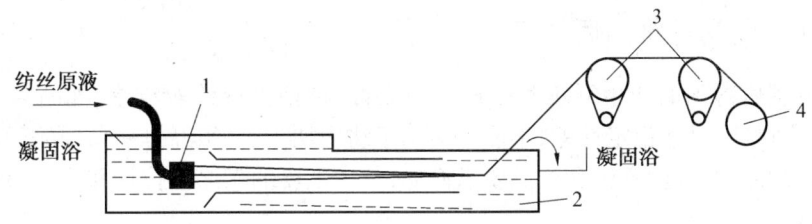

图4.23 湿法纺丝示意图
1—喷丝头;2—凝固浴;3—导丝盘;4—卷绕装置

采用湿法纺丝时,必须配备凝固浴的配制、循环及回收设备,工艺流程复杂,厂房建筑和设备投资费用都较大,纺丝速度低,成本高且对环境污染较严重。目前,腈纶、维纶、氯纶、黏胶纤维以及某些由刚性大分子构成的成纤聚合物都需要采用湿法纺丝。

**3. 干法纺丝**

干法纺丝是从喷丝头毛细孔中挤出的纺丝溶液不进入凝固浴,而进入纺丝甬道;通过甬道中热空气的作用,使溶液细流中的溶剂快速挥发,并被热空气流带走;溶液细流在逐渐脱去溶剂的同时发生浓缩和固化,并在卷绕张力的作用下伸长变细而成为初生纤维的工艺过程。图4.24为干法纺丝示意图。

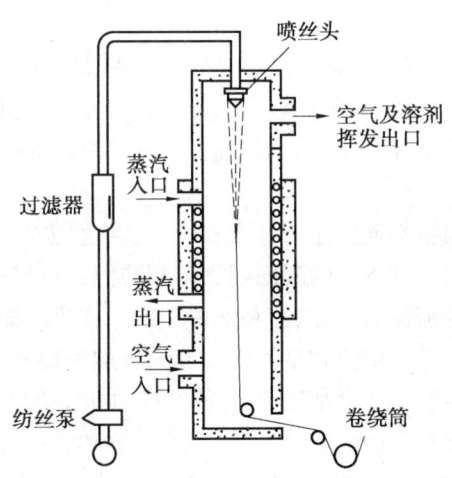

图4.24 干法纺丝示意图

采用干法纺丝时,首要的问题是选择溶剂,因为纺丝速度主要取决于溶剂的挥发速度。所以选择的溶剂应使溶液中聚合物的浓度尽可能高,而溶剂的沸点和蒸发潜热应尽可能低,这样就可减少在纺丝溶液转化为纤维过程中所需挥发的溶剂量,降低热能消耗,并提高纺丝速度。除技术经济要求外，还应考虑溶剂的可燃性，以保证达到安全防护要求。最常用的干法纺丝溶剂为丙酮、二甲基甲酰胺等。

目前，干法纺丝速度一般为 200～500 m/min，高者可达 1 000～1 500 m/min，但受溶剂挥发速度的限制，纺速还是比熔体纺丝低，而且还需要设置溶剂回收等工序，故辅助设备比熔体纺丝多。干法纺丝一般适宜纺制化学纤维长丝，主要生产品种有腈纶、醋酯纤维、氯纶和氨纶等。

### 4.3.4 化学纤维的后加工

纺丝成型后得到的初生纤维其结构还不完善，物理机械性能较差，如断裂伸长率过大、断裂强度过低、尺寸稳定性差，不能直接用于纺织加工，必须经过一系列的后加工。后加工随化纤的品种、纺丝方法和产品要求而异，其中主要的工序是拉伸和热定型。

**1. 拉伸**

拉伸的目的是提高纤维的断裂强度，降低断裂伸长率，提高耐磨性和对各种形变的疲劳强度。拉伸的方式有多种，按拉伸次数分，有一道拉伸和多道拉伸；按拉伸介质分，有干拉伸、蒸汽拉伸和湿拉伸，相应拉伸介质分别是空气、水蒸气和水浴、油浴或其他溶液；按拉伸温度又可分为冷拉伸和热拉伸。总拉伸倍数是各道拉伸倍数的乘积，一般熔体纺丝纤维的总拉伸倍数为 3.0～7.0 倍；湿法纺丝纤维可达 8～12 倍；生产高强度纤维时，拉伸倍数更高，甚至高达数十倍。

**2. 热定型**

热定型的目的是消除纤维的内应力，提高纤维的尺寸稳定性，并且进一步改善其物理机械性能。热定型可以在张力下进行，也可以在无张力下进行，前者称为紧张热定型，后者称为松弛热定型。热定型的方式和工艺条件不同，所得纤维的结构和性能也不同。

**3. 上油**

在化学纤维生产过程中，无论是纺丝还是后加工都需进行上油。上油的目的是提高纤维的平滑性、柔软性和抱合力，减少摩擦和静电的产生，改善化学纤维的纺织加工性能。上油的形式有油槽或油辊上油及油嘴喷油。不同品种和规格的纤维需采用不同的专用油剂。

除上述工序外，在用溶液纺丝法生产纤维和用直接纺丝法生产锦纶的后处理过程中，都要有水洗工序，以除去附着在纤维上的凝固剂和溶剂或混在纤维中的单体及低聚物。在黏胶纤维的后处理工序中，还需设脱硫、漂白和酸洗工序。在生产短纤维时，需要进行卷曲和切断。在生产长丝时，需要进行加捻和络筒。加捻的目的是使复丝中各根单纤维紧密地抱合，避免在纺织加工时发生断头或紊乱现象，并使纤维的断裂强度提高。络筒是将丝筒或丝饼退绕至锥形纸管上，形成双斜面宝塔形筒装，以便运输和纺织加工。生产强力丝时，需要进行变形加工。生产网络丝时，在长丝后加工设备上加装网络喷嘴，经喷射气流的作用，单丝相互缠结呈周期性网络点。网络加工可改进合成纤维长丝的极光效应和蜡状感，又可提高其纺织加工性能，免去上浆、退浆，代替加捻或并捻。为赋予纤维某些特殊性能，还可以在后加工中进行某些特殊处理，如提高纤维的抗皱性、耐热水性和阻燃性等。

随着合成纤维生产技术的发展，纺丝和后加工技术已从间歇式的多道工序发展为连续、高速一步法的联合工艺,如聚酯全拉伸丝(FDY)可在纺丝-牵伸联合机上生产,而利用超高速纺丝(纺丝速度为 5 500 m/min 以上)生产的全取向丝(FOY),则不需进行后加工便可直接用作纺织原料。

# 第5章 通用聚合物材料

## 5.1 塑料

以合成或天然高聚物为基本成分,配以一定的高分子助剂(如填料、增塑剂、稳定剂、着色剂等),经加工塑化成型,并在常温下保持其形状不变的材料,称为塑料。作为塑料基础成分的高聚物,不仅决定了塑料的种类而且决定了塑料的主要性能。当然同种高聚物,由于制备条件、制备方法以及加工工艺的不同,可作为塑料,也可作纤维和橡胶使用,如尼龙既可用作塑料又可用作纤维。一般来说,塑料用高聚物的内聚能介于纤维和橡胶之间,使用温度范围在其脆化温度和玻璃化温度之间。

塑料有许多不同的分类,常用的是按材料的受热行为可分为热塑性塑料和热固性塑料,其中热塑性塑料占塑料总量的80%。按树脂的化学结构分,有聚烯烃类、聚苯乙烯类、丙烯酸类、聚酰胺类、聚酯类、聚砜类、聚酰亚胺类等。按塑料的使用功能分,把产量大、价格便宜、原料来源丰富、应用面广的称为通用塑料,一般有聚乙烯、聚丙烯、聚氯乙烯、聚苯乙烯、酚醛和氨基塑料,占塑料总量的80%,其力学性能、热性能都比较差,主要作为非结构材料使用。工程塑料一般是指可以作为结构材料使用,具有优异的力学性能、热性能、尺寸稳定性或能满足特殊要求的某些塑料如聚四氟乙烯、聚酰胺、聚甲醛等。当然这两者有时难以有绝对的界限,如某些通用塑料如聚丙烯、聚苯乙烯经改性之后也可以作为结构材料使用。

塑料根据组分数目又可分为单组分和多组分塑料。单组分塑料基本是由高聚物组成,典型的是聚四氟乙烯,不加任何助剂。大多数塑料是多组分体系,除高聚物这一基本成分外,还加入添加剂(高分子助剂),助剂能改善材料的加工性能、使用性能以及降低成本。其主要的助剂有填料、增强剂、增塑剂、稳定剂、阻燃剂和发泡剂等。

### 5.1.1 通用塑料

**1. 聚乙烯**

聚烯烃(Polyolefin, PO)是聚烯烃高聚物的总称,一般指乙烯、丙烯、丁烯、苯乙烯的均聚物和共聚物,其中产量最大的是聚乙烯(Polyethylene, PE)。聚乙烯主要用于制造板材、管、薄膜、贮槽和容器等,用于工业、农业及日常生活用品。

聚乙烯按树脂合成工艺的不同,可分为低密度聚乙烯(LDPE),1937年首先工业化生产;高密度聚乙烯(HDPE),1965年工业化生产;线性低密度聚乙烯(LLOPE),20世纪70年代工业化生产;同时美国菲利浦石油公司开发了中密度聚乙烯(MDPE)。2000年,世界上聚乙烯的总产量大约为4800万吨,其中LDPE、LLDPE、HDPE分别占33%、24%和34%。

聚乙烯分子形态如图 5.1 所示。聚乙烯是含有碳、氢两种元素的长链脂肪烃,单体对称,结构单元在大分子链中以反式键接。由于聚合方法的不同,表现在大分子的支化程度及结构有较大的差异,因而在性能上有明显的不同。高压法是自由基聚合机理,在反应中容易发生大分子间和大分子内链转移,导致低密度聚乙烯(LDPE)支化度高,长短支链不规整,呈树枝状,相对分子质量低,相对分子质量分布宽,故结晶度低力学强度低。低压法是按配位机理聚合,使得高密度聚乙烯(HDPE)支化度低,线形结构,相对分子质量高,相对分子质量分布窄,因而结晶度高,制品的耐热性好,力学强度比 LDPE 高。线性低密度聚乙烯(LLDPE)由于具有规整的短支链结构,结晶度和密度与 LDPE 相似,抗撕裂性和耐应力开裂性比 LDPE 和 HDPE 高。超高相对分子质量聚乙烯(UHMWPE)由于巨大的相对分子质量,增加了大分子间的缠绕程度,虽然结晶度、密度介于 LDPE 和 HDPE 之间,但冲击强度和拉伸强度都成倍的增加,并具有高的耐磨性、自润滑性,使用温度在 100 ℃以上。

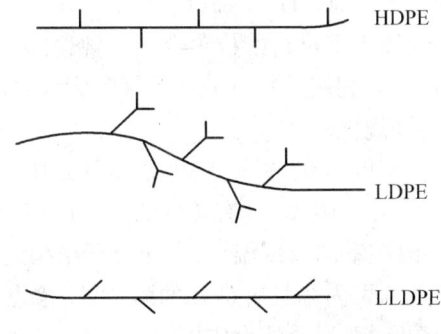

图 5.1　三种聚乙烯分子形态

聚乙烯为不透明或半透明的蜡状固体,无毒、无臭、无味,几乎不吸水,密度比水小。聚乙烯的物理力学性能依赖于结晶度,具体数据见表 5.1。但 LDPE、HDPE 和 LLDPE 三者都存在蠕变大、尺寸稳定性差等缺点,不能作结构件使用。UHMWPE 是强而韧的材料,具有优异的性能,耐磨、自润滑、蠕变低,可以作传动零件。

表 5.1　各种聚乙烯性能比较

| 性能 | LDPE | HDPE | LLDPE | UHMWPE |
| --- | --- | --- | --- | --- |
| 密度 /(g·cm$^{-3}$) | 0.91 ~ 0.92 | 0.94 ~ 0.96 | 0.91 ~ 0.92 | 0.92 ~ 0.94 |
| 透明性 | 半透明 | 不透明 | 半透明 | 不透明 |
| 洛氏硬度 | D41 ~ 46 | D60 ~ 70 | D40 ~ 50 | R55 |
| 拉伸强度 /MPa | 7 ~ 15 | 21 ~ 37 | 15 ~ 25 | 30 ~ 50 |
| 拉伸模量 /GPa | 0.17 ~ 0.35 | 1.3 ~ 1.5 | 0.25 ~ 0.35 | 1 ~ 7 |
| 缺口冲击强度 /(kJ·m$^{-2}$) | 80 ~ 90 | 40 ~ 70 | > 70 | > 100 |
| 熔点 /℃ | 105 ~ 115 | 131 ~ 137 | 122 ~ 124 | 135 ~ 137 |
| 热变形温度 /℃ | 50 | 78 | 75 | 95 |
| 脆化温度 /℃ | -80 ~ -55 | -140 ~ -100 | < -120 | < -137 |
| 介电常数 | 2.25 ~ 2.35 | 2.30 ~ 2.35 | 2.25 ~ 2.35 | 2.30 ~ 2.35 |
| 介电损耗角正切 | < 5 × 10$^{-4}$ | < 10$^{-4}$ | < 5 × 10$^{-4}$ | < 2 × 10$^{-4}$ |

聚乙烯易燃烧,离火后也会继续燃烧,火焰上端呈黄色,下端呈蓝色,燃烧时有熔滴落下,有石蜡气味。易受光氧化、热氧化、臭氧氧化分解,制品变色、龟裂、发脆直到破坏,可加入防老剂改性。聚乙烯耐辐射性好,受高能射线照射时,可形成不饱和基团而发生交联、断链,但主要倾向是交联反应。

聚乙烯具有突出的电绝缘性和介电性,特别是高频绝缘性极好,并不受湿度和频率的影响,故常用作电器零部件、电线及电缆护套。

### 2. 聚丙烯

聚丙烯(Polypropylene, PP)自1957年意大利Montecatini公司首先生产以来,已成为发展速度最快的塑料品种,产量仅次于PE、PVC和PS而位居第四。目前生产的聚丙烯95%皆为等规聚丙烯。无规聚丙烯是生产等规聚丙烯的副产物,而间规聚丙烯是采用特殊Ziegler催化剂在低温下聚合而得。

聚丙烯树脂工业合成方法有溶液法、本体法和气相法。常采用以纯度99%以上的丙烯为原料,在烷烃(己烷、庚烷)中,以$TiCl_3$和$(C_2H_5)_2AlCl$为催化剂,氢气为相对分子质量调节剂,于50℃和1 MPa压力下进行配位聚合。等规聚丙烯因结晶不易被溶解,而无规聚丙烯可以被溶解,因而,可以利用此特点分离等规和无规聚丙烯。在正庚烷中不溶部分的质量分数作为聚丙烯的等规度。

聚丙烯为白色蜡状材料,密度为0.89~0.91 $g/cm^3$,是质地较轻的树脂品种,在水中稳定,在水中24 h的吸水性仅为0.01%,具有优良的力学性能,其拉伸、压缩强度和硬度、弹性模量等都优于HDPE。但在室温及低温下,由于分子结构的规整度高,因而冲击强度较差,其耐磨性能与尼龙相近。聚丙烯具有良好的耐热性,熔点为165~170℃,所以制品能在100℃以上进行消毒灭菌,不受外力作用时在150℃也不变形,其脆化温度约为-15℃,耐寒性较差。其优良的电绝缘性能并不受湿度影响,同时具有较高的介电常数,可以用作受热的电气绝缘件,其介电强度较高,可适用于作电器零件。聚丙烯具有较高化学稳定性,除能被浓硫酸和浓硝酸侵蚀外,对其他各种化学试剂都比较稳定。同时其化学稳定性随结晶度的增加而有所提高,与PE和PVC相比,在80℃以上还能耐70%以上硫酸、硝酸、磷酸及各种浓度盐酸和40%的氢氧化钠溶液,甚至在100℃以上还能耐稀酸和稀碱。但其耐紫外线和耐候性不理想,所以常加入稳定剂以提高其耐老化性能。聚丙烯宜采用注射、挤出吹塑等方法成型加工,用途广泛,主要用于制造薄膜、电绝缘体、容器、包装品等,还可以用作机械零件如法兰、接头、汽车零件、管道等,可用作家用电器如电视机、收录机外壳、洗衣机内衬等,由于其无毒及具有一定耐热性,广泛应用于医药工业如注射器及药品包装、食品包装等,并且聚丙烯可拉丝成纤维,用于制作地毯及编织袋等。

通过添加防老剂,可以改善聚丙烯的易老化和光氧老化的缺点,加入阻燃剂以提高聚丙烯的耐燃性。特别是填充、增强改性可以提高聚丙烯的耐热性、强度、模量及耐疲劳性能,用纤维增强的效果优于填充改性。采用共聚或共混技术改善聚丙烯的低温脆性,乙丙共聚物已成为聚丙烯耐低温性的一类。另外塑料合金技术,在聚丙烯中加入韧性高的塑料如聚酰亚胺塑料或橡胶(乙丙橡胶或SBS热塑性弹性体),可以提高聚丙烯的低温冲击强度。为了改善相容性,利用丙烯酸或马来酸酐对聚丙烯接枝,使聚丙烯带有极性,再与极性高分子共混,增加与极性高分子的相容性,提高了改性效果。

#### 3. 聚氯乙烯

聚氯乙烯(Polyvinylchloride, PVC)是工业化生产较早(1931年)的通用塑料,目前年产量仅次于聚乙烯而居第二。

聚氯乙烯树脂是一种无色、硬质及低温脆性的材料,特别是其耐热稳定性差,软化点为80 ℃,于130 ℃开始分解变色,并析出氯化氢,加热时容易黏附在金属表面上。因而聚氯乙烯要有实用价值,需加入各种添加剂,如热稳定剂、增塑剂、润滑剂、增强剂等。对于提高聚氯乙烯的热稳定性,除了严格控制和调节聚合反应,以减少和消除副产物外,最有效的方法是加入热稳定助剂。其主要作用有:吸收中和分解所放出的氯化氢;置换分子中不稳定的氯原子,抑制脱氯化氢反应;能与聚烯烃中生成的双键进行加成;防止聚烯烃结构的氯化等。最常用的热稳定剂有三碱式硫酸铅($3PbO \cdot PbSO_4 \cdot H_2O$)、二碱式亚磷酸铅($2PbO \cdot PbHPO_3 \cdot \frac{1}{2} H_2O$)、二碱式硬脂酸铅$[(C_{17}H_{35}COO)_2Pb \cdot 2PbO]$和二碱式苯二甲酸铅等。金属皂类稳定剂,这类稳定剂不仅具有稳定化作用,还兼有润滑作用,最常用的有硬脂酸钙$[(C_{17}H_{35}COO)_2Ca]$、硬脂酸镉$[(C_{17}H_{35}COO)_2Cd]$、硬脂酸锌$[(C_{17}H_{35}COO)_2Zn]$、硬脂酸钡$[(C_{17}H_{35}COO)_2Ba]$。此外,在制备透明PVC制品时常需要加入有机锡类稳定剂。

总的来讲,聚氯乙烯具有阻燃(氧指数40以上)、化学稳定性(耐浓盐酸、浓度为90%的硫酸、浓度为60%的硝酸和浓度为30%的氢氧化钠)、力学强度和电绝缘性能优良的优点,但耐热性较差。

聚氯乙烯塑料主要应用于:软制品,主要是薄膜和人造革,薄膜制品如农膜、包装材料、防雨材料、台布等;硬制品,主要是硬管、瓦楞板、衬里、门窗、墙壁装饰物;电线、电缆的绝缘层;地板、家具、录音材料等。

#### 4. 聚苯乙烯

聚苯乙烯(Polystyrene, PS)于1930年在德国首先工业化生产。苯乙烯类塑料是以苯乙烯树脂为基体成分的塑料,其中包括均聚物和以苯乙烯为主的共聚物。目前产量仅次于聚乙烯和聚氯乙烯而位居第三。

由于苯环的空间位阻,影响大分子链段的内旋转和柔顺性,链段在常温下僵硬,链段间聚集,规整性差,基团相互作用小,故聚苯乙烯的耐热性差。聚苯乙烯为非晶态高聚物,透明度高达88% ~ 92%,折射率为1.59 ~ 1.60,吸水性低(0.03% ~ 0.1%)其质地脆而硬,耐磨性差。PS具有优良的电绝缘性能,有高的体积电阻率和表面电阻率,介电损耗小,是良好的高频绝缘材料,由于PS的吸水性低,所以上述电性能随温度和湿度的改变仅有微小的变化。它的热变形温度为60 ~ 80 ℃,耐热性低,热导率不随温度而改变,是良好的绝热材料,能燃烧,燃烧时带有浓烟。PS能耐某些矿物油、有机酸、盐、碱及其水溶液。PS溶于苯、甲苯等芳烃中。由于聚苯乙烯具有透明、价廉、刚性大、电绝缘性好、印刷性能好、绝缘性能好及优异的加工性能等优点,所以广泛应用于工业装饰、各种仪器仪表零件、灯罩、电子工业中高频零件、透明模型、玩具、日用品等。另外用于制备泡沫塑料材料,作为重要的绝缘包装材料。

为了克服聚苯乙烯脆性大、耐热性低的缺点,开发了一系列聚苯乙烯,其中主要有

ABS、MBS、AAS、ACS、AS 等。

ABS 树脂是丙烯腈(Acrylonitrile)、丁二烯(Butadiene)、苯乙烯三种单体组成的热塑性塑料,其成分较复杂,不仅仅是三种单体的共聚物,也可以含有某种单体的均聚物及其混合物。ABS 制备的方法主要有接枝共聚法,包括乳液接枝和悬浮接枝,其中以乳液接枝为主,是先用丁二烯和苯乙烯制成丁苯胶乳,然后加入丙烯腈和苯乙烯使之共聚和接枝共聚,接枝点是在丁苯胶乳的双键以及与苯基相连的碳原子的 $\alpha-H$ 上,当然在接枝共聚的同时也存在丙烯腈和苯乙烯的均聚物,所以是接枝共聚物和均聚物的混合物。混炼法是用乳液聚合的方法分别制得 AS 树脂(丙烯腈 – 苯乙烯共聚物)和丁腈橡胶,然后两者进行机械混炼,可得 ABS。这种方法制得的 ABS 实际上是塑料与橡胶的共混物。接枝混炼法,是由乳液接枝共聚制得的 ABS 树脂和另一乳液制备的 AS 乳胶,将两种乳胶按不同比例混合、凝聚、水洗、干燥,在混炼机上进行机械混炼,由于比例不同,可得不同性质和型号的 ABS。

由于制备方法、单体比例及接枝情况不同,ABS 性能有所差异。总的来讲,具有坚韧、硬质、刚性大等优异的力学性能,特别是冲击强度高,并且也大大提高了耐磨性。使用温度为 $-40\sim100\ ℃$,具有良好的电绝缘性和一定的化学稳定性,但耐候性差。ABS 应用广泛,可用于制造齿轮、泵叶轮、轴承、把手、管道、电机外壳、仪表壳、冰箱衬里、汽车零部件、电气零件、纺织器材、容器、家具等,也可用作 PVC 等高聚物的增韧改性。

AAS 是丙烯腈 – 丙烯酸酯(Acrylate) – 苯乙烯的三元共聚物。AAS 的性能、成型加工及应用性能与 ABS 相近。由于用不含双键的丙烯酸酯代替丁二烯,所以 AAS 的耐候性要比 ABS 高 $8\sim10$ 倍。

ACS 是丙烯腈 – 氯化聚乙烯(Chlorinated Polyethylene) – 苯乙烯三元共聚物,一般是经悬浮聚合而得。ACS 的性能、加工及应用与 ABS 相近。

MBS 是甲基丙烯酸甲酯(MMA) – 丁二烯 – 苯乙烯三元共聚物。由于用 MMA 代替丙烯腈,因此透明性好,其性能与 ABS 相仿,故有透明 ABS 之称。

AS 是丙烯腈 – 苯乙烯共聚物,BS 是丁二烯 – 苯乙烯共聚物,二者都改进了聚苯乙烯的韧性。

高抗冲聚苯乙烯(HIPS)是在苯乙烯单体中加入合成橡胶,以自由基引发聚合制得。当然随着橡胶品种及用量不同,HIPS 有不同的性能,如苯乙烯与顺丁二烯橡胶及丁苯嵌段共聚橡胶(SBS 热塑性弹性体)接枝共聚,可制得高抗冲击型 HIPS;苯乙烯与丁苯橡胶(SBR)接枝共聚,可得中抗冲击型 HIPS。抗冲聚苯乙烯具有聚苯乙烯的大多数优点,拉伸强度提高一倍,软化点有所下降。

### 5. 酚醛树脂与塑料

酚醛树脂(Phenol-Formaldehyde Resins,PF)是酚类化合物和醛类化合物缩聚而得的高聚物。最常用的酚是苯酚,其次是甲酚、二甲酚和对苯二酚等;最常用的醛是甲醛,其次是糠醛,其中最重要的是苯酚和甲醛制得的酚醛树脂。它是发现最早(1872 年)并最早工业化(1910 年)的热固性树脂。

酚醛树脂本身很脆,因此必须加入各种纤维或粉末状填料后,才能获得所要求的性能,以酚醛树脂为基料,加入各种添加剂后,所制成的材料,统称酚醛塑料。

(1) 酚醛压塑料

酚醛压塑料是以热塑性酚醛树脂为基本成分,加上固化剂(六亚甲基四胺)、固化促进剂(如氧化镁等)、填料(以木粉为代表,其他尚可为石棉粉、云母粉、石英粉等)、润滑剂(硬脂酸及其金属盐)、着色剂(黑、棕等颜料)等组成。酚醛树脂通用牌号的典型配方例如:热塑性 PF100 份、六亚甲基四胺 125 份、氧化镁 3 份、硬脂酸镁 2 份、苯胺黑染料 4 份、木粉 100 份。一般配制方法有干法和湿法两种,一般以干法为主。将上述组分经混合均匀后,在塑炼机上熔融混炼,经冷却、粉碎和过筛而成粉状或颗粒状酚醛模塑料,可供模压、注射、挤出成型。

(2) 酚醛层压塑料

将各种片状材料如棉布、玻璃布、石棉布、纸等浸渍甲阶段热固性树脂,经烘干制成纤维(或织物),增强的酚醛塑料预浸料,或经模压制成层压板,或经缠绕成型制造管材、型材和制品。

总的来讲,酚醛塑料具有机械强度高、性能稳定、坚硬、耐腐、耐热、耐燃、耐大多数化学药品、电绝缘性良好、制品尺寸稳定性好、价格低廉等优点。酚醛塑料主要用于电绝缘材料,故有"电木"之称。当用碳纤维增强后,能大大提高耐热性,已应用于飞机、汽车等方面。在宇航中可做烧蚀材料以隔绝热量,防止金属壳层熔化。

**6. 氨基塑料**

氨基塑料(Amino Plastics)是以氨基树脂为基本组分的塑料。氨基树脂是指由含氨基官能团(主要是尿素和三聚氰胺)与醛类经缩聚反应生成的高聚物。主要品种有脲-甲醛树脂、三聚氰胺(蜜胺)甲醛树脂、脲-三聚氰胺甲醛树脂。

氨基塑料是由氨基树脂和添加剂所组成,其添加剂由填料(如纤维素木粉、纸浆、云母石棉等)、固化剂(如草酸、磷酸三甲酯)、稳定剂(如六亚甲基四胺)、润滑、着色剂等组成。

氨基模塑料,是由氨基树脂-羟甲基脲醛的水溶液与各类添加剂,首先由捏合机捏合,然后经干燥、粉碎即可得到氨基压塑粉。因其美丽如玉,又具有优良的电性能,因此被称为电玉粉,再经模压成型可得制品。

氨基层压板是将纸、棉布、玻璃布等浸渍氨基树脂水溶液,经干燥得预浸料,再经叠合、层压固化,即可得氨基塑料层压板材。

脲醛树脂具有质地坚硬、耐刮痕、无色透明、耐电弧、耐燃、自熄等特点。适合制电器开关、插座、照明器具。由于它无毒、耐油,不受弱碱和有机溶剂的影响,因而可用于日用器皿、食具,其层压板可作为装饰面板、包装器材等。三聚氰胺-甲醛树脂除具有脲醛树脂的优点外,还具有耐热水性,可制成仿瓷制品,作为餐具及厨房用具。其经玻璃纤维及石棉纤维增强后,具有高的耐电弧性,因而可作为各种开关、灭弧罩和防爆电器零件、飞机发动机零件以及电器零件等。

## 5.1.2 工程塑料

**1. 聚甲醛**

聚甲醛(Polyoxymethylene, POM)是分子主链中含有 $CH_2O$ 结构单元的高聚物,是由甲醛或三聚甲醛聚合而成。由于所得高聚物的端基为 —OH 基，在受热时不稳定，易发生解聚反应而放出甲醛，因此必须进行稳定化。处理方法有两种：一种是由醋酐进行端基封锁，使 POM 稳定，称均聚甲醛；另一种是以三聚甲醛与少量二氧五环进行共聚，称为共聚甲醛。POM 首先于 1959 年由美国杜邦公司首先工业化生产，商品名为 Derlin，聚甲醛的产量仅次于尼龙和聚碳酸酯而在工程塑料中居第三位。

均聚甲醛与共聚甲醛相比，分子链更规整，结晶性高，因此熔点、拉伸强度、刚性、硬度等均比共聚甲醛高。总的来讲，聚甲醛是一种综合性能优良的工程塑料，有优异的压缩和拉伸强度，其比强度接近金属材料。其具有突出的耐磨性能、自润滑和抗疲劳性能，蠕变也小，电绝缘性能好，可以在 100 ℃ 下长期使用，并有优良的尺寸稳定性，耐有机溶剂性能好。聚甲醛可在与其溶度参数相近的溶剂中溶胀，当温度超过 70 ℃，能溶解在酚类溶剂中，能被强氧化性的酸腐蚀。

聚甲醛可代替有色金属和合金在汽车、机床、化工、电气、仪表中应用，用来制造轴承、凸轮、齿轮、垫圈、法兰、各种仪表外壳、容器等。特别是用于某些不允许有润滑油使用的轴承和齿轮，尺寸稳定性好，可以制作公差小的精密零件。

**2. 聚碳酸酯**

在分子主链中含有结构 $-(-ORO-\overset{O}{\underset{\|}{C}})_n-$ 的线型高聚物为聚碳酸酯（Polycarbonate，PC），根据 R 基的不同，可分成脂肪族、脂环族、芳香族聚碳酸酯。但目前作为工程塑料的产品仅指芳香族聚碳酸酯，并且主要是指双酚 A 型聚碳酸酯，目前产量居工程塑料的第二位。

（1）性能与用途

聚碳酸酯是无毒、无味、无色透明（或淡黄透明）的材料，透光率达 90%，折射率为 1.58（在 25 ℃），密度为 1.20～1.25 g/cm³。其折射率比有机玻璃高，更适合做透镜光学材料。聚碳酸酯具有优良的机械性能，特别是冲击性能，是目前工程塑料中最高的品种之一，且模量高和具有优良的抗蠕变性能，所以是一种硬而韧的材料。聚碳酸酯具有较好的耐热性能，热变形温度为 130～140 ℃，脆化温度为 100 ℃，无明显熔点。在 220～230 ℃ 呈熔融状态，所以长期使用温度为 -60～110 ℃，聚碳酸酯具有制品尺寸稳定性、耐燃性，是属于自熄性树脂。聚碳酸酯由于本身极性小，玻璃化温度高，吸水性小，所以在低的温度范围内有良好的电绝缘性能，介电常数和介电损耗在室温至 150 ℃ 几乎不变。聚碳酸酯能耐稀酸、盐水溶液、油、醇，但不耐碱、酯、芳香烃，易溶于卤代烃，它的一般老化性尚可，但易吸收紫外线，所以在有紫外线的环境中使用的聚碳酸酯应加 UV 稳定剂。

聚碳酸酯是一种具有优良综合性能的工程塑料，能代替金属广泛应用于各领域，在机械工业中制作传递中、小负荷的零部件（如齿轮、齿条、涡轮、涡杆等）和受力不大的紧固件（螺钉、螺帽）。在电子电气工业中制造大型接插件、线圈架、电话机壳、电视和录像机零件。聚碳酸酯的膜广泛用于电容器零件、录音带和彩色录像带等。随着光盘、唱片和计算机软盘需要的增加，高纯度的聚碳酸酯产量也增加。聚碳酸酯广泛应用于飞机、车船上的挡风玻璃、大型灯罩、防爆玻璃、高温透镜等，也可制造安全帽及医疗器械。

(2) 其他聚碳酸酯

① 玻璃纤维增强聚碳酸酯。用一次挤出法或挤出包覆法制取玻璃纤维含量为10%~40%的玻璃纤维增强聚碳酸酯。改性效果由纤维及长度决定。随纤维含量和长度增加，其制品强度、模量和耐热性提高，但熔体黏度增加，可根据使用性能和加工要求进行合理配方。偶联剂对玻璃纤维处理（如 $\gamma$ - 缩水甘油醚丙基三甲氧基硅烷）后，可明显增强其机械强度。

② 卤代双酚 A 型聚碳酸酯。通常是将双酚 A 与氯或溴反应制成卤代双酚，然后再与光气进行光气化和缩聚反应，制成难燃的卤代聚碳酸酯。其制法类同于一般的双酚 A 型聚碳酸酯，其中以溴代的阻燃效果比氯代的好。其分子式为：

$$\{O-\underset{X}{\underset{|}{\overset{X}{\overset{|}{\bigcirc}}}}-\underset{CH_3}{\underset{|}{\overset{CH_3}{\overset{|}{C}}}}-\underset{X}{\underset{|}{\overset{X}{\overset{|}{\bigcirc}}}}-O-\overset{O}{\overset{\|}{C}}\}_n \qquad X=Cl, Br$$

### 3. 聚酰胺

(1) 概述

聚酰胺（Polyamide）类塑料是指主链由酰胺键重复单元 $\{NHRCHO\}$ 组成的高聚物，也称为尼龙（Nylon）。从种类上聚酰胺可分为脂肪族聚酰胺、芳香族聚酰胺、含杂环芳香聚酰胺及脂环族聚酰胺等。从结构上分：① 由 $\omega$ - 氨基酸脱水缩聚或由内酰胺生成，主链结构为 $\{NH-R-NHOCR'CO\}$ 的称为尼龙 $n$，$n$ 为氨基酸或内酰胺中碳原子数目，其典型代表为尼龙 6、尼龙 9、尼龙 12 等；② 由二元胺与二元酸及其衍生物如酰氯等反应生成，主链结构为尼龙 $mn$，$m$ 为二元胺中的碳原子数，$n$ 为二元酸中的碳原子数，如尼龙 66、尼龙 610、尼龙 1010 等。此外还有二元、三元共聚酰胺，如尼龙 6/66、尼龙 6/66/1010，以及后来发展的玻璃纤维增强尼龙、透明尼龙等。聚酰胺塑料是工程塑料中发展最早的品种。目前在产量上居工程塑料首位。

(2) 主要品种

聚酰胺树脂主要通过单体经缩聚反应而生成。而环己内酰胺也可通过阴离子开环生成高聚物。聚合方法有熔融、溶液、界面等。

① 尼龙 66、尼龙 610、尼龙 1010、芳香尼龙、透明尼龙等都是通过二元胺与二元酸及其衍生物反应而成。

尼龙 66（聚己二酰己二胺）是由己二胺与己二酸缩聚而得，分子式为：

$$H\{NH(CH_2)_6NH-\overset{O}{\overset{\|}{C}}(CH_2)_4\overset{O}{\overset{\|}{C}}\}_nOH$$

尼龙 610（聚癸二酰己二胺）是由己二胺和癸二酸缩聚而得，分子式为：

$$H\{NH(CH_2)_6NH-\overset{O}{\overset{\|}{C}}(CH_2)_8\overset{O}{\overset{\|}{C}}\}_nOH$$

尼龙 1010（聚癸二酰癸二胺）是由癸二胺和癸二酸缩聚而得，分子式为：

$$H+NH+CH_2)_{10}NH-\overset{O}{\overset{\|}{C}}+CH_2)_8\overset{O}{\overset{\|}{C}}]_n OH$$

因为一般尼龙是结晶高聚物,产品呈乳白色,要获透明性,必须抑制晶体的生成,使其成为非结晶高聚物,目前采用主链上引入侧链支化或者用不同单体进行共缩聚的方法,其典型产品是透明尼龙树脂。它是由三甲基己胺与对苯二甲酰成尼龙盐后,将盐在 240 ~ 260 ℃、1.96 ~ 2.45 MPa 压力下缩合而得,其分子式为:

$$H+NH-CH_2-\underset{\underset{CH_3}{|}}{\overset{\overset{CH_3}{|}}{C}}-CH_2-\underset{\underset{CH_3}{|}}{\overset{H}{C}}+CH_3)_2NH-\overset{O}{\overset{\|}{C}}-\underset{}{\bigcirc}-\overset{O}{\overset{\|}{C}}]_n OH$$

透明尼龙透明性好,透光率达 90%,具有尼龙的性能,因而除作为尼龙使用外,利用其透明性可用作食具、液体计量容器的透明视窗、工业监视窗以及光学零件等。

芳香尼龙目前主要品种有聚间苯二酰间苯二胺(商品名 Nomex)、聚对苯酰胺、聚对苯二甲酰对苯二胺(商品名 Kevlar),其分子式分别如下:

$$H+NH-\bigcirc-NH-\overset{O}{\overset{\|}{C}}-\bigcirc-\overset{O}{\overset{\|}{C}}]_n OH \qquad [NH-\bigcirc-CO]_n$$

$$H+NH-\bigcirc-NH-CO-\bigcirc-CO]_n$$

Nomex 具有优良的机械力学性能、耐热性能(熔点为 410 ℃,脆化温度为 -70 ℃,可在 200 ℃ 下连续使用)、优异的电性能,能成薄膜,可做成复合材料用于航空、航天材料。Kevlar 具有高强度、低密度、耐高温等一系列优异性能,主要用于制造超高强力耐高温纤维,亦可用作塑料、制成薄膜和复合材料,用于轮胎帘子线、防护材料、降落伞绳索、电缆、防弹背心及头盔以及航空、航天、造船工业上的复合材料制件。

② 尼龙 6、尼龙 9 等是用内酰胺(聚己内酰胺、聚壬酰胺)为原料,通过高温水解聚合法而制得。

③ MC 尼龙(Monomer Cast Nylon)为单体浇铸尼龙,是液体树脂或熔融后的单体浇入模具中,常压聚合。一般以内酰胺为单体,高聚物为:

$$[NH+CH_2)_m CO]_n$$

其中 $m$ 可为 5、11 等。一般用 $m = 5$ 的己内酰胺单体,用碱催化聚合法,使单体直接在模具中聚合,其反应属碱催化阴离子聚合。MC 尼龙相对分子质量比一般尼龙 6 高,因此各项力学性能都高于尼龙 6 和尼龙 66。MC 尼龙成型方便、操作及设备简单,可直接浇铸。因而特别适用于大制件、多品种、小批量的制品生产。

④ 注射成型尼龙(Reaction Injection Moulding Nylon,RIM 尼龙)。反应注射成型本身是一种成型的方法,是将低相对分子质量的单体或预聚体在加压下通过混合器注入密闭的模具中,在模腔内反应形成弹性或刚性高分子制品的一种成型方法。对于大多数具有高活性的反应单体或预聚体均可采用此法制成高分子制品,如聚酰胺、聚氨酯、环氧树

脂等。这种方法具有省能、省模具和产品质量好等优点,作为 RIM 尼龙,一般采用己内酰胺为原料,以钾为催化剂,N-乙酰基己内酰胺为助催化剂,反应温度在 150 ℃ 以上,其产物一般具有更高的结晶性和刚性,更小的吸湿性。

(3) 性能与用途

聚酰胺塑料具有机械强度优良、耐磨、自润滑、耐油、难燃自熄性、低的氧气透过率及优良的电性能等优点。但有吸水率高、制品性能及尺寸稳定性差、热变形温度低和不耐酸等缺点。作为工程塑料,尼龙主要用于制作耐磨和受力传动零件,如齿轮、滑轮、涡轮、轴承、泵叶轮、密封圈、衬套、阀座及垫片等。已广泛应用于机械、交通、仪器仪表、电子电气、通讯、化工及医疗器械等领域。

### 4. 聚苯醚

聚苯醚(Polyphenylene Oxide, PPO)是芳香族聚醚的一种,是指分子主链中含有

$$\left[\begin{array}{c}CH_3\\ \\ \\CH_3\end{array}\bigcirc-O\right]_n$$

结构的高聚物,全称为聚 2,6-二甲基-1,4 苯醚,又称聚苯撑氧。

(1) 性能

聚苯醚是一种耐较高温度的热塑性工程塑料,其脆化温度为 -170 ℃,玻璃化温度为 210 ℃,分解温度 350 ℃,可在 -160~190 ℃ 下长期使用,成型收缩率小,尺寸稳定性好,是一种难燃性塑料,离火后自熄。而且,它在宽广的温度范围内,具有良好的机械性能(突出的是拉伸强度和抗蠕变性)和电性能(介电性和电绝缘性),具有优良的耐较高浓度的酸、耐碱且对一般化学药品都较稳定,但能溶于卤代烃(如氯仿)和芳香烃(如甲苯)。它具有优良的水解稳定性,制品在高压蒸汽中反复使用,其性能无明显变化,吸水性小。虽然聚苯醚具有一系列的优异性能,但是由于熔融流动性差、成型温度高、加工工艺要求苛刻、价格较高,因而限制了其应用。所以目前聚苯醚主要是以改性产品为主(90% 以上)。聚苯醚最早是 1965 年由美国通用电器公司生产工业化的。

(2) 改性聚苯醚

改性聚苯醚主要品种为聚苯醚与其他高聚物如聚苯乙烯(高抗冲聚苯乙烯)的共混或接枝共聚。

① 共混法。用共混法改性聚苯醚是最早获得的共混树脂,是将 40% 左右的含橡胶的聚苯乙烯(丁二烯改性)与 60% 左右的聚苯醚在螺杆挤出机上共混造粒,可得商品名为 Noryl 的改性聚苯醚,其玻璃化温度约为 150 ℃。改性聚苯醚虽然使用温度比聚苯醚低,但成型性和综合性能有所改善,并且大大降低了成本。

② 接枝共聚法。先用共混法合成聚苯醚,然后与苯乙烯进行接枝共聚,得到商品名为 Xyron 的改性聚苯醚。还可以根据需要,再与弹性体共混改性,而形成耐冲击的改性聚苯醚。

改性聚苯醚的相对密度、吸水率、机械性能、电性能及化学稳定性与纯的聚苯醚基本类似,热性能当然低于未改性聚苯醚。热变形温度为 120~150 ℃(视品级而定),连续使

用温度一般为 80～100 ℃，但其最大特点是成型加工性能好，成型收缩率在所有工程塑料中最小，特别适用于加工尺寸精确的结构件。

(3) 用途

由于聚苯醚和改性聚苯醚具有优良的综合性能，特别适用于潮湿、高温、有负载而又需具备优良的机械性能、尺寸稳定性和电性能的场合，如在电子、电气工业中，常用于较高温度下工作的线圈、管架和芯材、变压器屏蔽套、微波绝缘件及高频印刷电路板等。由于其优良的抗蠕变性能，所以可用作机械零件中紧固件和连接件，如齿轮、轴承、阀门、凸轮、螺钉、螺帽等。由于具有优良的高温蒸煮性能，所以可用作医疗器械、蒸煮消毒器具以及滤材、滤片、泵体等。由于其尺寸稳定性优良，可用作精密仪器的零件，另外可用作办公用的机器如复印机壳体、计算机外壳等。

**5. 聚酯树脂与塑料**

聚酯是大分子链上含有 $-(-C(=O)-O-)-$ 酯结构的一大类高聚物，聚酯所用酸可以是脂肪族二元酸、芳香族二元酸及其衍生物如酰卤、酸酐、酯等。当酸为不饱和二元酸时则生成不饱和聚酯。聚酯所用的醇可为二元醇，也可为多元醇。若是二元酸和二元醇则生成热塑性树脂，当用多元醇时则生成体型树脂。当用不饱和二元酸，其交联后形成体型结构。除聚碳酸酯已在前面论述外，还有热塑性树脂、不饱和聚酯和聚芳酯。热塑性树脂主要是指聚对苯二甲酸乙二醇酯和聚对苯二甲酸丁二醇酯等。

(1) 聚对苯二甲酸乙二醇酯(Polyethylene Terephthalate, PET)

PET 是于 1948 年由美国杜邦公司首先工业化生产的，其商品名为 Ducron(涤纶)，接着 ICI 公司生产出特丽纶 (Terylene)，它们都是纤维级的。1953 年开发出薄膜级的 PET。1966 年用玻璃纤维增强改性后，开辟了新的应用领域，用作工程塑料。20 世纪 80 年代开发了吹塑中空制品(聚酯瓶)，使 PET 产量剧增。

PET 耐热性比较高，熔点与尼龙 66 相当($T_m = 265$ ℃)，但吸水率为 0.1%～0.27%，低于尼龙。制品尺寸稳定，机械强度、模量、自润滑性能与聚甲醛相当，阻燃性和热稳定性比聚甲醛好。PET 与玻璃纤维复合，增强效果大，在较宽的温度范围内都具有优良的电绝缘性能。PET 能耐弱酸及非极性有机溶剂，在室温下耐极性有机溶剂，不耐强碱和强酸以及苯酚类化学药品。在高温、高湿、碱及沸水中会水解，同时 PET 存在结晶速度慢的缺点。PET 以前主要用作纤维制服装，其强力纤维(经拉伸等特殊处理)可用作帘子线、传动带、绳索和化工滤布；其次用于制造薄膜。PET 薄膜是热塑性塑料薄膜中机械强度和韧性最佳者之一。薄膜可用于电影胶片、X 光片基、录音与录像带等。由于电性能好，可广泛用于电容器、印刷电路、电绝缘材料。中空容器聚酯瓶主要用作各种包装容器。玻璃纤维增强 PET 是用干燥后的 PET 树脂加入成核剂(加快结晶)和经偶联剂处理过的玻璃纤维(含量为 20%～40%)，经双螺杆挤出机挤出，再切粒即可得产品。可使 PET 的耐热性、机械性能大大提高，广泛地应用于电子、电器、汽车、机械及文体用品，如制作连接器、线圈骨架、微电机部件、电动机推架、钟表零件、齿轮、凸轮、叶片、泵壳体、皮带轮等。

(2) 聚对苯二甲酸丁二酯(Polybutylene Terephthalate, PBT)

PBT 是由美国在 1970 年首先工业化。其制法与 PET 相似，只是用 1,4-丁二醇代替乙二醇,目前主要以酯交换法为主。它的结晶速度快,成型加工工艺性比PET好。PBT在未改性前有优良的电性能和耐热性能,机械性能一般。但用30%玻璃纤维增强后,其性能成倍地增加,具有优良的物理性能,在140 ℃下仍能保持聚甲醛的拉伸强度。自润滑性和耐磨性优良,耐热性好,可在140 ℃下长期使用。热膨胀系数也是在热塑性树脂中最小的品种之一。具有优良电绝缘性能,其耐化学药品稳定性与PET相似、因此是一种具有综合性能的材料,所以目前发展很快。鉴于上述优点,PBT塑料广泛应用于电器、汽车、机械设备以及精密仪器的零部件,以取代铜、锌、铝及铸铁件。

(3) 聚芳酯(双酚A型)

聚芳酯(Polyarylate, PAR)主要是指由双酚A与对苯二甲酸或间苯二甲酸的缩聚产物,共有三种类型。

对苯二甲酸型:

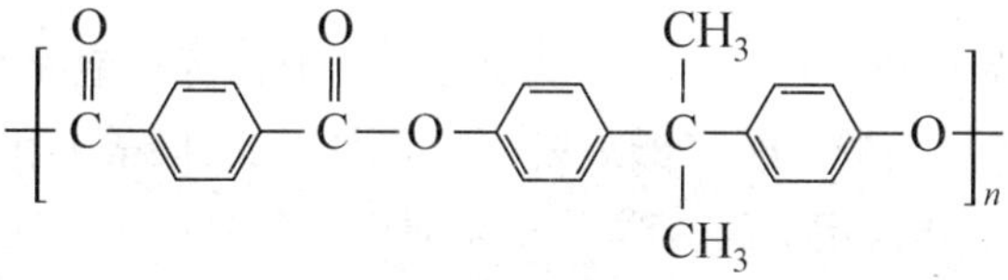

间苯二甲酸型:

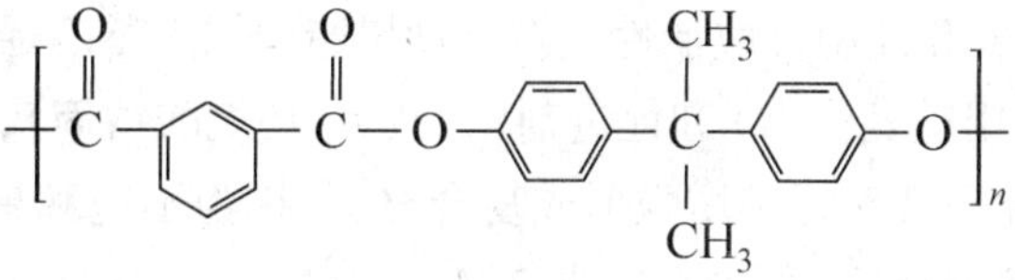

共聚物型:

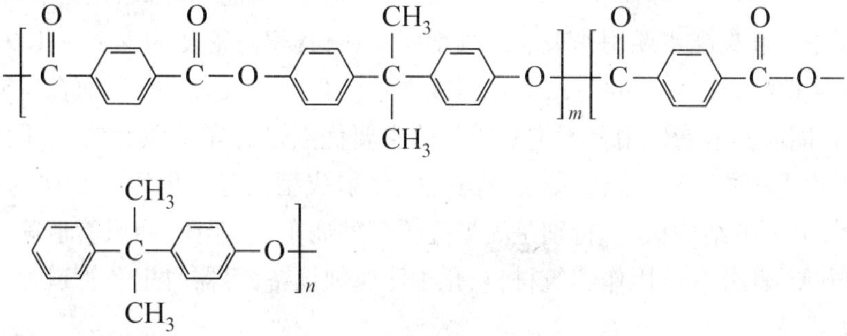

① 学名2,2'-双(4-羟基苯基)丙烷聚苯二甲酸酯,俗名聚芳酯。

② 性质。单独用对苯二甲酸或间苯二甲酸所得的聚芳酯熔点和玻璃化温度过高,结晶度大,性脆,所以目前主要采用对苯二甲酸和间苯二甲酸的混合物与双酚A缩聚得的共聚物型聚芳酯,是属于一种耐高温的热塑性工程塑料。当然随着对位和间位苯二甲酸配比不同,可制得性能不同的产品,通常共聚物型 $m:n=50:50$ 或 $70:30$。最大的特性是耐热性高,可在 $-70\sim180$ ℃ 长期使用,属难燃、自熄性塑料。有优良的机械性能(突出的耐冲击和回弹性),优良的电性能、耐候性,易溶于卤代烃和酚类,对一般有机药品、油类稳定,能耐稀酸但不耐浓硫酸,耐碱性差。

③ 用途。PAR 1975年由日本首先工业化。目前主要用于耐高温电气、电子和汽车元件,医疗器件、机械设备等,也制成薄膜用于电器绝缘,也可纺丝用作耐高温纤维,也可用

作耐高温胶黏剂。

(4) 聚苯酯

聚苯酯(Polyoxybengoylene, POB)是指聚对羟基苯甲酸酯,是以对羟基苯甲酸及其酯类为单体聚合而成,具有高度的结晶性(达90%)。主要特点是有优越的耐热性能,属于目前热稳定性以及综合性能优良的高聚物。它可在315 ℃长期使用,在370~420 ℃下短期使用,有优良的尺寸稳定性、自熄性、耐辐射性,有卓越的耐磨性和自润滑性,电绝缘性能和耐化学药品性能优良。但机械强度一般,成型加工困难,为提高其机械强度,常采用与其他工程塑料共混的方法。可用作耐高温及无润滑密封件,可作为腐蚀气体或高纯气体、无油压缩机的活塞环,可用于耐热、耐磨耗制品的涂层,电器绝缘的耐高温接插件。目前在电气及机械工业上的应用在逐渐开发和扩大。

(5) 不饱和聚酯

不饱和聚酯(Unsaturated Polyester)是指在主链中含有不饱和双键的一类聚酯,是由不饱和二元酸或酐(主要为顺丁烯二酸或酐,另有反丁烯二酸等)和一定量的饱和二元酸(如邻苯二甲酸、间苯二甲酸等)与二醇或多元醇(如乙二醇、丙二醇、丙三醇等)缩聚获得线型初聚物,当然随着原料种类和配比的不同可获不同性能的产品。加入饱和二元酸的目的是调节双键密度和控制反应活性。在这种树脂中加入苯乙烯等活性单体作为交联剂,并加入引发剂(常用过氧化物)和促进剂(如胺类、环烷酸钴等),可以在高温或室温下交联固化形成,并可加入玻璃纤维增强形成复合材料,称为不饱和聚酯塑料,因其机械强度很高,在某些方面接近金属,故俗称为玻璃钢。

在玻璃钢中,以不饱和树脂为最重要(约占80%),其他如环氧、酚醛树脂也可用作复合材料。不饱和聚酯主要用作玻璃纤维增强塑料,其相对密度为1.7~1.9,仅为结构钢材的1/5~1/4,为铝合金的2/3,其比强度高于铝合金,接近钢材,因而在运输工业上用作结构材料,能起到节能作用。不饱和树脂的主要优点是可在常温、常压下固化,其制品制造方法可用手糊法、喷射法、缠绕法、模压法、注射成型法等。但以手糊法为主,因为适用于制大型、异型的结构材料,特别是大型壳体部件如车体、船体、通风管道等。加工设备简单、操作方便,此外也可用作建筑材料、化工防腐蚀设备、容器衬里及管道等。

## 6. 聚酰亚胺

随着高科技的发展,急需开发耐热、高性能的高聚物,所谓耐热就是既要瞬时耐高温,又要有长期耐热性,而高性能就是要在高温下尚具备优良物理机械性能、电绝缘性能和化学稳定性等综合性能。属于这类高聚物的大部分是除碳碳主键外,还含有氮、硫、氧等杂原子,或者是含有五元或六元芳杂环的结构。聚酰亚胺(Polyimade, PI)就是属于主链上含有氮的芳杂环所组成的高聚物,是当前耐热性最好的工程塑料之一。

聚酰亚胺塑料是指主链上含有酰亚胺的高聚物。在芳杂环高聚物中,已经工业化并应用广泛的品种是聚酰亚胺,自20世纪60年代初期开发以来,在产量和品种上有很大发展,目前有20多个品种,其通式为:

$$\left[ -N \underset{\underset{O}{\overset{\underset{\|}{C}}{\underset{\|}{C}}}}{\overset{\underset{\|}{C}\overset{\|}{O}}{\overset{}{}}} Ar \underset{\underset{O}{\overset{\underset{\|}{C}}{\underset{\|}{C}}}}{\overset{\underset{\|}{C}\overset{\|}{O}}{\overset{}{}}} N-Ar' \right]_n$$

随着 Ar、Ar'基团的不同，所形成的高聚物性质不同，大体可分为三类：不熔性、可熔性及改性聚酰亚胺。

(1) 不熔性聚酰亚胺

① 合成。主要品种是以均苯四酸二酐和 4,4'-二氨基二苯醚为原料，先经缩聚合成聚酰亚胺预聚体，然后聚酰亚胺预聚体之间发生反应，即脱水环化生成聚酰亚胺。

② 性质。不熔性聚酰亚胺为不熔性高聚物，相对密度为 1.43～1.59，吸水率为 0.2%～0.25%，在 -260～400 ℃ 范围内能保持较高的物理性能，可在 -240～260 ℃ 的空气中长期使用，并且机械、电性能变化很小。它不燃，具有优良耐辐射性能、机械性能和电绝缘性能，耐磨性能优良，可在无润滑条件下使用。它有一定的化学稳定性，能耐大部分有机溶剂，但易被浓碱、浓酸所分解，对一元胺、二元胺和肼的作用也不稳定。

不熔性聚酰亚胺可生产薄膜、层压板、模压塑料，但一般是先制成聚酰胺酸时成型，再经环化反应可得最终产品薄膜，可用浸渍法或流延法制成膜。浸渍法是先配成一定浓度的聚酰亚胺溶液，以金属铝箔为载体，浸渍后经 190 ℃ 干燥脱去溶剂成薄膜，在 350 ℃ 下环化 1 h，冷却剥离，即得 PI 薄膜。模压塑料，先制成模塑粉，然后采用类似粉末冶金的方法，在高温下压制成型。

③ 用途。聚酰亚胺可制成薄膜、模压制品、泡沫塑料、增强塑料、纤维、涂料、胶黏剂及漆包线等。薄膜为高温下的电工绝缘材料，用于电动机、变压器线圈的绝缘层和绝缘槽衬。其耐辐射性可用于航天工业上。PI 的模压制品，可用于特殊条件下工作的精密零件，如耐高温、高真空自润滑轴承、压缩机活塞环、密封圈等。它的耐低温性能好，且尺寸稳定，可用于与液氮接触的阀门部件。PI 的玻璃漆布耐高温性能极好，可长期在 200 ℃ 使用。PI 可制成泡沫材料，用于保温防火材料、飞机防辐射、耐磨的遮蔽材料等。PI 胶黏剂(聚酰亚胺酸溶于 DMF 中)，常用于喷气机、火箭、高速飞机的翅翼上的高温胶黏剂，短期可耐 480 ℃，在 280 ℃ 时可长期使用。

(2) 可熔性聚酰亚胺

为改善不熔性聚酰亚胺的加工性能，在主链上引入亲水醚键的结构，制成可熔性聚酰亚胺，其主要品种是以二苯醚四酸二酐代替均苯四酸二酐与二氨基二苯醚反应。它也是一样先聚合成聚酰胺酸溶液，加入沉淀剂析出聚酰胺酸，经洗涤、干燥后，加热进行酰亚胺化反应，即可得产品，其结构式为：

$$\left[ -N \underset{\underset{O}{\overset{\|}{C}}}{\overset{\underset{\|}{C}O}{}} \underset{}{\bigcirc} -O- \underset{}{\bigcirc} \underset{\underset{O}{\overset{\|}{C}}}{\overset{\underset{\|}{C}O}{}} N- \underset{}{\bigcirc} -O- \underset{}{\bigcirc} \right]_n$$

可熔性 PI 的吸水率为 0.3%，玻璃化温度为 270～280 ℃，分解温度为 570～590 ℃，耐低温达 -193 ℃，长期使用温度为 200～230 ℃，具有良好的耐辐射性能和优良的物理机械性能和电绝缘性能。因其具有良好的综合物理机械性能，特别是热稳定性、耐磨性、抗辐射性及便于加工。可用作耐磨材料，常用 35% 的可熔性 PI，加 33% 聚四氟乙烯和 2% 的炭黑，可制成高压、高速压缩机中用的无油润滑材料如活塞环、密封圈、轴瓦、阀座等。由于它有优异的电绝缘性，在电气工业中常用作插头、插座等。在宇航和原子能工业中用作耐辐射的结构材料。

（3）改性聚酰亚胺

由于均苯聚酰亚胺对碱易水解不易加工且价格较贵，因而 20 世纪 70 年代后改性聚酰亚胺品种不断地开发，其主要品种如下。

① 聚双马来酰亚胺。其典型品种是以马来酸酐和 4,4'- 二氨基二苯甲烷为原料，反应先生成双马来酰胺酸，再加热环化得双马来酰亚胺树脂，其结构式为：

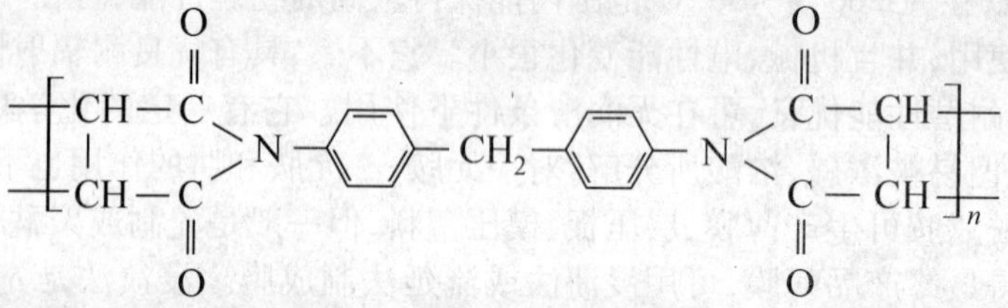

$$\left[\begin{array}{c}\text{结构式}\end{array}\right]_n$$

双马来酰亚胺树脂是一种价格较低的热固性聚酰亚胺。它除耐热性低于聚酰亚胺外，其他性能都与聚酰亚胺相似，且具有高的耐湿热性。它大大改善了加工性能，适用于先进复合材料的基体，代替环氧树脂。目前已在航空、运输和机械工业中得到应用，如飞机内装饰板、结构件、大型电脑用多层印刷电路板和传动零件（如齿轮、轴承和密封环等）。

② 聚酰胺-酰亚胺。其典型品种是以 1,2,4-偏苯二甲酸酐酰氯和 4,4-二氨基二苯醚为原料反应生成聚酰胺酸，然后脱水环化得产品，其结构式为：

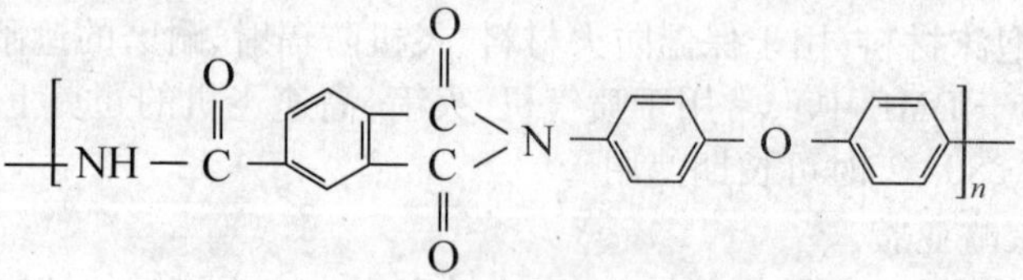

$$\left[\begin{array}{c}\text{结构式}\end{array}\right]_n$$

聚酰胺-酰亚胺一般为热塑性树脂，当与环氧树脂共混经交联固化可得热固性塑料。它除耐热性低于聚酰亚胺外，具备聚酰亚胺的所有优点，并且是聚酰亚胺类树脂中机械强度最高的品种，是既刚又韧的高性能材料。利用它优良的电性能、阻燃性、耐磨耗和尺寸稳定性，制造在 250 ℃ 使用的集成电路板、电器插座、连接器、开关零件、高频加热装置零件和机械传动零件。

③ 聚醚酰亚胺。聚醚酰亚胺典型代表是以双酚 A 醚酐和间苯二胺（或其他二胺）为原料缩聚而成。由于双酚 A 链的引入，使分子链柔性增加，耐热性和机械强度有所下降，但易于加工。其耐化学药品性能较高，并且有耐热水性、耐候性及耐放射线性等。

#### 7. 丙烯酸类塑料

丙烯酸类树脂是指丙烯酸及其衍生物的均聚物、共聚物以及共混物的总称,包括丙烯酸类、丙烯酸酯类、丙烯腈、丙烯酰胺等。通常在工业和建筑上用的丙烯酸类塑料(Acrylic Plastics)主要是指聚甲基丙烯酸甲酯,以浇铸有机玻璃板材为代表,它是丙烯酸塑料中产量最大,用途最广的品种,其次是由丙烯酸甲酯和苯乙烯等单体与甲基丙烯酸甲酯共聚制得的改性丙烯酸酯树脂构成的塑料。

(1) 丙烯酸酯塑料

① 聚甲基丙烯酸甲酯板材制造。聚甲基丙烯酸甲酯板材是以高纯度的甲基丙烯酸甲酯为原料,直接本体聚合浇铸。首先由 MMA 加引发剂(如偶氮二异丁腈)、增塑剂(如邻苯二甲酸二丁酯)、脱模剂(如硬脂酸)在 93 ℃ 以下进行预聚,当转化率达 10% 左右,冷却并灌入模具中,排气、封合。在 25 ~ 50 ℃ 下使料液硬化,再升温至 100 ~ 120 ℃ 处理 2 h,冷却脱模即得制品。

② 丙烯酸酯模塑料的制造。改性丙烯酸酯树脂是以甲基丙烯酸甲酯和苯乙烯(丙烯酸甲酯,用量为10%)为原料,以过氧化苯甲酰为引发剂进行悬浮聚合(水为分散介质,硫酸镁为分散剂),可得改性丙烯酸酯树脂,其分子式分别如下:

$$\leftarrow CH_2-\underset{\underset{COOCH_3}{|}}{\overset{\overset{CH_3}{|}}{C}}\rightarrow_m \leftarrow CH_2-CH_2 \rightarrow_n \qquad \leftarrow CH_2-\underset{\underset{COOCH_3}{|}}{\overset{\overset{CH_3}{|}}{C}}\rightarrow_m \leftarrow CH_2-\underset{\underset{COOCH_3}{|}}{CH} \rightarrow_n$$

改性丙烯酸酯类树脂中添加各种助剂(如阻燃剂、着色剂等)经混合挤出造粒,制得颗粒料。

(2) 性能

PMMA 及其共聚物是无色、无味、无毒的透明材料,具有优异的光学性能,透光率达 92%,紫外透射率也高达 73.5%。其密度为 1.16 ~ 1.18 g/cm³,仅是硅玻璃的 1/2,吸水率为 0.4%。它具有优良的耐候性能,自然暴露几乎不变色、不变质,轻而坚韧,具有较高的机械强度,但表面易磨损,耐热性比聚碳酸酯低。工业用有机玻璃的热变形温度为 93 ℃,易燃。PMMA 耐无机酸和弱碱,不耐有机极性溶剂,可溶于卤代烃、氯仿、丙酮、酯类等。

(3) 用途

有机玻璃在工业和国防上有重要用途。它主要用于宇航、航空、汽车、船舶的窗玻璃、防弹玻璃和座舱盖;信号灯、指示灯、灯罩及建材用的彩色板、各种装饰板及隔离板等。丙烯酸酯模塑料用于制笔、钟表、汽车、飞机、轮船、仪器仪表、医药和文教用品等各个领域。主要用来制造透明制件,如表蒙、笔杆、光学镜片、灯罩、透明管道、假肢和假牙等。

#### 8. 聚氨酯

(1) 概述

凡主链上含有 $\leftarrow NH-CO \rightarrow$ 链的高聚物,统称为聚氨基甲酸酯,简称聚氨酯(Polyurethane,PU)。它是由异氰酸酯和羟基化合物通过逐步聚合反应而制成。由二元异氰酸酯与二元醇制得线型结构的聚氨酯;由二元或多元异氰酸酯与多元醇制得体型结构的聚氨酯。如果用含有游离羟基的低相对分子质量聚醚或聚酯与二异氰酸酯反应,则制得聚醚型或聚酯型聚氨酯。聚氨酯按结构分为线型、部分交联和交联体型的高聚物。由于交联密度的不同,树脂可能呈现硬质的、软质的,或在性能上介于两者之间的。所以可根据所采用的原料、比例、反应条件的不同制成不同性能和需要的产品。一般工业上线型聚氨酯用于作为热塑性弹性体和合成纤维等使用,而体型结构广泛地用于泡沫塑料、涂料、胶黏剂及橡胶制品等。

(2) 聚氨酯泡沫塑料

含有发泡剂的反应体系,反应物随着反应黏度不断增加,当发生的气体尚未逸出表面,高聚物凝固,就在高聚物中形成无数微孔,这就成了泡沫塑料。泡沫塑料是以树脂为基础,制成内部具有无数微小气孔的塑料。聚氨酯树脂大多用于制造泡沫体。因其密度小,导热系数低,耐油、耐水、防震和隔音,因而有着广泛的用途。

(3) 用途

聚氨酯随着结构不同有着不同性能,故有不同的用途。聚氨酯具有耐油、化学稳定性好、低温性能好、耐磨性能好等优点。线型均聚物可制成纤维,用作滤网和绝缘布等。体型高聚物由于其漆膜的黏附性能好,可用于保护皮革、金属、木材等。根据配方不同可作为聚氨酯泡沫塑料和聚氨酯弹性体。泡沫塑料,具有保温、绝热、隔音等性能,软泡沫用作隔音材料、椅垫、衣服、精密仪器的包装材料、海绵等;硬泡沫多用于建材(结构材料、设备、管道等)、冰箱、冷藏室等。它也广泛地应用于造船、油田、冷冻、化工等工业。聚氨酯热塑性弹性体也有广泛的应用。

**9. 聚砜**

聚砜(Polysulfone, PSF)是一类在分子支链上含有砜基和芳核的芳香族非结晶性高性能热塑性工程塑料。目前主要有三种类型:普通双酚 A 型聚砜(简称聚砜)、聚芳砜(或称聚苯醚砜)、聚醚砜(或称聚芳醚砜)。

(1) 聚砜(双酚 A 型)

双酚 A 型聚砜是聚砜中最主要的产品,由双酚 A 钠盐与 4,4'-二氯二苯砜为原料,在二甲基亚砜溶剂中缩聚而成,其结构式为:

$$\left[ O-\!\!\left\langle\!\!\bigcirc\!\!\right\rangle\!\!-\!\!\underset{\underset{CH_3}{|}}{\overset{\overset{CH_3}{|}}{C}}\!\!-\!\!\left\langle\!\!\bigcirc\!\!\right\rangle\!\!-O-\!\!\left\langle\!\!\bigcirc\!\!\right\rangle\!\!-\!\!\underset{\underset{O}{\|}}{\overset{\overset{O}{\|}}{S}}\!\!-\!\!\left\langle\!\!\bigcirc\!\!\right\rangle\!\!-\right]_n$$

从聚砜的分子链节中可以看出,醚基使其具有一定柔韧性而便于加工;二苯砜基使其具有优良的耐热性和耐氧化性;苯基和砜基使其具有一定的刚性。其主要性能表现为:具有突出的耐热性能和耐氧化性能,热变形温度为 175 ℃,可在 -100~150 ℃ 下长期使用,在 -100 ℃ 下仍维持 75% 机械强度,在 150 ℃ 使用 1 年后,性能基本不变;有优良的尺寸稳定性,于 50% 湿度下放置 1 个月后,尺寸变化在 0.1% 以下,吸水率为 0.22%;具有优良的机械性能,很高的机械强度,尤其是抗蠕变性能,甚至优于聚碳酸酯;具有优良的电性能,很高的电绝缘性能以及 170 ℃ 能保持良好的介电性能,甚至在水中和湿空气中,以及在 190 ℃ 的高温下,也能保持其介电性能。它耐辐射,且具有较好的化学稳定性和自燃性,除强极性溶剂、浓硫酸、浓硝酸外,聚砜对酸、碱溶液和醇、脂肪烃等化学试剂均稳定,然而对部分有机溶剂(如酮类、卤代烃类等)不稳定,也不宜在沸水中长期使用,另外耐候性、耐紫外线较差。

(2) 聚芳砜

聚芳砜(Polyarylsulfore,PAS)是由 4,4'-二苯酰二磺酰氯和联苯为原料,以 $FeCl_3$ 为催化剂,在硝基苯溶剂中进行溶液缩聚反应制得,其结构式为:

$$-\!\!\left[\!\!-\!\!\bigcirc\!\!-\!\!\bigcirc\!\!-\!SO_2-\!\bigcirc\!-O-\!\bigcirc\!-SO_2-\!\right]_n$$

从分子结构上看,不同于双酚A型聚砜,聚芳砜不含异亚丙基及脂肪族 C—C 键。它以苯核为骨架,所以具有更突出的耐热和耐氧化性,可在 -240~260 ℃ 保持良好的机械性能和电性能,但软化点也大大提高,成型加工困难。

(3) 聚醚砜

聚醚砜(Polyethersulfone,PES)是由 4,4'-二苯醚二磺酰氯和联苯醚为原料,以 $FeCl_3$ 为催化剂,在硝基苯溶液中进行溶液缩聚而制得聚醚砜,其结构式为:

$$-\!\!\left[\!\!-\!\!\bigcirc\!\!-O-\!\bigcirc\!-SO_2-\!\bigcirc\!-O-\!\bigcirc\!-SO_2-\!\right]_n$$

在聚醚砜的分子结构中含有 —$SO_2$—、—O— 及苯骨架,不含联苯结构,所以耐热性介于聚砜和聚芳砜之间,但加工性能较聚芳砜好,可在 180~200 ℃ 长期使用,耐老化性能也优异,在高温下,抗蠕变性也优良。它是一种集高热变形温度、高冲击强度和优良成型加工性能于一体的工程塑料。

(4) 用途

总的讲,它可用于制造高强度、有精密公差、耐热及良好电绝缘性的电气、电子零件、机械零部件,如飞机的耐热零件、高强度耐腐蚀零件、电绝缘零件、计算机零件、齿轮、真空泵叶轮以及医疗上的耐热消毒器械,另外在化工防腐上也有广泛应用。

**10. 聚苯硫醚**

聚苯硫醚(Polyphenylene Sulfide,PPS),全称为聚亚苯基硫醚,是分子主链上带有硫苯基的热塑性高聚物,其结构式为:

$$-\!\!\left[\!\!-\!\!\bigcirc\!\!-S-\!\right]_n$$

聚苯硫醚具有优异的热稳定性,在 200 ℃ 仍保持较高的力学强度,450 ℃ 以上才开始有分解产物,在 180 ℃ 下可长期使用。有极好的耐磨性,除了强氧化性酸(如浓硫酸、硝酸和王水等)外,不受其他大多数酸、碱、盐的侵蚀,具有仅次于聚四氟乙烯的耐化学药品性能,在 200 ℃ 以下无溶剂能溶解聚苯硫醚。具有良好的耐候性、耐辐射和阻燃性。它有刚性高、力学性能好的优点。与其他工程塑料相比,其介电常数小,介电损耗低,另外电绝缘性能也较好,能在高温高湿下仍保持良好的电绝缘性能。它与其他各种材料(包括增强材料和高分子材料)有很好的共混性能,又能用通常的方法成型。聚苯硫醚主要应用于耐高温胶黏剂、耐高温玻璃钢、耐高湿绝缘材料、防腐涂层及模塑制品等。

## 11. 聚醚醚酮

聚醚醚酮(Polyetherketon, PEEK)于20世纪80年代初首先由英国帝国化学公司工业化生产。它是用4,4'-二氟苯酮,对苯二酚和无水碳酸钠(或碳酸钾)为原料,在极性溶剂(二苯砜)中缩聚而成。聚醚醚酮的结构式为:

$$\text{——}\!\!\left[\!\!\text{O}\!\!-\!\!\!\bigcirc\!\!\!-\!\!\text{O}\!\!-\!\!\!\bigcirc\!\!\!-\!\!\overset{\overset{\displaystyle O}{\|}}{\text{C}}\!\!-\!\!\!\bigcirc\!\!\!-\!\!\right]_n$$

聚醚醚酮是高性能结晶性工程塑料,熔点为334 ℃,长期使用温度为240 ℃以上,经玻璃纤维增强后可高达300 ℃。它具有优良的耐蠕变和耐疲劳性能,摩擦系数小,耐磨性高、耐辐射、耐燃,并具有优异的电绝缘性,耐腐蚀性好(除浓硫酸及浓硝酸外无溶剂能侵蚀它)。PEEK不仅是高性能工程塑料,而且可以和长纤维复合,制成高性能热塑性复合材料。

聚醚醚酮虽然开发时间不长,但目前已开始在电子电器、机械仪表、交通运输及宇航等领域得以应用。在电子电器行业中,主要用于电线、磁导线包覆、高温接线柱、接线板和挠性印刷电路板等。短纤维增强聚醚醚酮,主要应用于轴承的保持器、凸轮及飞机把手及操纵杆等;长纤维增强聚醚醚酮复合材料(如碳纤维增强聚醚醚酮复合材料),用于制造直升机的尾翼等结构件;聚醚醚酮树脂经挤出制成高强度单丝,在化工设备中用作制造过滤器部件,具有优良的耐热腐蚀性;挤出的高强度膜经硫酸磺化后是良好的离子膜;聚醚醚酮吹塑制品可以用作装运核废料的容器,这种容器耐辐射、耐腐蚀、质量轻且安全性好。

## 12. 氯化聚醚

氯化聚醚(Chlorinated Polyether)一般是指聚3,3'-双氯甲基环氧丙烷,简称聚氯醚,它是3,3'-双氯甲基环氧丙烷通过阳离子开环聚合而成。催化剂可用$BF_3O(C_2H_5)_2$或$(C_2H_5)_2AlCl$。聚氯醚结构式为:

$$\text{——}\!\!\left[\!\!\text{CH}_2\!\!-\!\!\underset{\underset{\displaystyle CH_2Cl}{|}}{\overset{\overset{\displaystyle CH_2Cl}{|}}{\text{C}}}\!\!-\!\!\text{CH}_2\!\!-\!\!\text{O}\!\right]_n$$

它是一种微黄色结晶性热塑性工程塑料,熔点为176 ℃,具有突出的化学稳定性,仅次于聚四氟乙烯,但价格比聚四氟乙烯便宜,对大多数酸、碱和溶剂有良好的抗腐蚀性,在120 ℃下能经受绝大多数化学药品及试剂的作用,但不耐氧化性强的酸如发烟硝酸、发烟硫酸和氯磺酸。由于它与氯甲基相连的碳原子上无氢原子,所以虽含有氯,但不易脱HCl,热稳定性好,可在120℃下长期使用。它具有优良的综合性能,优异的耐磨性。氯化聚醚减摩性高于尼龙和甲醛,为耐磨损性能最好的塑料之一。它尺寸稳定性好,吸水率仅0.01%,是最小的品种之一,有较高电绝缘性能(可在高温状态下使用),有良好的抗热老化性能,其抗热老化性能高于尼龙,但刚性较差,冲击强度等不如聚碳酸酯。由于聚氯醚有上述突出性能,所以得到广泛的应用。它能代替不锈钢和氟塑料用于耐腐蚀的管道、阀门、设备衬里、容器、防腐涂层和滤板等;能代替有色金属和合金,用作机械零配件,如轴承、导轨、齿轮、凸轮等;可用作电绝缘材料,特别是用作亚热带地区和深水电缆的包皮。

### 13. 氟塑料

氟塑料(Fluoroplastics)是各种含氟塑料的总称,主要有聚四氟乙烯、聚四氟乙烯 - 全氟丙烯共聚物、四氟乙烯 - 全氟烷基乙醛基醚共聚物、四氟乙烯 - 乙烯共聚物、聚三氟氯乙烯、三氟氯乙烯 - 偏氟乙烯共聚物、三氟氯乙烯 - 乙烯共聚物、聚偏氟乙烯等品种,其中聚四氟乙烯用途最广,产量占氟塑料的85%左右。它们的共同特点是化学稳定性好,热稳定性好,优良的电绝缘性能,低的摩擦系数和吸水率等,所以已成为高科技部门、宇航、深潜、原子能以及电子电气、机械、化工、建筑等部门不可缺少的一种新型材料,特别是一些既要求耐高温、又要求耐低温、同时要求化学惰性好的情况下,则含氟高聚物是有希望解决这些问题的材料。

(1) 聚四氟乙烯的性能与用途

聚四氟乙烯由于 C—F 键的强度大,在聚合过程中不会发生游离基向大分子链转移,因此不会发生支化反应。其大分子均为规整的线型结构,所以聚四氟乙烯是高结晶和取向的高聚物,结晶度为93%～98%,$\bar{M}_n$为(15～50)万。由于分子对称性很高,链节之间碳氟原子的结合力和氟原子间作用力很大,分子链段之间密集接触,使大分子链僵硬。聚四氟乙烯加热时流动阻力大,加热至390 ℃时分解也不会从高弹态转变成黏流态。所以不宜采用注射成型加工,而像粉末冶金一样,模压烧结成型。

聚四氟乙烯具有优良的耐高低温性能,可在 -200～260 ℃ 范围内长期使用。在250 ℃条件下经1 000 h,其机械性能和电性能无明显变化。它具有优越的化学稳定性,超过目前已知的塑料,故有"塑料王"之美称,甚至超过贵金属(金和钼)。几乎和任何浓度的强酸、强碱、强氧化剂在高温下都不发生作用,甚至与王水也不起作用,大多数有机溶剂及水对它也都不发生作用,目前仅发现熔融的碱金属、三氟化铝及元素氟能作用于它。C—F 键虽然是极性键,由于均匀分布于主链周围,各个偶极相互抵消而呈现非极性结构,所以有优良的介电性能、优异的电绝缘性并且不受湿度、温度和频率的影响。它几乎不吸水,其摩擦系数是目前所有塑料中最低的,所以可作良好的减摩和自润滑材料,但其机械强度、刚性和硬度稍差。

聚四氟乙烯因具有优异的性能,所以在国防、电子工业、航空航天、化工、冷藏工业、机械、食品和医药等领域得以广泛的应用,如用于耐腐蚀材料如管、容器、反应器、阀门、泵、隔膜等。优良的电绝缘性使之在高频和超高频技术方面,可用于高频电缆、线圈、电机、电容器等的绝缘。用聚四氟乙烯乳液浸渍的玻璃布制成的层压板,可制作高级印刷线路板。在机械设备中可制备要求耐磨减摩的轴承、导轨、活塞杆、密封圈等。在医用材料方面,利用聚四氟乙烯的耐热、疏水、对生物无副作用和不受生物体侵蚀等特点,可制造各种医疗器具,如瓶、管、注射针和消毒垫等。还可以作为人体组织修复材料(人造皮)和人工脏器材料(如人造血管、人造心脏等)。

(2) 氟塑料的共聚物

① 四氟乙烯 - 乙烯共聚物

$$\mathrm{+(CF_2-CF_2)_x(CH_2-CH_2)_y+_n}$$

聚四氟乙烯最大的缺点是加工性能差,因此大力开发其共聚物,即寻求在基本特性不变的前提下,改善高聚物的加工性能,如四氟乙烯-乙烯共聚物。一般其共聚物中四氟乙烯的含量高于75%。该共聚物除了热稳定性稍逊于聚四氟乙烯外,其他性能与聚四氟乙烯相近,但共聚物较容易加工,具有低密度和非常低的蠕变性。聚四氟乙烯-乙烯共聚物的特点是不仅长期使用温度达180 ℃时绝缘性能良好,且脆点在-100 ℃以下。它是不燃、耐磨和耐割裂材料,可用挤出成型和注射成型加工制品,目前主要用于高级绝缘材料。

② 六氟丙烯-四氟乙烯共聚物

$$\left[ \left( CF_2—CF_2 \right)_x \left( CF—CF_2 \right)_y \right]_n$$
$$\qquad\qquad\qquad\qquad\;\; |$$
$$\qquad\qquad\qquad\qquad CF_3$$

该共聚物的熔点近290 ℃,它保留了聚四氟乙烯大多数的性能,但其熔融黏度却在便于加工范围内。共聚物在200 ℃下连续使用仍能保持所需要的机械强度。像聚四氟乙烯那样,它是化学惰性的,并且吸水率等于零。在频率从60 Hz到60 MHz范围内,它保持着低的介电常数和很宽范围的损耗因子。它具有优异的耐候性、低摩擦性和非常低的气体渗透性。与聚四氟乙烯有同样的用途,可用挤出、注射、模塑等方法加工成制品。

## 5.2 合成纤维

纤维是指长度比其直径大很多倍,并且有一定柔软性的纤细的物质。典型的纺织纤维直径为几微米到几十微米,而长度超过25 mm。

(1) 纤维的分类

纤维可分为两大类:一类是天然纤维,如棉花、羊毛、丝和麻等;另一类是化学纤维,化学纤维又可分成人造纤维和合成纤维两大类。人造纤维是以天然高聚物经化学处理与机械加工而制成纤维,所以又称再生纤维。人造纤维根据化学组成不同可分再生纤维素纤维、纤维素酯纤维和再生蛋白质纤维。合成纤维是由合成的高分子化合物加工制成的纤维。根据大分子主链的化学组成,又分为杂链纤维和碳链纤维。

(2) 纤维的主要性能指标

① 纤度。表示纤维粗细的指标称纤度,有以下3种表示方法:

a. 支数。单位质量(以g计)的纤维所具有的长度称为支数,一般用每克纤维所具有的支数来表示。如1 g重的纤维长100 m,称100支。对于同一种纤维,支数越高,表示纤维越细。但对不同纤维,因它们的密度不同,故它们的粗细不能用支数直接比较。

b. 细度。一定长度的纤维所具有的质量。细度的单位是特克斯,简称特。细度是指1 000 m长纤维所具有的质量克数。如1 000 m长的纤维质量为5 g,即为5tex。纤维越细,细度越小。

c. 旦。旦是指9 000 m长的纤维所具有的质量克数,符号为D或d,如9 000 m长的纤维质量为3 g,即为3 d。

② 断裂强度。纤维被拉断时所受的力称为纤维的断裂强度,可表示为

$$P = \frac{F}{D}$$

式中，$P$ 为断裂强度，N/tex；$F$ 为纤维被拉断时的负荷，N；$D$ 为纤维的纤度，tex。

③ 断裂伸长率（延伸度）。纤维的断裂伸长率是指纤维或试样在拉伸至断裂时，长度比原来增加的百分数，一般用 $\varepsilon$ 表示为

$$\varepsilon = \frac{L - L_0}{L_0} \times 100\%$$

式中，$L_0$ 为纤维的原长，mm；$L$ 为纤维拉伸至断裂时的长度，mm。

④ 弹性模量（初始模量或杨氏模量）。纤维的弹性模量是指每单位截面积的纤维延伸原来的 1% 所需的负荷，单位是 N/tex。弹性模量大的纤维尺寸稳定性好，不易变形，制成的织物抗皱性好，反之弹性模量小的纤维制成的织物容易变形。

⑤ 回弹率。将纤维拉伸产生一定伸长，然后除去负荷，经松弛一定时间后，测定纤维弹性回缩后的剩余伸长，可回复的弹性伸长与总伸长之比称之为回弹率。回弹率表示为

$$回弹率(\%) = \frac{L_D - L_R}{L_D - L_0} \times 100\%$$

式中，$L_0$ 为纤维原来的长度，mm；$L_D$ 为纤维拉伸后的长度，mm；$L_R$ 为纤维除去负荷，经一定时间后恢复的长度，mm。

⑥ 吸湿性。纤维的吸湿性是指在标准温度和湿度（20 ℃ ±3 ℃、相对湿度为 65% ±3%）条件下纤维的吸水率。一般用回潮率（$R$）或含湿率（亦称含水率，$M$）两种指标表示为

$$回潮率(\%) = \frac{G_0 - G}{G} \times 100\%$$

$$含湿率(\%) = \frac{G_0 - G}{G} \times 100\%$$

式中，$G$ 为纤维干燥后的质量，g；$G_0$ 为纤维未干燥的质量，g。

吸湿性低的纤维容易产生静电，不但给加工带来困难，而且易使织物附尘和玷污。另外，吸湿差的纤维制成织物，不易吸收人体排出的水分，使人有闷热和潮湿的感觉。

除上述性能指标外，还有许多反映纤维实用性能的指标，如耐磨性、耐热性、燃烧性、耐候性、染色性、电绝缘性、耐腐蚀性等。

合成纤维工业是在 20 世纪 40 年代才发展起来的。由于合成纤维性能优异、原料丰富、价格便宜、用途广泛，生产不受自然条件和气候的限制，因此合成纤维工业得到迅速的发展。

合成纤维具有优良的物理、机械性能和化学性能，如强度高、密度小、弹性高、耐腐蚀性好、质轻又保暖、电绝缘性好以及不怕霉蛀等。某些特种合成纤维还具有耐高温、耐低温、耐辐射、高强度、高模量等特殊性能，所以现在合成纤维已远远超出仅应用于纺织工业的概念，在工、农业的各个领域得到广泛应用，特别像国防工业、航空航天、能源开发、信息技术、生物技术等高科技领域，成为不可缺少的重要材料。合成纤维可以制成美观、轻暖、耐穿、易洗、快干的衣服。在工业上，它常被用作衬垫材料、隔音隔热材料、电气绝缘材料、

传动带、滤布、渔网、绳索、轮胎帘子线、包装材料以及人造皮革等各种复合材料的基布等。在国防工业上,以耐高温纤维制造的增强材料可用来代替铝、钛等金属,作为飞机、火箭、导弹等装备的结构材料,也可用作电气绝缘材料。其次,这些复合材料还用于高空降落伞、飞行服。在原子能工业中用作特殊的防护材料,在医疗方面,常用于医疗用布、外科缝合线、止血棉以及某些人造器官等。

合成纤维的品种繁多,但其中最主要的是聚酰胺、聚酯和聚丙烯腈三大类,三者的产量占合成纤维总产量的 90% 以上。

### 5.2.1 通用合成纤维

#### 1. 聚酰胺纤维

聚酰胺纤维是最早投入工业化生产的合成纤维。它是指大分子主链中含有酰胺键 $-\overset{O}{\overset{\|}{C}}-NH-$ 的一类合成纤维。我国商品名称为锦纶,国外商品名有尼龙、卡普隆等。聚酰胺纤维一般有两大类。一类是由二元胺与二元酸缩聚而得,主链结构为:

$$-[NHRNHOCR'CO]_n-$$

根据二元胺和二元酸的碳原子数目,可得不同命名,例如,由己二胺和己二酸缩聚而得的称为聚酰 66(也称尼龙 66);由己二胺和癸二酸缩聚而得的称为聚酰胺 610。另一类是由 ω-氨基酸脱水缩聚或由内酰胺开环聚合而得,主链结构为:

$$-[NHRCO]_n-$$

根据单体所含的碳原子数目而命名,例如由己内酰胺开环的聚合称为聚酰胺 6。聚酰胺纤维的主要品种和命名见表 5.2。

表 5.2 聚酰胺纤维的主要品种和命名

| 纤维名称 | 分子结构 | 命名 |
| --- | --- | --- |
| 聚酰胺 4 | $-[NH(CH_2)_3CO]_n-$ | 聚 α-吡咯烷酮纤维 |
| 聚酰胺 6 | $-[NH(CH_2)_5CO]_n-$ | 聚己内酰胺纤维 |
| 聚酰胺 7 | $-[NH(CH_2)_6CO]_n-$ | 聚 ω-氨基庚酸纤维 |
| 聚酰胺 8 | $-[NH(CH_2)_7CO]_n-$ | 聚辛内酰胺纤维 |
| 聚酰胺 9 | $-[NH(CH_2)_8CO]_n-$ | 聚 ω-氨基壬酸纤维 |
| 聚酰胺 11 | $-[NH(CH_2)_{10}CO]_n-$ | 聚 ω-氨基十一酸纤维 |
| 聚酰胺 12 | $-[NH(CH_2)_{11}CO]_n-$ | 聚十二内酰胺纤维 |
| 聚酰胺 66 | $-[NH(CH_2)_6NHCO(CH_2)_4CO]_n-$ | 聚己二酸己二胺纤维 |
| 聚酰胺 610 | $-[NH(CH_2)_6NHCO(CH_2)_8CO]_n-$ | 聚癸二酸己二胺纤维 |
| 聚酰胺 1010 | $-[NH(CH_2)_{10}NHCO(CH_2)_8CO]_n-$ | 聚癸二酸癸二胺纤维 |
| 奎安纳 | $-[NH-\bigcirc-CH_2-\bigcirc-\overset{NH}{\underset{}{\overset{O}{\overset{\|}{C}}}}-(CH_2)_{10}-CO]_n-$ | 聚十二烷二酰双环己基甲烷二胺纤维 |
| 聚酰胺 612 | $-[NH(CH_2)_6NHCO(CH_2)_{10}CO]_n-$ | 聚十二酸己二胺纤维 |

### 2. 聚酯纤维

(1) 概述

聚酯纤维于1953年投入工业化生产。由于性能优良,用途广泛,是合成纤维中发展最快的品种,产量居第一位。聚酯纤维是指大分子主链中含有酯结构的一类聚合物。它是由二元酸及其衍生物(酰卤、酸酐、酯等)和二元醇经缩聚而得,故称聚酯纤维。聚酯纤维的品种很多,但目前的主要品种是聚对苯二甲酸乙二醇酯,商品名称为涤纶,俗称"的确良"。

(2) 性能

① 弹性好。聚酯纤维的弹性接近羊毛,涤纶的变形回复能力和羊毛接近。其起始模量高,因而抗皱性能和保型性特别好,做成衣物挺括不皱、外形美观。

② 强度好。它的强度一般可达 4~6 g/旦,比棉花高1倍,比羊毛高3倍。并且其湿态强度不发生变化。它的耐冲击强度高,比聚酰胺纤维高4倍,比黏胶纤维高20倍。

③ 耐热性好。聚酯纤维的熔点为 255~265 ℃,比聚酰胺的耐热性好。聚酯纤维允许使用温度范围较宽,它可在 -70~170 ℃ 之间使用。

④ 吸水性小。聚酯纤维的回潮率仅为 0.4%~0.5%,因而电绝缘性能好,织物易洗易干。但在织物加工时易产生静电,作为织物,易使人有闷热和潮湿的感受。聚酯纤维耐腐蚀性能好,不发霉,不腐烂,不怕虫蛀。聚酯纤维的主要缺点是染色性能差,吸水性低,所得织物易起球等。

(3) 应用

聚酯纤维主要做成各种混纺或交织产品,是理想的纺织材料。在工业上,可作电绝缘材料、运输带、绳索、渔网、轮胎帘子线、电影胶片、录音录像带及包装容器、人造血管等。

### 3. 聚丙烯腈纤维

(1) 概述

聚丙烯腈纤维是指以丙烯腈 $CH_2\!=\!\!\!\!\begin{array}{c}CH\\|\\CN\end{array}$ 为原料聚合成聚丙烯腈,然后纺制成合成纤维,商品名为腈纶。

由于腈纶具有优良的性能,加上原料价廉易得,所以自1950年工业化以来发展速度一直很快,产量仅次于聚酯纤维和聚酰胺纤维而居第三位。目前市场上所见到的聚丙烯腈纤维,通常是三种单体的共聚物,但丙烯腈的含量在85%以上。因为聚丙烯腈大分子链上的氰基极性很大,使大分子间作用力很强,分子排列紧密,所以丙烯腈均聚物纤维表现出纤维硬脆,难以染色。为了改善均聚物纤维性能的不足,加入第二单体,主要为了减弱分子间的作用力以改善纤维硬脆的缺点,常用的有丙烯酸甲酯、甲基丙烯酸甲酯及醋酸乙烯等;加入第三单体,以改善染色性能,常用的有亚甲基丁二酸(衣康酸)、丙烯磺酸钠、甲基丙烯磺酸钠及甲基丙烯苯磺酸钠等。

(2) 性能

聚丙烯腈纤维的性能极似羊毛,它多数用来和羊毛混纺或作为羊毛的代用品,因此有合成羊毛之称。它蓬松卷曲而且柔软,有较好的弹性,比羊毛质轻(相对密度为1.14~1.17),结实又保暖,此外聚丙烯腈纤维的强度比羊毛约高1~2.5倍,它的耐光性和耐候性能,除聚四氟乙烯纤维外,是其他所有天然纤维和化学纤维中最好的。聚丙烯腈纤维有较好的耐热性,纤维的软化温度为190～230 ℃,仅次于聚酯纤维。在化学稳定方面,它能耐酸、氧化剂和有机溶剂,但耐碱性稍差,当遇到稀碱或氨水时,纤维变成黄色,遇浓碱作用纤维则遭破坏。它和其他合成纤维一样不发霉、不腐烂,不怕虫蛀。聚丙烯腈纤维除耐碱性较差外,其主要缺陷是耐磨性差、吸湿性和染色性能尚不够好。

（3）应用

聚丙烯腈纤维主要用于代替羊毛或与羊毛混纺,制成毛织物、棉织物等,也可用作帐篷、窗帘及室外覆盖物等。此外聚丙烯腈是耐高温碳纤维和石墨纤维的原料。

### 4. 聚丙烯纤维

以聚丙烯纺成的合成纤维称为聚丙烯纤维,商品名为丙纶。聚丙烯纤维是1957年投入工业化生产的,由于它原料丰富,性能优良,所以发展亦很快,产量仅次于涤纶、锦纶、腈纶而居第四位。聚丙烯是以丙烯为原料进行定向聚合,得到等规聚丙烯树脂,然后采用熔融纺丝法纺丝。纤维后加工过程基本上与聚酯纤维相同。

聚丙烯纤维的首要特点是具有很好的强度,能与高强力的聚酯、聚酰胺相媲美;具有很好耐磨性和弹性,耐磨性仅次于聚酰胺纤维。此外聚丙烯纤维的相对密度为0.91,是目前所有化学纤维中最轻的一种。聚丙烯纤维还具有非常良好的耐腐蚀性,特别是它对无机酸、碱都具有很好的稳定性。同时它不发霉、不腐烂、不怕虫蛀,但对有机溶剂的稳定性则稍差。聚丙烯纤维的主要缺点是耐光性和染色性差,耐热性也不够好,吸湿性及手感性差。总之聚丙烯纤维易受光、热和氧的作用导致大分子链发生降解或交联,因而其抗老化性能较其他纤维差,常需加入一定量的抗氧剂和紫外线吸收剂。随着高效多能的抗老化剂的开发和改进染料及着色法,制得新型的耐老化的聚丙烯着色纤维,为服装用料的发展开创了条件。

聚丙烯纤维产品甚多,较常见的有长丝、短纤维、鬃丝等,它可以纯纺或与其他纤维混纺用作衣料。工业上常用于制作绳索、渔网、帆布、水龙带、包装材料、滤布、工作服、地毯基布等。

### 5. 聚乙烯醇纤维

聚乙烯醇纤维是将聚乙烯醇纺制成纤维,再经甲醛进行缩醛化处理而制得聚乙烯醇缩甲醛纤维,商品名为维纶。聚乙烯醇纤维于1950年工业化生产,这种纤维原料来源易得,成本低廉,目前产量在合成纤维中居第五位。

由于聚乙烯醇纤维原料易得、性能良好,用途广泛,性能近似棉花,因此有"合成棉花"之称。它是现有合成纤维中吸湿性最大的一种品种,在标准状态下其吸湿率可达4.5%～5%,与棉花接近;它的耐磨性好,比棉花高5倍;强度高,是棉纤维的1.5～2倍。此外,耐腐蚀性好,不仅耐酸、碱,并能耐一般的有机酸、醇、酯及石油等溶剂。耐日晒、不发霉、不腐烂。聚乙烯醇纤维的主要缺点是耐热水性差,在湿态下加热到115 ℃时将发生显著收缩;易折皱;染色性差。

聚乙烯醇纤维的最大用途是与棉花混纺,做成各种维棉混纺织物。此外工业上还用作帆布、防水布、过滤布、输送带、包装材料、渔网及河上作业用绳缆等。长丝用于手推车轮胎的帘子线等。

**6. 聚氯乙烯纤维**

聚氯乙烯纤维是以氯乙烯为基本原料的纤维,统称为含氯纤维,商品名为氯纶,其中主要是聚氯乙烯纤维,还包括过氯乙烯纤维(过氯纶)、偏二氯乙烯共聚物纤维(偏氯纶)等。由于聚氯乙烯原料易得、成本低廉,所以聚氯乙烯纤维是目前最便宜的合成纤维品种之一。

聚氯乙烯纤维突出的优点是难燃和对酸、碱的稳定性好。它的强度与棉纤维相近。其耐磨性比一般天然纤维好。聚氯乙烯纤维具有良好的保暖性,比棉纤维高50%,比羊毛高10%~20%;吸湿性小。缺点是耐热性差,染色性差。

聚氯乙烯纤维产品形式很多,有鬃丝、长丝、短纤维等。鬃丝可编织窗纱、筛网、绳子、网袋等。它的短纤维和长丝一般可纯纺或混纺制成各种针织品、毛线、毛毯、衣料、棉絮以及难燃的地毯及家具覆盖织物。工业上用作滤布、安全帐篷、仓库用覆盖材料以及工作服等。

### 5.2.2 特种合成纤维

随着工业的发展,特别是高新技术领域如航空航天、原子能工业等的发展,对纤维提出许多新的、特殊的要求,如要求纤维耐高温和低温、耐辐射、耐腐蚀、耐燃、高温绝缘性等,于是开发出一系列特种用途的纤维。这类纤维虽然产量不大,但起着重要的作用。

**1. 耐高温纤维**

(1) 芳香族聚酰胺纤维

有关芳香族聚酰胺的结构和性能已在塑料章节中论述,几种主要的芳香族聚酰胺纤维见表5.3。

表5.3 几种主要的芳香族聚酰胺纤维

| 命名 | 分子结构 | 商品名 |
|---|---|---|
| 聚间苯二甲酰间苯二胺纤维 | $+\overset{O}{C}-C_6H_4-\overset{O}{C}-NH-C_6H_4-NH+_n$ | HT-1,芳纶1313 |
| 聚对苯二甲酰对苯二胺纤维 | $+\overset{O}{C}-C_6H_4-\overset{O}{C}-NH-C_6H_4-NH+_n$ | 纤维-B,芳纶1414 |
| 聚对氨基苯甲酰纤维 | $+HN-C_6H_4-\overset{O}{C}+_n$ | PRD-49,芳纶14 |
| 聚对苯二甲酰己二胺纤维 | $+\overset{O}{C}-C_6H_4-\overset{O}{C}-NH-(CH_2)_6-NH+_n$ | 尼龙6T |
| 聚对苯二甲酰对氨基苯甲酰肼纤维 | $+\overset{O}{C}-C_6H_4-\overset{O}{C}-NH-NH-\overset{O}{C}-C_6H_4-NH+_n$ | X-500 |

(2) 碳纤维

碳纤维是主要的耐高温纤维之一,是用再生纤维或聚丙烯腈纤维高温碳化而制得。

现以丙烯腈纤维为例,先在 200 ~ 300 ℃ 的氧化气氛中预氧化,然后在惰性气体中于 1 000 ℃ 下进行碳化,再在惰性气体中对纤维施以张力,加热到 1 250 ℃ 附近,为高强度碳纤维,含碳量为 80% ~ 95%;加热到 2 800 ℃ 左右处理为高模量碳纤维(又称石墨纤维),含碳量为 99%;在烧结过程中不加张力的为普通碳纤维。

碳纤维有优异的耐热性能,虽然碳纤维在空气中的氧化起始温度为 410 ~ 450 ℃,但在惰性条件下却具有极优异的耐高温性能,最高可以耐到 3 000 ℃ 以上的高温。此外它质轻(相对密度为 1.5 ~ 2.0)、高强度、高模量、很高的化学稳定性等优异性能。

目前碳纤维单独使用情况不多,主要是作为树脂、金属、橡胶的增强材料使用,用于宇航航行、飞机制造、原子能工业等方面。

此外耐高温纤维还有聚酰亚胺纤维和聚苯并咪唑纤维等。

### 2. 耐腐蚀纤维

耐腐蚀纤维主要是聚四氟乙烯纤维,此外还有四氟乙烯 – 六氟乙烯共聚物纤维等。聚四氟乙烯纤维商品名为氟纶。

聚四氟乙烯纤维的纺制主要采用特殊的乳液纺丝法,这是借助于一种可纺性较好的物质作载体,使聚四氟乙烯均匀地分散于该载体中呈乳液状态,然后按载体常用的方法使之纺丝成型,目前常用的纺丝载体有纺黏胶纤维用的黏胶和纺维纶用的聚乙烯醇水溶液。得到的纤维经拉伸后,在高温下进行烧结,此时载体碳化,而其中聚四氟乙烯颗粒则在黏流温度下黏连而成为纤维。

聚四氟乙烯由于它突出的耐腐蚀性能而用于化工防腐设备的密封填料、衬垫、过滤材料。由于它能耐高温及难燃,可用作军用器材的防护用布及宇宙航行服以及医用材料等。

### 3. 吸湿性纤维

在常见的合成纤维中除了聚乙烯醇纤维和聚酰胺 6 具有较大的吸湿性外,其他合成纤维难以满足各方面的要求。目前以聚酰胺 4 的性能最为突出(聚酰胺 4 纤维学名为聚 – α – 吡咯烷酮纤维)。由于分子链上的酰胺键比例较大,吸湿性优于所有的聚酰胺纤维,与棉花相近。聚酰胺有棉花的优良性能,而且纤维的染色性也很好,因此用它作为衣着纤维,不仅穿着舒适,而且外观和手感都较好。

### 4. 弹性纤维

弹性纤维是指具有类似橡胶丝那样的高伸长性( > 400%)和回弹力的一种纤维。通常这类纤维经纯纺或混纺成织物,来制作各种紧身衣物,如内衣、运动衣、游泳衣及各种弹性织物。目前主要品种有聚氨酯弹性纤维和聚丙烯酸酯弹性纤维。

聚氨酯弹性纤维在我国商品名为氨纶。它是由芳香双异氰酸酯和末端基含有羟基的聚酯或聚醚反应制得的末端基含有异氰酸酯的聚合物。这种由柔性的聚酯或聚醚链段和刚性的芳香族二异氰酸酯链段组成的嵌段共聚物,再用脂肪族二胺进行交联,因而获得了与天然橡胶一样的高伸长性和回弹力。聚氨酯纤维在伸长 600% ~ 750% 时的回弹率都能达到 95% 以上。

丙烯酸酯弹性纤维是由丙烯酸乙酯与一些交联弹性体进行乳液共聚后,再与偏二氯乙烯等接枝共聚,经乳液纺丝法制得。这类纤维的强度和伸长特性不如聚氨酯类弹性纤维,但是它的耐光性、抗老化性、耐磨性、耐溶剂及漂白剂等性能都比聚氨酯类好,而且还具有难燃性。

**5. 阻燃纤维**

能抑制、迟缓或阻止燃烧的合成纤维称为阻燃纤维。含氟纤维、聚氯乙烯和聚偏氯乙烯纤维等本身就具有阻燃特性,大部分合成纤维则必须通过阻燃处理来提高其阻燃性。纤维的阻燃技术有:① 在纺丝原液中添加阻燃剂;② 与阻燃性单体(如氯乙烯)共聚、共混或接枝以合成耐燃性的聚合物;③ 对纤维制品进行阻燃后加工。阻燃纤维的织物已广泛用于制作窗帘、幕布地毯、床上用品、消防服、工作服等。

(1) 氯乙烯和丙烯腈共聚纤维

氯乙烯和丙烯腈共聚纤维商品名为腈氯纶,这种纤维是由氯乙烯和丙烯腈进行乳液聚合,然后采用溶液纺丝法制得。一般湿纺法用于制短纤维;干纺法用于纺制长丝。目前这种纤维的产品有两种化学组成,一种为含丙烯腈60%,氯乙烯40%;另一种为氯乙烯60%,丙烯腈40%。由于构成这种纤维的高聚物中含有相当数量的氯乙烯链节,所以使它具有难燃性;又由于它还含有相当数量的丙烯腈链节,故又使纤维的耐光性及耐热性等都相应提高。例如普通氯纶的软化温度只有70 ℃左右,而腈氯纶则可提高到150~200 ℃;而且与氯纶相比纤维的强度也有所改善;其沸水收缩率约为5%左右。

(2) 氯乙烯与聚乙烯醇接枝共聚纤维

氯乙烯与聚乙烯醇接枝共聚纤维商品名为维氯纶,这种纤维是用低相对分子质量的聚乙烯醇水溶液为分散介质,在引发剂和乳化剂的存在下,使氯乙烯单体与低相对分子质量的聚乙烯醇进行接枝共聚,反应后获得外观为青蓝色半透明的乳状液,随后再混以聚乙烯醇水溶液使之增稠,然后进行乳液纺丝,最后再用甲醛进行缩醛化,即得成品纤维。其中氯乙烯链节和乙烯醇链节的质量比各占组成的一半,这是一种较有发展前景的阻燃纤维。

其性能介于维纶和氯纶之间,如它的软化温度为180~200 ℃,在170~180 ℃下即开始发生热收缩;它的手感柔软,白度也较腈氯纶好,其他如耐磨性、回弹性以及抗静电性能也均较好,它的沸水收缩率约为3%~5%。

目前这种纤维的产品以短纤维为主,主要用于与涤纶、锦纶、黏胶纤维等化学纤维混纺,借以提高织品的抗燃性能。

## 5.3　橡胶

### 5.3.1　概述

**1. 橡胶的特征与分类**

(1) 结构特征

橡胶是有机高分子弹性体,它的使用温度范围是在玻璃化温度和黏流温度之间,因此作为好的橡胶材料应在较宽的温度范围(-50~150 ℃)内具有优异的弹性。作为橡胶,其结构上应满足以下要求:

① 大分子链具有足够的柔性,玻璃化温度应比室温低得多。这就要求大分子链内旋转位垒较小,分子间的作用力较弱,内聚能密度较小,一般比塑料和纤维类高聚物的内聚

能密度低得多。

② 在使用条件下不结晶或结晶度很小。在室温下容易结晶的材料如聚乙烯、聚甲醛等不宜用作橡胶材料,最理想的情况是在拉伸时可结晶,而解除负荷后结晶又熔化。因为结晶部分既起分子间的交联作用,又有利于提高模量和强度,去载后结晶消失,则不影响其弹性恢复。

③ 在使用条件下无分子链间的相对滑动,即无冷流现象。因为冷流的结果,会使橡胶在负荷下发生永久变形,去负荷后,不能恢复原形。因此,在大分子链上应存在可供交联的位置,以进行交联而形成网络结构。当然交联可以是化学交联,也可以是物理交联。如苯乙烯和丁二烯的嵌段共聚物为物理交联,即所谓热塑性弹性体,可在室温下作橡胶使用。

(2) 橡胶的分类

橡胶按其来源可分为天然橡胶和合成橡胶,合成橡胶的品种很多,凡性能与天然橡胶相近,广泛用于制造轮胎及其他大量制品的称为通用合成橡胶,如丁苯橡胶、顺丁橡胶、丁基橡胶等。凡具有特殊性能的(如耐候性、耐热性、耐油、耐臭氧等),并用于制造特定条件下使用的橡胶制品的称为特种合成橡胶,如丁腈橡胶、硅橡胶、氟橡胶、聚氨酯橡胶等。某些特种橡胶,随着成本下降,应用扩大,也可作为通用合成橡胶使用,如乙丙橡胶等。合成橡胶按大分子主链的化学组成可分成碳链弹性体和杂链弹性体。碳链弹性体又可分为二烯类橡胶和烯烃类橡胶。橡胶按用途分类,其制品繁多,可制成轮胎、胶带、胶管、胶鞋以及其他橡胶工业制品,如胶辊、胶布、胶板、油封等。

**2. 结构与性能**

橡胶的性能,如弹性、强度、耐热性、耐磨性等与分子结构密切相关。

(1) 弹性与强度

弹性与强度是橡胶材料的主要性能指标。分子链柔顺性越大,橡胶的弹性就越好。在规整性好的大分子链中,等同周期越长,含侧基越小,链的柔顺性越好,其橡胶的弹性越好。如同样都是异戊二烯链节结构所形成的橡胶,一种为顺式1,4结构,其等同周期为0.816 nm;另一种为反式1,4结构,其等同周期仅为0.48 nm,前者比后者在常温下弹性好得多。

$$---CH_2 \overset{}{\underset{}{\diagdown}} CH=\overset{CH_3}{\underset{}{C}} \diagup CH_2 — CH_2 \diagdown CH= \overset{}{\underset{CH_3}{C}} \diagup CH_2 ---$$

|←——————— 8.1 A ———————→|

(顺式1,4结构)

$$---CH_2 \diagdown CH=\overset{}{\underset{CH_3}{C}} \diagup CH_2 — CH_2 \diagdown CH=\overset{}{\underset{CH_3}{C}} \diagup CH_2 ---$$

|←——— 4.7 A ———→|

(反式1,4结构)

此外,相对分子质量越高,弹性与强度越大,所以橡胶相对分子质量通常为 $10^5 \sim 10^6$,比塑料和纤维类要高。

网络结构可以提高橡胶的弹性和强度,但交联密度过大,交联点间相对分子质量过小,会使强度提高,弹性下降。

高聚物分子中的晶态结构可提高强度,非晶态结构具有弹性,因此作为理想的橡胶在室温下为非晶态结构,在拉伸时,由于取向形成的微晶可起交联点的作用,有利于强度的提高。

(2) 耐热性和耐老化性能

为扩大橡胶的使用范围,一方面应努力改善其耐热和耐老化性能,另一方面则需设法降低其玻璃化温度,改善其耐寒性能。橡胶的耐热性主要取决于主链上化学键的键能,从平均键能的数值上可见,含有 C—C、C—O、Si—O、C—F 键的橡胶具有良好的耐热性,如乙丙橡胶、丙烯酸酯类橡胶、硅橡胶和含氟橡胶等。橡胶中弱键的存在会引起老化,特别是降解反应,这降低了耐热性以及其他性能。不饱和烃类橡胶中双键的存在是有利的一方面,但在光、氧、热等作用下,易受氧和臭氧以及其他试剂攻击而导致老化,因而耐老化性差。选择键能较大、饱和性橡胶就具有较好的耐热、耐氧化老化性能,如二甲基硅橡胶,它可在 200 ℃ 以上长期使用。

(3) 耐寒性

当温度低于玻璃化温度 $T_g$,或者由于结晶,都会导致橡胶失去弹性,因此降低 $T_g$ 或避免结晶,可以提高橡胶材料的耐寒性。

降低 $T_g$ 的办法有:降低分子链的刚性,也就是提高分子主链的柔顺性,这是最具有决定性作用的因素;减少分子链间的作用,一般来讲分子结构中存在有极性基团或能形成链间氢键的基团,$T_g$ 就相对高一些;提高分子的对称性有利于 $T_g$ 的降低,如聚偏二氯乙烯的 $T_g$ 就小于聚氯乙烯,这可能是对称取代减小了偶极矩;对于 $T_g$ 较低的高聚物共聚,交联点密度增加使分子链活动受到约束,所以交联使 $T_g$ 升高;溶剂和增塑剂的存在会使 $T_g$ 下降。为避免结晶,可通过无规共聚、进行链的支化和交联、采用不导致立构规整化的聚合方式等实现。

(4) 化学反应性

对橡胶的化学反应性有两种相反要求,一是要求有足够的活性,以便发生人们希望的反应(如交联);二是要求在使用过程中不发生任何有害的反应,要求活性低。如二烯烃类橡胶,双键的存在增加了交联点的位置数,但也成为受臭氧、氧和其他试剂所攻击的位置。因此目前大量开发结构为化学活性低,而又引入可供交联位置的橡胶,例如丁基橡胶、三元乙丙橡胶、氟橡胶等。

(5) 橡胶的溶解特性

橡胶的溶解过程与其他聚合物一样。在定性上满足相似相溶规律,在定量上以溶解度参数进行选择。对橡胶溶解性能的讨论,是鉴于溶解特性影响到加工的方法和特定的用途,另外,橡胶是网络结构,用其溶胀的行为来表征网络结构,有其学术上的意义。

(6) 电性能

因为产量大的橡胶,本身是非极性的,所以其电性能不完全决定于橡胶本身而同时也依赖于添加剂的极性和聚合残留物。对于天然橡胶还涉及天然产物(如蛋白质等)。当然许多特种橡胶,特别是那些耐油品种(如丁腈、含氟橡胶等),其本身就是极性聚合物。

(7) 结构与加工性能

分子结构影响加工性能,包括熔体黏度、出口膨胀率、压出胶的质量、混炼特性、冷流性、胶料强度和黏着性。

① 熔体黏度。熔体黏度随相对分子质量增大而增大,在固定加工温度下,相同相对分子质量的橡胶,其 $T_g$ 值越高,熔体黏度越大。带有支链的聚合物,由于分子链均方末端距小,分子间缠结少,故熔体黏度较低。

② 出口膨胀率。聚合物经压出或压延后,压出胶或压延胶片的横截面积一般大于口模和压延机辊间截面积,这种现象称为压出膨胀和压延膨胀。出口膨胀率同黏度一样,随相对分子质量的增加而增加,随温度的升高而降低。

③ 压出胶的质量。对熔体的破裂和鲨鱼皮状表面的出现是压出胶所不希望的,一般降低相对分子质量和加宽相对分子质量分布可防止上述现象的发生。橡胶胶料在双辊开炼机上,紧紧包辊的能力是一项很有用的加工特性,加宽相对分子质量分布,长链支化有利于提高混炼特性,因大相对分子质量聚合物提供强度,而低相对分子质量聚合物提供黏性,不会导致聚合物受剪切力开裂。减少冷流和提高胶料强度是橡胶所希望的,网络结构可避免冷流和提高胶料强度,一般采用控制相对分子质量大小,使之达到足够的物理缠绕,引入少量的共价交联键可达到此目的。橡胶的许多加工操作要求橡胶胶料具有良好的黏着性(包括自黏和互黏性)。当两块橡胶相接触时,其相互扩散的速率随相对分子质量的增加而下降,当扩散相同时,黏着强度随相对分子质量增大而增加,所以最佳的黏着性应对应于最佳的相对分子质量。此外,胶料的黏着性与结晶有关,结晶性橡胶,在界面处可以由不同胶块的分子链形成晶体结构,从而提高了黏着强度。许多合成橡胶由于缺乏结晶的能力,所以就需加入添加剂,使其具备适当的成型黏着性。

**3. 橡胶的硫化**

一般橡胶的主要工艺过程,包括生胶的塑炼,塑炼胶与各种配合剂的混炼,经压延或压出,制成一定形状的半成品,再经成型工艺形成一定整体形状,后经硫化,以形成网络结构而使胶料具有应有的物理机械性能和其他性能,最后经修整后,即得成品。

**4. 橡胶的组分及其作用**

(1) 生胶

生胶主要包括天然橡胶和合成橡胶,为橡胶制品的主要成分。

(2) 橡胶的配合剂

生胶本身强度低、易变质,在溶剂中溶解或溶胀,所以无单独使用价值。配合剂的加入,可以改善性能、降低成本、提高使用价值。有些配合剂在不同的橡胶中起着不同的作用,也可能在同一种橡胶中起着多方面的作用。

### 5.3.2 天然橡胶

天然橡胶(Natural Rubber, NR)是从天然植物中采集出来的一种高弹性材料。含橡胶成分的植物很多,但其中有重要经济价值的不过二三十种,其中最好的品种为三叶橡胶树,最先生长在南美洲巴西,故又称巴西橡胶树。目前已广泛地分布在世界各地,它最适宜生长在热带和亚热带的高温高湿地区。这种树内有乳管(特别是树干的下部),用力将乳管切断,即流出胶乳。其次有我国的杜仲树,其皮是药材,枝、叶、根、茎、皮内都含有橡胶成分,另外还有马来胶、古塔波胶等。

### 1. 天然橡胶的品种

新鲜胶乳经加工处理后就制成浓缩胶乳和干胶。浓缩胶乳可直接用于胶乳制品,而干胶即所说的生胶,按制造方法的不同,可分为下列品种。

(1) 通用固体天然橡胶

通用固体天然橡胶又可分为烟胶片、风干胶片、绉胶片和颗粒胶。

① 烟胶片和风干胶片。新鲜胶乳经酸凝固、压片、干燥即可得生胶片。若是以烟熏干燥即为烟胶片,为棕黄色;若以热空气干燥,即得风干胶片,为浅色,可用于生产白色或浅色橡胶制品。

② 绉胶片。绉胶片有白绉片和褐绉片之分。新鲜胶乳先漂白,后用酸凝固,经压绉(轧片)、干燥即得白色绉片,适用于浅色橡胶制品。若采胶中自然凝固的胶块、胶线或白绉片的碎屑等杂胶原料,经浸泡、洗涤、压绉、干燥等工序制成表面有皱纹的褐色胶片,称为褐绉片,又称杂胶胶片。其杂质多、质量低,只宜做一般橡胶制品。

③ 颗粒胶。用新鲜胶乳经酸凝固后,压绉的胶片通过机械造粒制成小颗粒或胶乳,通过化学处理直接制成小颗粒,然后利用热空气快速干燥制成直径为 1 ~ 5 mm 的颗粒。由于生产周期短,成品质量易于控制,目前生产量已超过烟胶片、风干胶片、绉胶片的总和。

(2) 特殊固体天然橡胶

特殊固体天然橡胶是指采用特殊方法加工,使天然胶具有特殊的操作性能或理化性能。此类橡胶包括易操作橡胶、纯化天然橡胶、胶清橡胶、粉末橡胶、轮胎橡胶、黏度固定橡胶、充油橡胶、炭黑共沉淀胶、黏土共沉淀胶等。

(3) 改性天然橡胶

或改变原来天然橡胶的物理和化学结构,或进行化学改性(接枝、共混),使其具有不同于天然橡胶的操作和用途。此类橡胶有难结晶橡胶、接枝天然橡胶、热塑天然橡胶、环化天然橡胶、环氧化天然橡胶、液体天然橡胶、氯化橡胶等。此外还有杜仲橡胶、古塔波橡胶等,在加热至 50 ℃ 以上才显示弹性的天然硬橡胶。

### 2. 天然橡胶的组成与结构

(1) 天然橡胶的组成

天然胶乳和烟胶片的组成见表 5.4。橡胶成分决定橡胶的主要性质,非橡胶成分包括丙酮抽出物(主要是高级脂肪酸和固体醇类)、蛋白质、灰分(多为无机盐)以及水分对橡胶的质量也有一定影响。

表 5.4 天然橡胶及烟胶片的组成

| 品种 | 橡胶烃 | 丙酮抽出物 | 蛋白质 | 灰分 | 水分 |
|---|---|---|---|---|---|
| 天然橡胶 | 30 ~ 80 | 1 ~ 1.3 | 1.6 ~ 2 | 0.3 ~ 0.5 | 55 ~ 64 |
| 烟胶片 | 91 ~ 96 | 1.5 ~ 3.5 | 2.2 ~ 3.5 | 0.2 ~ 0.9 | 0.3 ~ 1.0 |

## (2) 天然橡胶的结构

天然橡胶是由异戊二烯链节组成的天然高分子化合物,结构如下:

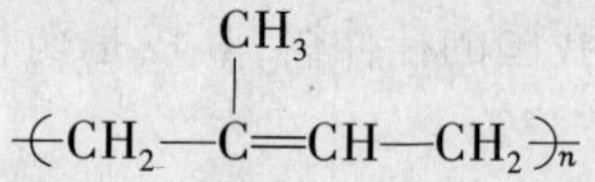

$$-\!\!\!-\!\!\!\{CH_2-C(CH_3)\!=\!CH-CH_2\}_{\overline{n}}\!\!\!-\!\!\!-$$

随着橡胶树的种类不同,有不同的立体结构。巴西橡胶主要为顺式 1,4 结构,在室温下具有弹性及柔软性,而古塔波胶是反式 1,4 结构,室温下呈硬固体状态。

### 3. 天然橡胶的性能与用途

(1) 性能

天然橡胶具有良好的综合性能,包括良好的弹性、较高的机械强度。天然橡胶是一种结晶性橡胶,在外力拉伸时形成结晶,产生自补强的作用。它有很好的耐屈挠、疲劳性能,滞后损失小,多次形变时发热低,此外,还具有良好的气密性、防水性和可恢复原有的弹性。橡胶为非极性物质,故溶于非极性溶剂如汽油和苯等,不溶于极性溶剂如乙醇、丙酮等。因含有不饱和双键,所以化学性质活泼,易进行加成、取代、氧化、交联等化学反应,所以易老化,发生降解和交联,前者变黏,后者发生龟裂,加入防老剂可以改善其耐老化性能。

(2) 用途

天然橡胶是最广泛的一种通用橡胶,大量用于制造各种轮胎以及工业橡胶制品,如胶管、胶带和工业用橡胶杂品;日常生活制品如胶鞋、雨衣以及医疗卫生用品等。

### 5.3.3 通用合成橡胶

#### 1. 二烯类橡胶

二烯类橡胶包括二烯类均聚橡胶,主要品种有聚丁二烯橡胶、聚异戊二烯橡胶和聚戊间二烯橡胶等,以及二烯类共聚橡胶,主要品种有丁苯橡胶、丁腈橡胶和丁吡橡胶等。

(1) 聚丁二烯橡胶

① 聚丁二烯的异构现象。聚丁二烯的单体为丁二烯,随聚合不同可分顺式聚 1,4-丁二烯、反式聚 1,4-丁二烯和乙烯基丁二烯橡胶,结构分别如下所示:

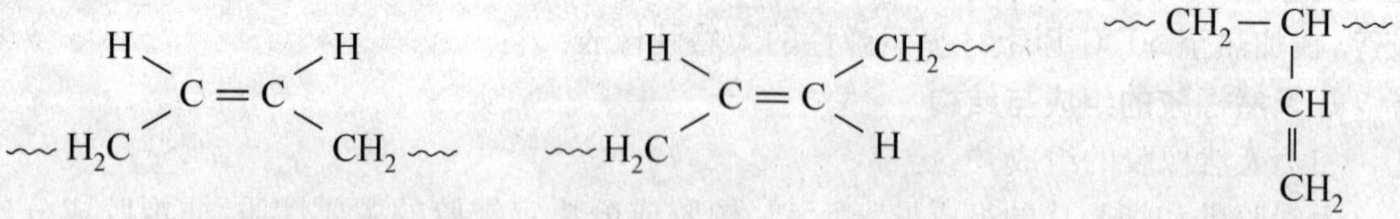

但由于存在头-尾和头-头/尾-尾相连接,则随连接不同也会产生不同结构,如:

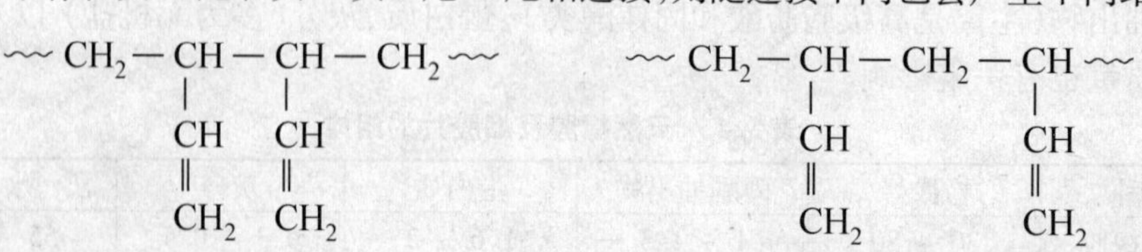

② 性能和用途。聚丁二烯橡胶(Butadiene Rubber, BR)中最重要的品种是溶聚高顺式丁二烯橡胶。其性能特点是:弹性高,是当前橡胶中弹性最高的一种;耐寒性好,其

$T_g$ 为 -105 ℃,是通用橡胶中耐低温性能最好的一种;耐磨性能优异;滞后损失小;耐屈挠性好;与其他橡胶相容性好。其缺点是:拉伸强度和抗撕裂强度低于天然橡胶和丁苯橡胶;用于轮胎时在湿路面上易打滑;加工性能差,高顺式聚丁二烯主要用于制造轮胎、胶鞋、胶带、胶辊等耐磨制品。

③ 丁二烯橡胶的新品种。含有 35% ~ 55% 乙烯基结构的丁二烯橡胶,其抗湿滑性能和热老化性能优于高顺式聚丁二烯,但强度和耐磨性稍有下降;含有约 70% 乙烯基结构的高乙烯基丁二烯橡胶,抗湿滑性高,适用于制造轿车的车轮胎面胶;以及超高顺式丁二烯橡胶,其顺式含量大于 98%,拉伸时结晶速度快,结晶度高,相对分子质量分布宽,因此黏着性、强度和加工性能好。

(2) 聚异戊二烯橡胶(Isoprene Rubber,IR)

因顺式 1,4 - 异戊二烯分子结构和性能与天然橡胶相似,所以对其研究既有学术价值,又有工业意义,故也称为合成天然橡胶。

① 性能与用途。异戊橡胶是一种综合性能最好的通用合成橡胶,具有优良的弹性、耐磨性、耐热性、抗撕裂及低温屈挠性。与天然橡胶相比,又具有生热小、抗龟裂的特性,因吸水性小故电绝缘性好及耐老化性能好。但其硫化速度较天然橡胶慢,此外炼胶时易黏辊,成型时黏度大,而且价格贵。其主要用于制作轮胎、医疗制品、胶管、胶鞋、胶带、运动器材等。

② 其他异戊橡胶。充油异戊橡胶是在异戊橡胶中填充各种不同分量的油(如环烷油、芳烃油),以改善性能(如流动性,以便于制作复杂的模型制品)和降低成本。反式聚 1,4 - 异戊二烯橡胶,在常温下呈结晶状态,具有较高的拉伸强度和硬度,但由于成本高,尚未广泛使用。聚戊间二烯橡胶是由戊间二烯聚合而成。

(3) 丁苯橡胶

以丁二烯为主体可制成一系列共聚物,其中丁二烯 - 苯乙烯橡胶已经成为目前世界上产量最大的橡胶,其典型结构为:

$$\{CH_2-CH=CH-CH_2\}_x\{CH_2-CH(CH=CH_2)\}_y\{CH_2-CH(C_6H_5)\}_z$$

① 种类。通过乳液聚合可合成丁苯橡胶(Styrene-butadiene Rubber,SBR)。虽然形成一系列的品种,但目前主要产品为乳液聚合丁苯橡胶,下面介绍其主要品种。

a. 乳聚高温丁苯橡胶。在 1950 年以前,以丁二烯 75 份和苯乙烯 25 份,以水为分散相、脂肪酸皂为乳化剂、过硫酸钾为引发剂、十二碳硫醇为相对分子质量调节剂,在 50 ℃ 下进行自由基聚合可得丁苯胶乳。但其性能不如天然橡胶,目前已有改进,虽上述工艺仍有应用,但有别于改进后的工艺,它被称为乳聚高温丁苯橡胶。

b. 乳聚低温丁苯橡胶。在 1950 年后改进为丁二烯 72 份和苯乙烯 28 份,以水为分散相、脂肪酸皂为乳化剂、异丙苯过氧化氢为引发剂、十二碳硫醇为相对分子质量调节剂,在 5 ℃ 下进行自由基聚合,可得丁苯胶乳,当转化率达 30% 时加入终止剂二甲基二硫代氨基甲酸钠即终止反应,然后回收丁二烯,再经破乳(食盐水溶液)、凝聚、干燥即得成品,称为乳聚低温丁苯橡胶,所得胶乳中苯乙烯含量为 23.5%。若在凝聚前,填充油或炭黑或同时填充油和炭黑,可制得充油丁苯橡胶、丁苯橡胶炭黑母炼胶和充油丁苯橡胶炭黑母炼胶等系列产品。目前,低温丁苯橡胶性能好,产量大,占丁苯橡胶产量的 80% 左右。

c. 溶聚丁苯橡胶。当在有机溶剂中,以丁二烯、苯乙烯为单体,烷基锂为催化剂,进行阴离子共聚得丁苯橡胶。但溶剂不同,其竞聚率不同,产物也不同,当以烃类为溶剂时,$r_B(k_{BB}/k_{BS}):r_S(k_{SS}/k_{SB}) 50:1$,先形成丁二烯聚合物,随后与苯乙烯共聚,得到的是嵌段共聚物;而当采用极性溶剂时,则 $r_B = 1.03, r_S = 0.74$,得到的是无规共聚物。

② 性能与用途。丁苯橡胶的耐磨、耐热、耐油、耐老化性比天然橡胶好,硫化曲线平坦,不易焦烧和过硫,与天然橡胶、顺丁橡胶混溶性好。其缺点是:弹性、耐寒性、耐撕裂性和黏着性能均较天然橡胶差;纯胶强度低,滞后损失大,生热高;由于分子链中双键少,所以硫化速度慢。由于成本低廉,当与天然橡胶并用时可改善性能,主要用于制造各种轮胎及其他工业橡胶制品,如乳胶带、胶管、胶鞋等。可以部分或全部代替天然橡胶。

(4) 丁腈橡胶

丁腈橡胶(Nitrile-Butadiene Rubber, NBR)是以丁二烯和丙烯腈为单体,经乳液聚合而制得的高分子弹性体,其结构式为:

$$\text{+}(\text{CH}_2-\text{CH}=\text{CH}-\text{CH}_2)_x(\text{CH}_2-\underset{|}{\underset{\text{CN}}{\text{CH}}})_y\text{+}_n$$

① 种类。可按丁腈橡胶中丙烯腈的含量分成 5 类,见表 5.5。

表 5.5 各种丁腈橡胶中丙烯腈的含量

| 名称 | 丙烯腈含量/% |
| --- | --- |
| 超高丙烯腈丁腈橡胶 | ≥ 43 |
| 高丙烯腈丁腈橡胶 | 36 ~ 42 |
| 中高丙烯腈丁腈橡胶 | 31 ~ 35 |
| 中丙烯腈丁腈橡胶 | 25 ~ 30 |
| 低丙烯腈丁腈橡胶 | ≤ 24 |

另外也可按相对分子质量大小进行分类,以及按聚合温度分类,可分为热聚丁腈橡胶(25 ~ 50 ℃)和冷聚丁腈橡胶 (5 ~ 20 ℃)。

② 性能与用途。丁腈橡胶的主要特点是:具有优良的耐油性和耐非极性溶剂性能,另外其耐热性、耐腐蚀、耐老化性、耐磨性及气密性均优于天然橡胶。但其耐臭氧性、电绝缘性能和耐寒性较差。丁腈橡胶主要用于各种耐油制品,丙烯腈含量高的丁腈橡胶可用于直接与油接触的制品,如密封垫圈、输油管、化工容器衬里;丙烯腈含量低的丁腈橡胶可适用于低温耐油制品和耐油减震制品。

③ 改性制品。由丁二烯、丙烯腈和丙烯酸类三元共聚可得羧基丁腈橡胶,其主要特点是具有突出的高强度、良好的黏着性和耐老化性能。由丁二烯、丙烯腈和二乙烯基苯共聚,可制得部分交联和交联型丁腈橡胶,与丁腈橡胶合用,以改善胶料的加工性能。

**2. 氯丁橡胶**

氯丁橡胶(Chloroprene Rubber, CR)是由 2 - 氯 - 1,3 - 丁二烯聚合而成的一种高分子弹性体,其结构为:

$$\{CH_2-\underset{\underset{Cl}{|}}{C}=CH-CH_2\}_n$$

(1) 性能与用途

氯丁橡胶具有优异的耐燃性,是通用橡胶中耐燃性能最好的一种。另外具有优良的耐油性能,其耐油性能仅次于丁腈橡胶,优于其他通用橡胶,以及具有优良的耐溶剂性,还具有良好的黏着性、耐水性和气密性。其主要缺点是:电绝缘性能差、耐寒性差以及贮存稳定性差,但使用硫醇作为调节剂,可大大改善其贮存稳定性。因为氯丁橡胶具有优良的综合性能,再加上耐燃和耐油的特性,所以被广泛应用于各种橡胶制品,如耐热运输带、耐油、耐化学腐蚀胶管和化工容器衬里、胶辊、密封胶条等。

(2) 氯丁橡胶胶黏剂

氯丁橡胶胶黏剂是橡胶型胶黏剂中产量最大、用途最多的一种重要品种。其主要特点为黏结强度高,对多种材料都有较好的黏结性能,胶层柔韧、弹性好,并且具有耐燃、耐光、抗臭氧性、耐老化及耐介质(油、水等)性能。它使用方便,价格低廉,但也有耐热和耐寒稍差的缺点。氯丁橡胶胶黏剂有填料型、树脂改性型及室温强化型,基本上是在氯丁橡胶中加入相应填料、硫化剂和硫磺促进剂以及防老剂和溶剂配制而成。例如国产氯丁胶 $xy-403$ 的配方为:氯丁胶 100 份,氧化镁 10 份及氧化锌 1 份(硫化剂),硫化促进剂 DM 1 份,防老剂 D(N-苯基-β-萘胺)2 份,松香 5 份,用汽油调配,汽油与胶料用量比为胶料:汽油 = 1:2。

**3. 丁基橡胶**

聚异丁烯为高分子弹性体,并且由于它的高度饱和性,因而具有很多优异性能,如耐热、耐老化、化学稳定性好、耐寒性能好等优点。由于不含双键,所以不能用硫磺硫化,也不能用过氧化物进行交联,并且冷流和蠕变也大。所以就产生了丁基橡胶,它是异丁烯和少量异戊二烯的共聚物,为白色或暗灰色的透明弹性体,又称异丁橡胶,其结构为:

$$\{\underset{\underset{CH_3}{|}}{\overset{\overset{CH_3}{|}}{C}}-CH_2\}_x CH_2-\overset{\overset{CH_3}{|}}{C}=CH-CH_2\{\overset{\overset{CH_3}{|}}{C}-CH_2\}_y$$

按不饱和度即异戊二烯含量不同可分成:0.6% ~ 1.0%;1.1% ~ 1.5%;1.6% ~ 2.0%;2.1% ~ 2.5%;2.6% ~ 3.3% 五类。

(1) 性能

由于丁基橡胶经硫化后几乎不存在双键,所以有高度的饱和度,因此显示高度的耐热性,最高使用温度可达 200 ℃;优异的耐候性,能长时间的曝露于阳光和空气中而不易损坏;很好抗臭氧性能,是天然橡胶、丁苯橡胶的 10 倍;化学稳定性好,能耐酸、碱和极性溶剂;耐水性能优异、水渗透率极低,另外电绝缘性、减震性能良好。丁基橡胶是气密性最好的橡胶,其透气率约为天然橡胶的 1/20,顺丁橡胶的 1/30。丁基橡胶的主要缺点是:硫化速度慢,需采用强促进剂和高温、长时间硫化;由于缺乏极性基团,所以自黏性和互黏性差,与其他橡胶相容性差,难以并用,耐油性不好。

（2）用途

丁基橡胶由于性能好，发展很快，已成为通用橡胶之一，其主要用于气密性制品，如汽车内胎、无内胎轮胎的气密层等，也广泛用于蒸汽软管、耐热输送带、化工设备衬里、耐热耐水密封垫片、电绝缘材料及防震缓冲器材等。

（3）改性丁基橡胶

为了提高硫化速度，必然要提高丁基橡胶的活性，另外为了提高其自黏性和相容性，也必然要引入极性基团，所以通过卤化来改性丁基橡胶，可得氯化丁基橡胶和溴化丁基橡胶，其卤化反应一般认为是取代反应而不是加成反应。

**4. 乙丙橡胶**

聚乙烯的玻璃化温度低，分子链柔性大，其内聚能与橡胶材料相近，但主要由于分子链规整性好，易于结晶，故在常温下不呈弹性而是呈皮革状聚合物。为了抑制其结晶，引入其他原子或基团，从而获得橡胶态的性质，于是开发出乙丙橡胶（Ethylene - propylene Rubber, EPR）。因乙烯和丙烯来源丰富，所以被人们关注，潜力很大，发展很快。

（1）种类和结构

乙丙橡胶主要是以乙烯、丙烯所生成的二元乙丙橡胶和乙烯、丙烯及少量非共轭双烯为单体的三元乙丙橡胶。二元乙丙橡胶其结构式如下：

$$+CH_2-CH_2\frac{}{x}CH_2-\overset{CH_3}{\underset{|}{CH}}\frac{}{y}$$

因二元乙丙橡胶中不含双键，所以不能用硫磺硫化，仅能用过氧化物类进行交联，于是就使硫化速度慢并且所得胶的性能也差，这样引入第三类单体（一般使用量是总单体量的3%～8%）就得到了三元乙丙橡胶。此类单体提供的双键能起交联作用，但所提供的双键，一般不进入主链，因进入主链后易使橡胶老化，或在聚合时易引起凝聚和交联。目前三元丙橡胶第三类单体主要有三种单体，分别见表5.6。

表5.6 引入三元乙丙胶的三种单体

| 单体 | 结构式 | 在三元共聚物中的主要结构 |
|---|---|---|
| 双环戊二烯 | （双环戊二烯结构） | $+CH_2-CH_2\frac{}{x}(CH_2-\overset{CH_3}{\underset{|}{CH}})_y(CH-CH)_n$，含$CH_2$及$CH-CH_3$ |
| 乙叉降冰片烯 | （乙叉降冰片烯结构） | $+CH_2-CH_2\frac{}{x}(CH_2-\overset{CH_3}{\underset{|}{CH}})_y(CH-CH)_n$，含$CH_2$环结构 |
| 1,4-己二烯 | $CH_2=CH-CH_2CH=CH-CH_3$ | $+CH_2-CH_2\frac{}{x}(CH_2-\overset{CH_3}{\underset{|}{CH}})_y(CH_2-CH)_n$，$CH_3-CH=CH-CH_2$ |

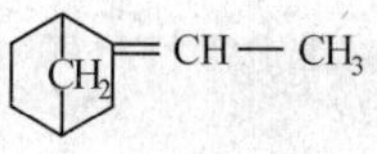

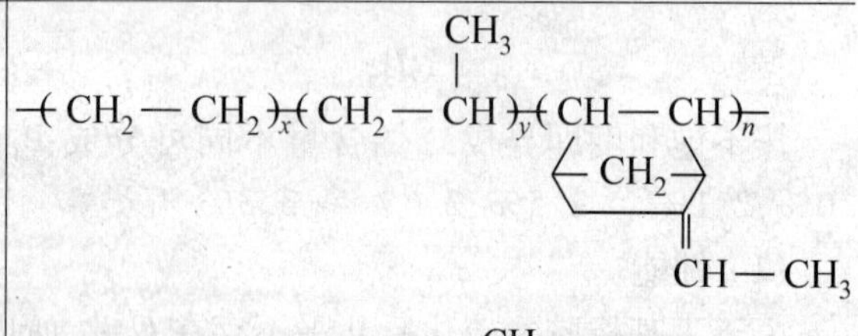

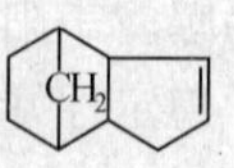

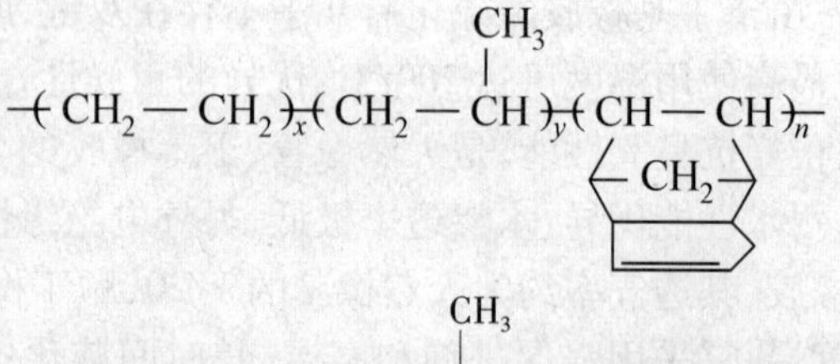

**(2) 性能**

乙丙橡胶基本上是一种饱和橡胶,因而构成了它的独特性能。三元乙丙橡胶虽然引入了少量不饱和基团,但双键处于侧链上,因此基本性质仍保留乙丙橡胶的特点。其性能特点是:耐老化性能是通用橡胶中最好的一种,包括具有突出的耐臭氧性、耐候性,能长期在阳光下曝晒而不开裂;具有较高的弹性,其弹性仅次于天然橡胶和顺丁橡胶;耐热性好,能在 120 ℃ 下长期使用,最低使用温度可达 50 ℃;电绝缘性能优良,超过丁基橡胶,尤其耐电晕性;因为其吸水性小,所以浸水后电绝缘性能仍良好;化学稳定性好,对酸、碱和极性溶剂有较大的抗耐性;单体易得、密度小,可以混入大量填料和油类,实行高填充配合,而性能下降不大。乙丙橡胶的主要缺点是:硫化速度慢,不易与不饱和橡胶并用,自黏性和互黏性差,耐燃、耐油性和气密性差。

**(3) 用途**

由于黏着性差,所以主要用于非轮胎方面,如汽车零件、电气制品、建筑材料、橡胶工业制品及家庭用品等。

**(4) 改性制品**

乙丙橡胶可进行溴化、氯化、氯磺化,所得改性乙丙橡胶改进了乙丙橡胶的硫化速度及黏着性,用丙烯腈接枝所得改性乙丙橡胶具有很好的耐油性。

### 5.3.4 特种合成橡胶

特种合成橡胶主要是利用某些独特性能,尽管产量不大,用量不多,但在技术上、经济上具有特殊的重要意义。现介绍几种主要品种。

**1. 聚氨基甲酸酯橡胶**

聚氨基甲酸酯橡胶简称聚氨酯橡胶,是由聚酯或聚醚与异氰酸酯反应而得,它随原料种类不同,可以有不同品种。此外在加工方法上又有浇铸型、混炼型、热塑型之分。这种橡胶的最大优点是具有优良的耐磨性,强度弹性也很好,此外具有很好的耐油、耐低温及耐臭氧老化性能,所以主要用于耐磨、高强度的耐油制品。其主要缺点是耐热、耐水性较差,在水中易水解,另外可制得密度很小的泡沫橡胶。

**2. 硅橡胶**

由于 Si—Si 键不很稳定,所以不能像碳那样形成一系列化合物,当与其他原子(如氧)结合可形成稳定结构,制备出包括高聚物在内的一系列重要的化合物。目前主要是聚有机硅氧烷,是由氯硅烷水解再经缩合生成聚合物,二氯硅烷生成线型聚合物,三氯硅烷则可形成体型高聚物。从结构上看,由于 Si—O 键能大,所以具有较高的耐热性,另外链比较柔顺,链间距大,所以具有很好的耐寒性,能在 −100 ~ 300 ℃ 很宽温度范围内使用。硅橡胶有很好的电绝缘性能和良好的耐候、耐臭氧性能,并且无味、无毒,可以制成耐高温、耐低温的橡胶制品,如垫圈、密封件、高温电线、电缆料以及食品工业、医疗卫生事业中耐高温制品、人造心脏、人造血管等。其缺点是:价格昂贵,拉伸强度及抗撕裂强度低,耐酸碱腐蚀性差,因而限制了它的应用。

**3. 氟橡胶**

氟橡胶是由含氟单体聚合或缩聚而得的高分子弹性体,氟橡胶的品种很多,由含氟烯烃类(主要是指含偏氟乙烯的共聚物,其中含偏氟乙烯的氟橡胶占主要地位)、全氟醚类(如全氟烷基乙烯基醚)的共聚物、亚硝基类(如三氟亚硝基甲烷/四氟乙烯共聚物)氟化膦腈类。氟橡胶具有突出的耐热性,可与硅橡胶相媲美,耐候性好,对日光、臭氧等均稳定,以及化学稳定性、耐油、耐有机溶剂及耐腐蚀性介质均优于其他橡胶。主要缺点是:弹性和加工性能差,价格昂贵。它是目前高科技部门(如宇航、导弹、火箭等)不可缺少的材料,也可用作耐高温、耐特种介质腐蚀制品。

**4. 丙烯酸酯类橡胶**

丙烯酸酯类橡胶是指丙烯酸酯类与其他不饱和单体共聚而得到的一类弹性体,如丙烯酸丁酯/丙烯腈、丙烯酸乙酯/2-氯乙基乙烯基醚等。前者是本类的主要产品,此类橡胶兼有良好的耐热和耐油性能,以及良好的气密性,所以在油封和其他汽车配件中用量虽不大,但作用却十分重要,例如可用于丁腈橡胶不能承受的高温下的零件,以及含有硫添加剂的油中的零件。

### 5.3.5 热塑性弹性体

热塑性弹性体是指在高温下能塑化成型而在常温下能显示橡胶弹性的一类材料,因此热塑性弹性体是一种既显示橡胶的物理性能,又具有热塑性塑料加工特性的材料,因而引起人们极大的关注,得到迅速发展。

**1. 结构特征**

(1) 大分子链间存在交联结构

热塑性弹性体中大分子链间的交联可以是物理交联,也可以是化学交联,但以物理交联为主,并且都具有可逆性,即温度升高,交联消失;冷却到室温又能起交联作用。

(2) 分子链中存在着硬段和软段

通过硬段或是以物理交联,或是以具有在较高温度下能离解的化学键,以适当排列和连接把软段(即柔性较大的高弹性链段)连接起来。硬段不能过长,软段不能过短。

(3) 存在微相分离结构

热塑性弹性体在微观上是多相状态,是以硬段的不连续相分散在软段的连续相中。

**2. 主要品种**

(1) 聚烯烃类热塑性弹性体

聚烯烃类热塑性弹性体主要是由乙丙橡胶与聚烯烃树脂(主要是聚丙烯)经共混而得热塑性聚烯烃橡胶,其交联形式可能是由以聚丙烯组分为基础的结晶区所提供。聚烯烃类热塑性弹性体,具有良好的综合机械性能、耐老化性,较宽的使用温度范围(-50~150 ℃),对多种有机溶剂和无机酸、碱具有化学稳定性,但耐油性差,此外电绝缘性能优异。它主要用于汽车车体外部配件、电线电缆、胶管、胶带和各种模压制品。

(2) 苯乙烯类热塑性弹性体

苯乙烯类热塑性弹性体是指由聚苯乙烯链段和聚丁二烯链段组成的嵌段共聚物。其制法大体上有:

① 用丁基锂为引发剂,单阴离子引发,使苯乙烯进行聚合,当苯乙烯单体耗完后,再加入丁二烯单体,使丁二烯聚合,依次加入两种单体可得 SBS 嵌段共聚物。

② 用双阴离子引发剂,如萘钠催化剂,先使丁二烯聚合形成双阴离子,再加入苯乙烯,从两端增长形成 SBS 嵌段共聚物。

③ 用单阴离子引发剂先制成 $S_n-B_m$ 嵌段,再加入偶联剂在两端反应制成 SBS 嵌段共聚物。

④ 星形苯乙烯类热塑性弹性体,先经单阴离子引发制成 $S_nB_m$ 双嵌段共聚物,然后用多官能团偶联剂(如 $SiCl_4$)反应,可得星形嵌段共聚物。

在室温下苯乙烯处于玻璃态,可提供物理交联网络结构。温度高于 90 ℃,苯乙烯软化,共聚物整体流动,此类转变是可逆的,一旦温度下降,又提供物理交联。苯乙烯类热塑性弹性体,具有较高的生胶强度和弹性,良好的电绝缘性和高透气性,但耐油性和耐老化性较差。主要用作塑料和橡胶改性剂、胶黏剂和制鞋工业。

(3) 聚酯型热塑性弹性体

聚酯型热塑性弹性体是由对苯二甲酸二甲酯分别与聚(氧四亚甲基)二醇和 1,4-丁二醇进行酯交换反应而制得的无规嵌段共聚物,其结构为:

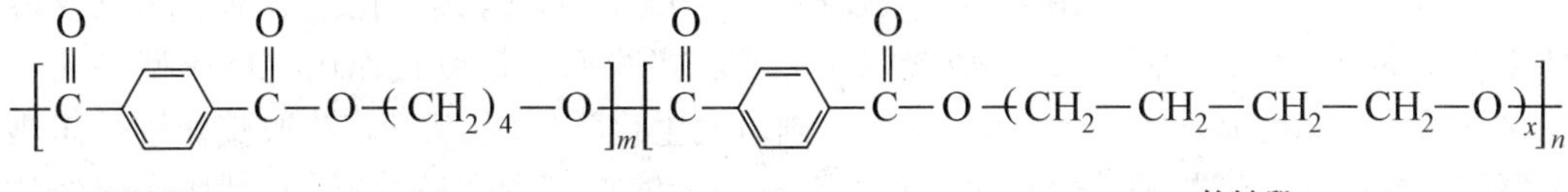

$$\left[\left[\overset{O}{\overset{\|}{C}}-\bigcirc-\overset{O}{\overset{\|}{C}}-O-(CH_2)_4-O\right]_m\left[\overset{O}{\overset{\|}{C}}-\bigcirc-\overset{O}{\overset{\|}{C}}-O-(CH_2-CH_2-CH_2-CH_2-O)_x\right]\right]_n$$

硬链段 相对分子质量 220　　　　　软链段 相对分子质量 1 132 (x=14)

聚酯型热塑性弹性体弹性好,抗屈挠性能优异,耐磨,使用温度范围宽(-55~150 ℃),此外化学稳定性好,耐老化性能良好,可制成耐压软管、浇铸轮胎、传动带等。

(4) 热塑性聚氨酯弹性体

热塑性聚氨酯弹性体是由聚酯、聚醚多元醇、二异氰酸酯以及低相对分子质量的二元醇反应而得,其结构为:

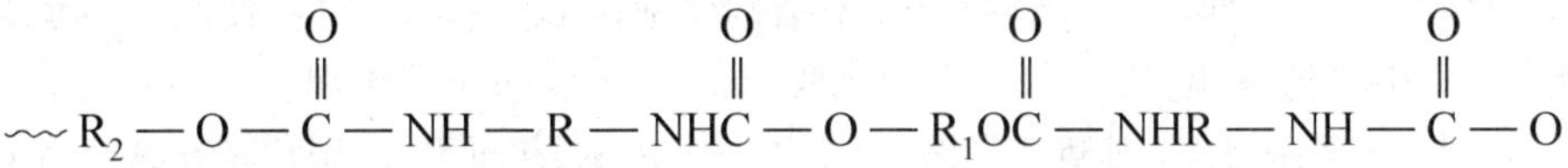

$$\sim R_2-O-\overset{O}{\overset{\|}{C}}-NH-R-NHC-O-R_1OC-NHR-NH-\overset{O}{\overset{\|}{C}}-O$$

多元醇软段　　　　　　　　　　　　　　聚氨酯硬段

聚酯、聚醚多元醇为软段结构而一般 $R_1$ 和 R 比较小,而且规整,氨基甲酸酯为一种高极性分子,相互作用形成结晶区,起物理交联作用。聚氨酯型热塑性弹性体,具有较好的耐磨性、硬度和弹性,在特种橡胶制品生产中有着广泛的应用。

## 5.4　胶黏剂和涂料

### 5.4.1　胶黏剂

胶黏剂又称黏结剂、黏合剂,简称为胶,是能把两种或两种以上同质或异质的物件(或材料)紧密地胶接在一起,固化后在结合处具有足够强度的物质。借助胶黏剂将各种物件连接起来的技术称为胶接（黏结、黏合）技术。因此作为胶黏剂在胶接的某个阶段是流体，能在被胶物的表面上充分浸润，然后在一定条件（温度、压力、时间等）下固化，使被胶物形成一个牢固的整体。天然产物胶黏剂的应用已有几千年的历史，直到20世纪30年代，随着工业发展的需要及高分子材料工业的发展，出现了以合成高分子材料为基材的合成胶黏剂。

### 1. 胶黏剂的分类和组成

（1）胶黏剂的分类

① 按主要组分分类。胶黏剂按主要组分分为有机胶黏剂和无机胶黏剂两大类。

② 按胶接强度特性分类。胶黏剂按胶接强度可分为结构型胶黏剂、非结构型胶黏剂及次结构型胶黏剂三类。结构型胶黏剂具有足够高的胶接强度，胶接接头能在较为苛刻的条件下进行工作，可用于胶接结构件。非结构型胶黏剂的胶接强度低，主要用于胶接强度不太高的非结构部件。次结构型胶黏剂则介于上述两种类型之间，它能承受某种程度的载荷。

③ 按固化形式分类。胶黏剂按固化形式可分成溶剂型胶黏剂、反应型胶黏剂和热熔型胶黏剂。溶剂型胶黏剂是由热塑性聚合物加溶剂配制而成，其固化是溶剂的挥发或溶剂被黏结材料自身吸收而消失，在胶接端面形成胶接膜而发挥胶接作用。反应型胶黏剂是含有活性基团的基体聚合物，当加入固化剂后发生化学反应，从而产生胶接作用。而热熔型胶黏剂是属于以热塑性聚合物为基本组成的无溶剂型固态胶黏剂，通过加热熔融胶接，随后冷却固化而发挥胶接作用。

④ 按外观形态来分类。按胶黏剂的外观形态，可分为溶液型、乳液型、膏糊型、粉末型、薄膜型和固体型等。

（2）胶黏剂的组成

① 黏料。黏料是构成胶黏剂的基本组成，通常是由一种或几种高聚物所组成，高聚物的种类和用量不同，对胶接强度和胶接工艺有着决定性的影响。

② 固化剂。固化剂是使高聚物由线型结构变成网状或体型结构，使胶黏剂固化而发生胶接作用。应按黏料的特性和形成固化胶膜的要求来选择固化剂。

③ 溶剂。胶黏剂有溶剂型和无溶剂型之分。加入溶剂主要用于溶解黏料和调节黏度，以便于施工。选择时应考虑其挥发程度。溶剂的种类和用量与胶接工艺密切相关。

④ 活性稀释剂。有时为了减少胶黏剂中挥发成分的含量，减少溶剂而加入活性稀释剂。活性稀释剂同样可以降低胶液黏度，并在固化过程中参与固化反应，如环氧丙烷苯基醚等。

⑤ 增韧剂。加入增韧剂目的是为了降低胶层的脆性，提高韧性。增韧剂有两种：一种是与树脂相容性良好，但不参与固化反应的非活性增韧剂，如邻苯二甲酸二丁酯、邻苯二甲酸二辛酯等，实际上是增塑剂；另一种是能与树脂起反应的活性增韧剂如低分子聚酰胺等。

⑥ 填料。填料用以降低固化时的收缩率，降低成本，有时能改善性能，如提高强度、弹性、模量、冲击韧性和耐热性等。

⑦ 其他辅料。其他辅料如稳定剂、偶联剂、色料等。

### 2. 胶接及其机理

要达到良好的胶接必须是胶黏剂在被粘物上能很好地浸润,以及胶黏剂与被粘物之间有较强的黏合力。产生胶接可分为两个阶段:第一阶段是胶黏剂在被粘物上表面扩散逐渐浸润,最终胶黏剂与被粘物形成而接触;第二阶段胶黏剂发生物理或化学变化形成次价键或化学键而黏附,胶黏剂本身变成固体,形成胶接。当然这两个阶段不能截然分开。

(1) 胶黏剂对被粘物表面的浸润

当液体在固体表面上形成液滴,达平衡时,在气、液、固三相交界处,气-液界面和固-液界面之间的夹角称为接触角。它实际上是液体表面张力在固-液界面张力的夹角。从接触角的大小可反映出浸润的程度,接触角等于 0° 时,完全浸润;接触角小于 90°,则液体能在固体表面浸润;接触角大于 90°,则液体不能在固体上浸润。大多数金属和一般无机物表面张力都很大,称为高能表面,而有机高分子表面张力较小,玻璃、陶瓷介于两者之间。当胶黏剂的表面张力越小,浸润性能越好。被粘物的表面张力越大,越利于胶黏剂对被粘物的浸润,当然为了达到很好的浸润,必须对被粘物的表面进行一定的清洗和处理。

(2) 胶接机理

胶接主要靠两个物体之间强大的黏合力作用。黏合力的大小由内聚力和黏附力所决定。内聚力是胶黏剂本身分子之间的作用力;黏附力是胶黏剂与被粘物之间的作用力。两物体黏结的牢固程度,不是内聚力和黏附力之和,而是决定于两个力中最小的一个。任何一种力的丧失,都会导致胶接接头的破坏。当胶层内部被破坏,称为内聚力破坏;被粘物的破坏称为材料破坏;胶层与被粘物分离称为黏附破坏;既有在胶层内部破坏,也有在胶接的界面上的破坏,称为混合破坏。

黏附强度理论大致有以下几种:

① 机械结合理论,认为任何被粘物的表面虽然宏观上看起来是光滑的,但放大后却是十分粗糙、多孔的。胶黏剂渗透到表面微孔中,固化后像许多销钉插在孔内形成机械嵌合力,将两个被粘物牢固地结合在一起。

② 吸附理论,认为胶接是由胶黏剂和被粘物相接触时,由于相互扩散及相互吸附而形成的次价力或称范德华力而形成。据计算当两个理论面的平面距离为 1 nm 时,它们之间的吸引力可达 0.98 ~ 9.8 MPa;距离为 0.3 ~ 0.4 nm 时,吸引力可达 9.8 ~ 98 MPa,这个数值完全能达到结构胶黏剂所应达到的强度。

③ 扩散理论,认为扩散的实质就是分子间的热运动。在一定条件下,由于分子或链段的布朗运动,胶黏剂分子和被粘物分子间相互扩散,最终导致在界面上发生互溶,胶黏剂分子和被粘物之间的界面消失,形成胶接。

④ 静电理论,认为在胶黏剂和被粘物之间存在着双电层,胶接是双电层的静电引力作用的结果。

⑤ 化学键理论,是由于胶黏剂和被粘物发生化学反应,在界面上形成化学键的结果。

以上理论,仅仅是说明黏附的几种可能。事实上,胶接的结合力是机械、吸附、扩散、静电、化学键等因素综合作用的结果,只是对不同的胶黏剂和不同的被粘对象,这 5 种黏附力的贡献相对比例不同而已。

### 3. 胶接接头的设计

胶接接头的形式对黏结效果影响很大,因此合理设计胶接接头显得十分重要。

(1) 胶接接头受力状况

胶接接头受外力作用时,根据外力的方向和力在接头中的分布,大致有以下四种类型,如图 5.2 所示。

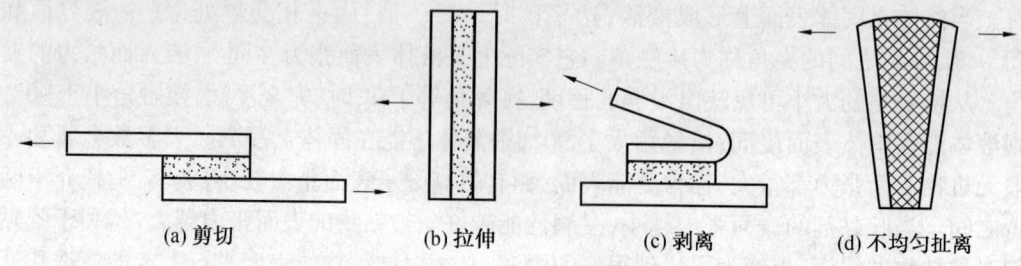

(a) 剪切　　　　(b) 拉伸　　　　(c) 剥离　　　　(d) 不均匀扯离

图 5.2　胶接接头的四种基本受力类型

(2) 胶接接头设计原则

由接头的力学特性可知,拉伸、剪切、压缩的强度比较高,而剥离、弯曲、冲击的强度比较低。因此,接头设计的原则应该是:

① 应尽可能使胶层承受或大部分承受剪切应力。
② 尽可能避免剥离和扯离力的作用。
③ 尽可能增大黏结面积,以提高接头承载能力。
④ 尽可能采用黏结和机械结合相辅相成的复合连接形式。
⑤ 接头形式要尺寸合适、结构简单、加工方便、美观和经济实用。

(3) 胶接接头的形式

两个被粘物的接头可归为下面四种类型,即对接接头、角接接头、T 型接头和面接头,如图 5.3 所示。

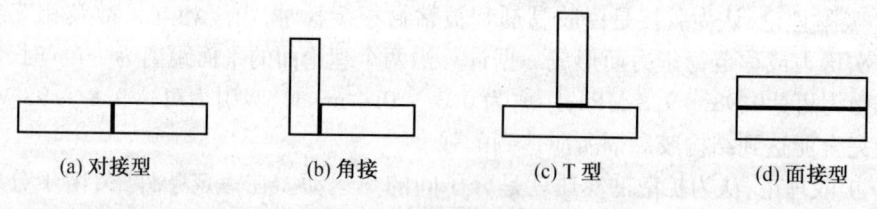

(a) 对接型　　　　(b) 角接　　　　(c) T 型　　　　(d) 面接型

图 5.3　接头的基本类型

### 4. 胶接工艺

胶接工艺合理与否,往往是黏结质量的关键,其主要为被粘物的表面处理、配胶、涂胶、晾置、固化及胶接质量的检验等。

(1) 表面处理

表面处理包括去除被粘物表面的油污、锈迹及附着物,提高被粘物表面的粗糙度以增加黏结的表面积,以及对一些难粘的物质经表面处理后提高其表面活性等。具体方法为:用有机溶剂清洗以脱脂,用水清洗以清除污物、灰尘;机械处理,用砂纸打磨、喷砂表面可以去除污物,增加表面积;化学处理,用铬酸盐、硫酸或碱液处理材料表面,使其被腐蚀或氧化,以除去表面疏松的氧化物和其他污物;物理方法,主要是对一些非极性高分子材料进行表面处理以提高其表面活性,其中包括火焰处理、电晕与接触放电处理等离子处理以及辐射处理等。

(2) 配胶

胶黏剂有多种不同状态,其中胶棒、胶条、胶膜、胶带等热熔胶和压敏胶可直接使用。单组分胶不需配胶,可直接使用。但若胶中含有溶剂或含有密度较大、易沉淀的填料,在使用前应搅拌均匀。若黏度过大,应加相应溶剂进行稀释。对于双组分或多组分的液态胶,在使用前,按规定比例现用现配。按已知配方自行配制的胶黏剂,各组分的称量要准确,配料一般顺序为:黏料 → 稀释剂 → 增塑剂 → 填料 → 固化剂。配好的胶黏剂在规定时间内(初凝前)用完,这一时间称为胶黏剂的适用期。

(3) 涂胶

涂胶就是将胶黏剂以适当的方式涂布于被粘物表面的操作。要得到最理想的黏结强度,必须使胶黏剂很好地在被粘物表面浸润,任何空隙都会形成应力集中而降低黏结强度。胶黏剂按其形态不同,可有不同的涂布方法:热熔胶可用热熔胶枪;粉状胶可进行喷撒;胶膜应在溶剂未完全挥发之前贴上滚压;液体或糊状、膏状胶黏剂,可采用刷胶、喷胶、注胶、浸胶、漏胶、刮胶、滚胶等,其中以刷胶最为普遍。一般来说,在保证不缺胶的情况下,胶层尽可能薄些为好。对于大多数溶剂型胶都要涂1～3遍,第一遍尽量薄些,待溶剂基本挥发后,再涂胶。

(4) 晾置

对于无溶剂的液态胶黏剂,在涂胶之后,虽说可以立即胶合,但一般应在室温下稍加晾置,目的是排除空气,流匀胶层,初步反应,增加黏性。对于大多数液态胶,多半含有大量溶剂,在涂胶后,都应晾置一段时间,不能马上胶合,目的是让溶剂挥发和使涂胶过程中所吸收的空气、水分尽量排除,另外也有利于对被粘物的浸润,否则固化后的胶层结构松散、有气孔,使黏结强度大为下降。晾置的时间与温度是随着溶剂及其含量的不同而异。有的胶黏剂仅需在室温下晾置;有的则要在稍高温度下进行烘烤。但晾置时间不宜过长也不宜过短,长则表面结膜失去黏性;短则残留溶剂,降低强度。

(5) 固化

固化就是胶黏剂通过溶剂挥发、熔体冷却、乳液凝聚等物理作用或缩聚、加聚、交联、接枝等化学反应,使其变成固体。固化对黏结强度影响极大,只有完全固化,强度才会最大。被粘物经涂胶晾置后,即可对接,进行固化,固化过程中,温度、压力、时间是固化工艺的3个重要参数。

温度是最重要的一个参数,每一种胶黏剂都其特定的固化温度,而且温度与时间有依赖关系,固化温度高,需要时间短,反之亦然。但低于规定固化温度,时间再长,固化过程也无法完成;高于固化温度太多,虽然时间缩短,却因固化速度太快,胶层硬脆,性能变坏。常用的加热设备有烘箱、热风、红外线等。

固化时间是使胶黏剂固化完全,从而形成牢固的胶接缝所需的时间,固化时间的长短一般以胶缝获得最高胶接强度和最好的其他胶接性能所需的时间而定。

固化时施加一定的压力,对于所有胶黏剂提高胶接强度都有益处,加压有利于胶黏剂的扩散渗透和与被粘物的紧密接触;有助于排除气体、水分等低分子物,防止产生空洞和气孔;有利于胶层的均匀和厚度的控制;有助于胶层表面紧密贴合,获得致密的胶层。加压可用专门的工具与设备,加压方式有锤压、滚压、机械压力、液压、气袋加压、真空加压等。加压大小须适当,并应均匀,小则不起作用,大则会挤出太多胶黏剂,造成缺胶、降低胶接强度。加压最好是逐步增压,开始时因胶黏剂黏度低,压力可小些,然后逐渐升到规定的压力。

(6) 检验

最后经质量检验得到是否理想黏结效果。

**5. 各种材料的胶接**

对于不同的被粘物由于种类各异,因而需选择不同的胶黏剂和不同的胶接工艺。以下简要介绍各种材料胶接时所适用的胶黏剂。

(1) 金属材料

金属材料是高强度材料,在胶接金属时,应考虑载荷、工作环境等条件,金属及其合金表面致密、极性大、强度高,宜选用改性酚醛胶、改性环氧胶、聚氨酯胶／丙烯酸酯胶等结构胶黏剂。一般不采用溶剂型或乳液型,以及酸性较大的乳白胶黏结金属及其合金。

(2) 有机材料

对于热塑性塑料可用溶剂、热熔类胶黏剂黏结,而热固性塑料只能用黏结金属类的胶黏剂黏结。对于聚乙烯、聚丙烯、聚四氟乙烯等塑料,必须经特殊表面活化处理后,才能进行黏结。橡胶本身或与其他被粘物黏结,应该选用橡胶型胶黏剂或是橡胶改性的韧性胶黏剂。

(3) 线膨胀系数小的无机材料

对于线膨胀系数小的无机物质(如玻璃、陶瓷等)的黏结,应考虑选用与线膨胀系数相匹配以及含有极性基团的胶黏剂。当这类被粘物与其线膨胀系数相差悬殊的被粘物黏结时,应选用弹性好、且能室温固化的胶黏剂。

(4) 其他

大面积的黏结,不能用室温快速固化的胶黏剂。

耐热性差或热敏材料应选用室温固化的胶黏剂。

像木材、纸张、织物等多孔的被粘物,宜选用水基和乳液胶黏剂,如乳白胶和脲醛胶。黏结弹性模量低的金属或薄形被粘物,需选用韧性好的胶黏剂,以适应较大的变形,减缓应力集中。

### 5.4.2 涂料

涂料是指一种涂覆在物体表面,能形成牢固附着的连续薄膜的材料。由于最早的涂料常利用植物油和天然树脂,因而称为油漆。随着石油化工和合成聚合物工业的发展,当前植物油和天然树脂已逐渐为合成聚合物改性和取代,因而油漆已远远不能包括涂料的所属范畴。

**1. 涂料的作用和组成**

（1）涂料的作用

涂料最早主要用于装饰,涂覆在物体上或建筑物上,赋予鲜艳的色彩和色调,美化物体及生活环境。涂料的另一个重要作用是保护作用,它可以保护材料免受或减轻各种损害和侵蚀。例如金属的锈蚀,木材和塑料制品的保护,防火涂料的使用,古文物的保护等。还有一个是功能作用,涂料涂在工厂设备、管道、容器及道路上起着色彩标志作用;涂在电机内起绝缘作用;涂在船舶底部能防污、杀死附着于船底的海生物;涂料还可以涂在物体表面,通过颜色变化表示温度的变化;军事设施上的防红外线伪装涂料,火箭和宇宙飞船表面上的耐烧蚀涂料等。从上述可见,涂料已成为国民经济及人民生活中不可缺少的材料。

（2）涂料的组成

涂料是多组分体系,基本上由成膜物质、颜料、分散介质和辅助材料四种成分组成。

① 成膜物质。成膜物质也称胶黏剂或基料,是涂料最主要的成分,没有成膜物的表面涂覆物不能称为涂料。成膜物的性质对涂料的性能起主要作用。它由植物油、天然树脂和合成树脂等组成,在成膜前可以是聚合物也可以是低聚物,但涂布成膜后都形成聚合物膜。对成膜材料可分为两大类,一类是转换型或反应型涂料,另一类是非转换型或挥发型涂料。转换型涂料在成膜过程中伴有化学反应,一般均形成网状交联结构,因此,成膜物相当于热固型聚合物。转换型涂料又可分为两类:一类是气干型的,在常温下可交联固化,如醇酸树脂涂料;另一类是烘烤型的,需在高温下完成反应,如氨基漆等。非转换型涂料的成膜仅仅是溶剂挥发,成膜过程中未发生任何化学反应,成膜物是热塑性聚合物,如硝基漆、氯化橡胶漆等。

② 颜料。涂料中加入颜料主要起遮盖和赋色的作用,但一些透明的不起遮盖作用的也称为颜料,前者是真正的颜料,后者有时被称为惰性颜料、填料或增量剂。除了遮盖和赋色作用外,颜料还有增强、增加附着力、改善流变性能、改善耐候性、赋予特殊功能、降低成本等作用。常用的颜料有:无机颜料,如钛白、锌钡白、氧化锌、锑白、炭黑、铁黑、铁红、镉红、铬黄、铁黄、三氧化二铬、铁蓝、群青等;有机颜料,如大红粉、联苯胺黄、耐光黄、镍偶氮黄、酞菁绿、哇吖啶酮等;金属颜料,如铝粉、铜粉等;防锈颜料,如红丹、锌粉、氧化锌、锌铬黄、磷酸锌、盐酸锌黄、铝胺锌、偏硼酸钡等;功能颜料,如夜光颜料、荧光颜料、示温颜料等;惰性颜料或称体积颜料,如钡白、碳酸钙、硅酸钙、瓷土、云母、氢氧化铝、滑石粉、硅石、白炭黑等。没有颜料的涂料称为清漆,而含有颜料的涂料称为色漆(瓷漆)。

③ 分散介质。分散介质即挥发性有机溶剂或水,主要是有机溶剂,其主要作用在于使成膜物质分散而形成黏稠液体,本身不构成涂层,用来改善涂料的可涂布性,帮助成膜物、颜料混合物转移到被涂物表面上。通常,将成膜物质基料和分散介质的混合物称为漆料。所用的溶剂按来源分成四类:植物系溶剂,如松节油;煤焦系溶剂,如苯、二甲苯等;石油系溶剂,如汽油、煤油和柴油;合成系溶剂,如乙醇、正丁醇、二丙酮醇、醋胺乙酯、丙酮、丁酮、环己酮、乙二醇乙醚、醋酸苯酯等。

④ 辅助材料。辅助材料又称助剂,本身不能成膜,但能帮助成膜物质形成一定性能

的涂膜并留在涂膜内,有时添加一种到数种助剂,有时可以不加。助剂包括催干剂、增塑剂、增稠剂及稀释剂等。

**2. 涂料的分类**

涂料的品种很多,可从不同的角度进行分类。

(1) 按有无颜料分类

涂料按有无颜料可分为无颜料的清漆和加颜料的色漆。

(2) 按形态分类

涂料按形态可分为水性涂料、溶剂型涂料、粉末涂料、无溶剂涂料等。

(3) 按用途分类

涂料按用途可分为建筑涂料、汽车涂料、木器涂料、船舶涂料、塑料涂料、纸张涂料、罐头涂料等。

(4) 按使用效果分类

涂料按使用效果可分为绝缘涂料、防锈涂料、防污涂料、防腐涂料等。

(5) 按施工顺序分类

涂料按施工顺序可分成面漆(包括罩光漆)和底漆两大类。底漆又分为封闭底漆、腻子或填孔剂、头道底漆、二道底漆等。

(6) 按施工涂装方法分类

涂料按施工涂装方法可分为喷漆、浸渍漆、电泳漆、烘漆等。

**3. 新型涂料**

(1) 水性涂料

水性涂料是以水代替涂料中的有机溶剂,因而从安全、成本、毒性以及环境污染等方面都是十分重要的。现已形成一个多品种、多性能、多用途的体系,其中以水溶性树脂涂料和乳胶涂料为主。水溶性树脂涂料分水溶性自干或低温烘干涂料和电泳涂料。

(2) 高固体分涂料

涂料中的挥发性有机溶剂污染环境,因此降低溶剂量,发展高固体分涂料,是涂料研究的重要方向。一般溶剂型热固性涂料,在喷涂要求的黏度下,其固含量(质量)一般为 40%～60%,而所谓的高固体分涂料的固含量则在 60%～80%。制备平均相对分子质量低、相对分子质量分布窄的树脂,降低树脂的玻璃化温度,选择溶解性好的溶剂,提高涂料施工温度等都可提高涂料的施工固体分。高固体分涂料具有涂膜丰满、一次涂装可得厚涂层、溶剂少、贮存运输方便、对环境污染小等特点,并可用现有设备生产和施工,达到节能、省资源和低污染的目的。用于家用电器、机械、电机、汽车等的涂装。

(3) 粉末涂料

粉末涂料是粉末状的无溶剂树脂涂料具有工序简单、节约能源和资源、无环境污染、生产效率高等特点。粉末涂料主要用于金属器件涂装,现已广泛用于家用电器、仪器仪表、汽车部件、输油管道等各个方面,是发展很快的一种涂料。

(4) 光敏涂料

光敏涂料(或称为固化涂料)一般用紫外光作为能源,引发漆膜内的成膜物质进行自由基或阳离子聚合,从而固化成膜的涂料。目前光固化涂料主要是自由基型固化涂料。光固化涂料具有固化速度快、生产效率高、无溶剂、污染小、省能源、适用于自动流水线涂布等特点,特别适用于不能受热的材料的涂装,主要用于木器、家具、纸张、塑料、皮革、食品罐头等装饰性涂装。

### 4. 功能性涂料

凡是具有保护和装饰这两种基本功能外,而另有特殊功能的涂料称功能性涂料或称特种涂料。因为涂料是对材料改性或赋予特殊功能最简便的方法,因此功能性涂料与尖端科学密切相关。功能涂料品种繁多、产量小、效益高,但技术难度大。

（1）防火涂料

火灾给人类的生命财产和文明带来的灾难是非常巨大的。防火从古至今都受到人类的高度重视。防火涂料作为防火的有效措施之一获得广泛应用。防火涂料具有两种功能:一是涂层本身具有不燃烧或难燃烧性,即能防止被火焰点燃;其二是能阻止底材的燃烧或对其燃烧的蔓延有阻滞作用。本身不燃或难燃但无第二种功能的涂料称为阻燃涂料。

（2）防污涂料

海上设施特别是各种船舶都会受到海洋附着生物的侵害,为了防止海洋生物的这种污损,虽然有多种防止海洋生物污损的方法,但目前为止,使用防污涂料是最佳的手段。这主要是防污涂料通过漆膜中防污剂(毒料)的逐步渗出来防止海洋生物污损,以前使用的防污剂有氧化亚铜、三苯基锡类以及三丁基锡类等。但从安全性上考虑,开始使用硅类防污剂和氟树脂类防污剂。防污涂料采用的基料很广泛,如松香、沥青、乙烯系树脂、氯化橡胶、聚氨酯、有机硅树脂、丙烯酸树脂等。

（3）变色涂料

变色涂料指涂层的颜色随环境条件如光、温度、湿度、pH 值、电场、磁场等变化而变化的涂料。此类涂料种类很多,用途广泛,这里仅介绍示温涂料和伪装涂料。

① 示温涂料。示温涂料是通过涂层颜色的变化测量物体表面温度及温度分布的特殊涂料,它的优点在于可测量用温度计无法测量的场合的温度或湿度分布。它主要用于:超温报警;大面积物体表面温度分布的测量,例如发动机叶片上涂上示温涂料,就可以得到叶片上温度分布情况,从而了解叶片冷却效果;高速运动物体及复杂表面的温度测量;非金属材料温度的测量等。

示温涂料通常分为两大类型:可逆型和不可逆型。可逆型示温涂料加热到某一温度即发生色变,冷却时颜色又恢复原状;不可逆型示温涂料受热到一定温度后变色,冷却后并不恢复原状。

② 伪装涂料。伪装涂料主要用于军事上,在各种设施和仪器上涂上伪装涂料后,在可见光、红外光、紫外光、雷达等侦察条件下,可不被敌人发现。最普通的伪装涂料是迷彩涂料,属可见光伪装,它是通过减少或消除目标与背景的颜色区别来实现的。所以伪装涂料是一种随环境自动变色而达到与不同背景色调一致的涂料。

（4）导电涂料和磁性涂料

导电涂料和磁性涂料都是在现代科学技术，特别是信息和电子技术中起重要作用的涂料。它的发展和现代前沿研究领域密切相关。

① 导电涂料。涂层具有导电性能或者排除积累静电荷能力的涂料，都称为导电涂料。导电涂料可分为两类：掺合型导电涂料及本征型导电涂料。因为涂料中的成膜物质基本上都是绝缘的，为了使涂料具有导电性，最常用的方法是在成膜物质中掺入导电微粒（如炭黑、石墨粉、金属粉、某些金属氧化物）使其导电。而本征型（也称结构型）导电涂料是由于成膜物质（聚合物）本身具有固有的导电性，而使涂料导电，这些导电的聚合物包括聚电解质、共轭聚合物等。

抗静电涂料可以防止在塑料等材料表面灰尘的附着和产生静电。在涂料中加入碳粉、金属粉末等导电性微粒或加入抗静电剂可制成抗静电涂料，后一种方式效果好。

② 磁性涂料。磁性涂料主要用来制备各种磁性记录材料的涂料，如磁带、磁盘、磁卡、磁鼓和磁轮等，其中用于磁带的涂料量最大。

磁性涂料是指在成膜物质树脂中掺入磁性粉末如针状 $\gamma - Fe_2O_3$ 磁粉和金属磁粉等。磁性涂层的磁性是由磁粉的质量所决定，磁粉决定磁性涂层的记录密度和存储量、磁特性、稳定性等。当然对涂料也有要求，常用的成膜载体是氨基涂料。

（5）航空航天特种涂料

① 阻尼涂料。阻尼涂料系指能减弱振动、降低噪音的涂料。阻尼涂料主要涂布在处于振动条件的大面积薄板状壳体上，例如汽车及航天器的壳体等。

② 隐身涂料。隐身技术是当代先进科学技术的最新成就，在军事上有重要意义。隐身涂料是隐身技术的重要组成部分。隐身涂料也可称为伪装涂料，但它主要是指防雷达侦察的涂料，主要是通过波的干涉作用来吸收电磁波。当雷达波射到隐身涂层时，一部分反射，另一部分透过涂层经底部反射再穿出涂层，经过巧妙的设计和深层内铁氧体的作用，这两部分波位相正好相反，而振幅相当，因此可因干涉而被消除。这层涂料不仅可以防雷达，而且可吸收紫外线，因此在飞机、导弹上涂上这样的涂料后，能突破雷达和红外线的防御。

③ 烧蚀涂料。高速的航天器由于和空气的剧烈摩擦所产生的气动热可达几千度，最好的耐高温合金也会在此温度下熔化、烧毁，而且可迅速将热量传入飞行器内部。有机烧蚀材料的应用解决了在高热流气动加热下的热保护问题，它是利用其本身在高温作用下发生物理（熔融、蒸发、升华、辐射等）和化学（分解、解聚、离子化等）的复杂过程，本身烧蚀（消耗或消失）带走热量而达到保护飞行器正常飞行的一种材料。烧蚀涂料是其中的一种形式，它具有制造简单、施工方便、不受被保护物体外形限制等优点。

④ 温控涂料。航天器在太空飞行时，其环境温度差可达 $\pm 200$ ℃，为了保证航天器的各种仪器、设备及宇航员的正常工作环境，必须对航天器的温度进行控制，使用温控涂料（或称热控涂料）是进行温度控制的手段之一。温控涂料是通过涂层的吸收辐射比的调节来达到温控的目的的。所谓吸收辐射比是指物质吸收太阳能的吸收系数 $\alpha$ 与其热发射系数 $\varepsilon$ 之比 $\alpha/\varepsilon$。$\alpha/\varepsilon$ 越高，表面升温程度越大；$\alpha/\varepsilon$ 越低，降温程度越大。

## 5.5 功能高分子材料

### 5.5.1 感光高分子

感光高分子又称感光树脂,是具有感光性能的高分子物质。高分子的感光现象是指高分子吸收光能量后,分子内或分子间产生化学的或结构的变化,如交联、降解、重排等。但是吸收光的过程并不一定非由高分子本身完成,也包括与其共存的感光性化合物(光敏剂),吸收光能量后再引起高分子化学和结构的变化。

感光高分子最早是在照相制版方面作为光致抗剂而发展起来的。天然高分子如明胶中加重铬酸盐,利用重铬酸盐的感光性,用于照相制版中获得成功,才使照相制版得到迅速的发展。进入 20 世纪,研制出多种有机感光材料,特别是 1945 年后,以聚乙烯醇肉桂酸酯为代表的新型的感光高分子材料的发现,使这种技术从照相制版更广泛地发展到电子工业、金属精密加工工业等方面。

感光高分子根据光照后物性的变化可分为光致不溶解型、光致溶解型、光降解型、光导电型、光致变色型等。根据感光基团的种类可分为重氮型、叠氮型、肉桂酰型、丙烯酸型等。根据骨架聚合物可分为 PVA 系、聚酯系、尼龙系、丙烯酸酯系、环氧系、氨基甲酸酯系等。根据光反应的种类有光交联型、光聚合型、光氧化还原型、光二聚型、光分解型等。根据聚合物的形态或组分可分为感光性化合物 + 高分子型、带感光基的高分子型和光聚合组成型。

感光高分子已被广泛用于印刷工业的各种制版材料,这些版材包括 PS 胶印版、感光树脂凸版(液体树脂版、固体树脂版、苯胺树脂版)、凹版以及丝网印刷版。PS 胶印版代替了传统的有毒铅版,已占印刷业的主导地位。在电子工业上,感光高分子主要用于印刷线路板、高集成度的半导体芯片。另外光固化涂料可用作家具、PVC 墙纸、装饰板等面漆。它又是电子元件、器件的主要包封绝缘材料以及光导纤维的包覆材料,另外感光性胶黏剂除一般用途外,还可用于电子和液晶元件、光盘等的黏结或密封、集成电路装配、复合包装材料等,压敏胶及导电胶也有其应用。此外,感光高分子在医疗上也可用作齿科材料,在纤维工业中可用于棉纤维的表面接枝改性,在生化工业中可用来固定生化酶,在图像情报工业中可用于记录显示等。感光高分子未来开发目标是研制出与银盐具有同等感光性(感光度和分辨率)的高分子材料,以及转换效率达到非晶硅太阳能电池水平的高分子太阳能电池。

### 5.5.2 导电高分子

目前,材料按电导率大体可分为四类,即绝缘体、半导体、电导体和超导体。一般高分子材料均是优良的绝缘体。受橡胶工业炭黑与橡胶混炼后,其电导率变为 $10^{-2}$ S/cm 的启迪,从 20 世纪 60 年代初开始,将导电性无机材料,如炭黑、金属粉末或颗粒或金属丝、碳纤维等掺到各种聚合物中,从而得到了导电性的复合性材料。1971 年,日本的白川用 Zeigler – Natta 催化剂成功地合成了聚乙炔薄膜,具有金属光泽和很高的结晶度,室温下

电导率在 $10^{-9}$(顺式) ~ $10^{-5}$(反式)S/cm 之间。1977 年,美国宾夕法尼亚大学的 MacDiarmid 等人用白川制备的聚乙炔膜用电子受体 $I_2$ 进行掺杂,使其电导率提高到 $10^{-2}$ S/cm 并覆盖整个半导体到金属导体之间的区域,此类不含任何金属原子的导电高分子具有如此高的电导率,引起极大的重视,从而开创了结构型导电高分子新领域。

近 20 年来,人们已合成百种不同结构和类型的导电高分子化合物。从结构上来看,可以分为共轭高分子、电荷转移复合体、聚合物离子-自由基盐、含金属聚合物等。其中,共轭结构的导电高分子仍然代表着导电高分子发展的主流。

具有共轭结构的高分子本身的电导率仍旧较低,例如,电导率最高的反式聚乙炔的电导率只有 $10^{-5}$S/cm,仍属半导体范围。但它们经过掺杂处理后,多数共轭高分子的电导率都有显著的提高。

据上所述,为获取高导电的聚合物,应希望聚合物本身共轭体系为十分完整的分子结构,聚合物本身应为取向度高度一致及结晶度高。另外在掺杂时,应选择合理的掺杂剂种类,以及最佳的掺杂条件(浓度、均相等)。为此,人们对各种聚合物的聚合方法、后处理工艺进行不断更新和完善。迄今,所得的 π 共轭导电聚合物绝大多数是不溶和不熔的,所以对于可溶性的导电聚合物的研究具有重大的意义。其中包括嵌段和接枝共聚法,在链段中提供可溶性成分,可直接浇铸成膜。赋形性导电聚合物的合成,也即光合成中间体,成型(如成膜、成纤等)经拉伸以提高其取向控制,然后再转化成共轭体系,另选用兼有溶剂功能的掺杂体系,这些都引起研究导电高分子人们的高度关注。

### 5.5.3 医用高分子

医用高分子是在高分子材料科学不断向医学和生命科学渗透,高分子材料广泛应用于医学领域的过程中逐步发展起来的一大类功能高分子材料。医用高分子的研究,已形成了一门介于现代医学和高分子科学之间的边缘学科。

近 40 年来,高分子材料已经越来越多地应用于医学领域,造福于人类,聚酯纤维用作人工血管和食道,有机玻璃用作人工骨骼和人工关节,使患者恢复正常的生活与工作能力;中空纤维渗透膜用于人工肾,挽救了不少肾功能衰竭患者的生命;硅橡胶、聚氨酯等材料制成的人工心脏瓣膜,经手术置换后,可使严重心脏病患者获得新生;用高分子材料制成的人造血液,给身患血癌绝症的病人带来希望;人造玻璃体、人造皮肤、人工肝脏、人工肺等一大批人工器官的研制成功大大促进了现代医学的发展。

医用高分子作为一门边缘学科,融和了高分子化学、高分子物理、生物化学、合成材料工艺学、病理学、药理学、解剖学和临床医学等多方面的知识,还涉及许多工程学问题,如各种医疗器械的设计、制造等。上述学科的相互交融、相互渗透,对医用高分子材料提出了越来越严格而复杂的多功能要求。促使医用高分子材料的品种越来越丰富,性能越来越完善,功能越来越齐全。高分子材料虽然不是万能的,不可能指望它解决一切医学问题,但通过分子设计的途径,合成出具有生物医学功能的理想医用高分子材料的前景是十分广阔的。有人预计 21 世纪,医用高分子将进入一个全新的时代。除了大脑之外,人体的所有部位和脏器都可用高分子材料来取代。仿生人也将比想象中更快地来到世上。医用高分子的发展,对于战胜危害人类的疾病,保障人民身体健康,探索人类生命的奥秘,无疑具有重大的意义。因此，如何快速发展新型的多功能医用高分子材料，已成为医学、药物学和化学工作者共同关心的问题。

经过40多年的艰苦努力，目前用高分子材料制成的人工器官中，比较成功的有人工血管、人工食道、人工尿道、人工心脏瓣膜、人工关节、人工骨骼、整形材料等，已取得了重要的研究成果，但一些功能比较复杂的器官，如人工肝脏、人工胃等还需要不断地完善。在医用高分子材料的发展过程中，遇到一个巨大难题是材料的抗血栓问题。

对于医用高分子材料还没有确切的分类方法，有的按高分子材料的化学结构来分，也有的按医学工程中实际用途来区分。表5.7是高分子材料按医学工程中实际用途来分类的。

表5.7　医用高分子材料的分类

| 分　类 | 内　　　容 |
| --- | --- |
| 人工脏器 | 人工心脏、人工肾、人工肺、人工肝、人工胰、人工气管、人工输尿管和尿道、人工眼、人工耳、人工舌、人工乳房、人工子宫、人工喉 |
| 人工组织 | 人工皮肤、人工细胞、人工血管、人工骨、人工关节、人工血液、人工神经、人工肌腱、人工软骨、人工齿及牙托、人工晶状体、人工玻璃体 |
| 医用材料 | 输血输液袋、高分子缝合线、医用胶黏剂、高分子夹板绷托、高吸水性树脂、塑料注射器 |
| 药用高分子 | 低分子药物的载体、带有高分子链的药物、具有药效的高分子、药品包装材料 |

主要高分子材料在医学上的应用情况见表5.8。

表5.8　高分子材料在医学上的用途

| 高分子材料名称 | 医学上主要用途 |
| --- | --- |
| 丙烯酸树脂 | 齿科材料、胶黏剂、面部整容材料、药物包衣、头盖骨 |
| 聚甲基丙烯酸羟乙酯 | 缝合材料、导尿管、接触眼镜、人工角镜、人工晶体、鼓膜栓、骨髓生长用海绵 |
| 纤维素、聚乙烯醇 | 半透膜、人工肾脏、模拟皮肤 |
| 聚酯纤维 | 人工血管、人工器官中增强材料 |
| 无机聚合物 | 人工心脏部件、人工血管、人工肾脏部件 |
| 尼龙 | 覆盖材料、成型品 |
| 聚甲醛 | 人工肾脏中吸附剂的覆盖材料 |
| 有机氟 | 人工血液、人工血管、导尿管 |
| 有机硅聚合物 | 血液消泡剂、肠胃消气药、伤口透气保护膜、人工乳房等整容材料 |
| 脲醛树脂 | 外科用绷带、医用复合材料 |
| 聚氯乙烯 | 输血袋、手术用袋、伤口保护材料 |
| 聚丙烯 | 一次性针筒 |
| 聚乙烯 | 膝关节修补材料、插管 |

# 第6章 新型高分子材料

## 6.1 光电活性高分子材料

### 6.1.1 光致变色高分子

**1. 概述**

高分子材料的研究与应用已给人类带来了巨大的益处,迄今科学家们仍不遗余力开拓各种新型的高分子材料,光致变色高分子材料就是近年来受到人们瞩目的新型功能高分子材料之一。

光致变色材料的研究始于20世纪初,人们在对功能性染料的研究中发现多种物质在光照射时呈现颜色,有的在可见光照射下产生颜色变化,停止光照后又能回复原来的颜色。这些现象引起高分子研究者们的注意,于是,许多研究者们把光致变色的功能性染料引入到高分子的侧链或主链中,或与高分子化合物共混,从而开发出一系列具有光致变色特性的新型高分子材料。功能性光致变色染料是小分子,不便于制造成器件,光致变色高分子恰恰在这方面有很大的优势,因而更加促进了光致变色高分子的研究与开发。

迄今为止,光致变色高分子的应用开发工作尚处在起步阶段,但其应用前景是十分诱人的。例如,可作为窗玻璃或窗帘的涂层,从而调节室内光线;可作为护目镜从而防止阳光、激光以及电焊闪光等的伤害;在军事上,可作为伪装隐蔽色或密写信息材料;还可作为高密度信息存储的可逆存储介质等。

我国已把光致变色材料列入863高科技计划,国内一些单位也已相继开展这方面的工作并取得了可喜的成果。

**2. 光致变色的基本原理**

由于有机物质在结构上千差万别,因而光致变色机理也多有不同。宏观上可分为光化学过程变色和光物理过程变色两种。

光化学过程变色较为复杂,可分为顺反异构反应、氧化还原反应、离解反应、环化反应以及氢转移互变异构化反应等。

以侧链带偶氮苯的光致变色高分子为例,这是典型的顺反异构变色机理。在光作用下,偶氮苯从稳定的反式转变为不稳定的顺式,并伴随着颜色的转变。

关于光物理过程的变色行为,通常是有机物质吸光而激发生成分子激发态,主要是形成激发三线态,而某些处于激发二线态的物质允许进行三线态-三线态的跃迁,此时伴随有特征的吸收光谱变化而导致光致变色。

**3. 光致变色存储信息及可逆光调节作用的基本原理**

光致变色存储信息的基本原理是:理想的光致变色物质作为存储介质时需具有两个

光吸收带,在波长为 $\lambda_1$ 的光照射下,存储介质由状态 1 完全转变为状态 2,在波长为 $\lambda_2$ 的光照射下,介质由状态 2 完全返回到状态 1。

光致变色可分为两大类:正光致变色和逆光致变色。若 $\lambda_2 > \lambda_1$,称为正光致变色,反之称为逆光致变色。我们可用下面方法记录信息。首先用波长为 $\lambda_1$ 的光照射,此时介质均由状态 1 转变为状态 2。然后,我们就可以进行信息的写入工作,方法是:通过 $\lambda_2$ 的光(写入光)作为二进制编码的信息写入,使被 $\lambda_2$ 光照射的部分由状态 2 逆转为状态 1,它就是对应于二进制编码的"1",而未被 $\lambda_2$ 光照射的部分仍处于状态 2,它就是对应于二进制编码的"0"。由于这两种状态指定为与二进制的"0"与"1"相对应,而不同数量的"0"与"1"组成的数字就是信息的数字化了,这就是光致变色可以存储信息的基本原理。至于信息的读出,可以用读出透射率变化的方法,也可以用读出折射率变化的方法。

读出透射率变化的方法是利用波长为 $\lambda_2$ 的光照射,测量其透射率变化而读出信息的。当波长为 $\lambda_2$ 的光照射到二进制编码为"0"处时,因吸收大而透射率很小。当波长为 $\lambda_2$ 的光照射到二进制编码为"1"处时,因无吸收而透射率很大。从而根据透射率的大小能够测得已记录的信息。

读出折射率变化的方法是利用波长不在两个吸收谱中的光的照射,通过测量其折射率的变化而读出信息的。这是因为吸收谱的变化必然会产生折射率的变化。

光致变色材料作为光存储介质应满足一些条件:第一,在半导体激光波长范围内具有吸收,目前使用的半导体激光器的输出波长为 830 nm 和 780 nm,因此要求光致变色材料的变色波长要落在这些波长上。当然,随着半导体激光器的输出波长的短波长化,或者非线性光学元件的开发,对光致变色材料的变色波长的要求也就可以放宽;第二,非破坏性读出,这就是说读出信息时不破坏已记录信息,这就要求开发出具有阈值的光致变色材料,或者通过读出透射率以外的物理量,如折射率、反射率等物理量来读出信息;第三,具有记录的热稳定性;第四,具有反复写,反复擦的稳定性。目前,还没有完全可以满足上述四个条件的光致变色材料,特别是对于高分子变色材料来说,在迈向实用化的道路上,还要进行大量艰巨的研究开发工作。

关于可逆光调节作用(Reversible Photoregulation),其实质性原理仍然是基于光致异构化的结果。由于光的作用导致高分子整体尺寸改变产生可逆的收缩 - 膨胀行为,通常称之为光力学现象。在光作用下,由于链构象或微结构发生改变而导致高分子发生可逆的形变。这种体系可以是混合物,如含偶氮染料的醋酸纤维素,在日光下,样品会收缩,色调也明显改变,而储存在暗处时,又可回复原来长度和色调,这种现象可重复多次。这种体系也可以是以化学键结合的光致变色功能高分子材料。Willner 将可光学异构化的偶氮苯或噻吩俘精酸酐等作为侧链键合到各种蛋白质(如水解酶木瓜蛋白酶)上,从而制得一系列具有可逆光调节作用的高分子。它们在某一光异构体状态下,仍保留蛋白质的特定生物活性(如水解活性),此时可称之为处在活性"开"(ON)状态。经照射后变为另一种光异构体状态,不具有特定的生物活性,此时可称之为活性"关"(OFF)状态。例如,顺式偶氮苯改性后的木瓜蛋白酶对于酰胺化合物不具水解能力(OFF),但在 $\lambda > 400$ nm 光照射下,转变为反式偶氮苯改性的木瓜蛋白酶,此时具有水解能力(ON),见反应式(6.1)。可逆光调节作用在光响应药物释放体系方面的应用正受到人们的关注。

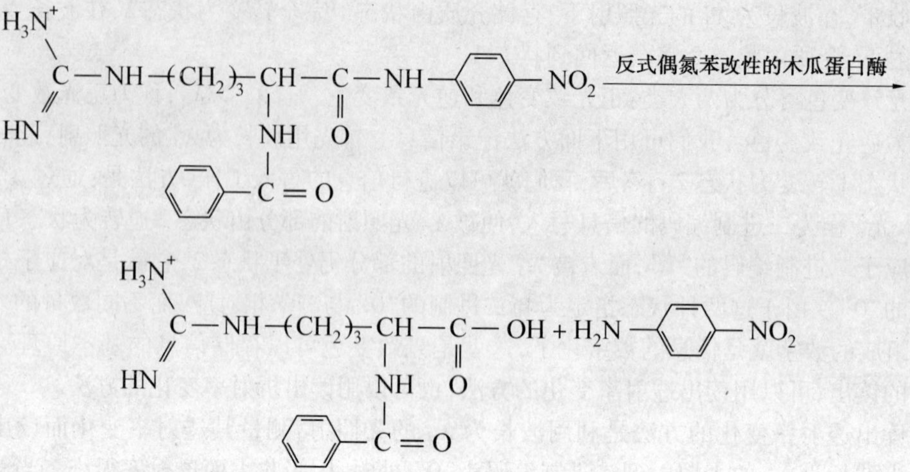

$$\text{[结构式]} \xrightarrow{\text{反式偶氮苯改性的木瓜蛋白酶}}$$

$$\text{[产物结构式]} \quad (6.1)$$

### 4. 主要的光致变色高分子

**(1) 含甲亚胺结构型**

在高分子主链上含有邻羟基苯甲亚胺基团的聚合物具有光致变色功能,其结构单元为:

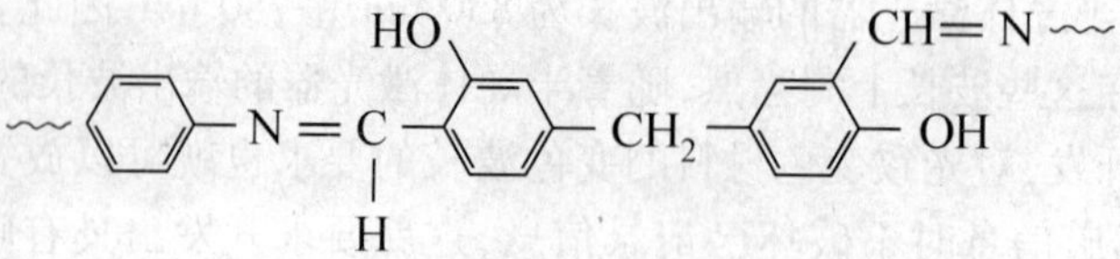

$$\text{[结构式]}$$

其光致变色机理见反应式(6.2)。在光照射下甲亚氨基邻位羟基上的氢发生分子内迁移,使得原来的顺式烯醇转化为反式酮,从而导致吸收光谱的变化。

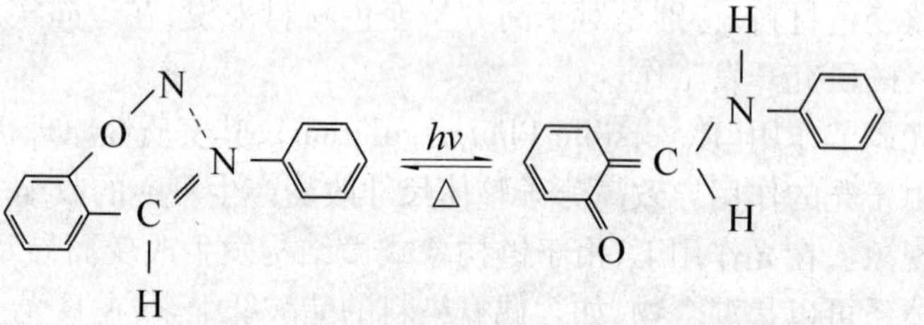

$$\text{顺式烯醇} \xrightleftharpoons[\Delta]{h\nu} \text{反式酮} \quad (6.2)$$

需要指出的是相对分子质量不大的聚甲胺光致变色不明显,因为顺式烯醇和反式酮的共轭体系不大,两者的吸收光谱没有较大的差别,因此,通常要先制得邻羟基苯甲亚胺的不饱和衍生物,再与苯乙烯、甲基丙烯酸甲酯等共聚才能得到光致变色高分子。

**(2) 含硫卡巴腙结构型**

含硫卡巴腙结构的光致变色高分子中最为典型的是由对(甲基丙烯酰胺基)苯基汞二硫腙络合物与苯乙烯、甲基丙烯酸甲酯、丙烯酸丁酯和丙烯酰胺等共聚而制得的光致变色高分子。化合物1是光致变色高分子中一种,其共聚物薄膜经日光照射由橘红色变为暗棕色或紫色。

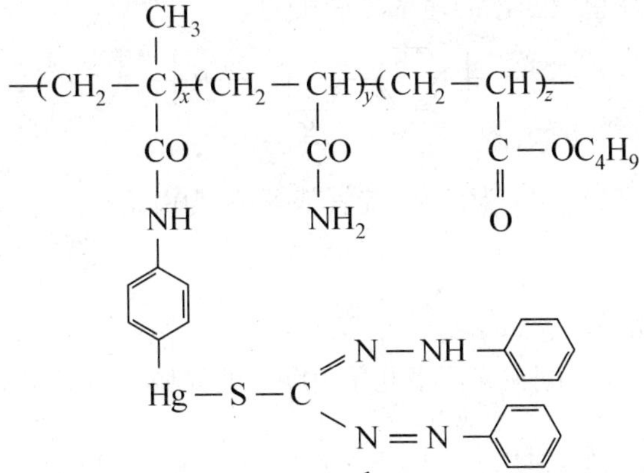

[化学结构式 1]

**（3）偶氮苯型**

偶氮苯型高分子的光致变色性能是偶氮苯的顺反异构引起的，在光作用下，偶氮苯从反式转为顺式，顺式是不稳定的，在暗条件下，回复到稳定的反式，见反应式(6.3)。含偶氮本基元的高分子可用于光电子器件、记录储存介质和全息照相等领域。其合成方法有四种：一是把含乙烯基的偶氮化合物与其他烯类单体共聚；二是通过高分子与含重氮（或偶氮）化合物的反应；三是通过采用偶氮二苯甲酸与其他的二元胺和二元羧酸进行共缩聚而把偶氮苯结构引入到高分子主链中；四是把偶氮苯结构引入到聚肽的侧链中，例如，在二环己基碳二亚胺（DCC）强脱水剂存在下，高相对分子质量的聚谷氨酸与氨基偶氮苯反应（见反应式(6.3)）便可得到光致变色高分子 2。

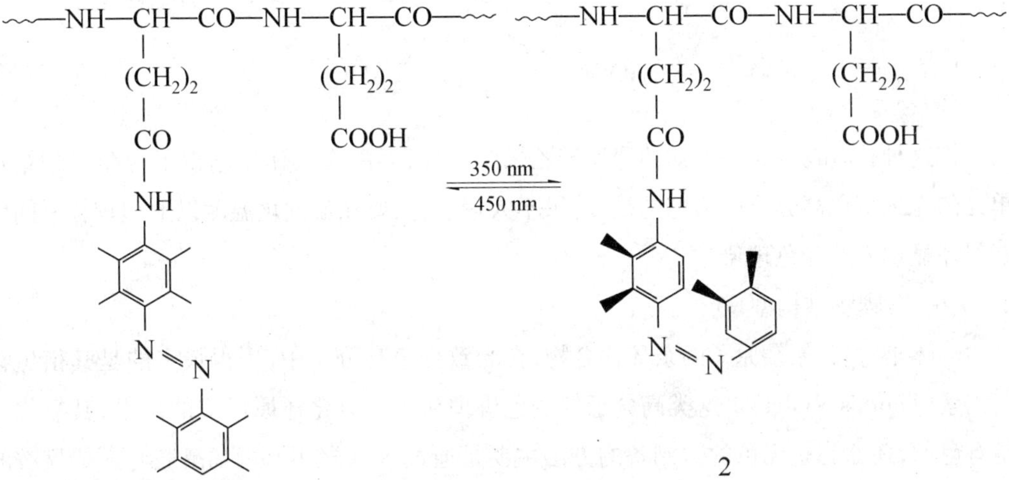

[化学结构式 2，反应式 (6.3)]

**（4）聚联吡啶（紫罗精）型**

聚联吡啶型光致变色高分子是一类具有如结构式 3 所示结构的化合物。在光照射下通过氧化-还原反应而变色。当结构式中的 R 是 $-(CH_2)_4O-_x$，X 为氯离子时，是一种含聚四氢呋喃链段的聚联吡啶弹性体，在光照射下由无色变为绿色。

一些水溶性高分子，如：聚乙烯基吡咯烷酮、聚丙烯酰胺、聚乙烯醇和明胶等对聚紫罗精光致变色的影响也进行了研究，结果表明，在聚乙烯基吡咯烷酮水溶性介质中，聚丁基紫罗精溴化物的光致变色及褪色的速率是最快的。

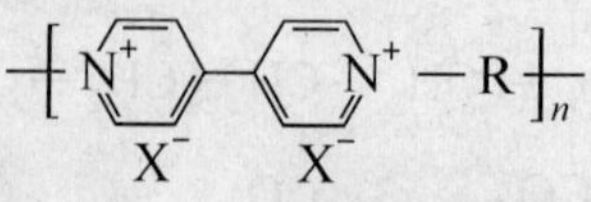

$$+\!\!\begin{array}{c}N^+\\X^-\end{array}\!\!-\!\!\begin{array}{c}\\ \\ \end{array}\!\!-\!\!\begin{array}{c}N^+\\X^-\end{array}\!\!-R\!\!\,\!\!]_n$$

R 为烷基、烷氧基等；X 为卤素

3

（5）含茚二酮结构型

2-取代-1,3-茚二酮在光照下几乎 100% 的异构化为亚烷基苯并呋喃酮，见反应式(6.4)。

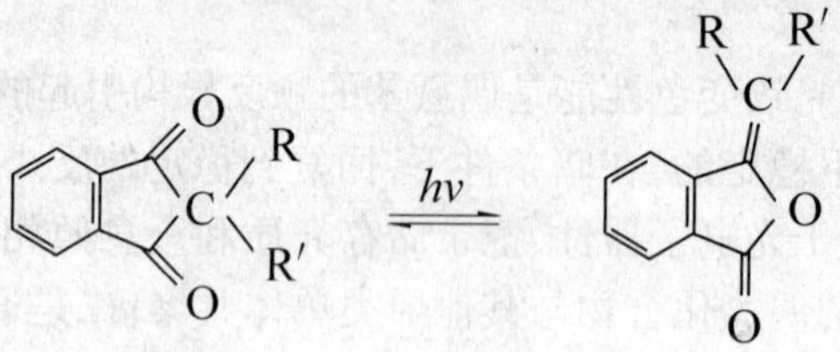

$$\text{(茚二酮结构)} \xrightleftharpoons{h\nu} \text{(亚烷基苯并呋喃酮结构)} \tag{6.4}$$

鉴于这类化合物有如此优良的光致异构化性能，因而设法把它引入到高分子的侧链上去是值得注意的研究课题。于是有人合成了带羧基的茚二酮衍生物 4。

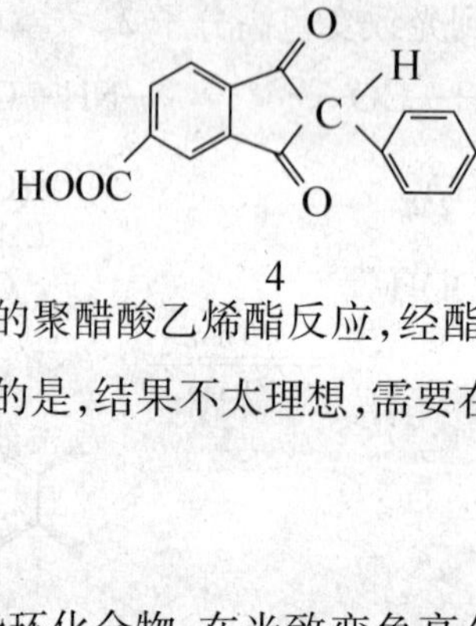

4

把这种化合物与人们熟知的聚醋酸乙烯酯反应，经酯交换作用制得了含茚二酮结构单元的光致变色高分子。遗憾的是，结果不太理想，需要在玻璃化温度以上和较长时间的照射才显现光致变色现象。

（6）含噻嗪结构型

噻嗪是含硫、氮杂原子的杂环化合物，在光致变色高分子中，用得最多的是其衍生物劳氏紫(Lauth's Violet)。这类高分子的变色机理认为是氧化还原反应的结果，其氧化态是有色的，还原态是无色的。制备的方法主要是通过 N-羟甲基丙烯酰胺与丙烯酰胺的共聚物同相应的噻嗪衍生物进行反应，见反应式(6.5)。聚合物 5 薄膜的光致变色现象随着体系中存在电子给体（还原性物质）、易吸水的物质及环境湿含量而变得更为显著。因此，为了促进其可逆变色速度可加入醋酸亚铁及吸水性物质（如聚乙烯醇、纤维素、木瓜蛋白酶、脲酶和葡萄糖氧化酶等）。

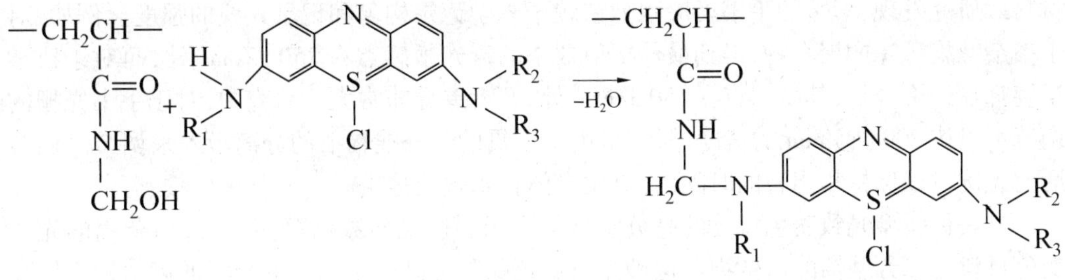

$$(6.5)$$

(7) 含螺结构型

螺苯并吡喃、螺噁嗪等具有光致变色功能,其光致变色反应见反应式(6.6)。

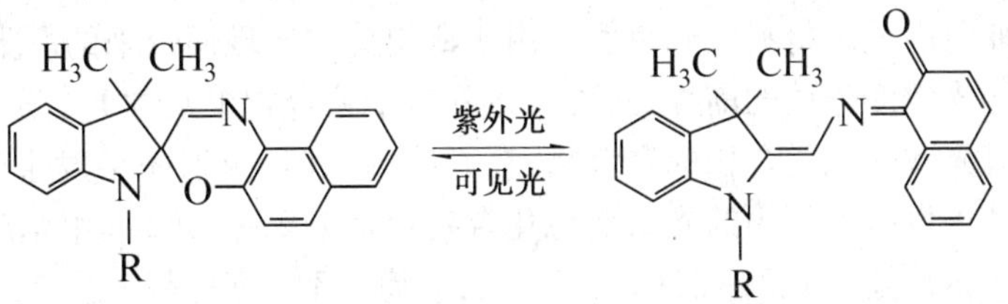

$$(6.6)$$

它的光致变色原理是在紫外光作用下,左式的噁嗪环的 C—O 键断裂,转变成右式结构,使整个分子接近共平面的状态,共轭体系延长,吸收光谱因而向长波方向移动,遂变为有色。

有关含螺苯并吡喃光致变色高分子的报道最多,有若干种合成方法,一是先合成含不饱和双键的苯并吡喃衍生物,化合物 6 就是其中的一种。然后使之与其他通用的单体(如甲基丙烯酸甲酯)共聚,便可得到光致变色高分子。二是把含不饱和双键的具有光致变色特性的螺化合物与含活泼硅氢键的聚硅氧烷反应而引入到有机硅高分子的侧链上。三是通过大分子的化学反应把螺苯并吡喃接到聚肽的链上。四是通过带两个羟甲基的螺苯并吡喃衍生物和过量的苯二甲酰氯反应,然后再与双酚 A 反应而把螺结构引入到高分子的主链中去。

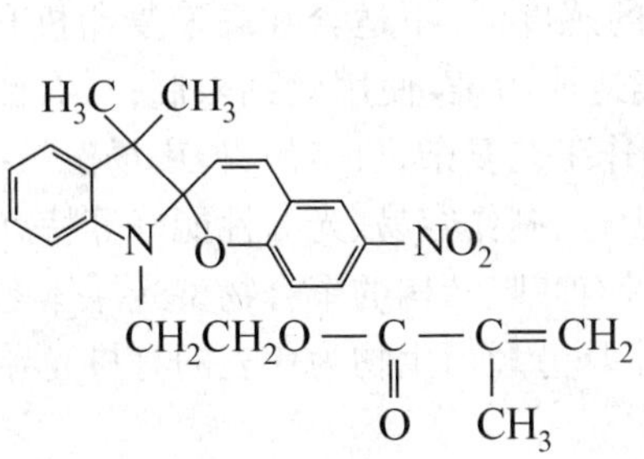

(8) 物理掺杂型光致变色高分子材料

以上所述的光致变色高分子材料都是化学合成的。但制造具有光致变色特性的高分子材料还有另一种方法即进行物理掺杂的方法,它是把光致变色化合物通过共混的方法掺杂到作为基材的高分子化合物中。

用光致变色螺旋噁嗪和螺旋吡喃染料对聚合物掺杂,可以制造进行实时手书记录的材料。研究发现,短暂的手书反应强烈依赖于光学记录构象和记录光线的强度。例如,对于掺杂螺旋噁嗪的聚合物,得到最佳衍射效率的曝光敏感点在 250 J/cm² 处,而对于掺杂螺旋吡喃的聚合物,其敏感点在 650 J/cm² 处,两者差异非常大。研究中,对于手书光栅的调节可以按 200 行/mm 的速度进行,可由不连贯的紫外线辐射的分离激发来调节。调节后的光栅可以保持相当长的时间,也可用专门技术很快擦去。

另一种新型光致变色特性的高分子材料用于制造光学数据存储介质,掺杂用的光致变色材料是二芳基烯的衍生物。这种光致变色颜料与高分子构成的介质的读出稳定性高达 100 万次以上,其写/擦过程可以重复 3 000 次以上。

将苯氧基丁省醌类光致变色化合物,如 6 - (N - 烯丙氨基 - 12 - 苯氧基) - 5,11 - 并四苯醌、6 - (N - 乙烯基羰酰氧基丙氨基 - 12 - 苯氧基) - 5,11 - 并四苯醌和 6,4 - 羧甲基苯氧基 - 5,12 - 并四苯醌等,加入聚苯乙烯、聚甲基丙烯酸甲酯及聚硅氧烷中,也可以得到光致变色高分子材料。它克服了由于醌组分的出现而带来的严重的合成难题。在不影响聚合物光致变色性的前提下,可以达到每个聚合物单元含 1 个光致变色单元。

利用掺杂有光致变色化合物的聚合物,在光线射入时,折射率会发生变化,由此可以制造成像光学开关设备。所用的光致变色化合物包括 1,2 - 二(2 - 甲基苯硫基)全氟代环戊烯与 1,2 - 二氰基 - 1,2 - 二(2,4,5 - 三甲基 - 3 - 噻蒽基)乙烯。用氦-镉激光(波长 325 nm)辐射,则会引起逆向反应。含有这两种化合物的聚合物薄膜,光致变色体的每一个成像异构变化,其折射率的改变可高达 0.000 5,为制造成像光学开关设备提供基础。

### 6.1.2 光导电性高分子材料

光导电材料是指这种材料在无光照时是绝缘体,而在有光照时其电导值可以增加几个数量级而变为导体,这种光控导体在实际应用中有非常重要的意义。根据材料属性,光导电材料可以分成无机光导材料、有机光导材料两大类,有机光导材料还可以细分成高分子光导材料和小分子光导材料。较早开发的无机光导材料包括硒、氧化锌、硫化镉、砷化硒和非晶硅等,其中硫化锌的感度低,不适合在高速复印机和激光打印机等重要场合使用;硫化镉有毒,容易对环境造成污染,使用受到限制;只有硒在复印机中得到了广泛应用,但是其材料来源缺乏,制作工艺复杂,价格昂贵,市场份额在逐步下降。与无机光导材料相比,有机光导材料具有无毒、制作容易、光导性能好等特点,具有广阔的发展前途。因此,在 20 世纪 80 年代后期,带有咔唑结构的聚合物型光导体逐步占据主导地位。近年来,以偶氮染料、酞菁、四方酸、多环芳烃衍生物为代表的有机光导材料异军突起,引起人们的广泛关注并迅速获得应用。

有机光导材料主要有线性共轭高分子材料,带有共轭结构的小分子材料、电子给体和受体组合构成的电荷转移复合物等三大类。近年来信息工业的快速发展,特别是光电成像、静电复印、激光打印、光电控制等技术领域的快速发展,对光导材料提出了更高的要求,开发新型光导材料也引起各国科学界的高度重视。

**1. 光导电机理与结构的关系**

（1）光导电性测定与影响因素

材料的电导特性一般用电导率表示，定义为在单位电场强度下，在单位截面积和长度下测出的电流强度，其表达式为

$$\sigma = \frac{Il}{AE} = ne\mu$$

式中，$\sigma$ 为电导率；$I$ 为电流强度；$l$ 为测定材料的长度；$A$ 为材料的截面积；$E$ 为所加的电场强度值；$n$ 为单位体积中载流子的密度；$e$ 为电子电荷；$\mu$ 为载流子的迁移率。其中载流子可以是电子、空穴或离子，在光导材料中载流子主要是电子和空穴。被测材料电导率的大小与载流子的密度和迁移率均成正比。光导材料就是利用光照吸收光能增加载流子密度来提高电导率的。材料的载流子的迁移率计算式为

$$\mu = \frac{d^2}{Vt}$$

式中，$d$ 表示测定材料的厚度；$V$ 是在测定材料两边施加的电压值；$t$ 是载流子在电极之间的漂移时间。在实验中通过光照射面与光电流的关系可以确定载流子的种类。当在测定材料光照一面施加正电压，如果电流增加，可以认为空穴是主要载流子；反之，则电子是主要载流子。

在光导材料应用中时，常采用的表示材料光导电性能的物理量是感度 $G$，其定义为单位时间材料吸收一个光子所产生的载流子数目，其表达式为

$$G = \frac{I_p}{eI_0(1-T)A}$$

式中，$I_p$ 表示产生的光电流；$I_0$ 是单位面积入射光子数；$T$ 为测定材料的透光率，用百分比表示；$A$ 为光照面积。

（2）光导电机理

从光导电机制上分析，光导电的基础是在光的激发下，材料内部的载流子密度能够迅速增加，从而导致电导率增加。在理想状态下，光导材料吸收一个光子后跃迁到激发态，进而发生能量转移过程，产生一个载流子，在电场的作用下载流子移动产生光电流。在无机光导材料中，光电流的产生被认为是在价带（Valece Band）中的电子吸收光能之后跃迁至导带（Conduction Band）。在电场力作用下，进入导带的电子或空穴发生迁移产生光电流。光电流的产生要满足光子能量大于价带与导带之间能量差的条件。对于分子型光导材料，形成光导载流子的过程分成两步完成。

第一步是光活性分子中的基态电子吸收光能后至激发态，产生的激发态分子有两种可能的变化，一种是通过辐射和非辐射耗散过程回到基态；另一种是激发态分子发生离子化，形成所谓的电子-空穴对。后者对光导电过程作贡献。

第二步是在外加电场的作用下，电子-空穴对发生解离，解离后的空穴或电子作为载流子可以沿电场力作用方向移动产生光电流。

在第一步中产生电子-空穴对过程与外加电场大小无关，产生电子-空穴对的数量只与吸收的光量子数目和光的激发效率有关。产生的电子-空穴对可以在外电场作用

下发生解离;也可以两者重新结合,造成电子-空穴对消失。电子-空穴对发生解离的比率也称为感度(G)。上述两步过程可以表示为

$$D + A \xrightarrow{光激发} [D^+ A^-] \xrightarrow{电场力} D^+ + A^-$$

式中,D 表示电子给予体;A 表示电子接受体。电子给体和受体可以是分子内的两个部分结构,即电子转移在分子内完成,也可以存在于不同的分子之中,电子转移过程在分子间进行。实验证明,只有电子受体存在时,激发态分子才对光导电过程有贡献。无论哪一种情况,在光消失后,电子-空穴对都会由于逐渐重新结合而消失,导致载流子数下降,电导率减低,光电流消失。由以上分析可以得出以下结论,要提高光导电体性能,即在同等条件下提高光电流强度必须注意以下几个条件。

① 在光照条件一定时,光激发效率越高,产生的激发态分子就越多,产生电子-空穴对的数目就越多,有利于提高光电流。增加光敏结构密度和选择光敏化效率高的材料有利于提高光激发效率。分子对入射光的频率要匹配,即最大吸收波长与入射光的频率重合,摩尔吸收系数尽可能大,这样可以最大限度吸收入射光。

② 降低辐射和非辐射耗散速率,提高离子化效率,有利于电子-空穴对的解离。在产生相同数量的电子-空穴对的条件下,提供的载流子就越多,光电流就越大。选择价带和导带能量差小的材料,施加较大的电场,有利于电子-空穴对的解离。

③ 加大电场强度,使载流子迁移速度加快,可以降低电子-空穴对重新复合的几率,有利于提高光电流。

改进光导能力还可以通过加入小分子电子给予体或者电子接受体,使之相对浓度提高。也可以对光导材料的结构加以修饰,提高电子给体和受体相对密度。加入的电子给予体在与基体之间电子转移过程中作为电荷转移载体。例如四碘四氯荧光素、甲基紫、亚甲基蓝和频那氰醇等有光敏化功能的颜料分子都可以作为光导材料添加剂。其作用机制包括基体材料与颜料分子之间的能量转移和激发态颜料与基体材料之间的电子转移,最终导致载流子数目的增加。电子转移的方向取决于颜料分子与光导材料之间电子的能级大小,一般电子从光导材料转移到激发态颜料比较多见。对光导材料进行化学修饰可以拓宽聚合物的光谱响应范围和提高载流子产生效率。

**2. 光导聚合物的结构类型**

严格来说,绝大多数物质或多或少都具有光导电性质,也就是说在光照下其电导率都有一定升高。但是,由于电导率在光照射下变化不大,具有实用价值的材料并不多。具有显著光导性能的有机材料,一般需要具备在入射光波长处有较高的摩尔吸收系数,并且具有较高的量子效率。具备上述条件的多为具有离域倾向π电子结构的化合物。目前研究使用的光导高分子材料主要是聚合物骨架上带有光导电结构的"纯聚合物"和小分子光导体与高分子材料共混产生的复合型光导高分子材料。物质能够在光作用下改变电导性质必须以其特定的化学结构作为基础。从结构上划分,一般认为有三种类型的聚合物具有光导性质:① 高分子主链中有较高程度的共轭结构,这一类材料的载流子为自由电子,表现出电子导电性质,载流子在共轭系统内流动,在共轭系统间跳转;② 高分子侧链上具有大共轭结构,高分子侧链上连接多环芳烃,如萘基、蒽基、芘基等,构成此类光导材料,电

子或空穴的跳转机理是导电的主要手段;③高分子侧链上连接各种芳香胺或者含氮杂环,其中最重要的是咔唑基,空穴是主要载流子。下面对这三类光导高分子材料进行介绍。

(1) 线性共轭高分子光导材料

线性共轭导电高分子材料在可见光区有很高的光吸收系数,吸收光能后在分子内产生孤子、极化子和双极化子作为载流子,因此导电能力大大增加,表现出很强的光导电性质。由于多数线性共轭导电高分子材料的稳定性和加工性能不好,因此,在作为光导电材料方面没有获得广泛应用。其中研究较多的此类光导材料是聚苯乙炔和聚噻吩。线性共轭聚合物作为电子给体,作为光导电材料时需要在体系内提供电子受体。

(2) 侧链带有大共轭结构的光导电高分子材料

带有大的芳香共轭结构的化合物一般都表现出较强的光导性质,将这类共轭分子连接到高分子骨架上则构成光导高分子材料。由于绝大部分多环芳香烃和杂芳烃类都有较高的摩尔消光系数和量子效率,因此可供选择的原料非常多。

(3) 侧链连接芳香胺或者含氯杂环的光导电材料

含有咔唑结构的聚合物可以是由带有咔唑基的单体均聚而成,也可以是带有咔唑基的单体与其他单体共聚产物,特别是与带有光敏化结构的共聚物更有其特殊的重要意义。具有这种结构的光导聚合物,咔唑基与光敏化结构(电子接收体)之间通过一段饱和碳链相连。与其他光导材料相比,这种结构的优点有:可以通过控制反应条件,设计电子给予体和电子接收体在聚合物侧链上的比例和连接次序;可以通过改变单体结构和组成,改进形成的光导电膜的机械性能;可以选择具有不同电子亲和能力的电子接受体参与聚合反应,使生成的光导聚合物能适应不同波长的光线。

### 3. 光导聚合物的应用

(1) 在静电复印和激光打印中的应用

光导电体最主要的应用领域是静电复印,在静电复印过程中光导电体在光的控制下收集和释放电荷,通过静电作用吸附带相反电荷的油墨。静电复印的基本过程如图6.1所示。

在静电复印设备中,起核心作用的部件是感光鼓,感光鼓由在导电性基材(一般为铝)上涂布一层光导性材料构成。复印的第一步是在无光条件下利用电晕放电对光导材料进行充电,通过在高电场作用下空气放电,使空气中的分子离子化后均匀散布在光导体表面,导电性基材带相反符号电荷。此时由于光导材料处在非导电状态,使电荷的分离状态得以保持。第二步是透过或反射要复制的图像将光投射到光导体表面,使受光照部分因光导材料电导率提高而正负电荷发生中和,而未受光照部分的电荷仍可保存。此时电荷分布与复印图像相同,称为潜影,因此称其为曝光过程。第三步是显影过程,采用的显影剂通常是由载体和调色剂两部分组成,调色剂是含有颜料或染料的高分子,在与载体混合时由于摩擦而带电,且所带电荷与光导体所带电荷相反;通过静电吸引,调色剂被吸附在光导体表面带电荷部分,使第二步中得到的静电影像(潜影)变成由调色剂构成的可见影像。第四步是将该影像再通过静电引力转移到带有相反电荷的复印纸上,经过加热定影将图像在纸面固化,至此复印任务完成。

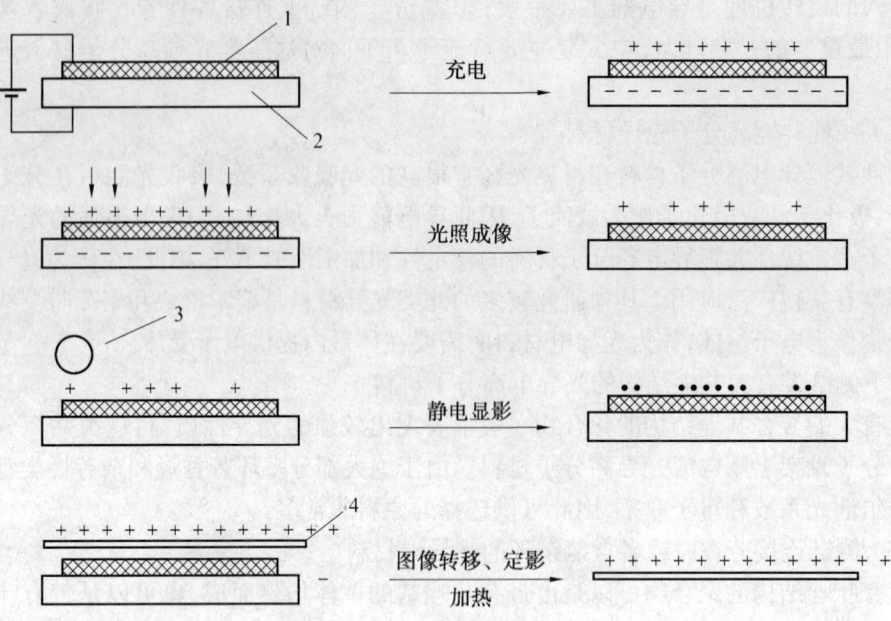

图 6.1 静电复印原理及过程
1—光导电材料;2—导电性基材;3—载体(内)和调色剂(外);4—复印纸

在上述过程中光导体的作用和性能好坏,无疑起着非常重要的作用。最早在复印机上大规模使用的光导材料是无机的硒化合物和硫化锌-硫化镉,它们采用真空升华法在复印鼓表面形成光导电层,不仅价格昂贵,而且容易脆裂。聚乙烯咔唑-硝基芴酮(PVK-TNF)是新一代有机光导电材料,在静电复印领域的使用量已经超过无机光导体,位居首位。在无光条件下,咔唑聚合物是良好的绝缘体,吸收光后分子跃迁到激发态,并在电场作用下离子化,构成大量的载流子,从而使其电导率大大提高。聚乙烯咔唑的合成路线是以咔唑为原料,通过如下一系列反应(见反应式(6.7))在氯原子上引入乙烯基作为可聚合基团,再经过均聚或共聚反应,得到目标光导高分子。

(6.7)

采用上述方法得到的聚乙烯咔唑在柔软性方面仍需要改进,当将制备的感光膜卷曲到 8 mm 直径的感光鼓上时,可以发现轻微的裂纹。采用聚醚作为聚合物骨架可以大大改进材料的柔性。根据下面的合成路线(见反应式(6.8))可以得到柔性良好的聚环氧丙烷咔唑(PEPC)。

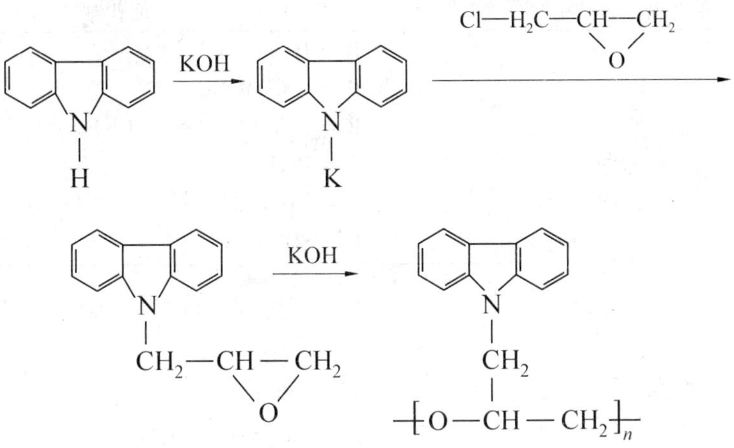

$$(6.8)$$

当前采用的聚乙烯咔唑 - 硝基芴酮体系是电荷转移型单层光导体系,硝基芴酮作为电子接受体,其性能直接与所含硝基取代数目有关,目前常用的是三硝基(TNF)和四硝基(TeNF)衍生物。硝基的数目与体系的感光范围有一定影响,聚乙烯咔唑 - 三硝基芴酮体系对 632 nm 波长光敏感,采用四硝基衍生物,敏感波长有所红移。硝基芴酮的制备直接以芴酮为原料,经过硝化反应制备,硝基取代的数量用调整反应条件控制。四硝基芴酮可以通过反应(6.9)得到。

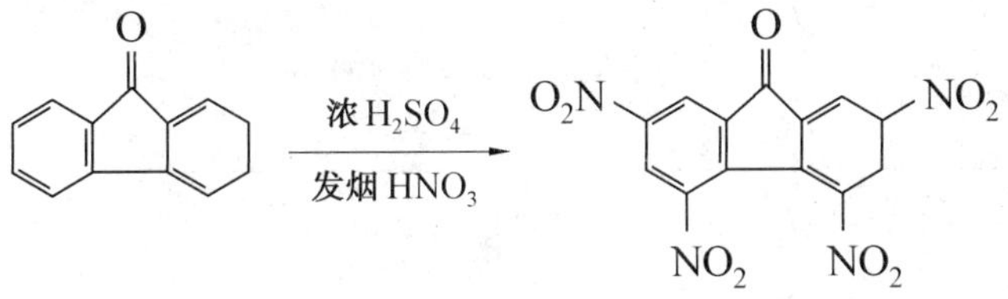

$$(6.9)$$

上面给出的静电复印用的有机光导器件属于双极性单层结构,即将载流子发生材料(CGM)与载流子转移材料(CTM)混合在一起构成电荷转移复合物光导层。近年来为了提高光导器件的使用性能,人们提出了一种新的结构形式,称为功能分离多层结构形式,即在感光鼓上面分层单独制备载流子发生层(CGL)和载流子传输层,得到了更好的电荷分离性能。它是在金属基材上面先涂敷一层载流子阻挡层,然后再涂敷载流子发生层,最后再涂敷载流子传输层。这种结构的突出特点是载流子的产生与载流子转移在不同区域进行,可以有效避免电子 - 空穴对的再复合过程,提高光电导性能。

目前激光打印机已经成为重要的 IT 产品,激光打印机主要采用半导体激光器作为光源,其光谱中心波长处在红外区,为 780 nm。前述有机光导材料虽然对可见光效果好,对红外光不敏感,因此寻找对上述波长光敏感的光导材料是开发新型高速激光打印机的一个重要课题。目前研究较多的主要有偶氮染料类、四方酸类和酞菁类。

除了咔唑类聚合物外,其他类型的光导聚合物的研究也取得了进展,表 6.1 是常见的光导聚合物的结构。

表 6.1　常见光导聚合物的结构

| 聚合物基本结构 | 取代基 |
| --- | --- |
| 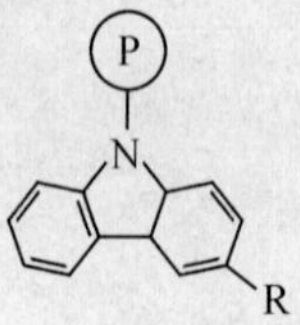 (咔唑-N-P, 3-R) | R = H<br>R = —CHMeEt<br>R = —C(CN)=C(CN)<br>R = Br, I<br>R = $NO_2$<br>R = $SO_3$ |
| 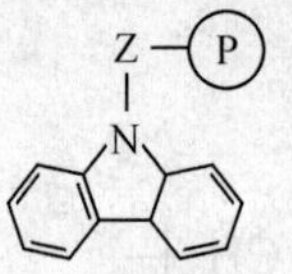 (咔唑-N-Z-P) | 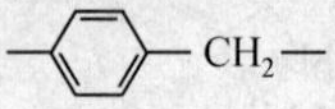 Z = —C$_6$H$_4$—CH$_2$—<br>Z = —(CH$_2$)$_n$<br>Z = —O(CH$_2$)$_8$<br>Z = —CONH—(CH$_2$)$_3$ |
| 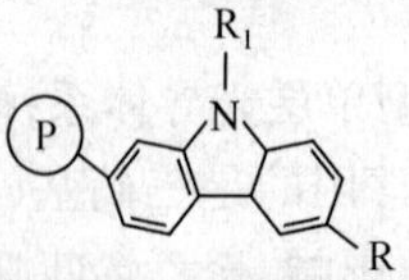 (咔唑 3-P, N-R$_1$, 6-R) | R = H, R$_1$ = —CH$_2$CHMeEt<br>R = H, R$_1$ = Et<br>R = —C(CN)=C(CN)$_2$, R$_1$ = H |
| 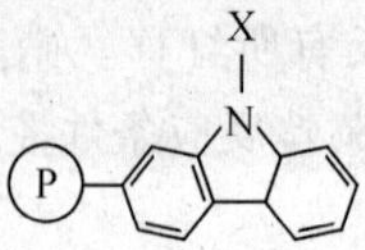 (吩噁嗪/吩嗪类 N-X) | X = O, C(CN) |
| 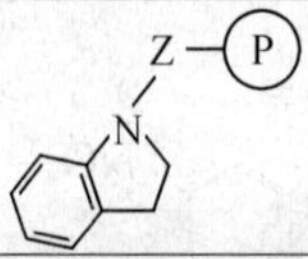 (吲哚啉 N-Z-P) | Z = —CO— |
| 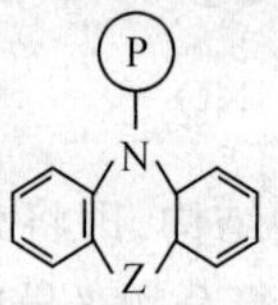 (吩噻嗪/吩噁嗪 N-P, Z) | Z = S<br>Z = O |
| 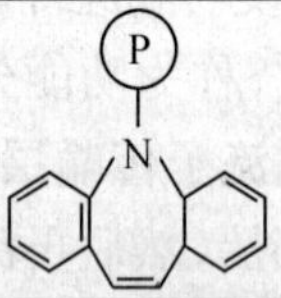 (二苯并氮杂䓬 N-P) | |
| 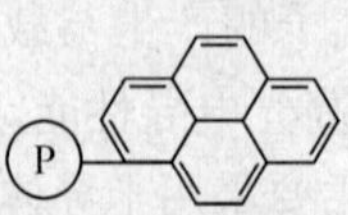 (芘-P) | |
| 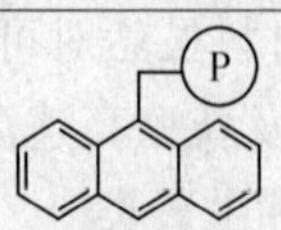 (蒽-CH$_2$-P) | |

将金属酞菁分散在聚乙烯醇缩丁醛中制成涂膜液可以用于载流子发生层。酞菁在波长 698 nm 和 665 nm 处有最大吸收峰,萘酞菁则在 765 nm 处有最大吸收峰,在近红外区均有较高光敏感性,可以与半导体激光器配合工作。当酞菁与金属离子络合时,不同的金属离子对其光敏感范围和光导性质有一定影响。以采用氯化铟酞菁制备光导体为例,其制备过程为:首先在铝基材上涂一层硅烷作为电荷阻挡层,电荷发生层采用含 30% 氯化铟酞菁的聚酯树脂涂敷,电荷传输层用 1:1 的聚碳酸酯与 TPD 的混合物制备。其暗衰值低于 50 V/s,极化电压在 800 V 以上。酞菁也是一种重要的化学染料,有多种已经工业化的合成工艺。

邻氯双偶氮染料是目前发展最快的一种有机光导材料,反应式(6.10)是其合成路线之一。

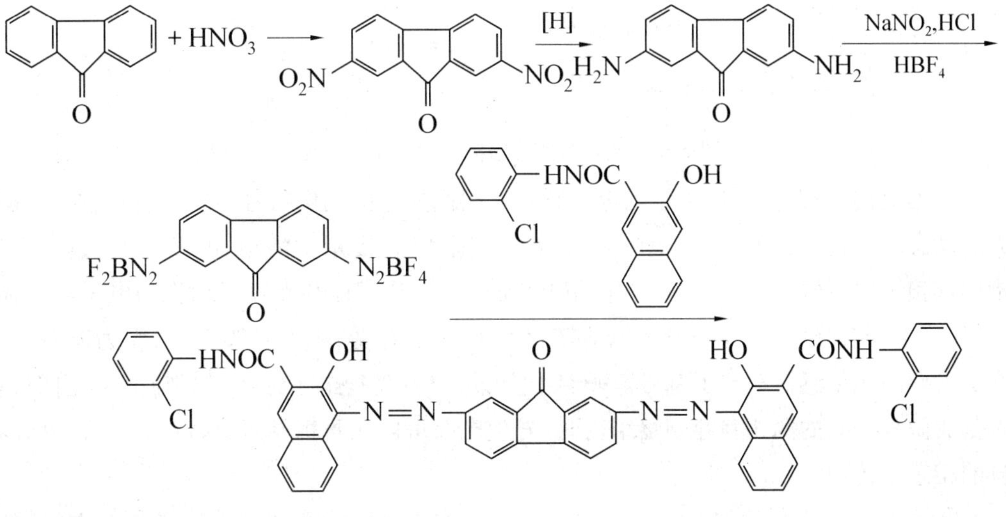

$$\text{(6.10)}$$

得到的邻氯双偶氮染料在波长 450~650 nm 处有很好的响应,在 780 nm 处半导体激光光谱范围内,也获得了比较满意的结果。光导器件采用功能分离型多层结构,首先在铝基材上涂含干酪素作为载流子阻挡层;然后再涂敷一层含邻氯双偶氮材料的载流子发生层;最后,在其上涂布含腙类衍生物的载流子传输层。

(2) 光导材料在图像传感器方面的应用

图像传感器是利用光电导特性实现图像信息的接收与处理的关键功能器件,广泛作为摄像机、数码照相机和红外成像设备中的电荷耦合器件用于图像的接收。利用光导电原理制备图像传感器是光电子产业的重要突破。

① 光导图像传感器的工作原理。图 6.2 是光导图像传感器结构和工作原理示意图。当入射光通过玻璃电极照射到光导电层时,在其中产生光生载流子,光生载流子在外加电场的作用下定向迁移形成光电流。由于光电流的大小是入射光强度和波长的函数,因此光电流信号反应了入射的光信息。将此光电流检测记录,就可以接收和处理光信息。如果将上述结构作为一个图像单元,将大量(几十万到几百万)的图像单元组成一个 $X-Y$ 二维平面图像接收矩阵,利用外电路建立寻址系统,就可以构成一个完整的图像传感器。

根据传感器中每个单元接收到的光信息,就可以组成一个由电信号构成的完整的电子图像。

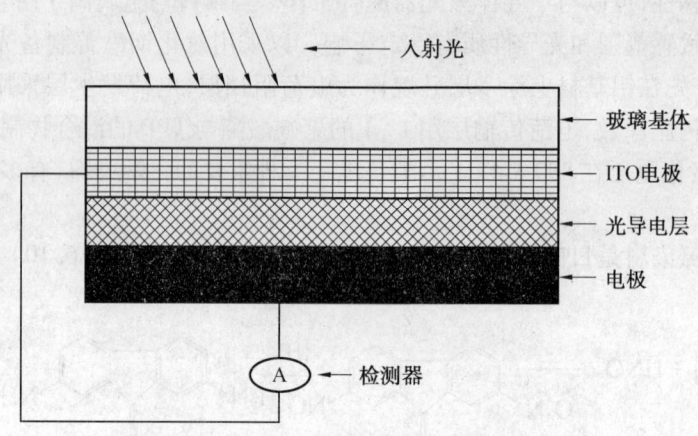

图 6.2 光导图像传感器结构和原理示意图

根据上述原理,要通过光导图像传感器获得高质量的图像信号,光导电材料必须具有大的动态响应范围(记录光强范围大)、线性范围宽(灰度层次清晰、准确)。要达到上述指标依赖于以下两个研究成果,20 世纪 90 年代初发现线性共轭聚合物作为电子给予体,$C_{60}$ 作为电子接受体,在光激发下电荷转移和电荷分离效率接近 100%,从而为制备高效率的光导图像传感器奠定了基础。90 年代初期,又发现把电子给体材料与电子受体材料制备成微相分离的两相互穿网络结构时,光生电荷可以在两相界面上高效率分离,并在各自的相态中传输。

② 可用于图像传感器的光导电材料组合。构成高性能图像传感器必须要选择好材料体系,需要考虑的因素包括光导材料与电极的功函匹配。目前已经有多种有机高分子光导电材料用于图像传感器的制备。例如,以聚 2 - 甲氧基 - 5 - (2' - 乙基)己氧基 - 对亚苯基乙烯树脂(MEH - PPV)和聚 3 - 辛氧基噻吩(P3OT)与 $C_{60}$ 衍生物复合体系为基本材料体系,已经实现 3% 的光电能量转换效率,30% 的载流子收集效率,2 mA/cm 的闭路电流,在性能上已经接近非晶硅材料制成的器件。

形成高质量的图像传感器需要图像单元的精细化,即在一个传感器中图像单元的数量越多,体积越小,获得的图像信息越丰富。但是,如何制作微型图像单元是一个重要的技术问题。采用分子自组装技术可以构筑厚度、表面态、分子排列方式等结构参数易调控的多层薄膜,可以制备超精高密像元矩阵,像区尺寸可以达到纳米级。图像传感器不仅在上述领域有重要应用,在医疗、军事、空间探测方面都有应用前景。

除了上述应用领域之外,高分子光导电材料在微型光导开关、光导纤维等领域也获得了应用,其他方面的应用领域也在不断开拓之中。

## 6.2 生物医用仿生高分子材料

### 6.2.1 生物相容和生物功能的仿生基础

生物相容性和生物功能性问题是生物医用材料研究和应用中最经典和最关键的问题。早期生物医用材料的设计开发并没有从分子生物学和细胞生物学等生物医学的角度考虑，但随着人们对生物体的结构和功能，以及生物医用材料与生物体之间相互作用的认识不断深入，生物医用材料已经发展到所谓第三代，即对其生物相容性和生物功能性的要求是能够积极诱导特定的细胞和组织反应，而抑制不希望的细胞和组织反应。因此，生物医用材料的设计必须是在深入了解生物体的成分和微结构、形成机制、结构和功能相互关系的基础上，结合生物医用材料的应用场合，从不同层面，包括从分子水平层面、细胞和亚细胞层面以及人体器官组织和生命层面考虑。

### 6.2.2 组织工程仿生高分子材料

#### 1. 概述

目前，人类健康所面临的主要危害是组织、器官的丧失和功能障碍，这直接影响了人类的寿命和生存的质量。每年由于意外事故、疾病、遗传以及衰老等原因导致的组织或器官缺损、功能丧失的患者数以千万计。因此，如何实现受损组织或器官的修复与再生，如何实现其功能的恢复一直是临床医学亟待解决的难题。

组织工程本身就是一种仿生思想的应用。典型的组织工程方法是在三维空间控制组织形成，其中的关键因素之一是支架材料，其主要作用包括：① 为细胞黏附提供物理支撑；② 为细胞增殖、代谢提供空间；③ 提供特定的宏观、微观结构，引导细胞构建特定功能的组织或器官；④ 传递化学或力学信号，调控细胞的形状。理想的支架材料除了能为组织工程化设定三维几何形状外，还应能提供微环境以利于组织再生，包括其连通多孔结构可以保证细胞的营养输送和代谢废物的排出，其表面物理和化学结构有利于细胞黏附、迁移、增殖、分化以及新组织的形成。因此对于组织工程支架材料而言，其化学组成、物理结构及生物功能基团都是非常重要的因素。另外，在使用性能方面，为了防止感染，要求支架材料必须易于临床前的消毒和灭菌；为保证可随时使用，支架材料也必须易于保存。

用于制作支架的高分子材料可以是天然高分子及其衍生物，也可以是合成高分子。前者包括胶原、明胶、壳聚糖、甲壳素、纤维素和淀粉及它们的衍生物，后者包括通常应用的生物可降解合成聚合物如聚乳酸（PLA）、聚羟基乙酸（PGA）、乳酸－羟基乙酸共聚物（PLGA）和聚 $\varepsilon$ －己内酯（PCL）等。天然高分子材料往往具有较好的细胞相容性，但产品批次稳定性较差；而合成材料比天然材料具有的优势在于它们易于被加工制备成具有各种各样性能的材料，且其性能具有可预见性。

目前，为了使组织工程的应用达到理想状态，支架材料的仿生设计已成为组织工程研究的重要方向。人工设计的三维仿生支架除了必须具有生物相容性、生物可降解性、重现性、连通孔洞、高孔率、无潜在的免疫或外来物体的反应等特征之外，还应模拟天然组织的

ECM分子功能,具有天然ECM的一种或多种特征,其携带的生物分子信号,可以促进细胞黏附、增殖、分化和功能表达,从而实现组织再生和功能重建。

### 2. 组织工程材料的生物相容性

用于组织工程支架的材料,应具备生物相容性及相应物理性能以匹配细胞培养和组织生成的环境条件,特别是体内生理环境。由于人体是一个复杂且敏感的系统,因此对于组织工程支架材料的要求也非常苛刻,研制理想的组织工程支架材料一直是组织工程和再生医学领域一个非常大的挑战。首先,支架材料必须具备良好的生物相容性,即材料不会引起明显的炎症反应,也不会表现出免疫原性和毒性;同时具有适宜的表面性能以适合细胞的黏附、增殖、分化和功能表达。组织工程支架的成功与否还依赖于其诱导适宜的细胞-细胞及细胞-基质间相互作用的能力,包括刺激血管生成的能力,因此在支架制造过程中往往必须结合生长因子,这些活性分子从支架中的控制释放可以帮助引发或调节所需新组织的形成。另外,支架的功能还体现于其在组织再生之前,在体内可为受损部位提供暂时性的结构支撑,必须保证支架在病人正常活动时不会发生塌陷;而且支架还具有适当的降解性能,可以随着时间的延长,在支架自身逐渐为新生组织所替代的同时,使应力和其他功能也逐渐转移至再生组织来承担,因此组织工程支架应具备足够的机械完整性和适当的生物降解性,以使其在植入部位保持其形状直至完成其功能。

研究表明:组织工程支架高分子材料的生物相容性,包括生物降解性、结构相容性和细胞相容性等多方面的要求,不仅依赖于高分子材料本体的物理化学性质,还在很大程度上受支架的表面结构(包括表面化学基团和几何拓扑形态)和空间织构(包括孔的连通性、孔隙率)等的影响,另外,还与细胞种类和植入机体部位相关。

### 3. 组织工程支架的仿生设计

用于组织工程的支架必须具有的特征:生物相容性、生物可降解性、重现性、具有连通孔洞、高孔隙率、不引发潜在的免疫或异物反应。此外,亦期望支架能携带生物分子信号,具有增进细胞ECM分泌等生物功能。通过仿生设计使支架具有生物体系的特征信息是制备理想的组织工程支架的有效途径,具体策略包括:模拟人体组织的天然结构优化材料本体的机械性能,在材料表面引入细胞识别位点使其能够对相邻的细胞产生信号,等等。当前,组织工程中最具有挑战性的任务就是通过仿生设计获得具有生物化学和生物物理系列功能,可在分子和细胞水平上控制细胞与材料间的相互作用,能诱导组织再生的支架。

随着材料科学和分子生物学的发展,人们对细胞与材料间相互作用复杂机制的认识逐渐加深,利用天然、合成、半合成及杂化材料,通过一定的仿生设计构建可诱导组织再生的支架的研究十分活跃。其中,天然材料如胶原、明胶、壳聚糖、甲壳素、纤维素及淀粉等有许多优点,特别是具有良好的生物识别性和生物相容性,但天然材料的机械强度不足和来源批次间的差异性使得其用于支架材料构建的稳定性不足,且还存在纯化和免疫原性等问题,这些不足限制了它们在组织工程中的应用。相对于天然材料,人工合成材料的优点是:可根据具体组织或器官的特点进行专门设计,其表面性能以及生物降解速率都可以调控;具有更好的力学性能和加工性能;不存在来源差异性问题;容易对产品的质量设定标准,有利于大规模生产;种类多,选择范围广,是组织工程支架材料的重要来源。合成材料的缺点是：通常不具备生物活性，表面缺少生物信息位点供细胞识别，而且材料的降解产物可能存在一定的生物毒性。目前，研究和应用较多的生物可降解的合成聚合物材料主要有聚乙交酯（PGA）、聚丙交酯（PLA）、丙交酯与乙交酯的共聚物（PL-GA）、聚ε-己内酯（PCL）、聚羟基丁酸酯（PHB）和聚氨基酸等。表6.2是一些生物可降解合成聚合物在生物医学上的典型应用和降解特性。

表6.2 生物可降解合成聚合物及其降解性能

| 生物可降解合成聚合物 | 典型应用 | 聚合物降解速率 |
| --- | --- | --- |
| 聚原酸酯 | 骨修复，药物输运 | 半衰期4 h |
| 右旋聚乳酸 | 药物输运，组织重建 | 12～16月 |
| 左旋聚乳酸 | 缝合线，整形器械，组织重建 | >24月 |
| 聚乙醇酸 | 药物输运，缝合线 | 6～12月 |
| 乳酸-乙醇酸共聚物（50∶50） | 缝合线，视网膜移植，组织诱导重建，骨折固定，口腔种植体，药物输运 | 半衰期1.5月 |
| 聚己内酯 | 长期植入药物输运系统，组织重建 | >24月 |
| 聚酸酐 | 假肢矫形，药物输运 | 半衰期1 h |
| 酪氨酸衍生聚碳酸酯 | 整形应用 | 非常慢 |

一般而言，组织工程支架材料分为两大类：水凝胶型支架（软支架）和多孔织态支架（硬支架）。前者常采用溶胶-凝胶的转变作为制备方法，其特点为：可通过注射的方法将复合有种子细胞的聚合物溶液注射到所需部位，在一定条件下形成体内凝胶，避免外科手术。后者大多具有固态织构，可在制备过程中调控微结构（孔径、孔隙率、连通性等），机械性能较好，制备方法主要有致孔剂法、相分离法、冻干法、乳液冻干法、超临界流体法、电纺丝法等。在进行组织工程支架仿生设计的过程中，无论是天然的生物高分子材料还是合成的生物高分子材料，均须通过加工制作成3D结构以适于细胞的种植和培养。不同的组织对于相应支架的仿生设计都有各自的挑战性，除了必须匹配工程化组织机械性能的要求，组织工程支架还要通过纳米化、微纳图案化、表面活化、结合配体及持续释放细胞因子等手段成为细胞的"信息模板"，提供组织重建的信号。图6.3以心肌和骨组织为例给出了几种天然材料和合成材料支架的示意图。尽管在过去的几十年里，组织工程支架的仿生设计已取得很大的进展，但真正能有效控制细胞生长分化、诱导组织重建的三维支架的构建还有待完善。由于细胞外基质在组织形态的形成过程中起到关键作用，因此目前仿生支架材料设计的热点就是通过模拟细胞外基质进行支架特征设计，在时间上和空间上协调引导每个细胞的反应——从黏附、迁移和增殖到表型选择——实现组织再生和功能重建。

下面介绍一些具体的组织工程支架的仿生设计手段，包括微纳结构仿生支架、表面仿生功能化、仿生矿化等。

（1）微纳结构仿生支架

微纳尺度的组织工程支架在过去20年已被大量研究，聚合物支架必须具有高孔隙率、高表面/体积比、高程度孔连通率以及适宜的孔径和孔形状，以满足营养、代谢物等可溶性物质的传递，以及细胞向内生长的要求；同时，人们也发现支架的骨架拓扑结构、孔径大小和形状以及孔隙表面纳米结构等对细胞行为有很大影响。为了使支架可以起到暂时替代体内组织 ECM 直至细胞本身生成合适的 ECM 的效能,从纳米和微米尺度模拟 ECM 的形态结构已被认为是构建仿生组织工程支架的重要策略,这对掌控细胞行为,包括黏附、迁移、分化,以及调节如血管生成等过程有着重要的作用。当然,近年来纳米加工技术的飞速发展使得在纳米尺度实现对材料的操控成为可能,而对天然 ECM 微纳结构的深入认识也为指导和设计理想的微纳结构仿生支架提供了有益的帮助。

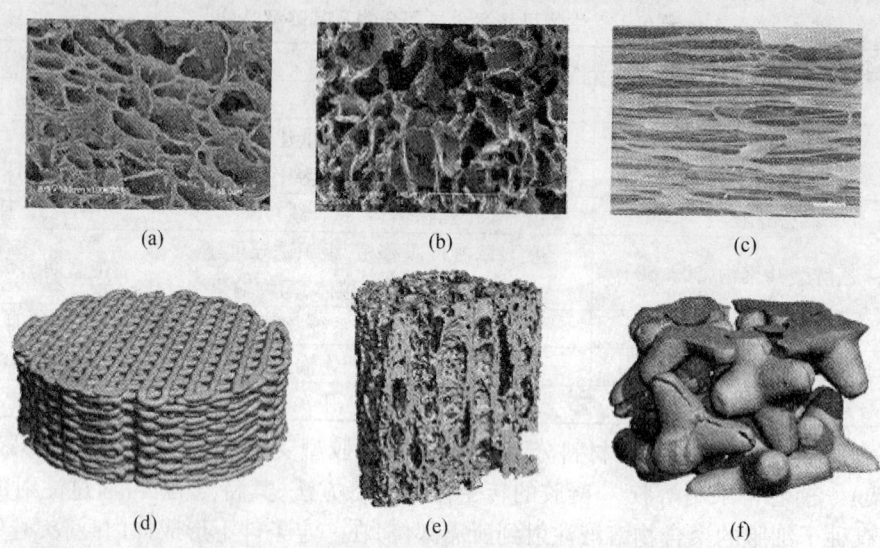

图 6.3　应用于组织工程的天然材料及合成材料支架

(a) 去细胞人体心脏组织;(b) 合成聚甘油癸二酸酯支架,与天然组织有非常相似的结构与孔洞分布;(c) 排列整齐的生物可降解聚氨酯电纺丝支架,应用于骨组织工程;(d) 熔融沉积制作的 PCL/TCP 复合支架;(e) 具有各向异性孔结构的促使组织内生长的聚(L-丙交酯-co-DL-丙交酯)支架;(f) 填充骨缺陷的插口型陶瓷颗粒,具有使细胞核血管向内生长的孔洞

所谓纳米加工技术是指通过纳米精度的"加工"来人工形成和控制纳米尺度的结构的技术,目前已被看作是一种构建仿生组织工程支架,从形态学角度再生 ECM 的重要方法。纳米加工技术可以分为两大类:从宏观尺度自上而下的技术和基于原子、分子自组装的从下至上的技术,它们都已被用于组织工程支架纳米尺度的控制。

例如,微流道技术、光学影印技术、纳米压印微影技术、微接触式印刷技术等应用可以提供具有特殊微米及纳米级图案的细胞生长环境。而通过聚合体体系的热力学处理、气体发泡、相分离和冷冻干燥等技术的条件调节,也可在微米和亚微米尺度精细地控制聚合物材料支架的孔的尺寸、分布和连接性,印记规则的孔隙排列。

由于人体细胞外基质中重要的成分——胶原蛋白,主要以纳米纤维的形式存在并构成纳米纤维多孔网架。构建具有类细胞外基质结构和功能的纳米纤维结构仿生支架,有可能为细胞在体外的生长、发育和细胞间通信提供理想的微环境,因此制备类似 ECM 结构的纳米纤维状组织工程支架材料已成为支架材料发展的重要方向之一。

当前,可以成功构建纳米纤维结构支架的方法主要有:静电纺丝法、自组装多肽法、相分离法和聚电解质共凝聚法。

① 静电纺丝法(Electrospinning)。静电纺丝法是在静电场作用下,对聚合物溶液或

熔体进行纺丝的技术。静电纺丝的实验装置如图 6.4 所示。首先将聚合物溶液或熔体带上几千至上万伏高压静电,带电的聚合物液滴在电场力的作用下在毛细管的顶点被加速。当电场力足够大时,聚合物液滴克服表面张力形成喷射细流。细流在喷射过程中溶剂蒸发或固化,最终落在接收装置上,得到随机的无纺织构聚合物纳米纤维。

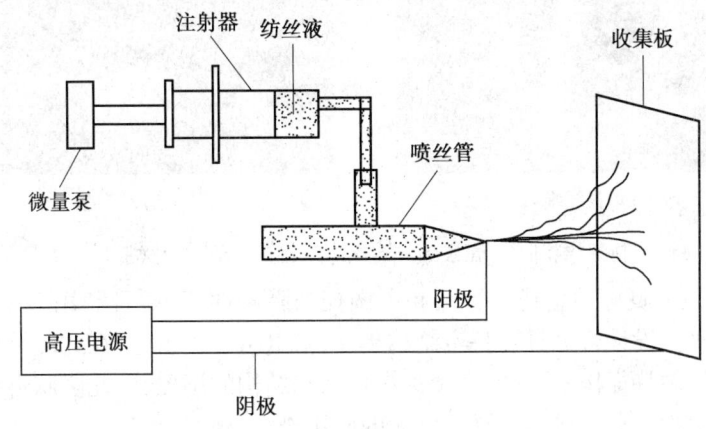

图 6.4　静电纺丝的实验装置

静电纺丝法制备纳米纤维的影响因素很多,包括溶液性质,如黏度、弹性、电导率和表面张力;设备参数,如毛细管中的静电压、毛细管口的电势和毛细管口与收集器之间的距离;环境参数,如溶液温度、纺丝环境中的空气湿度和温度、气流速度等。通常在其他条件恒定时,随着聚合物溶液浓度增加,纤维直径增大。而电场强度增大、毛细管口与收集器之间的距离增大均有利于制得更细的纤维。另外,通过控制收集器的状态可获得不同状态的纳米纤维毡。当使用固定收集器时,纳米纤维呈现随机不规则情形;当使用旋转盘收集器时,纳米纤维呈现平行规则排列。目前静电纺丝法已经可以制备出几十种以合成或天然高分子材料为基材的纳米纤维,包括天然高分子,如胶原、壳聚糖等;合成高分子,如聚酯、聚酰胺、聚乙烯醇、聚丙烯腈等;以及复合材料纳米纤维,其直径从小至 3 nm 到大于 1 μm。静电纺丝纳米纤维支架也已经成功用于培养不同类型的组织工程用细胞,如骨髓间充质干细胞、心肌细胞、成纤维细胞、角质细胞、成骨细胞、平滑肌细胞等。例如,Yang 等人将 PLLA 溶液喷射到旋转的金属收集器上得到了形成取向的平均直径为 250 nm 的有序纳米纤维结构,并在其上培养鼠神经干细胞,结果表明神经干细胞沿着取向纤维的平行方向生长,并获得了比微米纤维更长的神经触角。Chen 等人通过静电纺丝加戊二醛蒸气交联制备不同壳聚糖含量的胶原 - 壳聚糖复合纳米纤维(图 6.5),实现从组成和纳米纤维结构两方面模拟天然 ECM。

② 自组装多肽法(Self-assembling Peptides,SAPs)。多肽自组装在自然界中广泛存在。多肽自组装技术就是利用多肽分子在热力学平衡条件下,通过非共价键间的相互作用自发形成稳定的聚集态结构的技术,其优点在于可在单体水平上设计并形成高度有序的纳米结构,而且该过程中不生成共价键,没有逆反应。多肽分子的两亲性、分子间的静电力以及分子间的氢键等都对多肽自组装具有重要影响。

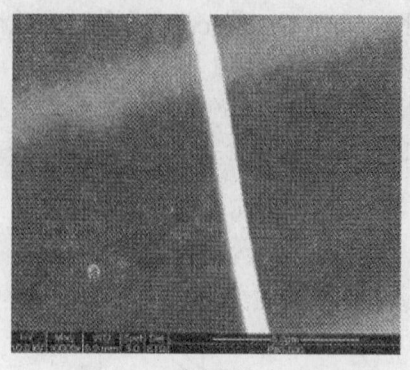

(a) 单根纤维　　　　　　　　　　(b) 纤维毡

图 6.5　静电纺丝制备的胶原-壳聚糖复合纳米纤维的 SEM 照片(胶原∶壳聚糖 = 1∶1)

由于多肽具有良好的生物相容性和可调控的降解性能，而且利用多肽自组装技术，可以在分子水平上设计合成具有特定结构单元（如 RGD）的组合，在此级结构水平表现出 α 螺旋或 β 折叠的特征构象，并实现聚集态形状和结构的调控，因此多肽自组装技术在组织工程支架等生物医学材料领域具有巨大的应用潜力。

例如，带正电的氨基酸残基（精氨酸 R）和带负电的氨基酸残基（天冬氨酸 D）被疏水性残基（丙氨酸 A）分开，形成具有代表性的自组装多肽：RAD16（图 6.6）。它们在水溶液中可以形成非常稳定的 β-折叠结构，在高浓度盐溶液中则自组装成膜，也可形成三维的纳米纤维构成的水凝胶组织工程支架。另外，在含有 16 个氨基酸残基的多肽 EAK16 中，带正电的氨基酸残基（赖氨酸 K）和带负电的氨基酸残基（谷氨酸 E）被疏水性残基（丙氨酸 A）分开，也可自组装成多肽纳米纤维、多肽水凝胶等。通常具有 β-折叠结构的多肽纳米纤维与具有 α-螺旋结构的多肽纳米纤维相比更易生成水凝胶。

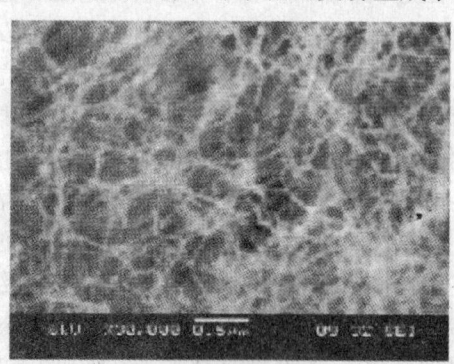

图 6.6　自组装多肽法制备的 RAD16 纳米纤维 SEM 照片

研究表明：多肽纳米纤维支架，特别是多肽水凝胶具有较高的生物活性，可以模拟细胞外基质，为细胞的生长提供一个理想的生活环境。而且这些支架还可以根据所培养细胞的特征，改变短肽的氨基酸序列、带电性质，为细胞量身打造支架材料。例如，在多肽纳米纤维支架上引入具有识别功能的活性多肽片段，可以对细胞的生长加以控制。Genove 等人在多肽 RAD16 - Ⅰ 氨基末端上连接具有特定功能的短链肽，如 laminin 1（YIGSR，RYVV - LPR）等，可促进细胞的黏附、迁移。IKVAV（Ile - Lys - Val - Ala - Val）是层黏连蛋白中的活性多肽片段,其自组装纳米纤维对PC12细胞和神经干细胞具有良好的生物相容性,并能促进其黏附和分化。

③ 相分离法(Phase Separation)。相分离技术是制备聚合物三维组织工程支架常用的一种方法。首先将聚合物溶解在适当溶剂中,在临界温度($T_c$)以上时,聚合物呈均相溶液;然后控制条件使温度冷却至$T_c$以下,此时体系发生热诱导相分离,转变为富含聚合物和富溶剂的双连续相结构。相分离完成后,将溶剂以适当的方式脱出,可采用冷冻干燥或溶剂萃取脱去溶剂,即形成三维多孔支架。通过调节溶剂、聚合体的类型、聚合物的浓度、溶质、热处理及操作程序等,可以控制多孔支架的形态学特征,甚至得到纳米级的纤维网状结构。此时热诱导相分离往往被称为热诱导凝胶化。

Peter Ma 等人采用热诱导相分离法成功制备了直径为50～500 nm的PLLA纳米纤维(图6.7)三维支架,并且有可控的孔隙率( > 98.5%)、高比表面积和较好的机械性能。其具体方法为:50 ℃下配制一定浓度的PLLA溶液;将PLLA溶液迅速冷却,使其在某一温度下形成凝胶;将PLLA凝胶浸入蒸馏水中进行溶剂置换;将溶剂置换后的凝胶移至冰箱中冷冻一段时间;冻干即得到纳米纤维支架。

应用相分离技术制成的纳米纤维支架,具有多样性的特点,可以容易地控制支架的微观结构和宏观形状。相分离技术的另一个优点是不需要很复杂的设备,技术操作简单,可以生成连续的纤维网状结构,具有较好的机械性能。但目前报道的可用于相分离技术制备纳米纤维的聚合物材料的种类还十分有限,主要是PLA系列聚合物及其共混物。Peter Ma 等人也采用相分离技术成功制备了壳聚糖纳米纤维,如图6.8所示。

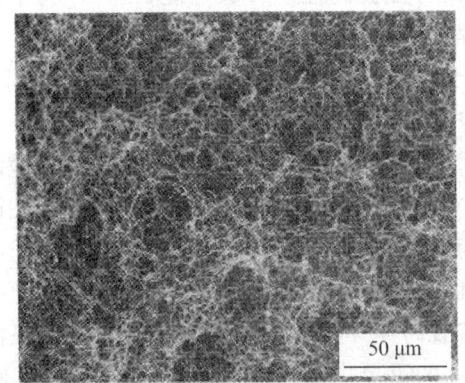 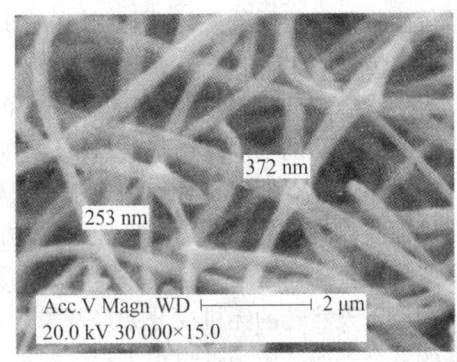

图6.7　相分离法制备的PLLA纳米纤维SEM照片　　图6.8　相分离法制备的壳聚糖纳米纤维SEM照片

④ 静电自组装法(Polyelectrolyte Complex Coacervation)。聚电解质静电自组装技术是将带有相反电荷的聚电解质置于溶液中,在相对温和的环境下两种相反的电荷发生相互作用共同凝聚,自行组装形成聚电解质复合物的技术。

聚电解质是指分子链上具有许多离解性基团的高分子,当其溶于水中就会发生离解,生成高分子离子和许多低分子离子,后者称为抗衡离子。根据离子类型,聚电解质可分为阳离子型聚电解质(如壳聚糖、聚赖氨酸等)、阴离子型聚电解质(如海藻酸、聚丙烯酸等)和具正负两性基团的高分子,即两性聚电解质(如蛋白质、核酸等)。聚电解质可以通过静电、疏水、氢键等各种相互作用形成微粒、微囊、胶束等聚电解质复合物,可具有规则结构,且尺寸在纳米范围。通常认为,影响聚电解质自组装的因素主要有:溶剂,聚阴、阳离子的浓度,溶液的 pH 值,阴阳离子比例等。在一定的条件下,采用静电自组装技术可以获得聚电解质纳米纤维。例如,曾戎等人利用壳聚糖和多聚磷酸钠的静电自组装,以己二酸溶液为溶剂,通过控制组装条件,成功获得了直径在 200 nm 以内的 CS/TPP 纳米纤维,如图 6.9 所示。

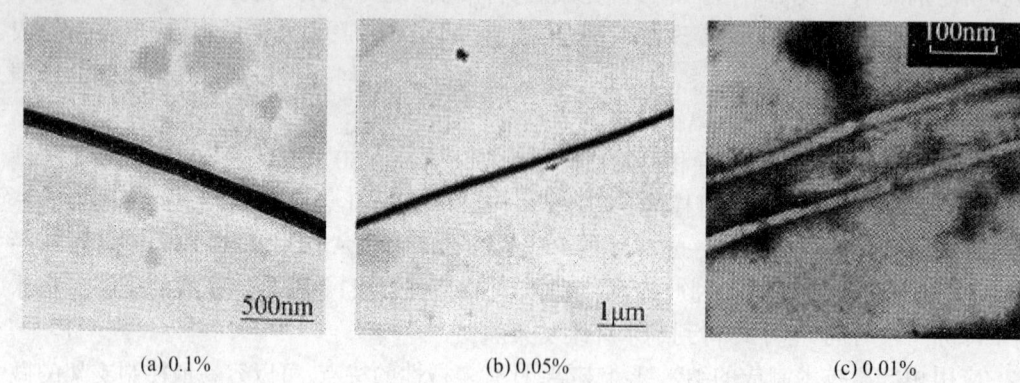

(a) 0.1%　　　　　　　(b) 0.05%　　　　　　　(c) 0.01%

图 6.9　静电自组装技术制备的 CS/TPP 纳米纤维的 TEM 照片(CS∶TPP = 3∶1)壳聚糖 CS 浓度

由于聚电解质复合物在结构与性能上与生物大分子存在许多相似性(如表面电荷、亲疏水性等),具有良好的生物相容性,而且制备工艺简单易行,没有有机溶剂的参与,无毒无害;此外,静电自组装法构建的纳米纤维还具有优良的控制释放性能,可以作为生长因子等生物活性物质的载体;因此其在组织工程支架材料领域有着巨大的应用前景。

(2) 仿生矿化

天然骨组织从材料学的角度来看实际上是一种无机/有机复合材料,在微观水平上是由胶原纤维和纳米羟基磷灰石(HAP)在纳米尺度通过自组装形成的有序排列,以提供优良的机械性能。而对于骨组织工程支架材料来说,一方面,单纯的高分子材料支架往往难以确保获得满意的综合力学性能;另一方面,支架植入体内后,需要与周围的骨组织产生良好的键合从而紧密结合。因此,模拟骨有机/无机骨基质天然特性,在高分子支架中引入类似于天然骨的无机成分如羟基磷灰石、磷酸钙等,构建具有优良的骨传导性和机械性能的复合支架已成为骨组织工程仿生支架研究的重要内容,其中采用仿生矿化技术在高分子材料支架表面制备生物矿化层也已发展成为改善支架材料骨生物活性的重要手段。而且,仿生矿化过程是在模仿生理的条件下进行的,矿化的同时可以均匀地共沉积生物活性因子,不会造成这些因子的失活,这对骨组织工程用的生物活性支架的仿生构建尤为重要。

仿生矿化(Biomimetic Mineralization)是指将生物矿化的机理引入材料的制备,在体外模拟机体环境,以基质材料为模板,在其表面形成无机矿化物,并控制无机矿化物的形成过程及成分,从而制备出具有独特微细结构特点的复合材料,使材料具有优异的生物学性能。

仿生矿化的主要方法是液相沉积矿化,其至少需要两个基本条件:一是,基质材料表面具有功能基团,带有一定量的负电荷,有利于顺序吸附 $Ca^{2+}$ 和 $PO_4^{3-}$ 离子,为矿化物(如磷灰石等)的沉积提供了成核生长点,使矿化层与基质材料通过化学键相互紧密结合;二是,基质材料处在钙磷离子浓度呈现过饱和的液相环境。研究表明:诱导矿化的活性功能基团的共同特点是在 pH = 7.4 左右时都带有负电荷,带有正电荷的功能基团没有指导矿化的能力。这些功能基团并不是直接诱导磷灰石矿化成核,而是首先通过与钙离子形成钙功能基团复合物,然后再形成低 Ca/P 比值的磷酸钙类矿化物。通常,各功能基团的诱导矿化作用效果依次为:—$H_2PO_4^-$ > —COOH ≫ —$CONH_2$ = —OH > —$NH_2$ ≫ —$CH_3$,—$CH_3$ 基团的作用最弱,几乎没有诱导矿化成核的能力。

目前,广泛用于各种基质材料仿生矿化制备类骨磷灰石涂层的液体为模拟体液(Simulated Body Fluid,SBF)。SBF 中的各种离子浓度与人体血浆中各无机离子浓度相似,只是没有有机成分和细胞成分。模拟体液可参照 Kokubo 的方法由 NaCl、KCl、$CaCl_2$、$Na_2SO_4$、$KH_2PO_4$、$NaHCO_3$、$MgCl_2$ 配置而成,具体配方见表 6.3。配置后最终的离子浓度和人血浆的对比见表 6.4,并用 Tris/HCl 缓冲液将溶液调至 pH = 7.4,温度控制在 37 ℃。SBF 除 $Cl^-$ 和 $HCO_3^-$ 浓度与人血浆稍有出入外,其余主要离子浓度几乎完全一致,故能够较好地模拟人体体液的状态进行人工材料的体外生物学活性试验研究。

表 6.3 模拟体液 SBF 配方

| 序号 | 试剂 | 浓度/(g·$L^{-1}$) |
|---|---|---|
| 1 | NaCl | 0.799 6 |
| 2 | $NaHCO_3$ | 0.350 |
| 3 | KCl | 0.224 |
| 4 | $KH_2PO_4$·$3H_2O$ | 0.228 |
| 5 | $MgCl_2$·$6H_2O$ | 0.305 |
| 6 | $CaCl_2$ | 0.278 |
| 7 | $Na_2SO_4$ | 0.071 |
| 8 | Tris/HCl 缓冲液 | 调节 pH 值 |

表 6.4 模拟体液 SBF 与人体血浆中无机盐离子浓度(mmol/L)对比

| 离子种类 | $Na^+$ | $K^+$ | $Mg^{2+}$ | $Ca^{2+}$ | $Cl^-$ | $HCO_3^-$ | $HPO_4^{2-}$ | $SO_4^{2-}$ |
|---|---|---|---|---|---|---|---|---|
| SBF | 142.0 | 5.0 | 1.5 | 2.5 | 148.8 | 4.2 | 1.0 | 0.5 |
| 人体血浆 | 142.0 | 5.0 | 1.5 | 2.5 | 103.0 | 27.0 | 1.0 | 0.5 |

由于高分子材料支架表面无机矿物质的成核生长受到聚合物材料、孔结构、模拟体液离子浓度及 pH 值等因素的影响,因此,为了在支架表面通过仿生矿化技术形成类骨磷灰石结构,改善支架的骨生物活性和机械性能,许多研究者从支架设计和仿生矿化溶液配方优化两方面进行了大量卓有成效的工作。

Kawashita 等人将羧甲基壳聚糖纤维预先用饱和的 Ca(OH)$_2$ 处理,使材料表面暴露游离的羧基,然后浸入 SBF 中在羧甲基壳聚糖纤维表面形成磷灰石,其成分和结构类似于天然骨的结构和成分,同时也证明材料表面的游离羧基是启动矿化成核的决定性因素。

Harigerink 等人将固相法合成的一端为亲水性的 —Arg—Gly—Asp—(RGD) 多肽序列,另一端含磷酰化氨基酸残基的两亲性多肽通过 pH 介导自组装形成纳米纤维,并作为模板引导矿化物形成,发现矿化物的 Ca/P 摩尔比为 1.67,与 HA 晶体的 Ca/P 摩尔比一致。其中诱导矿化的关键是引入多肽链的 $PO_4^{3-}$ 基团。这种纳米纤维与矿化羟基磷灰石形成的复合材料重现了 ECM 结构,羟基磷灰石晶体的 C 晶轴与纤维的长轴方向一致,也与人骨骼中胶原纤维与羟基磷灰石晶体的排列方式一致。这种特定的结构和所携带的分子识别信息不仅能通过特定的细胞通讯和信息传递系统对细胞的生物学行为进行精确的调控,而且使复合材料获得了很高的强度。

合成高分子支架材料,如 PLLA、PCL 等往往表面疏水性强,细胞亲和性差,且缺乏诱导矿化的功能基团,因此引入功能基团是对高分子材料仿生矿化的关键。例如,可将支架材料经过碱性溶液水解,使聚合物分子链中的酯键断裂,暴露出了游离的羧基和羟基,这些基团的出现可以诱导矿化成核,在 SBF 中可以进行仿生矿化。此外,还可在聚合物材料中引入纳米尺寸的生物活性陶瓷或活性玻璃微粒,不仅可以在不严重失去机械强度的同时增加支架聚合物材料的硬度,而且能赋予聚合物支架生物矿化的能力。

近期的一些研究报道指出,硅是骨形成过程中的一种必要元素。痕量的硅可刺激细胞活性,在含有硅离子的培养介质中人成骨细胞的增殖被增强。材料表面含硅的 HA 层可促进细胞的增殖和人骨髓间充质干细胞向骨细胞的分化,表现出优良的骨键合能力,其原因之一就在于释放出的硅可刺激细胞的增殖及分化。因此具有硅的释放能力的活性钙硅无机／有机生物可降解复合支架被认为是骨组织工程仿生支架材料的新设计思路之一。

(3) 表面仿生功能化

在组织工程中,支架材料的表面尤为重要,因为表面性能直接影响细胞响应,并最终影响组织再生和功能重建。理想的组织工程支架应能模拟 ECM 且和细胞间有积极的相互作用,包括增进细胞黏附、生长、迁移和分化功能。尽管大量的合成可降解高分子已用于组织工程支架材料,但这些材料通常缺乏生物识别能力。通过本体或表面改性都可获得与细胞产生积极的相互作用的合成高分子支架。本体改性通常是在支架成型之前,通过共聚反应将细胞信号肽等功能基团键接到聚合物链上。如 Langer 研究小组合成的 L-乳酸-赖氨酸共聚物,通过化学方法将 RGD 键接于共聚物的赖氨酸基团上以增强细胞黏附。生物材料通过本体改性,得到的细胞识别位点不仅呈现在材料表面而且呈现在材料体内,从本质上看,生物材料本体改性更加有利于组织工程应用。但本体化学改性通常也会改变聚合物的加工性能和机械性能,因此其应用受到限制。与本体改性不同,支架的表面仿生改性,如支架多孔表面固定细胞识别位点等,可以显著改善材料与细胞的相互作用,且通常不会明显地影响支架的结构和机械性能,已成为构建仿生支架的有效途径。

生物材料表面改性可分为表面形态改性、物理化学表面改性及生物化学表面改性。表面形态改性包括表面粗糙度控制、表面微米-纳米图形构造,物理化学表面改性包括表面覆膜、注入、等离子体表面接枝、表面自组装等,而生物化学表面改性则是在材料表面固定生物大分子、表面构造细胞外基质层及种植细胞等引入生物物质的技术方法。尽管生物高分子材料表面改性技术有很多,但文献中大部分研究工作只是针对器件及薄膜表面的改性,或者是很薄的 3D 结构表面改性,而对三维组织工程支架的表面仿生功能化的报道相对较少。目前,三维支架材料表面仿生功能化的发展方向是综合利用上述技术,构造可以被生物体特异性识别的表面。

Peter X. Ma 研究小组最近发展了一种被称为孔诱导的表面仿生改性技术，可以有效地改善 3D 多孔聚合物支架的内孔表面性能，其特征在于改性试剂被用作致孔剂，表面改性在支架成型过程中完成。以明胶作为表面改性剂为例，首先制备明胶微球作为致孔剂，装入将要成型的支架的复制阴模中；将溶于混合溶剂的聚合物溶液（如溶于水/THF 混合溶剂中的 PLLA 溶液）浇注于上述模具中，当相分离发生后除去致孔剂，则产生带有连通球孔网络的纳米纤维 PLLA 支架，且支架中覆有一层明胶分子，可以有效地增强细胞的黏附、增殖和 ECM 分泌。正是由于明胶在水中的溶解性，保证了其在以水/THF 为混合溶剂的 PLLA 溶液浇注和相分离期间实现对支架体系的嵌入改性。对于复杂的 3D 多孔支架，这是一种持久的表面改性技术。

用于高分子材料支架表面仿生改性的另一种重要方法是在其表面固定生物活性分子，如蛋白、多肽等。常用的技术包括物理吸附和化学键合两大类，前者工艺简单，但稳定性欠佳；而后者是将生物活性分子中的某些基团与支架材料表面的反应性基团通过化学键合牢固地固定在材料表面，以获得长期的生物活性。

目前研究和应用最多的多肽是含 RGD 序列的多肽。RGD 多肽作为细胞黏附序列是 Pierschbacher 和 Rouslahti 于 1984 年在纤维黏连蛋白（FN）中发现的，随后在其他的 ECM 蛋白如层黏连蛋白（LN）、骨桥蛋白、骨涎蛋白等中都发现了它的存在。RGD 肽的作用是通过其与细胞膜表面的受体——$\alpha/\beta$ 整合素特异性结合来实现的。整合素是一组跨膜蛋白，由两条非共价结合的透膜肽链（$\alpha$ 链和 $\beta$ 链）组成的异二聚体，包含 3 个节段：一个长的细胞外节段、跨膜节段和一个短的细胞内节段，因此整合素可结合膜两侧的配体分子实现信息传递。每一种整合素分子可有几种细胞外基质作配体，而每个细胞外基质中的配体也可能被不同的整合素识别。已经确认的整合素有 24 种，其中近一半能识别含 RGD 序列的多肽。需要注意的是单纯的 RGD 三肽是没有活性的，最初在 FN 中发现的有活性的最小的细胞黏附位点是个四肽（RGDS），Pierschbacher 等人认为在 RGD 三肽 C 端封闭羧基或接上氨基酸才具有活性，且活性顺序为：RGD < RGD-$NH_2$ < RGDS < GRGDSP。为了改良 RGD 多肽的性能，可在 RGD 的前端或后端加上不同的氨基酸，形成新的多肽，如 GRGD、RGDS、GRGDS、GRGDSY、GRGDSPC 等。其中 RGDS 可促进成骨细胞的黏附、分化及抑制凋亡，RGDS 和 GRGDS 对 MSCs 表现出较高的黏附力。

多肽固定的方法有很多，包括共价键和非共价作用。其中共价键的形成一般需要材料表面的反应部分和多肽的氨基酸侧链或氨基、羧基末端的参与，多利用不同的双官能团偶联剂将材料的反应基团和多肽连接起来。经常选用的偶联剂有 3-（2-吡啶二硫基）丙酸 N-羟基琥珀酰亚胺酯（SPDP，N-succinimidyl-3-（2-pyridyldithiol）propionate）、戊二醛以及碳二亚胺等。其中，SPDP 是一种能与氨基和巯基反应的异型双功能交联剂，含有两个反应基团：N-羟琥珀酰亚胺基团和 2-吡啶基二硫化物基团（图 6.10），常用于结合两种不同的蛋白质及在材料表面固定蛋白或多肽。通常，首先利用 SPDP 的 N-羟琥珀酰亚胺基团和材料表面的伯胺基（—$NH_2$）反应生成稳定的酰胺键，然后利用 SPDP 的 2-吡啶基二硫化物基团和多肽的巯基（—SH）反应生成二硫键。整个反应过程可分步进行，条件温和，副反应较少。另外，为了提高固定肽在生物环境中的活性，避免空间位阻的影响，可使用带有柔性长臂（如 PEG）的双官能团偶联剂来固定活性多肽。

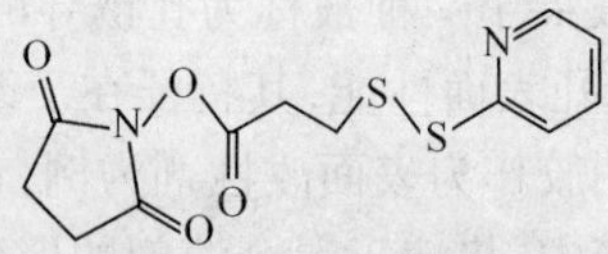

图 6.10 SPDP 结构式

尽管通过物理或化学方法在表面固定活性多肽的仿生方法已成功用于控制材料表面的细胞响应，包括在玻璃、石英、硅、金属及各类聚合物的表面，而且已经证明固定活性多肽的仿生组织工程支架材料可以提供有用的生物信号来引导新组织的形成，但这些仿生支架材料用于诱导组织再生和功能重建仍有一些问题待解决。一是各种细胞识别多肽的接枝密度和空间分布对不同细胞的生理活动（如黏附、增殖和分化等）的影响还有待进一步研究，以更好地指导仿生组织工程支架的活性多肽固定模式的设计。二是设计合成既可以减少非特异性 ECM 蛋白吸附又可以选择性地与目标细胞发生作用，以增强仿生支架的特异性生物功能。具有可限制非特异性蛋白吸附的聚乙二醇或其衍生物链段及可固定肽的反应性链段的双功能性聚合物有望用于实现这一目标。三是筛选对特定细胞具有高度选择性的肽序列，及通过可靠技术在支架材料表面固定这些肽的仿生支架仍然是一个挑战。

### 6.2.3 生物医用检测和诊断用仿生高分子材料

随着生物医学的飞速发展，该领域对相关检测及分离技术和材料的依赖及需求日益增强。例如，由于各种疾病和人体的体液（包括血液、尿液、唾液等）成分之间存在某些相关性，对体液成分的多种生化指标检测，包括微量蛋白（如肿瘤标志物、特异性抗体等）、小分子有机物（如葡萄糖、抗生素、氨基酸、胆固醇、乳酸及各种药物的体内浓度）、核酸（如病原微生物、异常基因）等已成为临床医学中疾病诊断、疗效及病程的监测和预后判断分析的重要依据。另外，新药研究开发中的化合物大规模筛选和活性测试、生物工程产品生产中的质量监控、基础医学研究中的活性分子监测等都离不开高选择性和高灵敏度的生物医用检测技术。

在生物体系中，存在许多专一性或选择性的相互作用方式，如受体与底物、酶与底物、抗原与抗体、DNA 碱基对等。利用这些作用原理，设计合成的结合有酶、抗原、抗体、核苷酸乃至细胞、组织等生物活性物质的仿生高分子材料，可广泛用于生化分离、医学临床诊断和临床分析（包括人体生化指标和各种病原体的检测等）等生物医用领域，其中在生物传感器和生物亲和色谱中的应用研究尤为活跃。

**1. 生物传感器**

传感器是一种能感受规定的被测量并按照一定的规律转换成可用信号的器件或装置，通常由敏感元件和信号转换元件（换能器）组成，以满足信息的传输、处理、存储、显示、记录和控制等要求。根据传感器工作的基本原理，可分为物理传感器、化学传感器和生物传感器三大类。

实际上，生物的基本特征之一就是能感受外界的各类刺激信号，并对其做出反应。人体的感觉器官可以看作是一套完美的传感系统，眼、耳和皮肤可以感知外界的光、声、温度、压力等物理信息,而鼻和舌可以感知气味和味道等化学刺激。所谓生物传感器就是利用仿生学原理构建的一类特殊形式的传感器,由生物分子识别元件和各类物理、化学换能器组成,可用于检测分析各种生命物质和化学物质。由于生物传感器具有选择性好、灵敏度高、分析速度快、成本低、能在复杂的体系甚至生物体中进行在线连续监测等优点,特别是与分子生物学、纳米技术等高新技术结合后,在生物医学、临床检验、食品、制药、化工、环境监测等领域展现出广泛的应用前景,近几十年来发展迅速。

(1) 生物传感器的发展现状

1962 年,Clark 和 Lyons 将酶促反应的高度特异性和电极响应的高度灵敏性结合,研制了测定葡萄糖含量的酶电极,开创了生物传感器的先河,如图 6.11 所示。

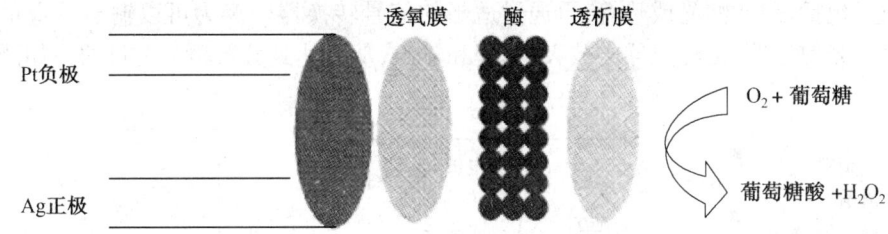

图 6.11　Clark 型酶电极

该装置是将透析膜/固定化葡萄糖氧化酶/氧穿透膜"三明治"结构附着在铂电极表面构成。由于葡萄糖氧化酶可催化葡萄糖和氧气反应生成葡萄糖酸和过氧化氢,在施加一定电位的条件下,通过检测氧气的减少和过氧化氢的增加可确定葡萄糖的含量,即

$$葡萄糖 + O_2 \xrightarrow{葡萄糖氧化酶} 葡萄糖酸 + H_2O_2$$

$$铂负极:O_2 + 4H^+ + 4e^- \longrightarrow 2H_2O$$

1967 年,Updike 和 Hicks 利用聚丙烯酰胺凝胶膜固定葡萄糖氧化酶,再将其固定在电极上得到了可重复使用的葡萄糖传感器。之后,相继出现了电流型和电位型微生物电极、组织电极,以及利用生物反应中的光效应、热效应、场效应和质量变化而开发的各种类型生物传感器。

迄今为止,生物传感器大致经历了三个发展阶段,分为三代:第一代生物传感器是由固定了生物成分的非活性基质膜(透析膜或反应膜)和电化学电极所组成;第二代生物传感器是把生物成分直接吸附或共价结合到转换器的表面,不需要非活性的基质膜,而且在测量时不需要添加其他试剂;而目前发展的第三代生物传感器是将生物成分直接固定在物理功能元件上,可以直接感知和放大界面物质的变化,实现生物识别和信号转换处理的有机结合。

(2) 生物传感器的组成和工作原理

生物传感器可定义为:使用固定化的生物分子结合换能器,用来侦测生物体内或体外的环境化学物质或与之起特异性交互作用后产生响应的一种"装置",其结构上主要包括两个组成部分。

① 生物分子识别元件(感受器)。即具有分子识别能力的生物活性物质(如组织切片、细胞、细胞器、细胞膜、酶、抗体、核酸、有机物分子等),这也是生物传感器与其他传感

器的最大区别。狭义的生物传感器特指利用生物分子、微生物、细胞或组织的特异性识别功能而构建,如酶对底物的识别、核酸双链键的识别、抗体／抗原的识别、微生物或细胞或组织对底物或受体的识别等;而广义的生物传感器则还包括利用模拟生物识别能力的功能材料(如分子印迹聚合物)构建的传感器。

② 信号转换器(换能器)。可将生物识别事件转换为可检测的信号,通常根据生化反应的类型选择适当的换能器,主要有电化学电极、光学检测元件、热敏电阻、场效应晶体管、压电石英晶体等。

生物传感器的基本工作原理:待测物质经扩散作用进入分子识别元件(固定化的生物活性材料),经分子识别,与分子识别元件特异性结合,发生生物化学反应,所产生的生物学信息,包括复合物、光或热等,再通过适当的信号转换器转变为可以输出及定量处理的电信号、光信号等,再经仪器的放大、处理和输出,从而达到分析检测的目的。如图6.12所示。

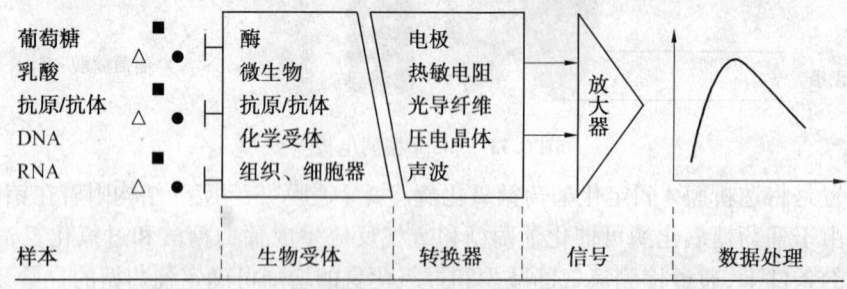

图 6.12　典型生物传感器的工作原理

为了避免生物分子的流失,提高其稳定性,从而延长生物传感器的使用寿命并能够重复使用,必须将生物分子固定在传感器上。但是,生物分子被固定后,其理化性质通常会发生某些变化,且由于微环境的改变、空间位阻的存在以及活性基团丢失等原因,往往导致其生物活性下降,或者其生物效应的最适 pH 值和温度可能偏移。因此,保持生物分子生物活性的固定化技术是构建生物传感器的重要技术。常用的生物分子固定方法分为物理方法和化学方法,包括物理吸附、物理包埋、共价结合和交联共聚等方式,如图 6.13 所示。

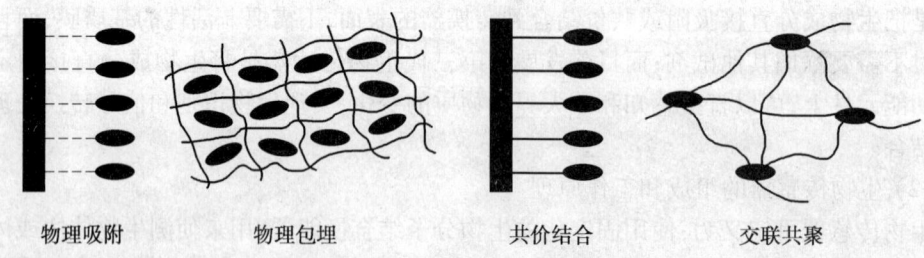

图 6.13　常用的生物分子固定方法

(3) 生物传感器的应用

目前,在生物医用领域研究最活跃、应用最广泛的生物传感器主要有酶生物传感器、免疫生物传感器、受体生物传感器、核酸生物传感器、分子印迹生物传感器以及生物芯片。

① 酶生物传感器。酶生物传感器是最早出现的,也是目前商业化最成功的生物传感器。酶具有高度的选择性和特异性,只对某种或某类具有相似结构的底物分子起催化作用,其构建的生物传感器能实现信号放大,灵敏度高。通常应用的酶有氧化还原酶或水解酶,待测物往往是反应底物,也可能是酶抑制剂。血糖生物传感器就是一种典型的酶传感器。

② 免疫生物传感器。免疫生物传感器是模拟生物的自然免疫反应,是利用抗体/抗原间的识别作用构建的。通常免疫反应与酶催化反应相比,具有更好的选择性和特异性,且形成的抗体/抗原复合体相对稳定,不易分解。但由于抗原/抗体之间的分子结合不涉及酶的催化放大,灵敏度较低且响应时间长,因此通常需要采用标记技术来放大信号,构成所谓标记免疫生物传感器。主要的标记物有:微球或纳米粒(包括胶乳、纳米金、磁性微粒等)、酶、荧光或发光分子、放射性同位素等。而基于表面等离子共振、压电效应或阻抗分析等的免标记免疫生物传感器操作简单,易于自动化和微型化是当前研究的热点。

③ 受体生物传感器。受体生物传感器是以受体-配体特异性结合为构建原理,利用膜受体蛋白作为分子识别元件的一类亲和型生物传感器。受体是位于细胞表面或细胞内亚细胞结构中的一种糖蛋白或糖脂分子,能够选择性地识别外来信号,并与之结合,从而激活或启动一系列生化反应,产生特定的生物学效应。根据信号转导的机制和受体蛋白的类型,膜受体可分为三类:离子通道受体、催化受体、G蛋白偶联受体。受体生物传感器可以利用天然受体和人工受体构建。天然受体具有灵敏度和选择性的优势,但其应用受到天然受体的分离与纯化以及固定等问题的影响;而基于超分子自组装技术的人工受体生物传感器则发展很快,已有人工受体型离子通道生物传感器和阴离子受体生物传感器等研究的报道。

④ 核酸生物传感器。核酸生物传感器又称为基因传感器,是以核酸物质为检测对象的一类生物传感器。其基本原理是利用核苷酸碱基的严格互补配对:A(腺嘌呤) - T(胸腺嘧啶)和G(鸟嘌呤) - C(胞嘧啶),通常是固定一条核酸单链,识别检测与其互补的靶基因。目前应用的核酸物质不仅包括DNA(图6.14(a))和RNA,还有肽核酸(PNA,以假肽主链替代核糖-磷酸主链,保留碱基如图6.14(b)所示)、核酸适配子(由20~60个碱基组成的单链寡聚核苷酸)、核酶(特指具有催化功能的RNA分子)、脱氧核糖核酸酶(具有催化功能的DNA分子)和配基酶(图6.15)(Aptazymes,由适配体和核酶组合构成)。核酸生物传感器也属于亲和型,与免疫生物传感器类似,也可分为标记型和免标记型两类。

⑤ 分子印迹生物传感器。生物系统的分子识别实质是大小适当且形状互补的单元通过氢键、离子键、配位键、范德华力和疏水作用等非共价作用相结合的过程,分子印迹聚合物MIP就是模拟生物分子间的相互作用而构建的具有识别功能的功能高分子。与天然生物物质相比,MIP稳定性好,耐高温,易于工业化生产、储存和灭菌,且识别性能好。目前,分子印迹生物传感器已可以识别蛋白质、氨基酸、糖类、核酸及药物,甚至细菌等。

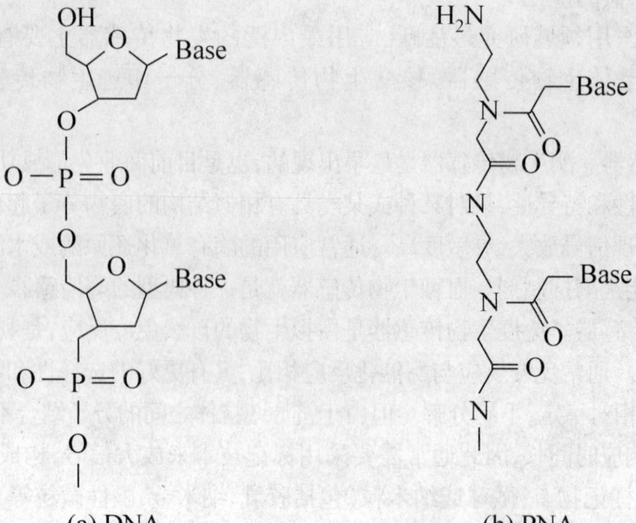

图 6.14　DNA 和 PNA 的结构比较

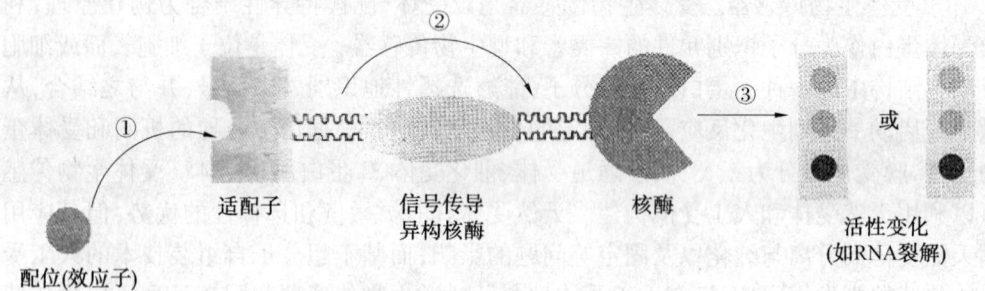

图 6.15　配基酶传感器的基本原理

⑥生物芯片。生物芯片(Biological Chip)的概念来源于计算机芯片,实际上可以看作是生物传感器的点阵组合。芯片点阵中的每一个单元都是一个生物传感器的探头,通过阵列检测实现对生物分子的大规模平行检测,从而大大提高检测效率,减少工作量,增加可比性。通常的生物芯专是由固定于不同种类支持介质上的高密度的寡核苷酸分子、基因片段或多肽分子的微阵列组成。其中每个分子的位置及序列为已知,当样品中标记的靶分子与探针分子杂交或反应结合后,通过自动化仪器检测杂交或反应信号的强度来对样品进行量化分析,实现对细胞、蛋白质、核酸以及其他生物组分的准确、快速、大信息量的检测。根据芯片上固定生物分子的不同,生物芯片可分为基因芯片、蛋白芯片,乃至细胞或微生物芯片。基因芯片又称为 DNA 芯片,芯片上固定的分子是寡核苷酸探针或基因片段。如果芯片上固定的是肽或蛋白,则称为肽芯片或蛋白芯片;如果固定细胞或微生物,则称为细胞或微生物芯片。

生物芯片的制备要考虑阵列的密度、再生性、操作的简便性、成本的高低等几方面的因素。其载体材料包括玻片、硅片、聚丙烯酰胺凝胶、尼龙膜等,其上具有活性基团,如氨基、醛基、巯基等,可通过共价键或离子键与生物分子结合。具体的制备方法主要分为原位合成与合成点样两类。其中原位合成又可分为光引导聚合法和喷墨打印合成法(或压电打印法)。光引导合成法与喷墨打印法、合成点样法相比,优点在于可以合成密度极高的阵列,但最大缺点是耗时、操作复杂。而合成点样法虽然获得芯片上探针的密度相对较低,且每个样品都要预合成、纯化,在芯片制备前还需妥善保存合成的探针,但是它的最大优点是操作简便。

最初的生物芯片主要目标是用于 DNA 序列的测定、基因表达谱和基因突变的检测和分析,故当时也被称为基因芯片。随着芯片技术的发展,特别是与纳米技术、微细加工技术和微流控技术的结合,生物芯片正向实现分析过程的连续化、微型化、集成化和信息化发展,即构建所谓芯片实验室,利用平面微细加工技术构建微电极、凝胶元件、微陷阱等构成的元件型生物传感器微阵列和由微通道或反应池等构成的通道型生物传感器微阵列,实现对样本的微量、快速、全自动化检测。

生物传感器自其问世以来,由于其具有的高选择性、高灵敏度和可连续测定等一系列优点,在生命科学、医学、生物工程等生物医用领域展示了诱人的应用前景。各类生物传感器的涌现也极大地促进了相关科学技术的发展。

① 生命科学领域。生物传感器已成为生命科学研究的重要工具,推动生命科学向着更深、更广和更高的研究领域发展。例如,Hide Michihiro 等人利用表面等离子共振生物传感器实时监测了 IgE 介导的早期肥大细胞超敏反应,揭示了细胞内参与反应的各种信号分子的相互作用。Kasili 等人用纳米光纤生物传感器探测了细胞传递信号的生物化学成分。基因芯片技术已广泛应用于基因序列分析、杂交、基因突变检测及多态性分析、基因组文库图形分析等方面。

② 医学领域。在基础研究方面,Ye 等人用电化学生物传感器测定了艾滋病和乙肝病毒的 DNA 片段序列。Wang 等人利用固定 DNA 的微型电化学传感器,基于 DNA 中鸟嘌呤的氧化信号变化,探讨了紫外光辐射引起的 DNA 损伤,包括 DNA 的构象变化及其鸟嘌呤的光致化学反应。在临床医学方面,生物传感器可用于疾病的快速诊断与早期诊断。一些有临床诊断意义的生化指标(如血糖、乳酸、谷氨酰胺等)都可借助于生物传感器来检测。如肿瘤标志物的测定可以用于肿瘤的早期诊断;用常规方法检查肝功能指标谷丙转氨酶,要抽血 2 mL,需 24 h,而采用生物传感器仅需要 5 μL 血液,5 min 即可知结果。另外,血药浓度的检测能引领临床治疗,可减小药物的毒副作用,防止毒效发生。乳酸是肌肉连续运动的代谢产物,过多积累意味着疲劳,研究基础代谢和运动生理时都需要进行乳酸测定。乳酸测定仪是迄今最成功的商品酶传感器之一。在法医学中,生物传感器可用于 DNA 鉴定和亲子认证等。在军事医学领域,生物传感器已应用于监测多种化学和生物战剂,包括细菌、病毒及其毒素(如炭疽芽孢杆菌、鼠疫耶尔森菌、埃博拉出血热病毒、肉毒杆菌类毒素等)。

尽管经过近 40 年的发展历程,多种生物传感器乃至生物芯片已在实践中得到应用,并取得了良好的效果,但由于生物活性物质具有不稳定性和易变性等缺点,导致生物传感器的稳定性和重现性还相对较差,限制了生物传感器的应用。从总体上说,目前生物传感器还处在起步阶段。

随着生物学、信息学、材料学和微电子学的飞速发展,特别是微电子机械系统技术、纳米技术和分子自组装体系的研究和应用,未来生物传感器将具有高灵敏度、高稳定性、高寿命和低成本,并向高性能、微型化、一体化、智能化方向发展。同时,研究以生物系统为模型,能代替生物视觉、嗅觉、味觉、听觉和触觉等感觉器官的生物传感器也是生物传感器研究中的重要内容之一。

**2. 亲和色谱技术**

随着生物技术的发展,生物活性物质的分离纯化技术已成为决定生物制品的安全性、有效性及成本的关键技术之一。涉及的生物制品包括生物技术药物,如重组蛋白质药物或重组多肽药物,包括:细胞因子、人干扰素、生长因子、融合蛋白、受体、疫苗和单抗等,重组 DNA 药物包括:反义寡核苷酸或核酸、基因药物、DNA 疫苗等,以及天然生物活性大分子物质。另外,蛋白质、病毒以及细胞、细胞器等的分离分析、微量检测等也都提出了发展一种廉价高效分离纯化技术的需求。在这一背景下,基于生命体系中生物分子之间存在着的特异性相互作用发展起来的亲和色谱技术近年来得到了广泛关注和迅速发展。

(1) 亲和色谱技术原理

亲和色谱技术的基本原理就是分子识别,如图 6.16 所示。在生物体内,许多大分子可高效识别某些相对应的专一分子,并结合形成可逆的配位化合物,例如抗体与抗原、酶与底物或抑制剂、酶与辅酶、激素与受体、维生素与结合蛋白、RNA 与其互补的 DNA 等,这种特异的结合能力被称为亲和作用(或亲和力),涉及分子间相互作用的氢键、静电作用、范德华力、疏水作用及空间位阻效应等,而两个可专一结合的分子互称对方为配基。根据生物分子间这种亲和吸附和解离的原理,将具有特异性识别能力的配基通过共价键固定在不溶性载体上构成固定相建立起来的液相色谱分离技术称为亲和色谱技术。

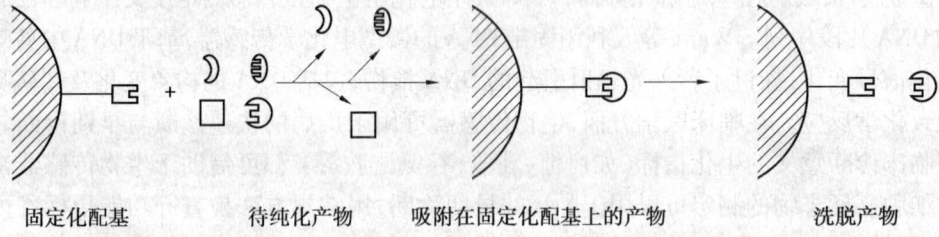

固定化配基　　待纯化产物　　吸附在固定化配基上的产物　　洗脱产物

图 6.16　亲和色谱原理示意图

通常,亲和色谱技术可分为三个基本过程:

① 固定相的制备。根据待分离的生物分子选择配基及载体,并进行配基的固定化。

② 亲和吸附。将制备的固定相装柱平衡,当样品溶液通过时,待分离的生物分子与配基发生特异性的结合,吸附在固定相上,而其他杂质仍随流动相流出。

③ 洗脱(解吸附)。用适当的洗脱液通过亲和柱,把吸附的生物分子洗脱出来,得到纯化的待分离生物分子。洗脱方法大多是非特异性洗脱,通过改变洗脱液的 pH 值、离子强度、离子种类或温度等理化性质来降低固定化配基和生物分子之间的亲和力,从而使生物分子脱附。也可以采用特异性洗脱的方法,如利用含有与配基或目标产物具有亲和作用的小分子化合物溶液为洗脱剂,通过竞争性结合,脱附目标产物。另外,含巯基的蛋白质可通过二硫键共价结合而吸附在固定相上,可通过半胱氨酸、巯基乙醇等还原二硫键,

使蛋白质脱附。

(2) 亲和色谱技术的应用与分类

亲和色谱技术的突出特点在于可对生物活性分子实现高特效性的分离和纯化,可从浓度低、杂质多的粗提样品中经过一些简单的处理,便可分离、纯化得到所需的少量高纯度活性物质。目前,亲和色谱技术已成为分离纯化蛋白、酶、抑制剂、抗原、抗体、激素、受体、糖蛋白、核酸及多糖类等生物大分子最重要和最有效的方法之一,并为研究生物大分子间相互作用及其机制提供了一种有效的手段,在生物化学、分子生物学、临床诊断、生物工程、蛋白质组学、新药研发等领域发挥着重要作用。

亲和色谱的优点是操作简便、效率高、条件温和。它对生物大分子选择性的吸附和分离,可以取得很高的纯化倍数,而且生物大分子与亲和配基结合后,性质更加稳定,相应提高了活性回收率。此外,亲和色谱的纯化步骤较少,缩短了纯化时间,对不稳定生物大分子的纯化也十分有利。但亲和色谱的使用仍存在一些不足,主要是固定相制备复杂,成本较高,有些配基自身要经过分离纯化,或需要较剧烈的偶联条件才能固定在载体上。另外,仍有可能出现一些因错误识别或非特异性吸附而引入的杂质大分子,而且在洗脱过程中,也会有配基脱落进入分离体系。

经过近几十年的发展,亲和色谱技术已发展了多种方法,可根据其固定相偶联配基的不同进行分类,主要有:天然来源的生物配基,包括核糖核酸、脱氧核糖核酸、蛋白质、酶、辅酶、外源凝集素、糖类、抗原与抗体、亲和素与生物素、激素,乃至生物细胞和微生物等;以及各种仿生亲和配基,包括固定化金属离子配基、染料配基、分子印迹聚合物配基、核酸适配子配基等。

天然来源的亲和配基虽然有高度专一的立体结构,具备较强的特异性,但往往价格昂贵,生物化学性质也不稳定,对运输、保存及操作条件的要求苛刻,且可能被病毒、内毒素等污染,需要高度纯化,因此其应用受到局限,而寻找和制备选择性好、稳定性高、价格低廉的仿生亲和配基是当前亲和色谱技术研究的重要方向。

(3) 仿生配基亲和色谱

在生物技术快速发展的21世纪,人们迫切需要高选择性的亲和色谱技术以降低生物产品的成本,扩大其应用范围,因此采用更加稳定、便宜的仿生配基替代生物配基已成为许多研究者关注的热点领域。即通过模拟生物分子结构或某特定部位,人工合成具有特异性识别结合功能的配基,固定在色谱载体上,实现对生物样品的吸附分离,如固定化金属离子配基亲和色谱(Immobilized Metal Ion Affinity Chromatography,IMAC)、染料配基亲和色谱、分子印迹聚合物配基亲和色谱和核酸适配子配基亲和色谱等。

当前,随着组合化学和高通量筛选技术的发展,以及计算机辅助的分子模拟技术的应用,使得以目标大分子的结构特点为导向,筛选、设计和人工合成针对性强而且适用范围广的仿生配基成为可能。组合库可以分别从生物和化学的角度构建,主要有噬菌体展示技术和固相合成方法;而分子模拟技术可以直接模拟天然配基活性部位的关键残基构建仿生配基,或针对目标分子活性部位所暴露的残基,设计与其结构特点互补的分子作为仿生配基。但蛋白质等天然大分子的结构复杂,仿生配基还很难实现与目标蛋白在空间结构上的完美匹配,其选择性仍然受到限制,而且现有的合成方法也难以得到复杂结构的仿生配基。设计合成选择性好、稳定性高、价格低廉的仿生配基是亲和色谱技术领域的重要发展方向。

## 6.3 高分子电解质

高分子电解质(或聚电解质)是指在高分子链上带有可离子化基团的物质。高分子电解质溶解于介电常数很大的溶剂,如在水中时,就会发生离解,放出许多低分子离子,高分子本身则成为留下若干离解位而带有与低分子离子相反电荷的聚离子。一般把低分子离子称为反离子或抗衡离子,留下的离解位称为电位离子。反离子以一定密度分布在高分子周围与离解位之间处于动态平衡状态,高分子电解质的许多性能都与这种平衡状态有关。

高分子电解质同时具有高分子水溶液和电解质的性质,这两类性质的结合使高分子电解质具有许多宝贵的性能,如絮凝性、增稠性、分散性、电离性、减阻性等,从而得到广泛的应用。自20世纪60年代以来,高分子电解质的发展十分迅速,通过对其结构、性质及合成方法逐步深入的研究,高分子电解质的品种日益增多,应用范围不断扩展,需求量大幅度上升,逐渐成为一类重要的功能性聚合物。目前,高分子电解质已广泛应用于石油工业、造纸工业、纺织印染工业、农业、医药工业、环保工业等领域。

### 6.3.1 高分子电解质类型

高分子电解质品种繁多,应用广泛,可按不同的方法分类。

**1. 按来源分类**

高分子电解质按来源分为天然高分子电解质、化学改性天然高分子、合成高分子电解质三大类。

天然高分子电解质是由天然来源的产物制备,如生物高分子中的核酸、蛋白质、聚糖等。化学改性天然高分子有改性淀粉,如阳离子淀粉;纤维素、木质素衍生物,如羧甲基纤维素、木质素磺酸钠等。合成高分子电解质有聚丙烯酸、聚苯乙烯磺酸盐、聚乙烯亚胺盐酸盐等。

**2. 按离子类型分类**

高分子电解质在水溶液中可以离解成两部分,若离解后的聚合物骨架带正电荷,则称为聚阳离子或阳离子聚电解质,如聚4-乙烯吡啶正丁基溴季铵盐7。

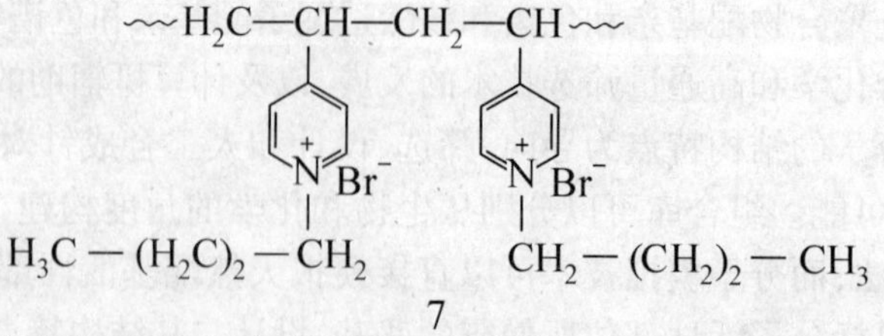

$$\sim\sim H_2C-CH-CH_2-CH\sim\sim$$

（结构式7）

若离解后的聚合物骨架带负电荷,则称为聚阴离子或阴离子聚电解质,如聚丙烯酸钠8。

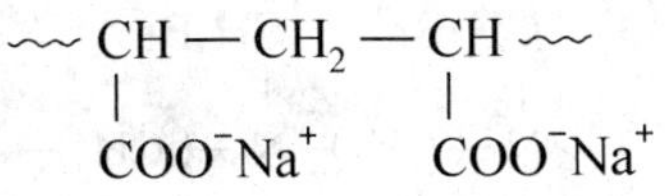

$$\sim\!\!CH-CH_2-CH\!\!\sim$$
$$\quad\;\;|\qquad\qquad\quad\;\;|$$
$$\;\;COO^-Na^+\quad COO^-Na^+$$

8

若离解后的聚合物骨架同时含有正负电荷基团,则称为两性高分子电解质。两性高分子电解质又可分为两大类:一类为正、负电荷基团处于同一侧链上,通常称为内盐聚合物或高分子胺内酯;另一类正、负电荷基团处于不同侧链上,根据单体单元性质,又可分为强酸强碱型、强酸弱碱型、弱酸强碱型和弱酸弱碱型。两类聚合物的结构简式如图 6.17 所示。

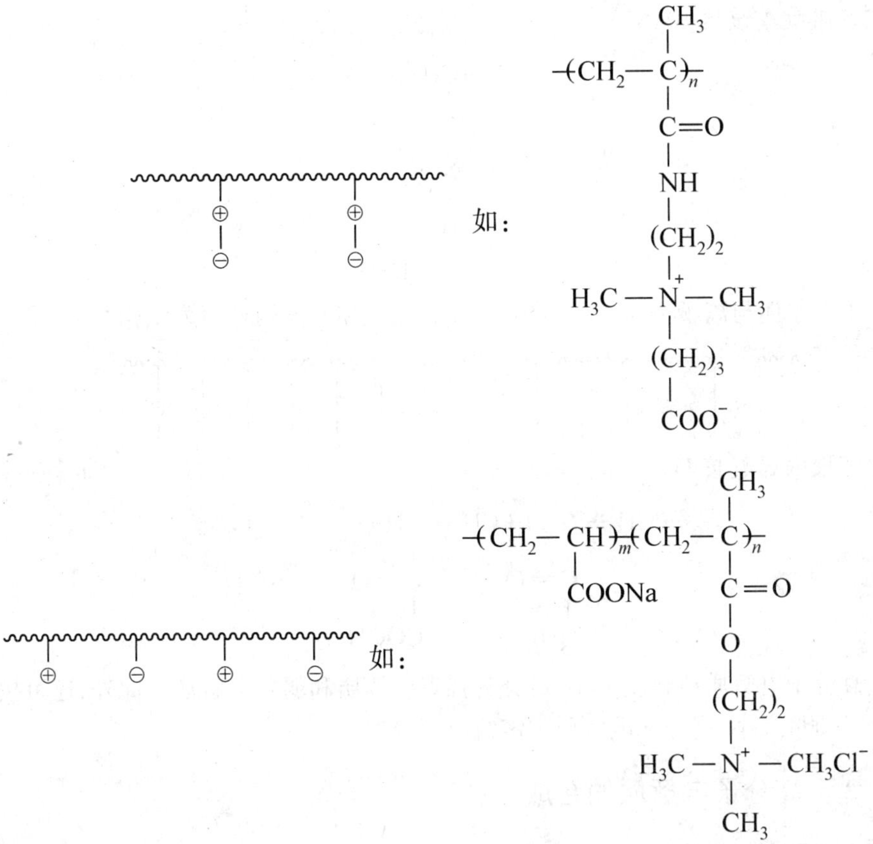

图 6.17 两性高分子电解质结构示意图

### 3. 按结构分类

高分子电解质按离子基团的位置可分为三类。

(1) 主链上带离子基团的高分子电解质,其结构通式为: $\sim\!\!\oplus\!-\!\oplus\!-\!\oplus\!\sim$ 如离子胺 9。

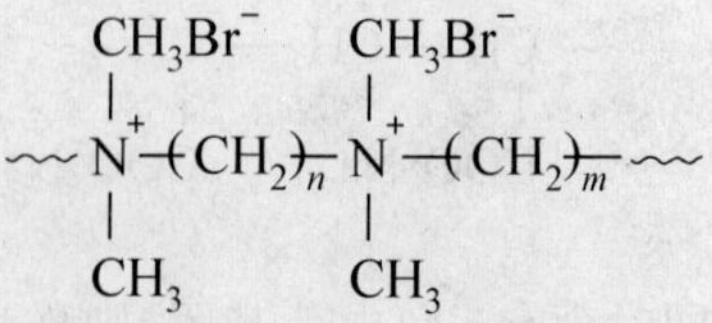

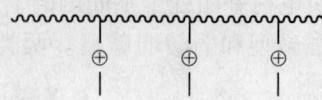

(2) 侧基上带离子基团呈梳状分布的高分子电解质,其结构通式为:

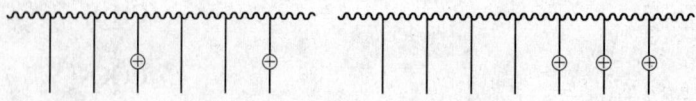

如聚乙烯基吡啶季铵盐 10。

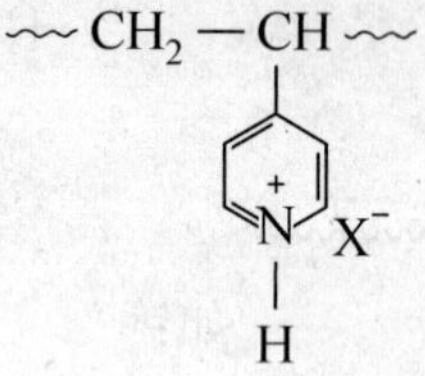

$X^- = I^-$ 或 $CH_3SO_4^-$

(3) 中性单体与离子单体的共聚物,主要有无规和嵌段两种序列结构:

如部分水解聚丙烯酰胺 11。

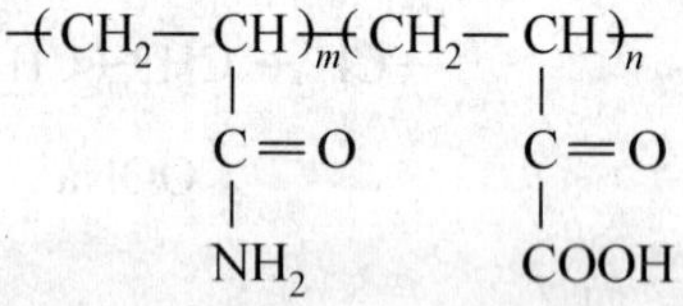

根据高分子电解质离解度大小,可分为强聚电解质和弱聚电解质。此外,还可按聚合物相对分子质量大小、高分子电解质主链组成等分类。

### 6.3.2 高分子电解质的合成

**1. 阳离子聚电解质的合成**

制备阳离子聚电解质的方法主要有两种:一是用阳离子型单体为原料通过聚合反应制得;二是用阳离子化试剂与高分子链上的基团进行化学反应,简称高分子化学反应法。前者由于阳离子单体种类少,制备工艺复杂,价格高等因素,在工业上受到一定限制;而后者由于具有制备工艺简单,优选余地大,可对废物进行再生利用等优点,其应用日益广泛。

(1) 共聚合法

常用的阳离子单体多为丙烯酰胺类、丙烯酸酯类、氯丙烯、苯乙烯等经季铵化的衍生物。

①(甲基)丙烯酸酯季铵盐,其结构式为:

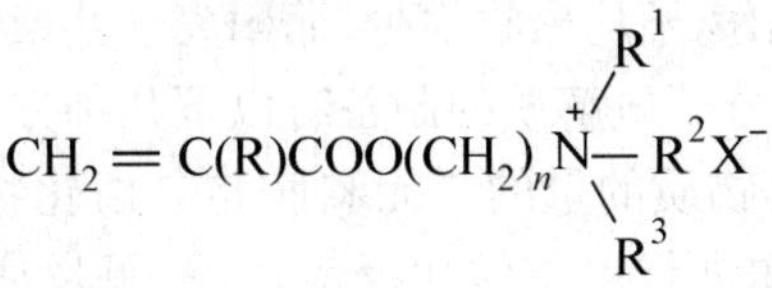

$$CH_2 = C(R)COO(CH_2)_n \overset{+}{N} \overset{R^1}{\underset{R^3}{-}} R^2 X^-$$

(R = H, CH$_3$; $n$ = 2 ~ 4; R$^1$, R$^2$ = CH$_3$; R$^3$ = C$_1$ ~ C$_{16}$ 烷基; X 为卤素或 CH$_3$OSO$_3$, 以下 X 同)

同以上结构类似的单体,如(甲基)丙烯酸酯锍盐,其结构式为:

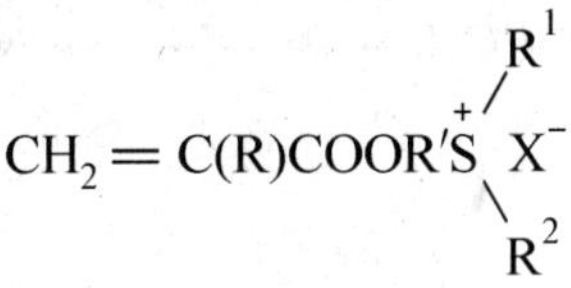

$$CH_2 = C(R)COOR' \overset{+}{S} \overset{R^1}{\underset{R^2}{-}} X^-$$

②(甲基)丙烯酰胺季铵盐,其结构式为:

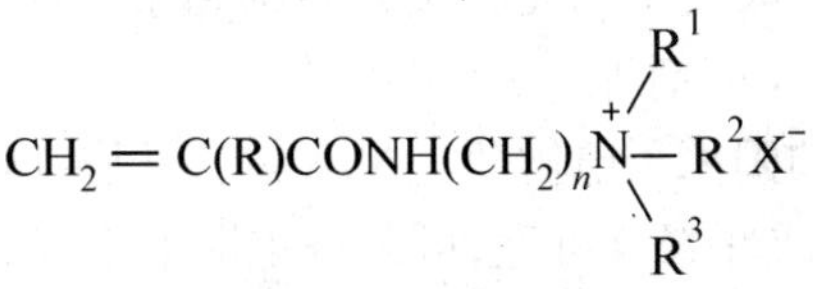

$$CH_2 = C(R)CONH(CH_2)_n \overset{+}{N} \overset{R^1}{\underset{R^3}{-}} R^2 X^-$$

(R = H, CH$_3$; R$^1$, R$^2$ = CH$_3$, C$_2$H$_5$; R$^3$ = C$_1$ ~ C$_{16}$ 烷基)

③乙烯氧烷基季铵盐,其结构式为:

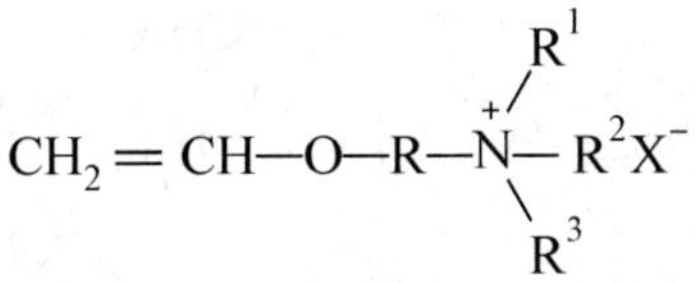

$$CH_2 = CH - O - R - \overset{+}{N} \overset{R^1}{\underset{R^3}{-}} R^2 X^-$$

(R = CH$_2$CH$_2$; R$^1$, R$^2$, R$^3$ = CH$_3$)

④乙烯苄基三甲基季铵盐,其结构式为:

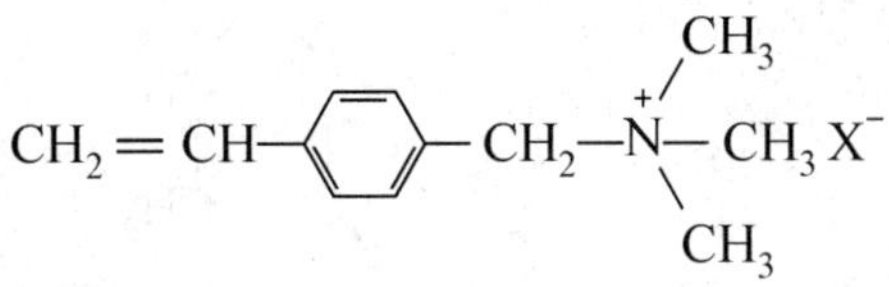

$$CH_2 = CH - \underset{}{\bigcirc} - CH_2 - \overset{+}{N} \overset{CH_3}{\underset{CH_3}{-}} CH_3 X^-$$

⑤N - 烯丙基季铵盐,其结构式为:

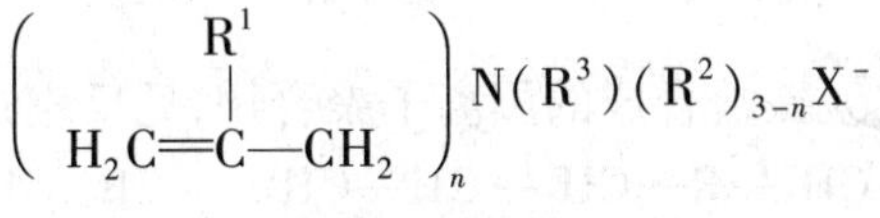

$$\left( \underset{H_2C=C-CH_2}{\overset{R^1}{|}} \right)_n N(R^3)(R^2)_{3-n} X^-$$

(R$^1$ = H, CH$_3$; R$^2$ = H, CH$_3$, CH$_2$CH$_3$; R$^3$ = C$_6$ ~ C$_{22}$ 烷基; $n$ = 1, 2, 3)

⑥N - 烷基乙烯吡啶季铵盐(乙烯基吡啶嗡),其结构式为:

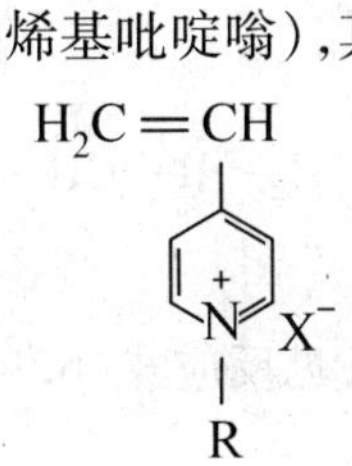

$$\underset{\underset{R}{\overset{+}{N}}}{\overset{H_2C=CH}{\bigcirc}} X^-$$

以上单体,在一定条件下可均聚或与其他乙烯类单体(如丙烯酰胺等)共聚制得阳离子聚合物。在实际应用中,阳离子均聚物很少,而阳离子共聚物用途广泛。

主链上带正电基团的高分子电解质的制备有以下几种方法。

① 离子胺的合成。将等物质的量的二元叔胺与二卤化物,通过聚烷基化反应制备,也可以将仲胺、叔胺的聚合物进行后季铵化反应而得,见反应式(6.11)。这类阳离子聚合物的水溶性取决于 $m,n$ 的数值。

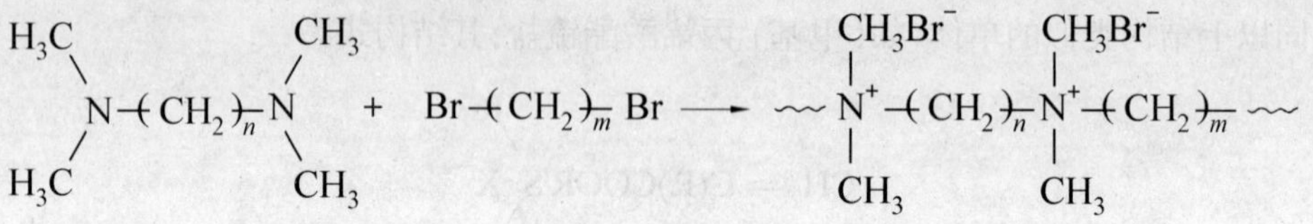

$$\text{H}_3\text{C}\diagdown\text{N}-(\text{CH}_2)_n-\text{N}\diagup\text{CH}_3 + \text{Br}-(\text{CH}_2)_m-\text{Br} \longrightarrow \sim\sim\text{N}^+-(\text{CH}_2)_n-\text{N}^+-(\text{CH}_2)_m\sim\sim$$

(6.11)

离子胺生成反应的难易取决于二元叔胺的结构和亲核性强弱、二卤化物的结构、N-取代烷基的种类(空间效应)、溶剂等。

② 主链上带环状结构的阳离子电解质。N,N-二甲基二烯丙基氯化铵分子中带有两个双键,按照 Butter 提出的成环聚合机理,可制备主链上带有五元环或六元环的阳离子聚合物,见反应式(6.12)。

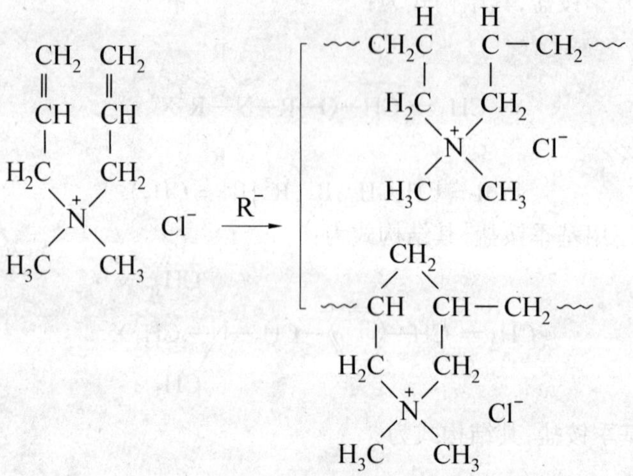

$$\text{(6.12)}$$

③ 由双环氧化物与二元铵盐合成的阳离子聚合物,见反应式(6.13)。

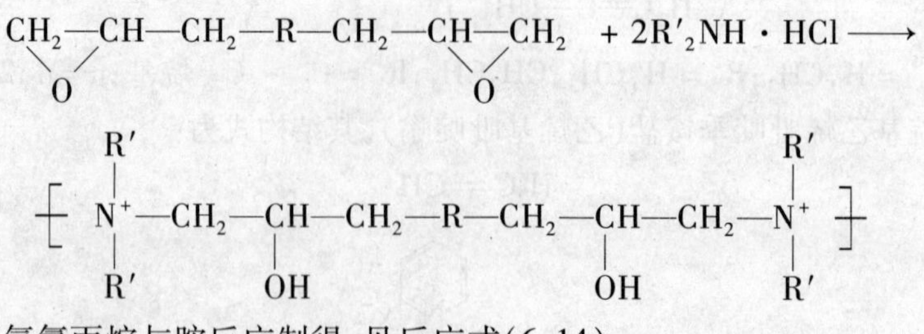

$$\text{CH}_2-\text{CH}-\text{CH}_2-\text{R}-\text{CH}_2-\text{CH}-\text{CH}_2 + 2\text{R}'_2\text{NH}\cdot\text{HCl} \longrightarrow$$

$$\left[\text{N}^+-\text{CH}_2-\text{CH}-\text{CH}_2-\text{R}-\text{CH}_2-\text{CH}-\text{CH}_2-\text{N}^+\right]$$

(6.13)

也可由环氧氯丙烷与胺反应制得,见反应式(6.14)。

$$ClCH_2-\underset{O}{CH-CH_2} + R_2NH \longrightarrow \left[CH_2CH-CH_2-\underset{R}{\overset{R}{\underset{|}{N^+}}}\right]Cl^- \quad (6.14)$$

由于在主链上正电荷,又带有极性羟基,这类聚合物具有良好的水溶性,在空气中亦能强烈吸水,在黏土表面可发生永久性吸附,其水溶液黏度对 pH 值和盐浓度变化不敏感。

此外,在稀溶液中乙烯基吡啶借助强酸作用并与烷基化试剂反应可生成鎓离子在分子主链上的聚合物 12。

$$\sim\!\!\text{H}_2\text{CH}_2\text{C}\!\!-\!\!\underset{12}{\overset{X^-}{\underset{\bigcirc}{N^+}}}$$

(2) 高分子化学反应法

采用高分子化学反应法制备阳离子聚合物即以合成或天然高分子为母体进行阳离子化改性。

① 聚丙烯酰胺。聚丙烯酰胺(PAM)是一种重要的水溶性高分子,具有广泛的用途,利用其结构中酰氨基的反应活性,通过羟甲基化或霍夫曼反应,然后再与阳离子化试剂反应可制得阳离子型改性聚丙烯酰胺,见反应式6.15。

$$\sim\!\!CH_2-CH\!\!\sim\!\!\underset{CONH_2}{|} + CH_2O + NHRR' \xrightarrow[\triangle]{\text{碱}} \sim\!\!CH_2-CH\!\!\sim\!\!\underset{CONHCH_2NRR'}{|} + H_2O \xrightarrow{(CH_3)SO_4}$$

$$\sim\!\!CH_2-CH\!\!\sim\!\!\underset{\underset{CH_3(CH_3SO_4)}{|}}{\overset{CON^+HCH_2NRR'}{|}}$$

(6.15)

这类产物广泛用作絮凝剂和用于造纸工业,以净化用水和增加纸的强度。

臧庆达等人用甲醛和二氰二胺与 PAM 反应研制出脒基脲盐酸盐型改性 PAM(见反应式(6.16)),并处理染料废水。

$$\underset{\underset{NH_2}{|}}{\overset{C=O}{\underset{|}{(CH_2-CH)_n}}} \xrightarrow[\text{pH}=10\sim11]{CH_2O} \underset{\underset{NH_2}{|}}{\overset{C=O}{\underset{|}{(CH_2-CH)_n}}}\underset{\underset{\underset{CH_2OH}{|}}{NH}}{\overset{C=O}{\underset{|}{(CH_2-CH)_{n-x}}}} \xrightarrow[H_2N-\underset{NH}{\overset{\|}{C}}-NHCN]{H^+}$$

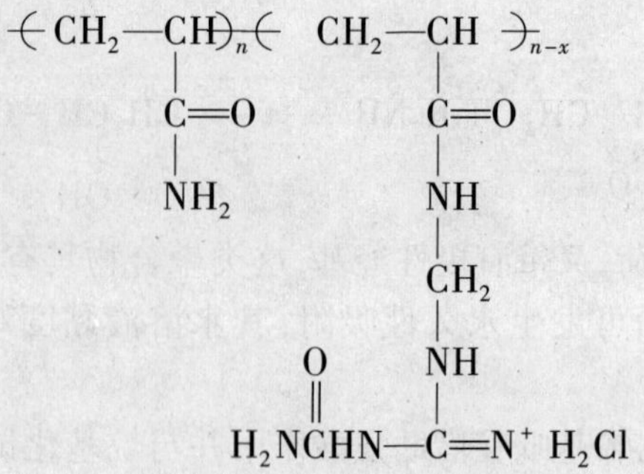

$$\begin{array}{c} \cdots(\mathrm{CH_2-CH})_n(\mathrm{CH_2-CH})_{n-x}\cdots \\ \quad\quad\quad | \quad\quad\quad\quad\quad | \\ \quad\quad\quad C=O \quad\quad\quad C=O \\ \quad\quad\quad | \quad\quad\quad\quad\quad | \\ \quad\quad\quad NH_2 \quad\quad\quad NH \\ \quad\quad\quad\quad\quad\quad\quad\quad | \\ \quad\quad\quad\quad\quad\quad\quad\quad CH_2 \\ \quad\quad\quad\quad\quad\quad\quad\quad | \\ \quad\quad\quad\quad\quad\quad O\quad\quad NH \\ \quad\quad\quad\quad\quad\quad \| \quad\quad\; | \\ \quad\quad\quad\quad H_2NCHN-C=N^+\; H_2Cl \end{array}$$ (6.16)

② 聚乙烯醇。聚乙烯醇（PVA）是工业上广泛应用的水溶性高分子，其结构单元中含有反应活性较强的羟基，能够与阳离子化试剂进行酯化、醚化和缩醛化反应，制备阳离子改性 PVA。

PVA 与烷氧甲基二烷基胺反应可制备叔胺型的改性物，见反应式(6.17)。

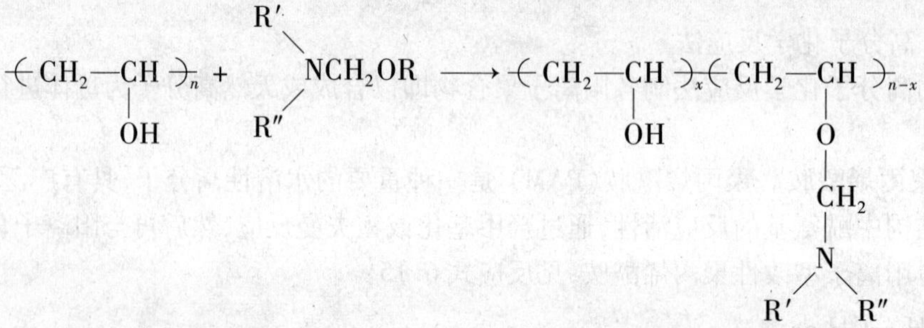

$$(\mathrm{CH_2-CH})_n + \begin{array}{c} R' \\ | \\ NCH_2OR \\ | \\ R'' \end{array} \longrightarrow (\mathrm{CH_2-CH})_x(\mathrm{CH_2-CH})_{n-x}$$ (6.17)

（右侧基团为 —O—CH_2—NR'R''）

PVA 与 γ-吡啶醛缩醛化和甲基化可制备聚合物，见反应式(6.18)。

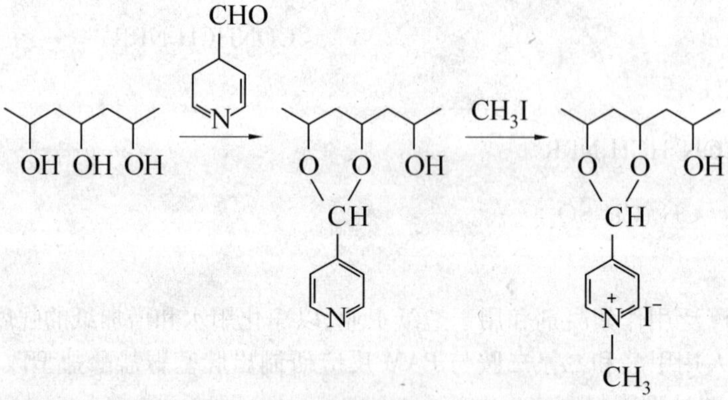

（反应式 6.18：PVA 与 γ-吡啶甲醛缩醛，再用 CH_3I 甲基化，生成吡啶鎓碘化物）

(6.18)

PVA 与异烟酸进行酯化反应可制备阳离子化 PVA，见反应式(6.19)。

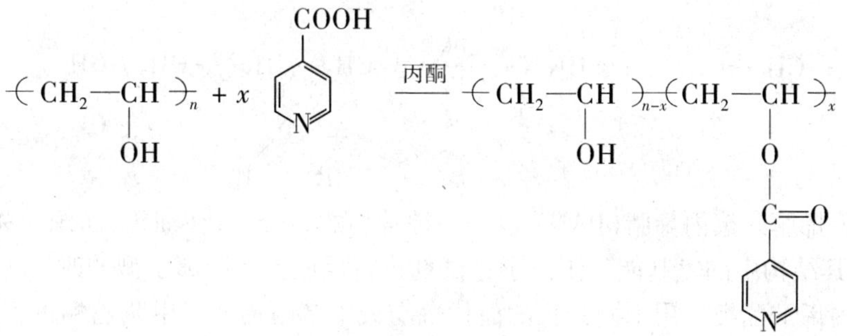

$$\{CH_2-CH\}_n\ \underset{OH}{} + x\ \underset{N}{\overset{COOH}{\bigcirc}} \xrightarrow{\text{丙酮}} \{CH_2-CH\}_{n-x}\{CH_2-CH\}_x \quad (6.19)$$

③ 聚苯乙烯。聚苯乙烯的阳离子化改性一般是通过聚苯乙烯与甲醛和盐酸反应制备氯甲基化的聚苯乙烯，然后再与阳离子化试剂如叔胺、硫醚或三烷基膦进行反应制备可用作絮凝剂的阳离子型改性物，制备各反应过程见反应式(6.20a)、(6.20b) 和 (6.20c)。

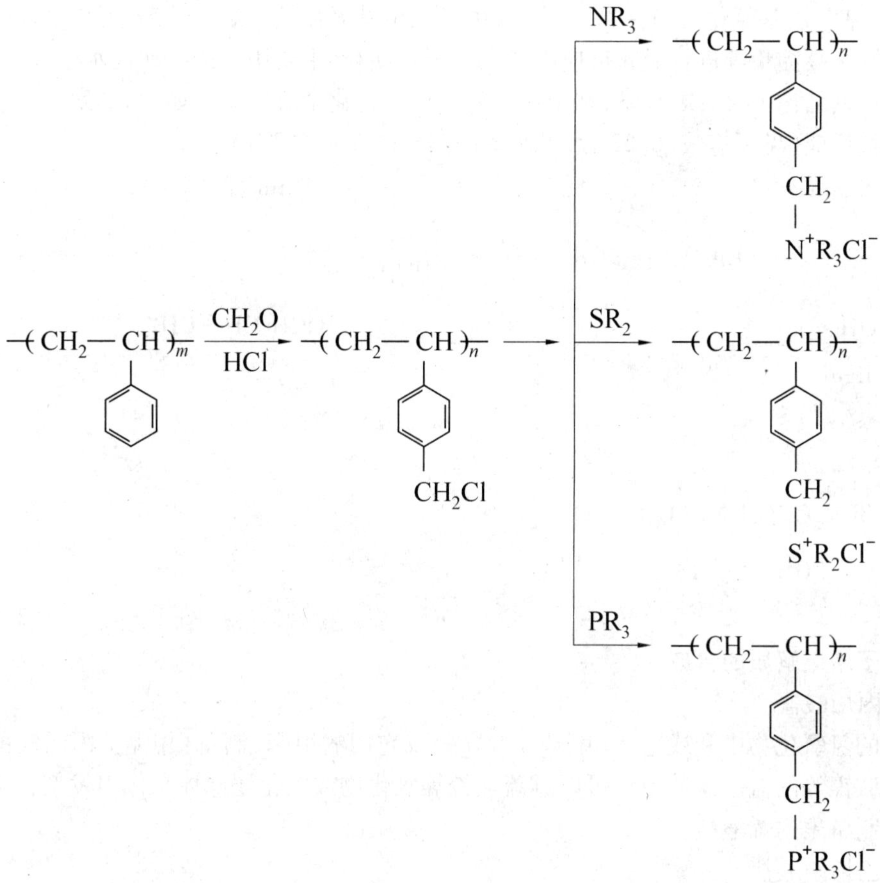

$$\{CH_2-CH\}_m\text{-}\underset{}{\bigcirc} \xrightarrow[HCl]{CH_2O} \{CH_2-CH\}_n\text{-}\underset{CH_2Cl}{\bigcirc}$$

经 $NR_3$、$SR_2$、$PR_3$ 反应分别得到：

$$\{CH_2-CH\}_n\text{-}\underset{CH_2-N^+R_3Cl^-}{\bigcirc} \quad (6.20a)$$

$$\{CH_2-CH\}_n\text{-}\underset{CH_2-S^+R_2Cl^-}{\bigcirc} \quad (6.20b)$$

$$\{CH_2-CH\}_n\text{-}\underset{CH_2-P^+R_3Cl^-}{\bigcirc} \quad (6.20c)$$

④ 聚氯乙烯。聚氯乙烯(PVC) 是一种常见的塑料，其结构中含有活泼的氯原子，可与阳离子化试剂进行反应，制备阳离子改性物。例如 PVC 与二烷基胺反应(见反应式(6.21))，可制各叔胺型 PVC 改性物。

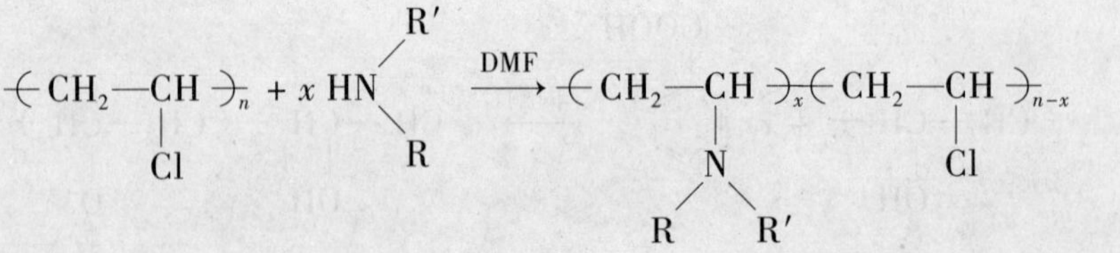

$$\text{-(CH}_2\text{-CH)}_n\text{-} + x\,\text{HN}\begin{matrix}R'\\R\end{matrix} \xrightarrow{\text{DMF}} \text{-(CH}_2\text{-CH)}_x\text{-(CH}_2\text{-CH)}_{n-x}\text{-} \quad (6.21)$$
$$\underset{\text{Cl}}{} \qquad\qquad\qquad\qquad \underset{\text{N}\;R\;R'}{} \quad \underset{\text{Cl}}{}$$

⑤ 聚丙烯腈。聚丙烯腈(PAN)也是一种常见的高分子,在油田、纺织等领域中有重要的用途,其结构中的氰基能与阳离子化试剂进行反应生成阳离子型的改性物。

⑥ 聚丙烯酸酯类。用不同链长的卤代烷与聚甲基丙烯酸二甲胺乙酯进行反应,可制备出一系列季铵盐型絮凝剂。当卤代烷的烷基较小时,产物的絮凝速度与季铵化无关,但当烷基较大时,只有在低季铵化度的情况下才有较大的沉降速度。

⑦ 天然高分子类。天然高分子如淀粉、纤维素、甲壳素、木质素等的结构中都含有反应活性强的羟基,可与阳离子化试剂反应生成阳离子型衍生物。这不仅有利于它们的综合利用,而且开拓了它们的用途。

2-氯乙基三乙基氯化铵、3-氯-2-羟丙基三甲基氯化铵等醚化试剂,可与玉米淀粉、小麦淀粉、土豆淀粉等进行醚化反应制备阳离子化淀粉,主要用于造纸和污水处理。

木质素在其结构中含有酚羟基,利用这一特点可进行化学改性。例如:木质素与环氧氯丙烷和叔胺反应(见反应式(6.22)),可制备阳离子改性木质素13。

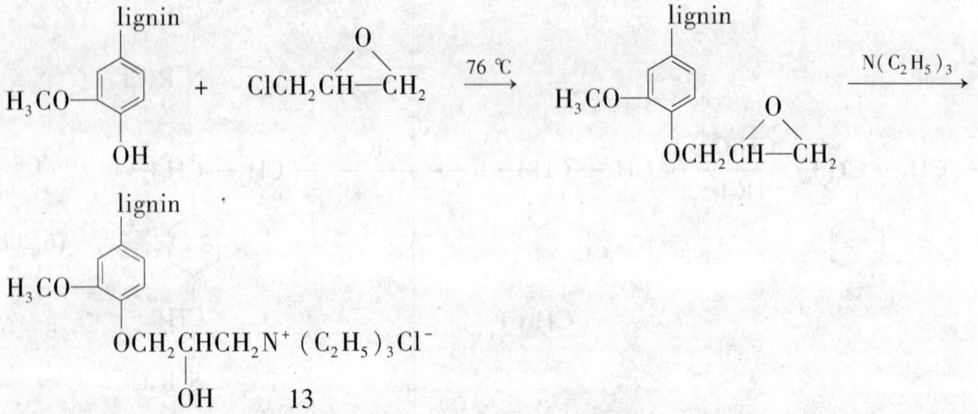

(反应式 6.22)

(6.22)

### 2. 阴离子聚电解质的合成

**(1) 聚丙烯酸盐**

用金属的氢氧化物中和或皂化(甲基)丙烯酸或它们的甲酯,制备(甲基)丙烯酸的铵、钠、钾、钙、镍等的盐。这些单体可以过硫酸铵等氧化物或氧化还原体系作引发剂在水溶液中聚合制备聚丙烯酸盐。

**(2) 聚乙烯磺酸盐**

聚乙烯磺酸盐一般在水中采用自由基聚合而得。例如:将100 g 41.5% 己烯磺酸钠水溶液、0.4 g 过硫酸钾、0.16 g 亚硫酸氢钠盛入反应容器中,在5 ℃ 搅拌反应24 h,产物用甲醇沉淀,干燥,收率为80%。

(3) 聚苯乙烯磺酸盐

聚苯乙烯磺酸盐可经聚苯乙烯的磺化反应或聚合苯乙烯磺酸盐而得。例如,将 100 g 聚合度为 321 的聚苯乙烯溶于 0.7 L 四氯乙烷中,冷却至 $-10 \sim 10\ ℃$,滴加 250 g 二氧六环 $-SO_3$ 的等物质的量溶液反应 3 h,回升到室温后再反应 2 h。产物用甲醇 – 乙醇混合溶剂(体积比 2∶3)沉淀。将其溶于氢氧化钠水溶液中,制成钠盐,再用甲醇沉淀。可得磺酸基引入率为 77% 的聚苯乙烯磺酸钠。

(4) 羧甲基纤维素

羧甲基纤维素(CMC)是一种阴离子的线型聚合物。用氢氧化钠溶液处理棉短绒或木质纸浆纤维,然后加入氯乙酸钠在 $50 \sim 70\ ℃$ 反应可制得 CMC,其主反应见反应式(6.23)。

$$RcellOH + NaOH + ClCH_2COONa \longrightarrow RcellOCH_2COONa + NaCl + H_2O \quad (6.23)$$

产物经中和、提纯、干燥、磨细、过筛即得 CMC 产品,产品的取代度约为 $0.4 \sim 1.4$。最常用的 CMC 取代度为 $0.7 \sim 0.85$。CMC 相对分子质量多为 $4 \times 10^4 \sim 1 \times 10^6$,取决于所选天然纤维素的相对分子质量及制造过程中水解与氧化降解的程度。

**3. 两性高分子电解质的合成**

(1) 阳离子单体与阴离子单体的共聚物

所研究的主要聚合物包括乙烯基吡啶、(甲基)丙烯酸酯季铵盐、(甲基)丙烯酰胺季铵盐同(甲基)丙烯酸的共聚物。阳离子和阴离子单体可以各种比例混合,采用自由基聚合法制备。例如,丙烯酸与甲基丙烯酸卤化三甲胺乙酯以氧化 – 还原引发剂引发聚合,丙烯酰胺 – 丙烯酸共聚物经季铵化可得两性高分子电解质 14、15。

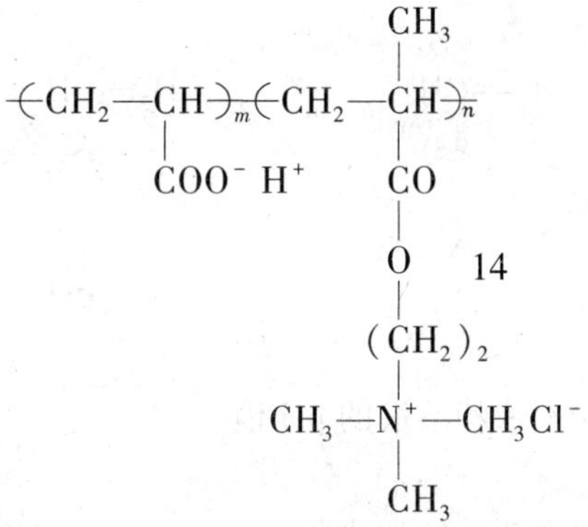

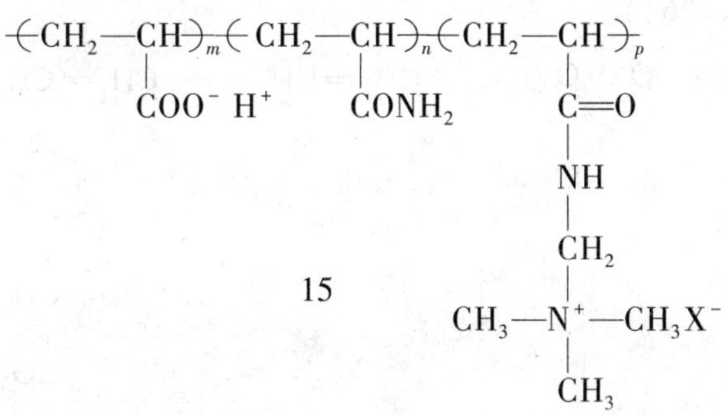

以甲基丙烯酸叔丁酯 – 乙烯基吡啶嵌段共聚物经甲基化反应后,在酸性条件下水解

可制备两性嵌段共聚物(见反应式(6.24))。

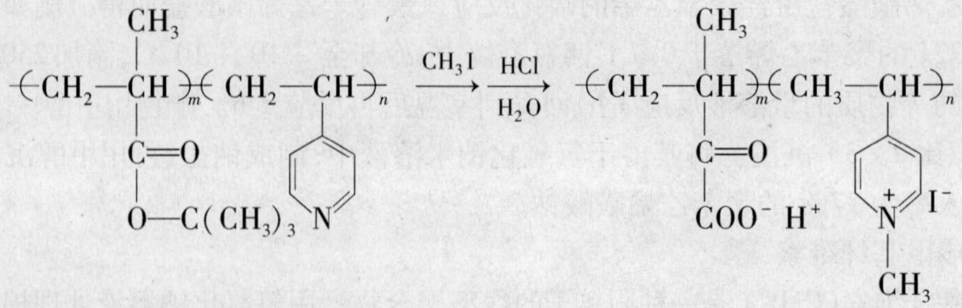

$$\ce{+CH_2-CH+_m+CH_2-CH+_n} \xrightarrow[H_2O]{CH_3I \ HCl} \ce{+CH_2-CH+_m+CH_2-CH+_n} \quad (6.24)$$

这类两性聚合物的离子特性依赖于溶液的 pH 值,在等电点时表现出两性特征。

(2) 离子对单体两性聚合物

离子对单体可以通过中和反应或通过阳离子单体的碘离子和阴离子单体的银盐反应制备,再聚合得离子对两性聚合物(见反应式(6.25))。

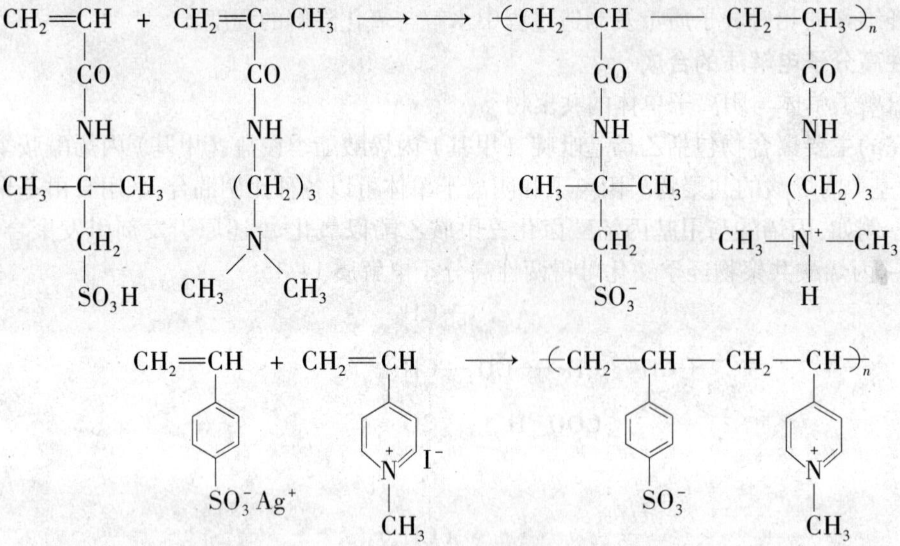

$$(6.25)$$

这类聚合物的两性特性不依赖溶液的 pH 值。

(3) 内盐聚合物

各种内盐聚合物可采用磺酸内铵盐或羧酸内铵盐聚合而得,一般是通过开环反应制备的(见反应式(6.26))。

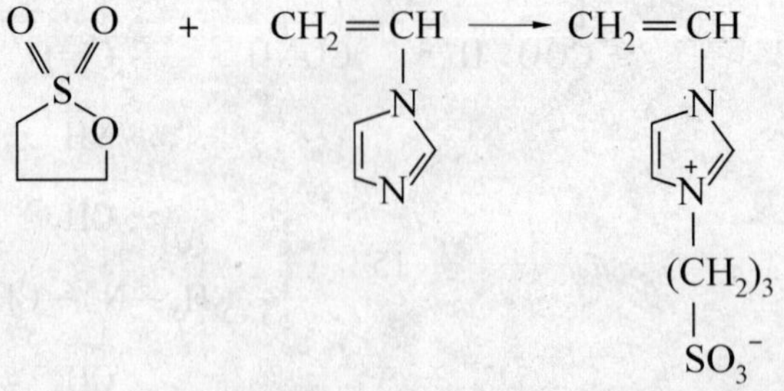

$$(6.26)$$

也可通过高分子化学反应法制备,例如:聚乙烯基吡啶和环丁磺酸酯反应制备内盐聚合物 16(见反应式(6.27))。

$$\sim H_2C-CH\sim \; + \; \begin{array}{c}H_2C-CH_2\\ |\quad\quad |\\ H_2C\quad CH_2\\ \backslash\;\;/\\ SO_2-O\end{array} \longrightarrow \sim CH_2-CH\sim \begin{array}{c}\\ \\ N^+\\ |\\ (CH_2)_4\\ |\\ SO_3^-\end{array} \quad (6.27)$$

$$16$$

### 6.3.3 高分子电解质的性质

**1. 高分子电解质的基本性质**

(1) 高分子电解质的离解平衡

高分子电解质的离解平衡为多级离解,不是简单的离解平衡。如聚丙烯酸的离解(见反应式(6.28)),由于所有的羧基都固定在高分子链上,离解时会受到相邻已离解基团的影响,同时也受抗衡离子或添加盐类的强烈影响。为简单起见,可将聚丙烯酸看成是一价酸的集合体。根据用碱进行中和时测定的 pH 值,可求得表观离解常数 $K_a$ 和表观离解指数 $pK_a$。

$$\begin{array}{c}-COOH\\-COOH\\-COOH\\-COOH\\-COOH\end{array} \underset{}{\overset{K_a}{\rightleftharpoons}} \begin{array}{c}-COOH\\-COO^-\\-COOH\\-COOH\\-COO^-\end{array} \quad (6.28)$$

设此时的离解度为 $a$,则离解常数 $K_a = \dfrac{[H^+]a}{1-a}$,取对数,则 $pH = pK_a + \lg\dfrac{a}{1-a}$。

由 pH 值和 $\lg[a/(1-a)]$ 的实测数据作图可得斜率为 1 的直线,当 $a = 0.5$ 时,可求得 $pK_a$。但在高分子电解质溶液中,曲线斜率通常不是 1,而是

$$pH = pK_a + n\lg\dfrac{\alpha}{1-\alpha}$$

上式称为 Henderson – Hasselbach 方程,$n$ 代表高分子电解质的离解基团间相互作用力大小的常数。

图 6.18 是根据聚丙烯酸(PAA)和聚甲基丙烯酸(PMAA)中和滴定的数据绘制的 $pH - \lg\dfrac{a}{1-a}$ 图。从图 6.18 中的截距可得 $pK_a$,从斜率求得 $n$。

聚甲基丙烯酸的 $n$ 值为 2.3,聚丙烯酸 $n$ 值为 2.2,显示了其分子中相邻基团间强烈的作用。高分子电解质同低分子酸的离解行为不同,如 $pK_a$ 和 $n$ 值较大,是因为高分子离子的静电场限制了抗衡离子的流出,导致分子链周围的抗衡离子比低分子酸周围的抗衡离子多,使平衡向非离解方向移动。

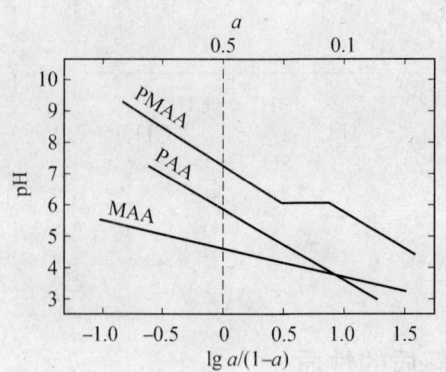

图6.18 聚甲基丙烯酸、聚丙烯酸的 pH 值和 $\lg \dfrac{\alpha}{1-\alpha}$ 关系

(2) 高分子电解质溶液的黏度

当高分子电解质溶解在非离子化溶剂中,如聚丙烯酸-二氧六环溶液,具有与通常高聚物相似的溶液性质;但在离子化溶剂中,如聚丙烯酸钠-水溶液,则由于离子化使其性质与通常高聚物溶液性质有很大差异,并表现出在低分子电解质中也看不到的特征行为。在高分子电解质溶液中,随着抗衡离子的流出,高分子离子的有效电荷增加,由于同类离子之间的电荷排斥作用,导致聚合物分子链的伸展增大。如果将溶液无限稀释,高分子离子会逐渐变成完全伸直的棒状分子。可以借助光散射法确定这类高分子的伸展程度。聚甲基丙烯酸用光散射法求得的回转半径和离解度 $a$ 的关系如图6.19所示。离解度随聚甲基丙烯酸浓度减少而增加,回转半径也随之增加。如果在溶液中添加低分子电解质(如 NaCl),溶液离子强度增大,抗衡离子渗入高分子离子中而遮蔽了有效电荷,阴离子间的排斥力减弱,分子链蜷曲,尺寸缩小。因而在大量低分子电解质共存时,高分子电解质分子形态几乎与非离子型高分子形态相同。离子强度对羧甲基纤维素钠盐的回转半径的影响见表6.5。

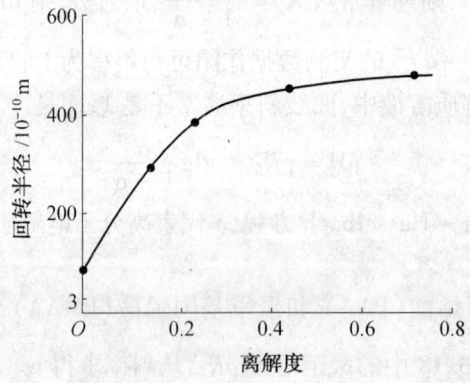

图6.19 聚甲基丙烯酸回转半径与离解度关系

表 6.5　羧甲基纤维素钠盐回转半径（光散射法）

| 离子强度 | 回转半径 $R_c$/nm | 与非离子型高分子 $R_c$ 之比 | 离子强度 | 回转半径 $R_c$/nm | 与非离子型高分子 $R_c$ 之比 |
| --- | --- | --- | --- | --- | --- |
| 0.50 | 94 | 1.09 | 0.01 | 120 | 1.39 |
| 0.05 | 100 | 1.16 | 0.005 | 136 | 1.59 |

图 6.20 是聚丙烯酸钠的高分子链在溶液中的形态。在没有外加盐时，若浓度较稀，由于钠阳离子远离高分子链，高分子链上的阴离子互相排斥，分子链较为舒展，尺寸较大，如图 6.20(a) 所示。当浓度增加，高分子链互相靠近，构象不太舒展，而且钠阳离子浓度增加，在聚阴离子的外部与内部进行扩散，使部分阴离子静电场得以平衡，以致排斥作用减弱，链发生蜷曲，尺寸减小，如图 6.20(b) 所示。在溶液中加入低分子电解质后，聚电解质所带电荷被反离子抵消，大分子链蜷曲，尺寸缩小，如图 6.20(c) 所示。

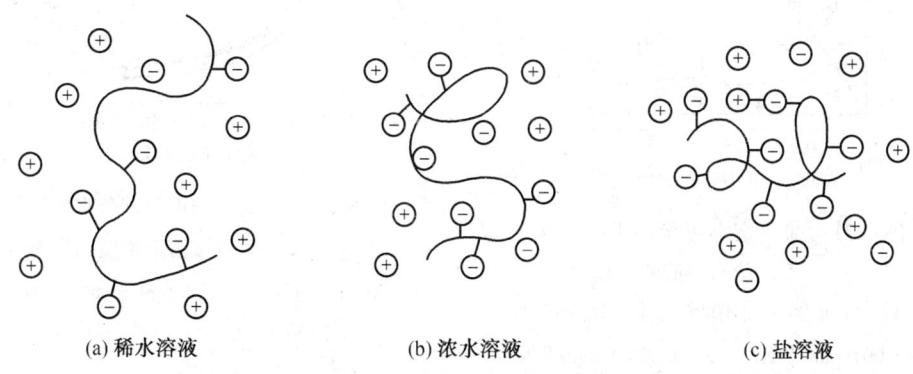

(a) 稀水溶液　　　　(b) 浓水溶液　　　　(c) 盐溶液

图 6.20　溶液中的高分子离子

非离子型高分子溶液的比浓黏度($\eta_{sp}/c$)，与溶液浓度 $c$ 成直线关系。与此相反，高分子电解质液的比浓黏度与溶液浓度不呈线性关系，当浓度降低时，此浓黏度($\eta_{sp}/c$) 不是下降而是迅速增加，如图 6.21 曲线 1 所示。曲线 3,4 是在高分子电解质溶液中添加低分子盐后测定的黏度。因高分子离子的电荷被遮蔽，其黏度行为和非离子型高分子溶液一致。聚电解质溶液 $\eta_{sp}/c$ 与 $c$ 的关系可用 Fuoss 方程描述，即

$$\frac{\eta_{sp}}{c} = \frac{A}{1 + B\sqrt{c}}$$

式中，$A$、$B$ 为常数，$A$ 为浓度 $c$ 趋于 0 时比浓黏度的极限值，应等于高分子电解质的特性黏数 $[\eta]$；$B$ 是代表聚离子和抗衡离子间的相互作用，并与溶剂的介电常数有关。按照高分子溶液特性黏数的定义 $[\eta] = (\eta_{sp}/c)_{c \to 0}$，由曲线 2 外推到 $c \to 0$，所求得的 $A$ 值即为高分子电解质分子的特性黏数。$A$ 的数值与相对分子质量平方成正比，对应于充分扩张的分子链构象。

当高分子电解质溶液的浓度大于 1% 时，离子化结果并不引起高分子链构象的变化，溶液的比浓黏度($\eta_{sp}/c$)接近于正常情况。另一方面，当高分子电解质溶液充分稀释，高分子链已经充分扩张时，若再继续稀释，比浓黏度的数值便随浓度减小而降低。

低分子电解质的加入，可抑制抗衡离子脱离高分子链向纯溶剂区扩张，从而抑制或消除高分子电解质溶液在低浓度时比浓黏度($\eta_{sp}/c$)的迅速增大。油田开发常用的水溶性

聚合物——部分水解聚丙烯酰胺(HPAM)在低分子电解质溶液中的表观黏度(图6.22)表明,由于盐的加入改变了高分子电解质的离解行为,其溶液表观黏度较水溶液表观黏度明显降低。

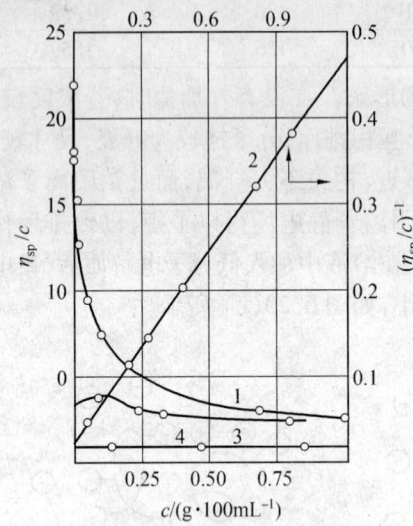

图6.21 聚4-乙烯基吡啶正丁基溴季铵盐水溶液的增比黏度
1—纯水;2—利用曲线1数据绘制;
3—0.001 mol/L KBr;4—0.033 5 mol/L KBr

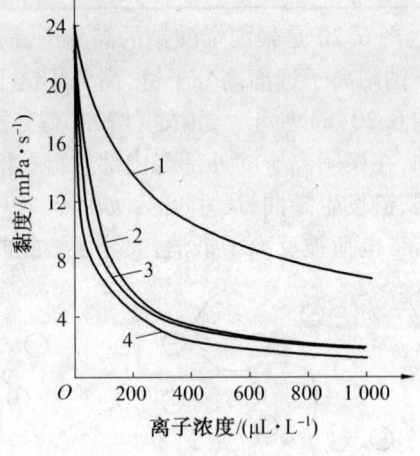

图6.22 阳离子浓度对部分水解聚丙烯酰胺溶液黏度的影响
1—$Na^+$;2—$Ca^{2+}$;3—$Mg^{2+}$;4—$Ca^{2+}+Mg^{2+}$

(3) 高分子电解质溶液的渗透压

图6.23中曲线1、2分别是聚4-乙烯吡啶正丁基溴季铵盐-乙醇溶液和聚4-乙烯吡啶-乙醇溶液渗透压曲线。前者渗透压远大于后者,并随浓度降低而迅速增大。从曲线1可知,当高分子电解质溶液浓度较大时(例如大于1%),由于高分子之间相互交叠,因此离子化后的迁移性反离子(例如$Br^-$)虽然脱离了原来高分子向溶液扩散,但对高分子溶液性质影响较小。当溶液稀释时,高分子与高分子之间出现纯溶剂区,迁移性反离子从高分子区扩散到纯溶剂区,此时溶液的渗透压除了高分子本身的渗透压$\Pi_p$外,还有因离子分配不均匀所引起的渗透压$\Pi_i$,因此高分子电解质溶液的渗透压大大增加,$\Pi = \Pi_p + \Pi_i$。而且,溶液越稀,迁移性反离子向纯溶剂区的扩散越多,$\Pi_i$越大,溶液的渗透压越大。

图6.23中曲线3表示将聚4-乙烯吡啶正丁基溴季铵盐溶解在0.61 mol/L溴化锂的乙醇溶液中的渗透压曲线。由图6.23可知,当在聚电解质溶液中加入小分子电解质,由于$Br^-$在高分子线团内和线团外的浓度相同,显示出高分子本身的渗透压$\Pi_p$,即与通常的高分子溶液渗透压行为一致。

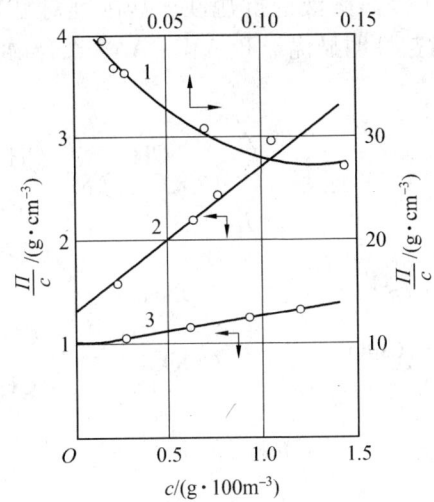

图 6.23 $\Pi/c - c$ 关系
1— 聚 4 - 乙烯吡啶正丁基溴季铵盐 - 乙醇溶液；
2— 聚 4 - 乙烯吡啶 - 乙醇溶液；
3— 聚 4 - 乙烯吡啶正丁基溴季铵盐 - 0.61 mol/L 溴化锂乙醇溶液

(3) 高分子电解质的溶解性

强聚电解质一般只溶于水，少数可溶于低级醇中。弱聚电解质则不同，如聚丙烯酸、聚甲基丙烯酸，可溶于极性有机溶剂(如二氧六环、二甲基甲酰胺)中。但当用强碱与之中和变为强聚电解质聚离子后，便不再溶于上述极性有机溶剂中。

当在强聚电解质的水溶液中加人低分子电解质，常会降低其溶解度。当低分子电解质的浓度达到临界浓度时，聚电解质离子便从溶液中沉析出来。这是因为低分子电解质的反号离子屏蔽了聚离子的部分电荷，减少了聚离子本身间的斥力；此时，反号离子与聚离子中某些基团形成定位络合，改变了基团的离子性质，提高了聚离子链中非离子链节的成分，从而降低了聚离子与水分子间的亲和力。当不断加入低分子电解质时，非离子链节不断增多，导致聚电解质大分子从水中析出。

(4) 高分子电解质的化学性质

高分子电解质分子中常含有活性官能团，如羧基、磺酸基、羟基、酰氨基、氨基等，它们可以进行中和、醚化、酯化、络合、水解和交联等反应，生成具有新官能团的化合物。特别是高分子电解质的螯合性具有重要的作用。其分子中一些基团，如 —COOH(羧基)、—OH(羟基)、—NH$_2$(氨基)、C=O(羰基)、—O—R(醚基)，可提供配位电子，与多价金属(如 $Ca^{2+}$、$Mg^{2+}$、$Al^{3+}$、$Fe^{3+}$、$Cr^{3+}$ 等)生成螯合物。利用高分子电解质的螯合性可作为阻垢剂、缓蚀剂、絮凝剂、增黏剂等。

例如，在所制备的聚(丙烯酰胺 - 丙烯酸)/ 聚(丙烯酰胺 - 二甲基二烯丙基氯化铵) [简称 P(AM/AA)/P(AM - DMDAAC)]聚电解质复合溶液中加入多价金属离子 $M^{n+}$ 化合物，以提高抗盐性能，其结构示意图如图 6.24 所示。由于多价金属离子的螯合作用，可形成具有一定强度、体积庞大的复合物，而且可使极性基团包裹在复合物结构内部，减弱分子表面电性,有利于提高溶液的抗盐性。盐浓度对复合物溶液黏度的影响如图 6.25 所示。复合物溶液抗盐性明显优于 P(AM – AA) 聚合物溶液。

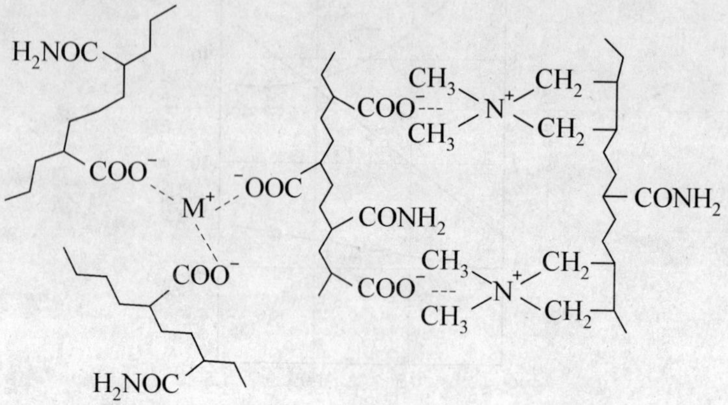

图 6.24　P(AM – AA)/P(AM – DMDAAC)/$M^{n+}$ 复合物结构示意图

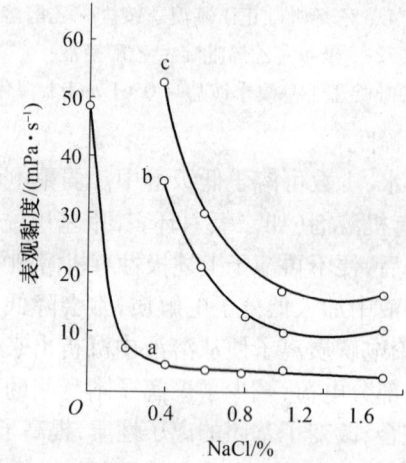

图 6.25　盐浓度对聚合物溶液表现黏度的影响(聚合物浓度 0.2 g/dL)
a—P(AM – AA)/NaCl；b—复合物溶液/NaCl；c—复合物溶液/标准盐溶液

（5）高分子电解质的离子传导

高分子电解质固体主要通过高分子离子的对应离子作为载流子而显示离子传导性。周围环境的相对湿度的变化,对高分子电解质的离子传导影响很大。几种高分子电解质固体的表面电阻与相对湿度的关系如图 6.26 所示。随着相对湿度增加,表面电阻都有降低的趋势。这种电学特性可用于电子照相、静电记录等用纸的静电处理剂。

**2. 两性高分子电解质**

两性高分子电解质或两性高分子具有较独特的性质。在一定 pH 值条件下,两性高分子正负电荷基团数目相等,大分子的净电荷为零,此时所处状态称为等电点(Isoelectric Point,IEP)。只含有一种电荷的高分子电解质分子链内的静电作用仅为静电斥力;而对于两性高分子,静电相互作用既可为排斥力,也可为吸引力,取决于溶液对等电点状态的偏离。当两性高分子溶液大幅度偏离等电点状态时,分子链上存在大量净电荷,分子链扩张,其溶液行为与阴离子或阳离子聚电解质相似。在等电点附近,带相反电荷的链节间形成内盐键,分子链发生收缩,高分子的形态和性质会发生很大变化。两性高分子的等电点可采用黏度法、电泳法、电导滴定法、浊度滴定法等测定,高分子所处状态和基团间的相互作用可通过 NMR 和 Raman、IR 光谱等进行研究。

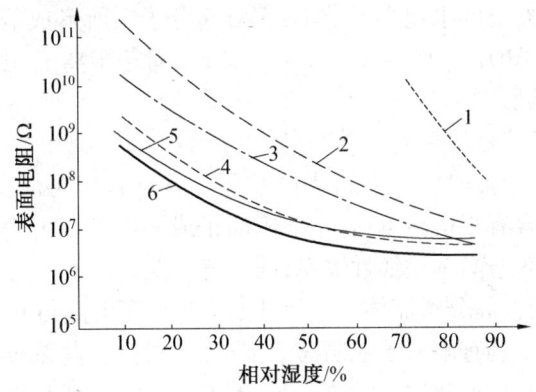

图 6.26　高分子电解质固体的表面电阻与相对湿度的关系[纸基上涂布 5%(质量)水溶液时]
1—纸基;2—聚苯乙烯磺酸钠;3—XX 型离子胺;4—聚(氯化 – N,N – 二甲基二丙烯基铵);
5—聚(氯化乙烯基苄基三甲基铵);6—聚(氯化乙烯氧 – 1 – 亚甲基三甲基铵)

(1) 两性高分子的溶解性

等电点时,两性高分子分子链上同时有正负电荷存在,如果它们有机会接触并形成盐键,则会导致高分子溶解性下降。以高分子结构看,一般而言,这种接触机会是交替 > 嵌段 > 无规,但溶解性还受其他因素影响。两种高分子胺内酯 17、18 的组成相近,结构相似,但其溶解性相差甚远。分子 17 中正负离子基团易产生分子内或分子间盐键,形成交联网络结构,溶解性较差,具有水凝胶性质;分子 18 由于存在空间位阻,正负离子基团接触困难,不易发生相互作用,故具有水溶性。接近等电点时,在水中溶解性变差是大多数两性高分子的特征。

低分子盐对两性高分子溶解性的影响较显著。在纯水中不溶的两性高分子,加入小分子盐后则可溶解。高分子不溶于水的原因是溶剂进入交联网的渗透力不足以破坏离子交联键。当有小分子盐存在时,盐的离子进入高分子的离子交联网,渗透压使得高聚物分子间及分子内的盐键受到破坏,引起高分子在水中膨胀。同时由于所加盐的离子能够中和部分离子交联键的电荷,削弱交联键,更有利于溶剂渗透,使膨胀不断进行,直到凝胶最后溶解,高分子链的运动变得较自由。使两性高分子溶解的最低盐浓度称为临界盐浓度(CSC)。研究表明,离子的水化半径越小,它对高分子内所形成的盐键的破坏能力越强,对于阴离子,一般为 $ClO_4^- > I^- > Br^- > Cl^- > F^-$,对于阳离子,由于水化半径较为接近,其性质对溶解行为的影响不明显。

(2) 两性高分子溶液的黏度

两性高分子在等电点时的黏性行为同在非等电点时存在很大差异。在酸或碱介质中,两性高分子分别含有正负净电荷,呈现阳离子或阴离子聚电解质性质。等电点时,其比浓黏度($\eta_{sp}/c$)与浓度($c$)呈线性关系,同非离子性高分子相同。

外加盐浓度对两性高分子流体力学尺寸的影响在等电点与非等电点时差别也很大。远离等电点时,高分子具有阳离子或阴离子聚电解质性质,盐浓度增加,分子尺寸减小。等电点时情况正好相反,即盐浓度越高,分子尺寸越大,呈现十分明显的"反聚电解质效应"(Antipolyelectrolyte Effect)。此时正负电荷基团间形成的盐键被小分子盐破坏,高分子-溶剂相互作用能力增强,分子链变得较自由。等电点时两性高分子在小分子盐作用下分子链扩展具有普遍性,是水溶性两性高分子的一个显著特征。它赋予两性高分子独特的功能,使其日益广泛应用于石油工程、造纸、环境保护等行业。

### 3. 两亲聚电解质

两亲聚电解质是一类既带疏水基又带亲水基的共聚物,并且其亲水基带有电荷。两亲聚电解质在水溶液中,由于带电基团之间的静电排斥作用和水化作用,使大分子扩展;同时,由于疏水基与水不相容,容易通过分子内疏水相互作用而自行聚集,使大分子链卷曲,或通过分子间疏水相互作用而使大分子贯穿、形成物理交联网络。两亲聚电解质独特的结构和性质使其具有广泛用途。

例如,两亲聚电解质可配制无皂水溶胶涂料,无须外加乳化剂,以免乳化剂残留在涂膜中影响应用性能。将两亲聚电解质分散于水介质中,疏水基聚集成疏水核,亲水基分布在疏水核表面起乳化作用,形成稳定的无皂水溶胶,然后加入交联固化剂配制成涂料。例如,丙烯酸酯类两亲聚合物含疏水酯基 —$COOCH_3$ 和 —$COOC_4H_9$,以及含亲水基 —$CH_2OH$ 和 —COOH,若部分中和 —COOH → $COO^-$,使之分散于水中可形成水溶胶。

在自由基乳液聚合中,采用两亲聚电解质作为表面活性剂,可制得乳胶粒径小且分布均匀的十分稳定的聚合物胶乳。两亲嵌段聚合物吸附胶粒表面示意图如图 6.27 所示,两亲聚合物的疏水段被吸附在胶粒的表面,而带亲水基的长链则漂浮在水中,既起静电排斥作用,又起空间位阻作用,使胶粒之间不易靠近而絮沉,比低分子表面活性剂的稳定作用高得多。

在石油工业三次采油中,两亲聚电解质可望用作水溶液黏度调节剂。叶林等人制备了两亲单体 DMDA,其分子中含有亲水的季铵离子基团和疏水长链烷基。将其与丙烯酰胺(AM)共聚,制得 ADA 共聚物,利用疏水基和离子基间的协同效应,提高共聚物溶液的抗盐增黏能力。盐浓度对聚丙烯酰胺（PAM）共聚物 ADA 表观黏度的影响如图 6.28 所示。当 NaCl 浓度在 0%～10% 之间，ADA 溶液的表观黏度随盐浓度变化出现了最大值，聚丙烯酰胺则无此极值出现。

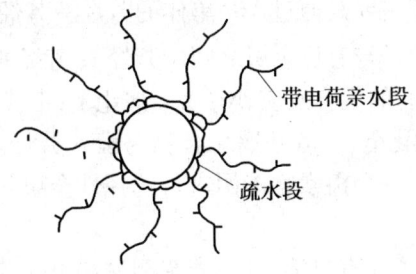

图 6.27　两亲嵌段聚合物吸附胶粒表面示意图

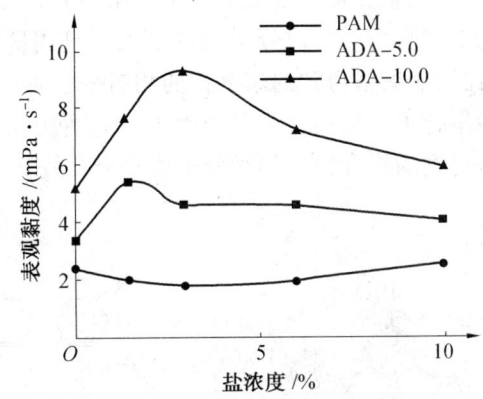

图 6.28　盐浓度对共聚物溶液表观黏度的影响
（聚合物浓度为 0.2 g/dL）

注：ADA-5 等中数字表示疏水单体的摩尔百分含量

两亲聚电解质还可用作絮凝剂、控制药物释放载体等。

## 6.4　超支化高分子

自 1988 年 Kim 等人报道了超支化聚合物并提出超支化聚合物的概念以来，超支化聚合物迅速成为高分子科学领域研究的热点，文献中已报道了大量的超支化聚合物，如超支化聚苯、超支化聚酯、超支化聚醚、超支化聚酰胺、超支化聚酯胺和聚氨酯、超支化聚硅氧烷、超支化聚醚酮等。并对其中的一些超支化聚合物进行了比较深入、系统的研究，部分超支化聚合物还实现了商业化。

### 6.4.1　超支化聚苯

苯类聚合物由于其良好的力学性能和电学性质而受到了人们的高度重视，尤其在一些特殊的应用场合，聚苯更显示出其不可替代的优越性。正因为如此，超支化聚苯（包括超支化聚芳烃,即苯环之间通过烷烃连接)的合成引起了人们极大的兴趣。超支化聚苯是最早合成的超支化聚合物之一,其合成方法较为成熟。

### 1. 合成

最早合成的超支化聚苯主要是通过 $AB_2$ 单体的芳烃-芳烃偶合反应制备。常见的是利用过渡金属催化的卤代芳烃与有机金属之间的芳烃-芳烃的偶合反应:即 Pd(0) 催化下,芳基硼酸和卤代芳烃之间的偶合反应;Ni(Ⅱ) 催化下,卤代芳基镁盐与卤代芳烃之间的偶合反应;以及 Pd(0) 催化下,三芳基锡化合物与卤代芳烃之间的偶合反应。可以通过对多卤代芳香族化合物的一个卤素官能团进行选择性金属化作用,使之转化为 $AB_x$ 型单体。

1990 年,Kim 等人报道了在有机溶剂中,芳基硼酸和卤代芳烃在碳酸盐水溶液中,以钯(0) 为催化剂,发生 Suzuki's 偶合反应可以合成聚合物 21(反应式(6.29)),且产率很高。这种聚合物的相对分子质量在很大程度上取决于所用的有机溶剂。从表 6.6 可以看出,以硝基苯为溶剂得到的聚合物的相对分子质量最大。且用这种方法制备的聚合物的相对分子质量分布通常比用缩聚法得到的聚合物的相对分子质量分布窄。由 1,3,5-三氯苯格氏试剂,通过逐步聚合可以成功合成聚合物 22。这种方法的优点是适合大规模的工业化生产,不足之处是得到的聚合物的相对分子质量分布较宽,支化度较低。

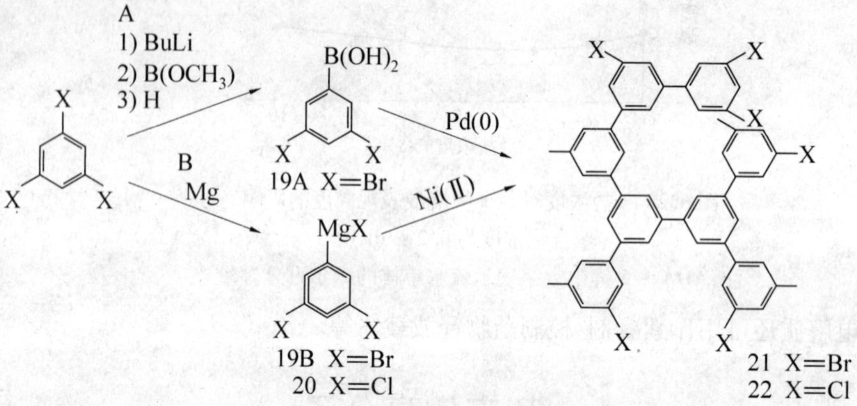

$$(6.29)$$

**表 6.6  偶合反应条件对超支化聚合物 21 和 22 相对分子质量的影响**

| 单体 | 方法[①] | 聚合条件 | $M_n$[②] | $D$[③] |
|---|---|---|---|---|
| 19A | A | 二甲苯和 0.5 mol/L $K_2CO_3$ | 3 800 | 1.50 |
| 19A | A | 1-甲基萘和 0.5 mol/L $Na_2CO_3$ | 6 560 | 2.02 |
| 19A | A | 二甲苯和 0.5 mol/L $Na_2CO_3$ | 32 000 | 1.13 |
| 19B | B | THF 水溶液 | 3 910 | 1.81 |
| 20 | B | THF 水溶液和 Mg | 6 470 | 1.82 |

注:① 方法 A:Pd(0) 催化下,硼酸偶合反应。方法 B:Ni(Ⅱ) 催化下,苯基格林雅试剂的偶合反应。

② $M_n$ 为数均相对分子质量。

③ $D$ 为分散性($M_w/M_n$),$M_w$ 为重均相对分子质量。

在聚合物 21 和 22 的 $^1$HNMR 图中，$(7.0 \sim 8.5) \times 10^{-6}$ 对应于苯环的质子峰较宽。这说明超支化聚苯含有多种同分异构体。据统计，当聚合度大于 24 并且溴原子只是连接在旁边苯环上时，连接在苯环上的 $C_1$ 与连接在与溴相连的两碳原子之间的 $C_4$（图 6.29）的比值为 0.25。当用钯催化时，$C_1$ 和 $C_4$ 之比由 0.25 变为 0.7，表明聚合物中含一种单取代的线性结构（图 6.29）。聚合物的 IR 图中 847 cm$^{-1}$ 和 740 cm$^{-1}$ 处有 1,3,5 - 三取代苯的两个特征峰。元素分析表明聚合物 21 中溴的含量基本与理论预测的一致。但聚合物 22 的氯含量却比预测的要低，说明聚合物 22 中可能有脱氯反应发生。$^{13}$C NMR 测得聚合物的支化度大约为 0.7。

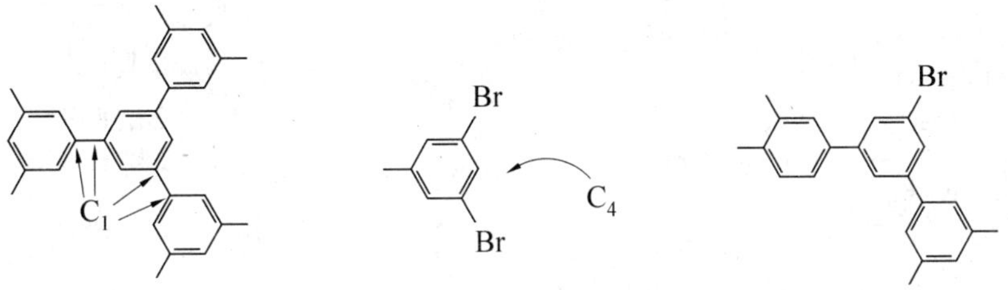

图 6.29　超支化聚苯的子单元示意图

由反应（6.29）合成超支化聚苯，其相对分子质量一般不能无限增长，具有一个极限。其原因之一是随着相对分子质量的增加，分子的空间位阻也随着增加，有机金属化合物中心的反应活性随之减小。另一个原因可能是由于分子内环化反应，消耗了部分 A 官能团，而每个聚合物分子中只有一个 A 官能团，因此这种环化反应能很快终止聚合物的逐步增长反应。

超支化聚苯也可以通过 AB$_2$ 单体的 Diels-Alder 环加成反应制备。与用芳烃 - 芳烃之间偶合反应制备的超支化聚苯相比，通过 Diels-Alder 环加成反应制备的超支化聚苯中苯环的密度更大。Morgenroth 等人报道了一系列由一个环戊酮和两个叁键分别作为双烯和亲双烯体的 AB$_2$ 型单体进行 Diels-Alder 环加成反应合成苯环密度较高的超支化聚苯见反应式（6.30）。它们都是以己（戊）基取代联二苯为结构单元。他们研究了不同的单体、单体浓度及反应时间对聚合物相对分子质量的影响，见表 6.7。尽管聚合物含有大量的刚性苯环，但在苯和甲苯等有机溶剂中的溶解性却非常好。

表 6.7　聚合物 24a ~ 24c 的相对分子质量与单体、单体浓度、反应时间的关系

| 单体/聚合物 | 单体浓度 /(mol·L$^{-1}$) | 反应时间 /h | $M_w$① /(g·mol$^{-1}$) | $M_n$② /(g·mol$^{-1}$) | $M_w/M_n$ | MALDU - TOF |
|---|---|---|---|---|---|---|
| 23a/24a | 0.053 7 | 12 | 17 046 | 2 487 | 6.85 | 2 |
| 23b/24b | 0.034 2 | 12 | 1 192 | 5 245 | 2.27 | 18mer |
| 23b/24b | 0.434 | 12 | 93 994 | 19 585 | 47.90 | 18mer |
| 23c/24c | 0.068 4 | 45 | 3 048 | 1 834 | 1.66 | 12mer |
| 23c/24c | 0.068 4 | 336 | 5 668 | 2 632 | 2.15 | 15mer |
| 23c/24c | 0.342 | 45 | 107 455 | 25 089 | 4.28 | 15mer |

注：① 以聚苯乙烯为标准；
　　② 没有发现。

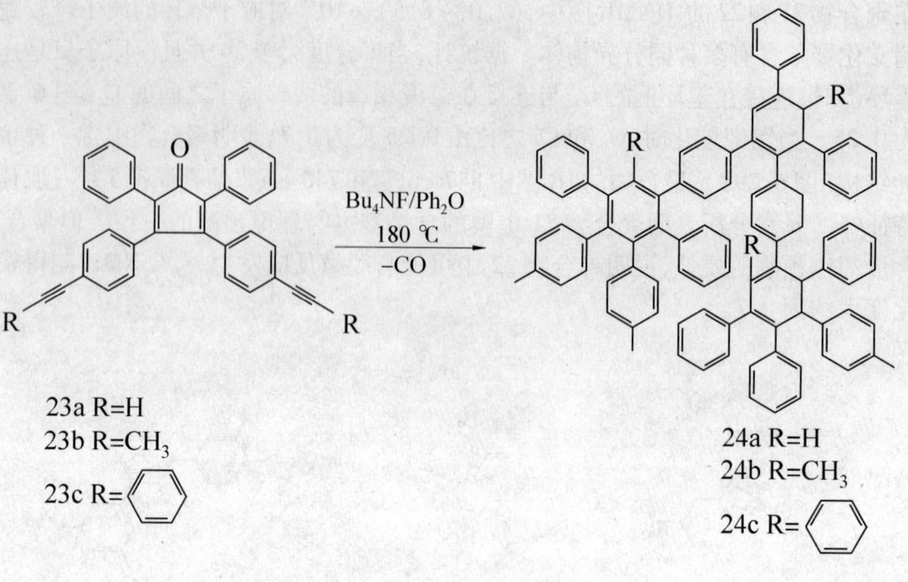

聚合物 24a 的 MALDI-TOF 谱图上没有信号,Morgenroth 等人用二乙基取代苯低聚物(25a 和 25b)证实了在 Diels-Alder 反应条件下,$Bu_4NF$ 作用时 TiPS 取代的聚苯低聚物会发生原位脱保护反应。

聚合物 27 可以由低聚物 25a 和四苯基环戊二烯酮(双烯 26)在苯醚中回流反应制得(见反应式(6.31));也可以在 $Bu_4NF$ 存在时,由双烯 26 与 25a 或 TiPS 保护乙炔 25b 反应制得。

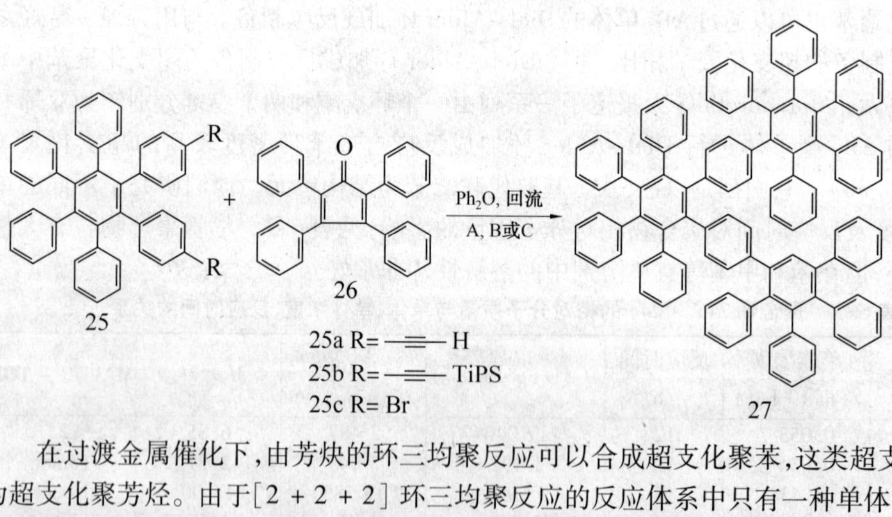

在过渡金属催化下,由芳炔的环三均聚反应可以合成超支化聚苯,这类超支化聚苯称为超支化聚芳烃。由于[2+2+2]环三均聚反应的反应体系中只有一种单体,因此不用考虑计量关系,故可以合成相对分子质量较高的聚合物。根据环三均聚反应的机理可知,在多官能度的中心核上不会生成线形结构单元,因此得到的聚合物的支化度也较高。2000 年,唐本忠等人首先报道了脂肪族 $\alpha,\omega$-二炔(如 1,8-壬二炔和 1,9-癸二炔)在 $TaCl_5$ 和 $Ph_4Sn$ 二元混合催化下,通过均聚反应(见反应式(6.32))可得到相对分子质量

高达 $1.4 \times 10^5$、并完全可溶解的二炔均聚物,其中以 1,2,3-苯三甲基为核的超支化聚合物的得率可以达到 93%。超支化聚苯(HPAPs)中的苯环尽管被烷基链隔开,仍具有非常好的热稳定性,在加热到 500 ℃ 时,其质量损失也较小。

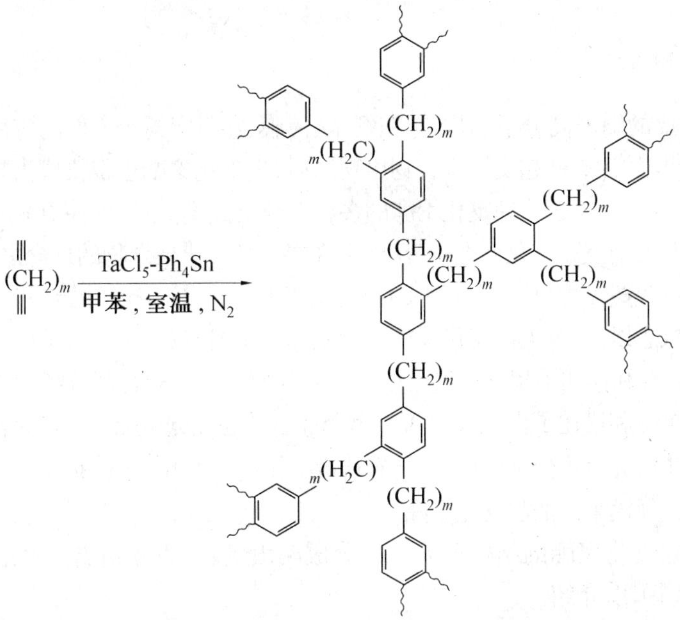

$$\underset{(CH_2)_m}{\overset{\text{≡}}{\underset{\text{≡}}{|}}} \xrightarrow[\text{甲苯,室温,}N_2]{TaCl_5\text{-}Ph_4Sn} \quad \text{（超支化聚苯结构）} \tag{6.32}$$

### 2. 性能

超支化聚苯具有独特的结构特征,与线形聚苯相比,也就表现出一些独特的性能。

尽管超支化聚苯中含有许多刚性基团——苯环,但它们的溶解性非常好。例如,聚合物 21 易溶于邻二氯苯、四氯乙烷和四氢呋喃中,但不溶于二氯甲烷中。聚合物 22 的溶解性也非常好。这种高溶解性可以用聚合物的两个协同性质来解释,即没有结晶区和分子中空腔具有捕获溶剂的作用。

超支化聚苯还具有很高的热稳定性。聚合物 21 在空气中直到 550 ℃ 还可以稳定存在,650 ℃ 时开始燃烧。它的玻璃化转变温度为 238 ℃,没有熔点。值得一提的是,相对分子质量对玻璃化转变温度影响较小。通过亲核取代对超支化聚苯的端基进行化学改性,可明显改变聚合物的溶解性能和 $T_g$(见表 6.8)。Kim 和 Beckerbauer 报道了端基对超支化聚苯 $T_g$ 的影响,如当端基变为二甲基硅烷基时,其玻璃化温度 $T_g$ 变为 152 ℃。基于其 $T_g$ 随端基极性的下降而迅速下降这一实验结果,可以认为其玻璃化转变是由于平动而不是像线形聚合物那样是由于长链段的运动所致。

表 6.8 端基对 $T_g$ 的影响

| 官能基团 | Br | H | $CH_3$ | $(CH_3)_2Si$ | 对苯甲醚 | $CH_3Cl$ | α-乙烯苯 |
|---|---|---|---|---|---|---|---|
| $T_g$/℃ | 221 | 121 | 177 | 141 | 223 | 182 | 96 |

对反应式(6.30)中聚合物 23a 和 23b 进行热失重分析(TGA)发现,它们在空气中具有很好的热稳定性,且与聚合物的聚合度没有关系。尽管这两种超支化聚苯中苯环的密度较大,它们在苯和甲苯中的溶解性仍然非常好。

当超支化聚芳烃被光激发后可以出现光致发光现象。如含噻酚生色基团的 HPAs（P28/Ⅱ）在 486 nm 处发射蓝绿光；含双苯基生色基团的（P29/Ⅰ）在 398 nm 处发射深蓝色光；而含芴基生色基团的聚合物具有更强的荧光效应，且荧光效应随超支化聚芳烃的结构不同而发生变化。

### 6.4.2 超支化聚酯

聚酯是一种非常重要的缩聚高分子产物，它在纤维、薄膜、塑料容器等方面的应用非常广泛，具有其他树脂无法比拟的优点。超支化聚合物出现以后，超支化聚酯也很快成为超支化聚合物家族中的重要成员之一，由于合成超支化聚酯的多种单体已经商品化，促使更多科学家和研究小组投身于研究和开发新型超支化聚酯。1972 年，在提出超支化聚合物的概念之前，就出现了第一个通过多羟基单羧酸缩聚反应制备的支化聚酯，并将其应用于涂料的专利。从 1988 年提出超支化聚合物的概念以后，有关超支化聚酯的合成和应用的专利、文献似雨后春笋般涌现出来，如在 1992 年就有专利描述了超支化聚酯作为流变学改性剂和药物释放载体中的潜在应用价值。最近又有几个专利描述了多元醇和 $AB_2$ 型单体合成超支化聚酯及其在涂料中的应用。超支化聚酯的工业化研究也得到了发展，但仍有待进一步的开发和研究，Boltorn$^{TM}$ H$_2$O 是目前国际上唯一达到中试规模生产的超支化聚酯。

一般情况下，根据超支化聚酯的结构单元可以分成两大类：芳香族超支化聚酯和脂肪族超支化聚酯，下面分别予以介绍。

**1. 芳香族超支化聚酯**

（1）单体

合成芳香族超支化聚酯常用的是 $AB_2$ 型单体（图 6.30），其中最为常见的是 3,5 - 二羟基苯甲酸和 5 - 羟基 - 1,3 - 苯二甲酸，它们都比较容易获得。

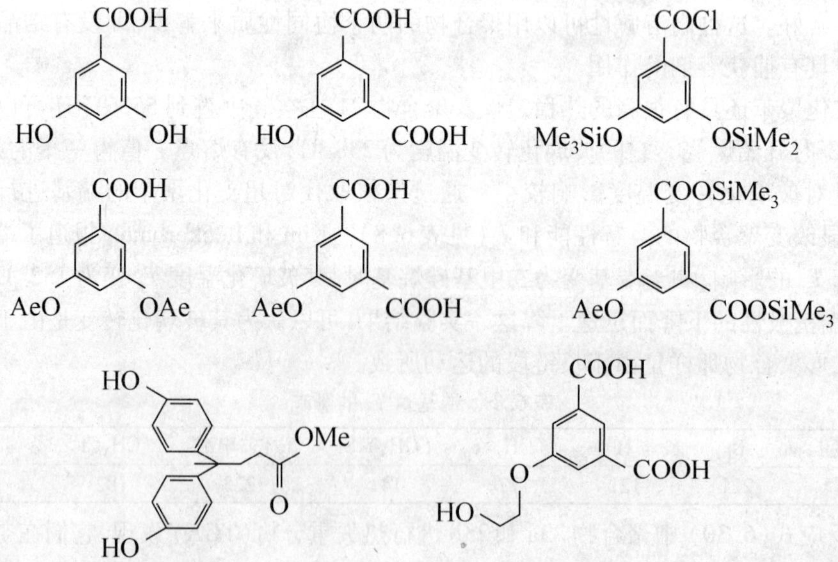

图 6.30 芳香族超支化聚酯常用的 $AB_2$ 型单体

(2) 合成

3,5-二羟基苯甲酸、5-羟基间苯二甲酸等单体已经广泛用于芳香族超支化聚酯的合成。但是这些单体的热稳定性温度低于直接酯化反应的温度,因而需要对其进行化学改性。其中羟基一般通过乙酰化或三甲基硅烷基化活化。由3,5-二羟基苯甲酸和5-羟基间苯二甲酸改性制得的 $AB_2$ 型单体如图6.31所示。

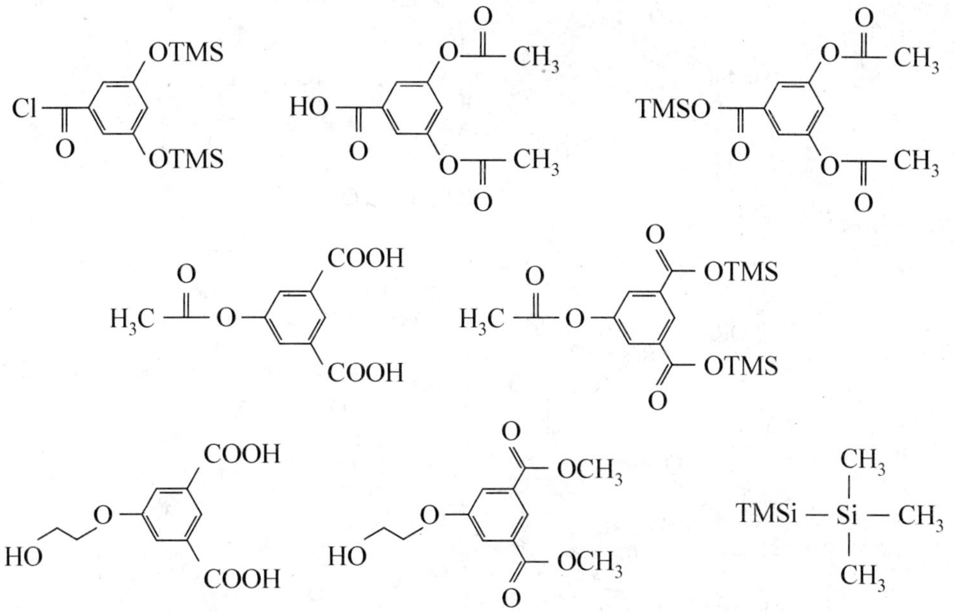

图6.31　由3,5-二羟基苯甲酸和5-羟基间苯二甲酸改性制得的 $AB_2$ 型单体

早在1981年,Kricheldorf 等人报道了基于3-(三甲基硅氧基)苯甲酰氯和3,5-二(三甲基硅氧基)苯甲酰氯合成超支化聚酯的研究。随后 Frechet 等人对以3,5-二羟基苯甲酸为单体合成芳香族超支化聚酯进行了系统的研究:首先将3,5-二羟基苯甲酸与过量的六甲基二硅烷反应后,再在二甲基甲酰胺中与亚硫酰氯反应得到3,5-二(三甲基硅氧基)苯甲酰氯28,然后升温到150~275 ℃,在催化剂 $Cl^-$ 或 DMF 作用下发生自缩合反应,合成芳香族超支化聚酯29a,合成路线见反应式(6.33)。

超支化聚酯29a的相对分子质量与催化剂的浓度、反应时间和温度有关,它的重均相对分子质量可达几千至几十万甚至更多。由于反应中伴随着三甲基氯硅烷的生成,所以反应需在高真空下才能得到高相对分子质量的产物。反应过程中,体系的黏度急剧增大,会影响反应的进行和最终产物的相对分子质量,故可用1,2-二氯苯或二苯砜等溶剂来降低聚合过程中的黏度。如果单体含有氯离子等杂质,在加热反应时会发生一定程度的暴聚,所以保证单体的纯度也是非常重要的。

在超支化聚酯29a的 $^1H$ NMR 和 $^{13}C$ NMR 图上,明显存在树形支化单元、端基单元和线形单元的共振峰,其支化度约为0.6。含单体摩尔百分比为10%~20%的芳香族超支化聚酯不溶于 $CHCl_3$,但溶于其他极性溶剂中,如N,N-二甲基甲酰胺或吡啶与苯的混合溶剂。与线形均聚物3-羟基-苯甲酸相比,超支化聚酯的结晶性较差。为了改善刚性芳香族聚酯的塑性及减小它的各向异性,采用摩尔比为 0.3% ~ 10% 的 1,3,5 - 三羟基苯、3,5 - 二羟基苯甲酸和 5 - 羟基间苯二酸可分别和对羟基苯甲酸、对苯二甲酸、4,4′ - 羟基联苯共聚合成超支化共聚酯,这种支化聚合物表现出较低的取向作用和较好的挠曲性。

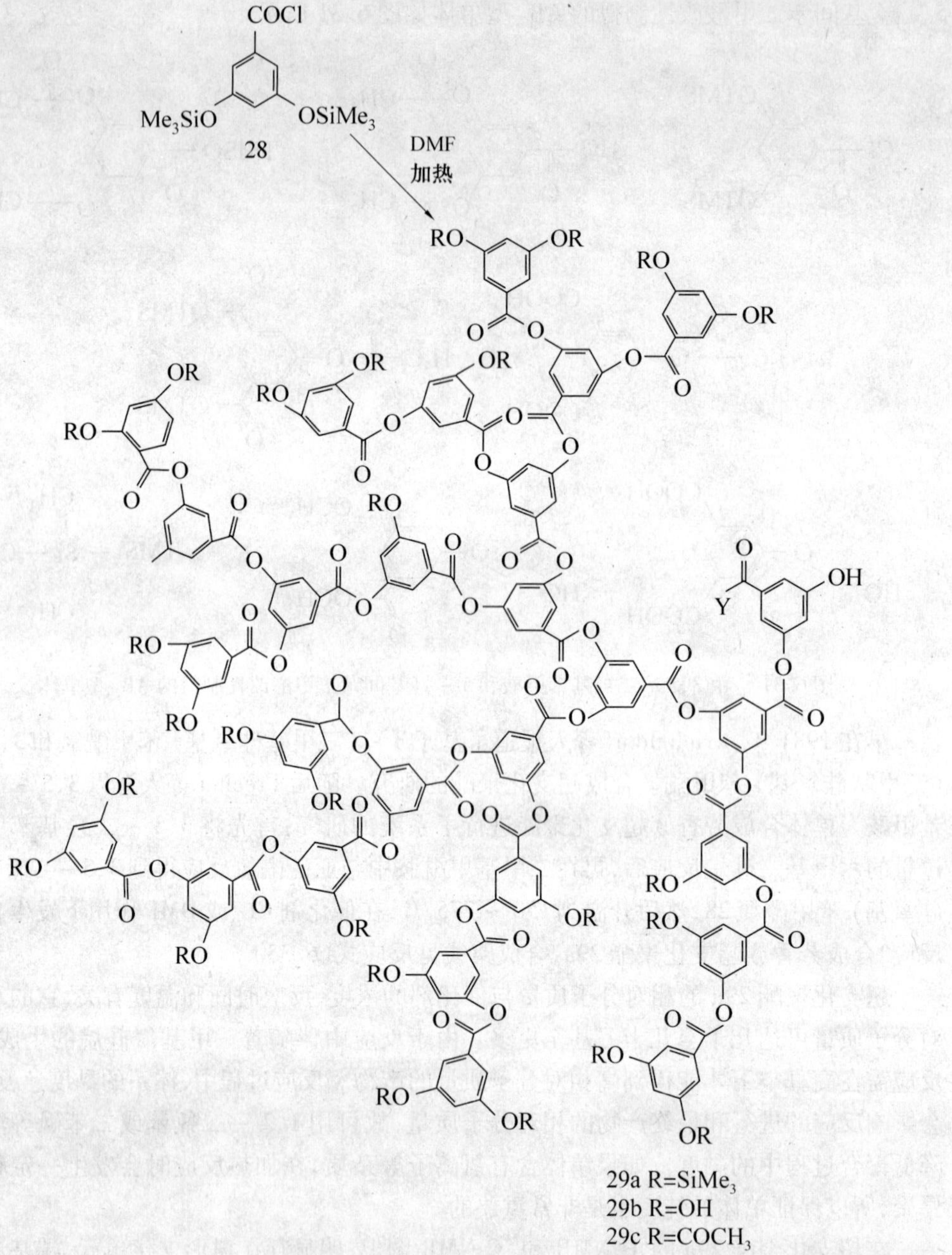

$$\text{（6.33）}$$

29a R=SiMe$_3$
29b R=OH
29c R=COCH$_3$

超支化聚酯 29a 的端基(三甲基硅烷基) 可以很容易脱除,而酯键不被破坏,因此较易改性成为具有大量反应活性端基的超支化聚合物 29b(端基为酚基)。29b 较易与其他试剂反应得到端基官能化的超支化聚合物,见反应式(6.34)。

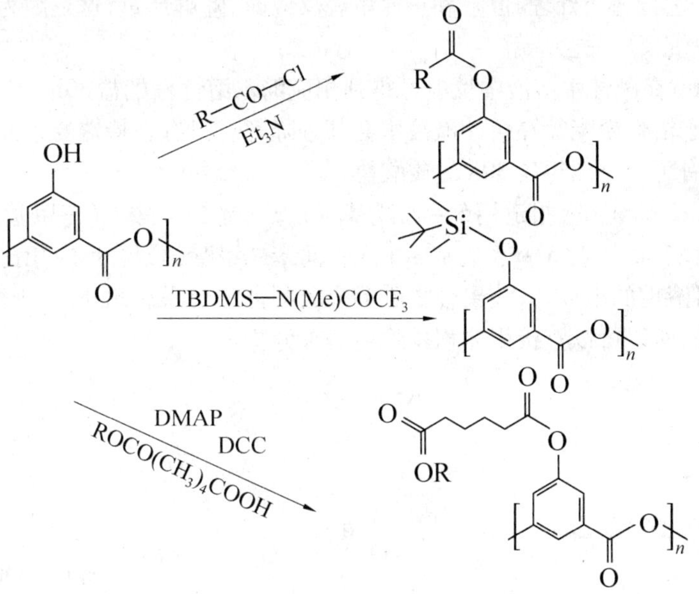

$$(6.34)$$

虽然由三甲基硅烷基单体合成超支化聚酯时,反应温度可以控制在很宽的范围内,但仍和现在工业上生产线形聚酯的技术不一致,而含二乙酰基单体可以弥补这一缺陷。Turner 等人利用 3,5 - 二乙酰基苯甲酸合成了结构相似的超支化聚酯 29c。其反应温度要比 3,5 - 二(三甲基硅氧基)苯甲酰氯的反应温度高,这主要是因为 3,5 - 二乙酰基苯甲酸在低于 170 ℃ 时反应很慢。在 250 ℃ 下通过本体聚合得到的超支化聚酯 29c 的相对分子质量较高。但这种高相对分子质量的芳香族超支化聚酯仍然可以溶于普通有机溶剂,如四氢呋喃。有趣的是,它们的特性黏度($[\eta] = 0.34$ dL/g)很低。

3,5 - 二乙酰基苯甲酸合成的超支化聚酯的一个缺陷就是将超支化聚酯 29c 中的乙酰基转化为具有反应活性的超支化大分子 29b 较为困难。但 Turner 等人发现超支化聚酯 29c 在酸作用下,可水解生成超支化聚酯 29b,不过很容易发生沉积或降解。且这种超支化聚酯的酚盐在碱性条件下很容易降解,所以稳定性很差。

超支化聚酯 29a 和 29c 的支化度约为 0.5 ~ 0.6,这进一步证明了在反应过程中,聚合物的相对分子质量增长受空间位阻和动力学因素的双层控制。

5 - 羟基 - 1,3 - 间苯二甲酸也是一种合成芳香族超支化聚酯常用的 $AB_2$ 型单体,但它也很不稳定,溶解之前就会发生降解,所以用它直接聚合成超支化聚酯是不可行的。但它的衍生物 5 - 乙酰基 - 1,3 - 间苯二甲酸却可以直接通过聚合反应合成含大量羧基的超支化聚合物 30a。此聚合反应可以在 250 ℃ 和高真空条件下通过两步反应进行,以去除反应中生成的乙酸。也可以在惰性溶剂中(如二苯砜)于较低温度下进行。第一步聚合反应的产物是通过酸酐连接的,溶解性较差。因此,要进行第二步处理,即用 THF 脱除酸酐键,得到可溶性的羧基官能化的超支化聚酯。

这种具有高反应活性的聚酯 30a 很难用体积排除色谱分析,因为端羧基超支化聚酯在 GPC 柱上的吸附能力很强,所以分析之前要对它进行硅烷化处理。同样,对于端羟基聚酯 30b 也要进行适当处理,但它和重氮甲烷反应时,降解严重,这是因为苯酯键不稳定,与碱性重氮甲烷反应时会降解。

聚合物 30b 在碱性水溶液中反应可得到相应的水溶性聚酯盐 30b。然而,这种反应很难进行,因为水溶性聚酯盐在缓冲碱液中会部分降解。只有在特殊的条件下,使反应一开始就沉积,才有可能分离得到 30a 的羧酸盐。

Kricheldorf 和 Stober 报道用 5 - 乙酰基 - 1,3 - 苯二甲酸二(三甲基硅烷基) 酯可以合成超支化聚酯 30c。与 5 - 乙酰基 - 1,3 - 间苯二甲酸的聚合反应相比,这种反应的优点是可得到可溶性的聚合物,该聚合物不形成酸酐也不交联。此外,由于聚合物不含有游离的羧酸基团,所以可以直接用体积排除色谱来分析。

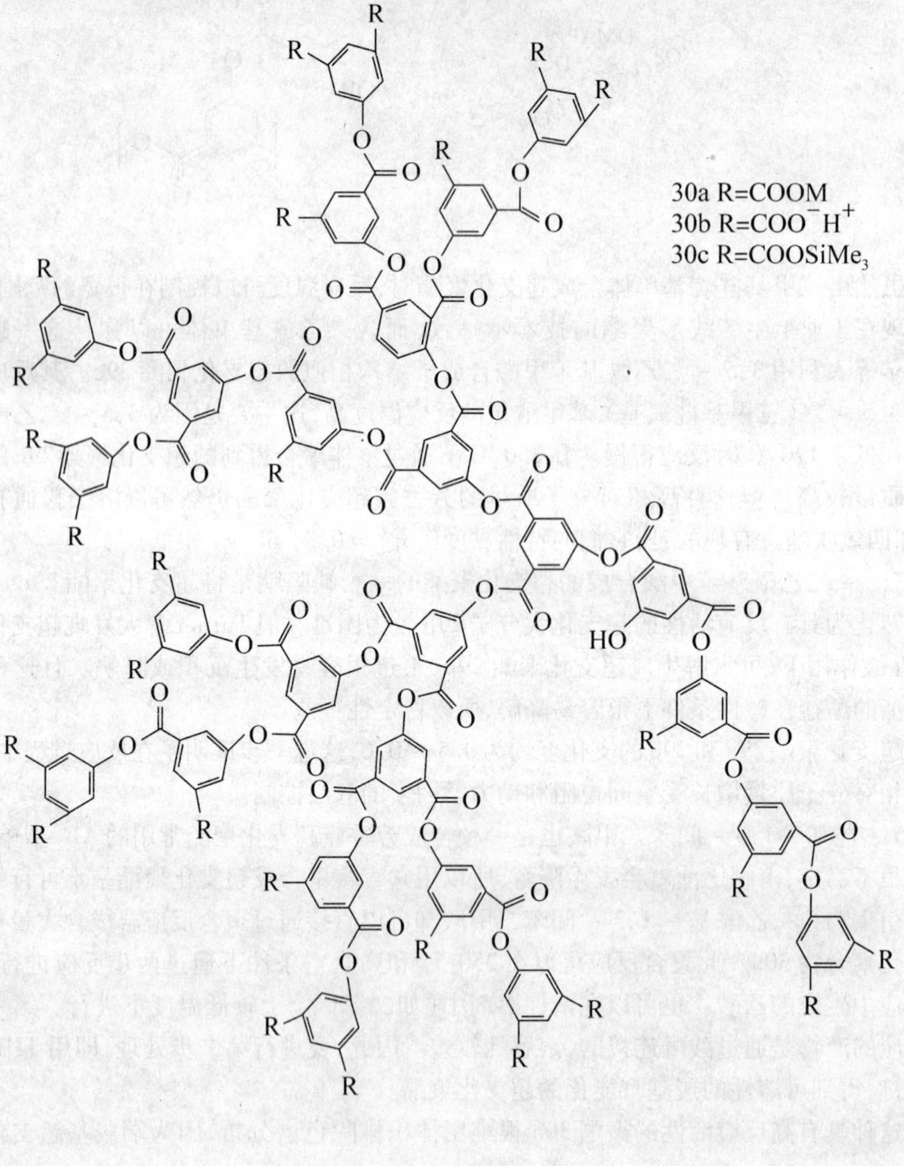

30a R=COOM
30b R=COO⁻H⁺
30c R=COOSiMe$_3$

在 Pd 催化下，CO 的插入反应可以用于线形芳香族聚酯的合成。为此，最近 Kakomico 等人采用 $AB_2$ 和 $A_2B$ 类单体通过 CO 的插入反应，缩聚形成芳香族超支化聚酯。其中由 $AB_2$ 型单体(3,5-二溴基苯酚)得到的产物不溶，这可能是由于发生交联了，如芳基-芳基交联；而由 $A_2B$ 型单体(5-溴间苯二酚或 5-碘间苯二酚)则可得到相对分子质量较小的可溶性产物。

双酚酸也是一类 $AB_2$ 型单体，与上面所提及的单体相比，它的优点是其在国内已经实现工业化生产，因此，利用这种单体合成超支化聚酯的研究在国内具有实际的应用价值。巴信武等人以双酚酸[4,4-双(4-羟基苯基)戊酸]为单体，采取熔融缩聚的方法制得了超支化聚酯 31。通过调整双酚酸与醋酸酯的比例可以合成不同端酚羟基含量的超支化聚酯，这种超支化聚酯具有较低的特性黏度、良好的溶解性和热稳定性。

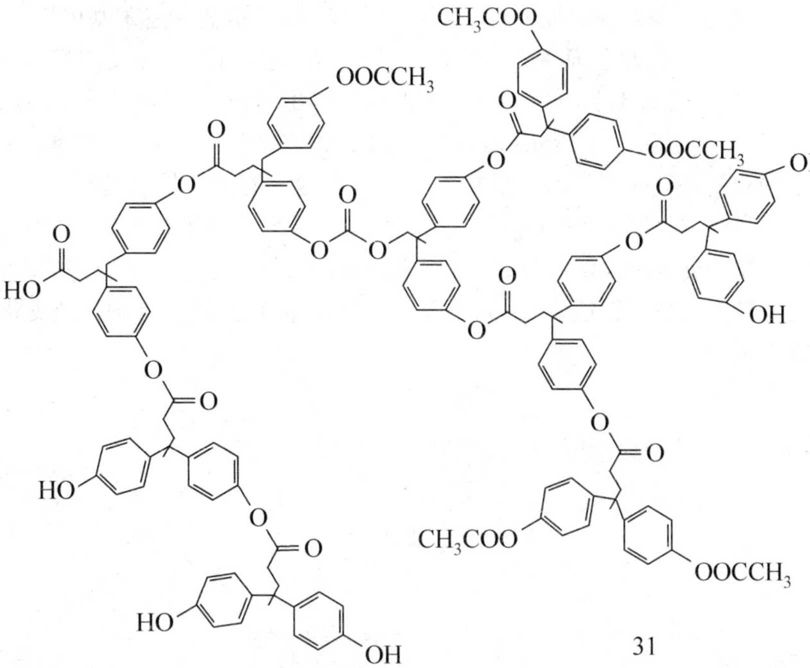

31

在芳香族超支化聚酯中的单体骨架引入烷基链，可以使最终的超支化聚合物的玻璃化转变温度降低，这样聚合物在较低的温度下就可以发生熔融缩聚。如通过二甲基-5-羟基邻苯二甲酸和环氧乙烷的反应，可以引入乙氧基。190 ℃，5-(2-羟基乙氧基)间苯二甲酸在有机锡催化下，可以快速合成芳香族-脂肪族超支化聚酯，见反应式(6.35)。同时可以避免分子间因脱水形成酸酐，这是因为反应温度比 5-乙酰氧基间苯二甲酸聚合所需要的温度低。与全芳香的超支化聚酯相比，$T_g$ 降低到 150 ℃。

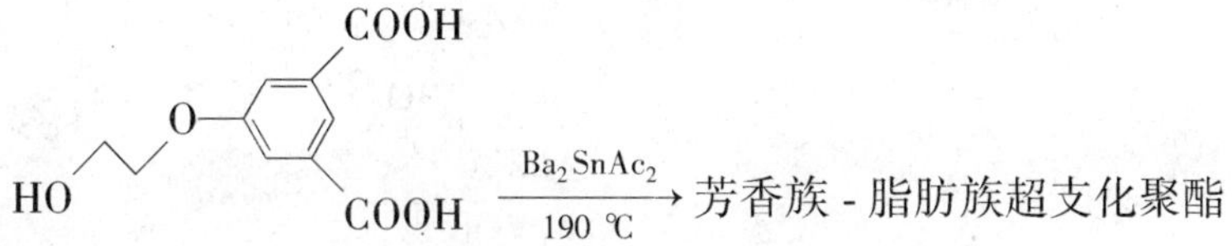

$$\text{HO-CH}_2\text{CH}_2\text{-O-}\underset{\text{COOH}}{\underset{|}{\text{C}_6\text{H}_3}}\text{-COOH} \xrightarrow[190\ ℃]{Ba_2SnAc_2} 芳香族-脂肪族超支化聚酯 \qquad (6.35)$$

由刚性基团、内消旋单元和软段部分组成的芳香族-脂肪族超支化聚酯经常表现为液晶行为。Hahn 等人报道了由 AB$_2$ 型单体在亚硫酰氯和吡啶存在下缩聚,得到了含长烷基链的超支化聚酯(见反应式(6.36)),末端带有羧基的聚酯在玻璃化温度以上会形成一个向列相,但有趣的是,当羧基被修饰为甲基酯后,无中间相形成。

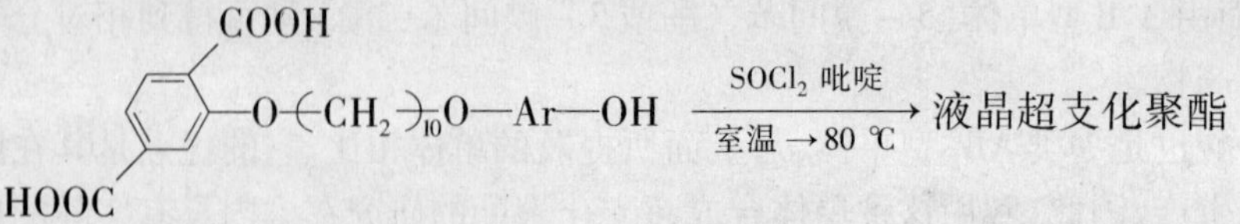

$$\underset{HOOC}{\overset{COOH}{\diagup}}\!\!-\!\!O\text{-}(CH_2)_{10}\text{-}O\text{-}Ar\text{-}OH \xrightarrow[\text{室温}\to 80\ ℃]{SOCl_2\ \text{吡啶}} 液晶超支化聚酯 \qquad (6.36)$$

上面所提及的芳香族超支化聚酯,聚合物链中苯环之间大多数是通过酯键连接。为了增加碳的含量,可以用含三个苯环的 4′,4″ - 二羟基 - 2 - 甲酸 - 三苯基甲烷为单体合成芳香族超支化聚酯,其碳含量大大增加,而聚合物链仍以酯基连接,并且这种单体已有工业化产品。颜德岳等人首次报道将 4,4″ - 二羟基 - 2 - 甲酸 - 三苯基甲烷(酚酞啉)直接缩聚或将 4′,4″ - 二乙酰氧基 - 2 - 甲酸 - 三苯基甲烷进行酯交换反应都能成功合成超支化聚酯,见反应式(6.37)。由 GPC 测得的重均相对分子质量的范围为 20 000 ~ 80 000(以 Ps 作标准物)。$^{13}$C NMR 测得聚合物支化度略高于 0.5。聚酯的玻璃化转变温度依赖于末端和侧基官能团类型。该超支化聚酯末端含有反应性官能团,具有类似线形高分子的热稳定性。相比之下,由于其大分子的形状和官能团的影响,端基为乙酰氧基的超支化聚酯表现出良好的溶解性能,这不同于一般线形高分子。由于氢键的存在,端基为羟基的超支化聚酯的溶解性能不佳,但是酸化后可破坏氢键结构,得到的超支化聚酯可溶于一般有机溶剂。

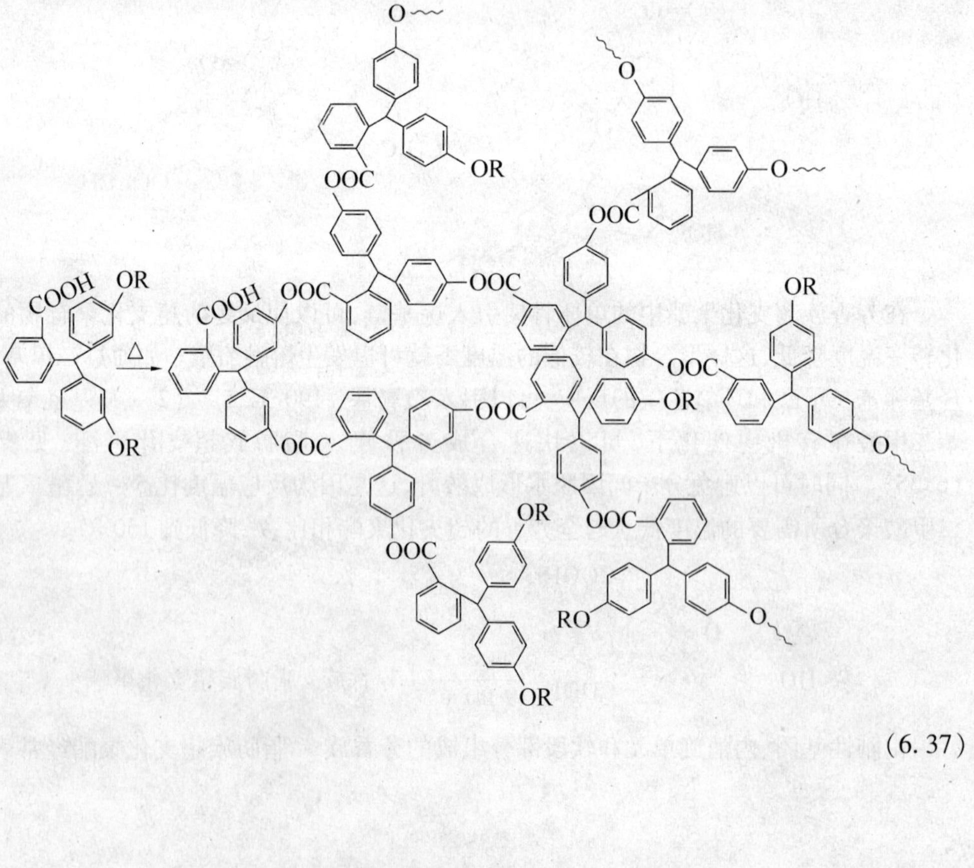

(6.37)

## 2. 脂肪族超支化聚酯

脂肪族超支化聚酯由于单体种类少,其稳定性较芳香族超支化聚酯差,因此,相对芳香族超支化聚酯而言,其研究较少,下面作简单介绍。

用脂肪族单体合成超支化聚酯目前还存在争议,这是因为脂肪族单体容易发生热降解反应,如脱羧、环化和脱水等。但在目前已商业化的超支化聚合物就是一种羟基官能化的脂肪族聚酯,商业名称为 Beltorn,由瑞典 Perstop AB 公司生产。

图 6.32 中的 2,2 – 二羟甲基丙酸(bis – MPA)是合成脂肪族超支化聚酯的单体之一。Hult 最早报道了用 bis – MPA 与四官能度的多元醇通过共缩聚合成羟基官能化的超支化聚酯。在后续报道中,他又利用 bis – MPA 与三羟甲基丙烷反应,并对这种合成方法作了进一步的研究。最初报道的产物的支化度为 0.8,但后来发现,以丙酮为溶剂时,羟基官能化的超支化聚酯容易缩醛化,而且试样中残留的微量酸也能起催化的作用。为此,在 DMSO 中重新进行了测量,结果表明产物的支化度为 0.45,这一结果与其他的超支化聚合物是一致的。

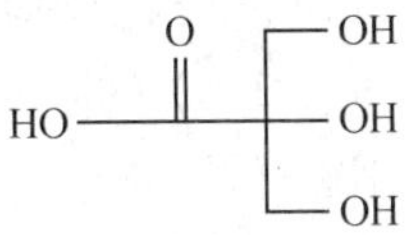

图 6.32　合成脂肪族超支化聚酯的 $A_2B$ 单体

除此外,Hult 还以 bis – MPA 为 $AB_2$ 型单体,以 2 – 乙基 – 2 – 羟甲基 – 1,3 – 丙二酸为核,在酸催化下,140 ℃ 下通过本体聚合合成了脂肪族超支化聚酯。该反应实际上是一个酯化反应,因此反应初期需采用氩气除去酯化反应生成的水,在反应快要结束时,减压,这样才能提高转化率和产物的相对分子质量。同时为了尽可能使未反应的单体和超支化聚合物的骨架上的羟基官能团进行反应,bis – MPA 和超支化羟基官能团的摩尔比越小越好。为了避免醚化和酯转移等副反应发生,酯化湿度(140 ℃)要足够低。

在超支化聚合物中,对中心核的研究是相当困难的,因为它在最终产物中所占的比例非常小,几乎没有什么意义。但是中心核分子的存在对产物性能的影响很大。Hult 报道了没有中心核的存在下进行同样的反应,得到的产物不溶于任何溶剂,这表明可能生成了高相对分子质量的产物或发生了交联。

Hawker 等人用 $AB_4$ 型单体合成了性质相似的超支化聚酯。也可以采用酸作为催化剂,在较高的温度(200 ℃)下,通过 bis – MPA 的熔融缩聚反应,合成性质相似的脂肪族超支化聚酯。

Rannard 和 Davis 探索了另一类合成方法。首先让 bis – MPA 与碳酰二咪唑反应,然后进行高选择性的碱催化反应,得到超支化聚酯,该聚酯是以羟基封端,可溶于水。

含有羟基作为引发基的内酯也是一类非常有潜力的合成羟端基脂肪族超支化聚酯的 AB 型单体。迄今为止报道的内酯单体有两种,如图 6.33 所示。

内酯 – 1 在 110 ℃ 和辛酸亚锡催化下,发生本体聚合,得到的纯超支化聚酯是一种黏稠的液体,以聚苯乙烯为校正标准,GPC 测定其相对分子质量为 65 000 ~ 85 000,$^{13}$C NMR 光谱测定其 DB 值为 0.50。催化剂浓度越小得到的聚合物的相对分子质量越高。其溶解性也取决于端基的性质,这与其他的超支化聚酯相似,羟端基的超支化聚酯可溶于一般的有机溶剂,如 DMSO、DMP 甲醇,但不溶于 THF、$CH_2Cl_2$ 和 $CHCl_3$。乙酰乙酸基官能化后,可溶于 THF、$CH_2Cl_2$ 和 $CHCl_3$,但不溶于甲醇。

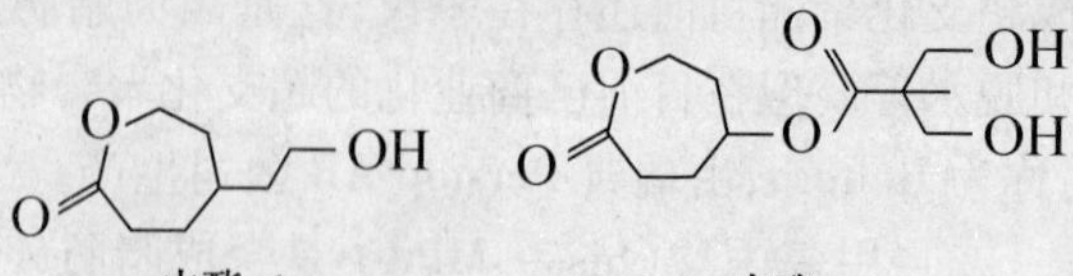

图 6.33  合成羟端基脂肪族超支化聚酯

Hedrick 报道另外一种内酯单体(内酯-2)的开环聚合反应,以及其与 ε-乙酰内酯的共聚。内酯-2 是由乙酰内酯环和 2,2′-二(羟甲基)丙酸衍生的二(羟甲基)基团组成的。2,2′-二(羟甲基)丙酸可以非常有效地引发丙交酯和内酯在辛酸亚锡催化下开环聚合。内酯-2 在 110 ℃ 下,通过本体自缩聚反应可合成相应的脂肪族超支化聚酯。无论 ε-乙酰内酯是否存在,都可以通过聚合反应得到中等相对分子质量(3 000 ~ 8 000)和相对分子质量分布较宽(2.3 ~ 2.8)的脂肪族超支化聚酯。由 $^1H$ NMR 光谱确定其 $DB$ 值为 0.5,这与内酯-1 的情况相似。

据文献报道,还可以通过其他方法制备脂肪族超支化聚酯,如 Hawker 等人利用二羟甲基丙酸进行甲硅烷基化作用以及一系列保护、去保护反应得到的 $AB_4$ 型单体,制备脂肪族超支化聚酯。Yeske 等人合成了超支化天冬氨酸酯。这种聚合物具有较低的黏度,可在离子交换树脂、生物活性系统、弹性体、涂料等方面得到应用。在用作涂料时,它具有较高的硬度和耐溶剂性。

### 6.4.3 超支化聚醚

与线形聚醚相比,超支化聚醚具有三维立体结构、良好的溶解性能和较高的反应活性,同时热稳定性又不比线形聚醚差,是超支化聚合物家族中的又一重要成员。近 10 年来,超支化聚苯醚的合成已成为超支化聚合物领域研究的一个热点,预计这类聚合物将在涂料、非线性光学材料等方面获得重要应用。

根据骨架结构单元的性质,超支化聚醚可以分为芳香族超支化聚醚(包括超支化聚苯醚)和脂肪族超支化聚醚。其合成方法也较多,包括逐步增长法、开环聚合法等。

芳香族超支化聚醚可以通过 $AB_x$ 类单体的亲核芳香取代反应制得。1993 年,Milller 和 Neenan 首先报道了通过酚盐单体的自缩聚反应制备芳香族超支化聚醚。以聚苯乙烯为标准,由 GPC 测定产物的平均相对分子质量为 11 300 ~ 134 000,其具体相对分子质量取决于间隔基团的结构。尽管聚合物是由芳环和短间隔基组成,但仍可以溶于一般的有机溶剂(如氯仿和 THF)中。在氮气保护下,热失重分析表明该超支化聚苯醚在温度达到 500 ℃ 时热失重不超过 5%,热稳定性比较好,玻璃化转变温度范围为 135 ~ 231 ℃,但没有观察到熔点。

除了一般的电子离去基团(如砜和酮)之外,一些杂环也可以用于活化卤代芳基发生芳香亲核取代反应。1996 年,Hedrick 报道了由取代苯和邻氟苯胺缩聚制得的两种对喹

喔啉 $AB_2$ 类单体,并由这两种单体分别合成了聚芳醚苯喹喔啉,见反应式(6.38)。两种聚合物的特性黏度均约为 0.5 dL/g,玻璃化转变温度 $T_g$ 分别为 255 ℃ 和 190 ℃。从 MALDI-TOF 质谱可看出 HF 含量变小,说明在聚合反应中形成了分子内的环。这种超支化聚芳醚苯喹喔啉可以和聚倍半硅氧烷制得有机-无机杂化膜。膜的形态受超支化聚芳醚苯喹喔啉的末端官能团的影响很大。用三乙氧基硅基团为端基时,超支化聚芳醚苯喹喔啉的相分离的大小小于 50 nm,膜是透明的;用羟基为端基时,球形超支化"富"区的尺寸约为 1~1.5 μm。

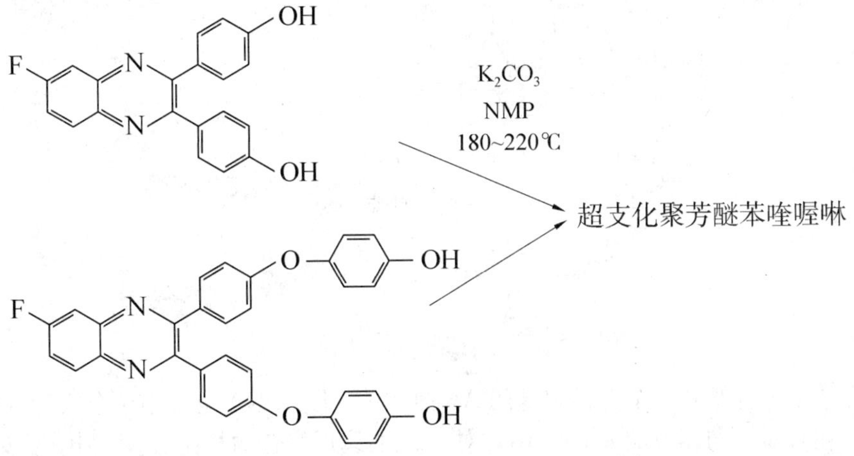

$$(6.38)$$

主链由苄醚连接单元组成的芳香族-脂肪族超支化聚醚可以在 $K_2CO_3$ 和冠醚(18-冠-6)存在下,由 3,5-二羟基苄溴聚合而成,见反应式(6.39)。产物中除了 O-烷甲基化的苄基亚甲基之外,还有 C-烷基化的亚甲基,其含量可以达到聚醚结构的 30%。GPC-LALLS 测得超支化聚醚的 $M_w$ 超过 $10^5$。通过对苯酚链端基的改性,可将玻璃化转变温度控制到 311~343 ℃。

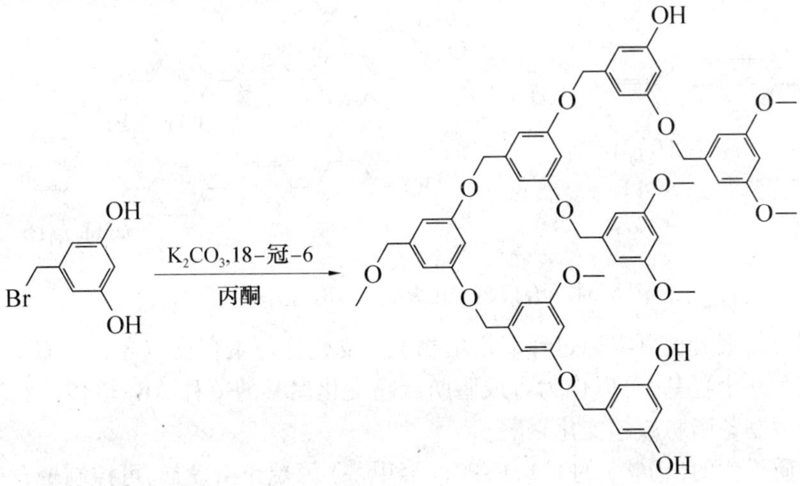

$$(6.39)$$

AB$_2$ 单体和 AB$_4$ 单体可用于合成含有四氟化的亚苯基(—C$_6$H$_4$—)单元的超支化聚醚，其中 A 和 B 分别代表苄羟基和五氟代苯。Mueller 等人报道了由 AB$_2$ 单体以金属钠为催化剂，在 THF 溶液中，通过自缩聚反应合成含四氟代苯基的超支化聚醚，见反应式 (6.40)。当钠颗粒的尺寸小于 1 mm 时，得到的聚合物的相对分子质量较低，得率高；相反，当钠颗粒尺寸大于 1 mm 时，生成的聚合物的相对分子质量较高，但得率较低。MALDI-TOF 质谱测得聚合物中存在环化的结构单元。最终的产物可溶于一般的有机溶剂中，如 THF、DMF、二氯甲烷、氯仿、甲苯和丙酮，并且溶解性与相对分子质量无关。

$$\text{(结构式)} \xrightarrow[\text{甲苯}]{\text{Na}} \text{氟化超支化聚醚} \tag{6.40}$$

含有两个酚羟基和一个卤代烷基的 AB$_2$ 型单体(图 6.34)也常用于合成芳香族-脂肪族超支化聚醚。与相应的 AA 和 BB 单体合成的线形聚合物相比，这类 AB$_2$ 型单体合成的芳香族-脂肪族超支化聚醚的相对分子质量相对比较低，可能是因为在聚合反应过程中发生了分子内环化反应。这类超支化聚醚由于反-邻位异构化而存在互变向列中间相。向列中间相稳定存在的温度范围取决于中间体的结构和端基性质，如以三联苯为中间单元、辛基醚为端基的聚合物，其向列中间相稳定存在的温度范围为 50 ~ 132 ℃。Percec 等人报道了以带有不同烷基且构象可变的 AB$_2$ 型单体[13-溴-1-(4-羟基苯基)-2-(4-羟基-4′-对三联苯基)十三烷]为基础合成热致液晶超支化聚醚，最终产物的相对分子质量分布系数为 1.9，DB 值为 0.82，由于构象异构化而表现出液晶态。

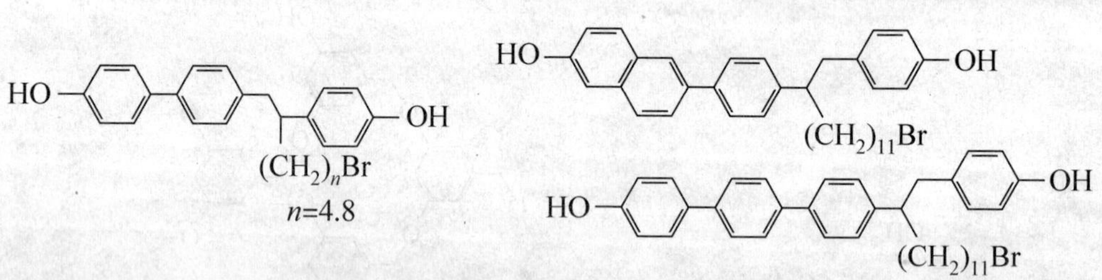

图 6.34 合成超支化聚醚的 AB$_2$ 型单体

脂肪族超支化聚醚也可以通过环氧衍生物的多支化开环聚合反应合成。缩水甘油含有一个环氧基和一个羟基，可以作为合成脂肪族超支化聚醚的一种 AB$_2$ 单体。它通过阴离子开环聚合可制备脂肪族超支化聚醚。

用部分去质子化的(10%)的 1,1,1-三(羟甲基)丙烷作引发剂，可控制聚合反应中活性部分(醇盐)的浓度。聚合过程中，单体慢慢加入，能抑制副反应的发生，如分子内成环反应等。由于缩水甘油结构的非对称性,最终的产物是由四种结构单元组成的(图 6.35)。根据聚合物的 $^{13}C$ NMR 光谱和支化度概念方程可计算出超支化聚合物的 $DB$ 值和聚合度($DP_n$)。采用不同的单体/引发剂摩尔比,$DB$ 值范围可以为 0.53 ~ 0.59,而 $DP_n$ 范围为 15 ~ 83。由 GPC 确定的 $M_w/M_n$ 范围为 1.13 ~ 1.47,表明优化聚合反应条件,可以很好地控制产物的相对分子质量分布。

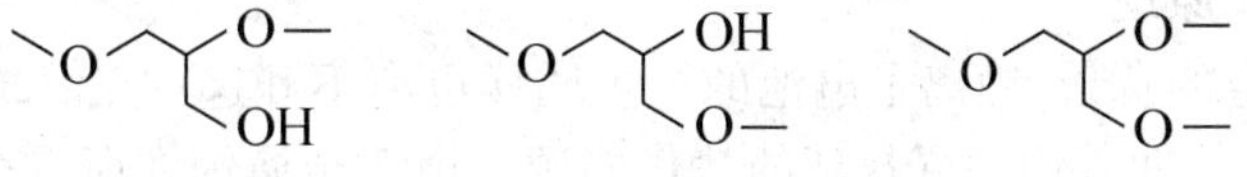

图 6.35　脂肪族超支化聚醚中可能存在的结构单元

缩水甘油和氧化丙烯共聚可得到玻璃化转变温度为 -70 ~ -30 ℃ 的超支化聚醚。当端基用内消旋配合基进行功能化后,可以得到具有内消旋端基的液晶超支化聚合物,如图 6.36 所示。

图 6.36　含内消旋端基的液晶超支化聚合物的结构

脂肪族超支化聚醚也可由氧杂环丁烷衍生物的阳离子开环聚合得到。Hult 等人报道了 3-乙基-3-(羟甲基)氧杂环丁烷在苄基四甲基锍六氟锑酸盐作为热引发剂的条件下,120 ℃ 时进行的本体聚合,见反应式(6.41)。$^1H$ NMR 表明氧杂环丁烷被反应掉,$^{13}C$ NMR 确定的 DB 值为 0.41(Frechet 方程),GPC 和 MALDI-TOF 质谱确定的 $M_n$ 分别为 4 170 和 3 762。

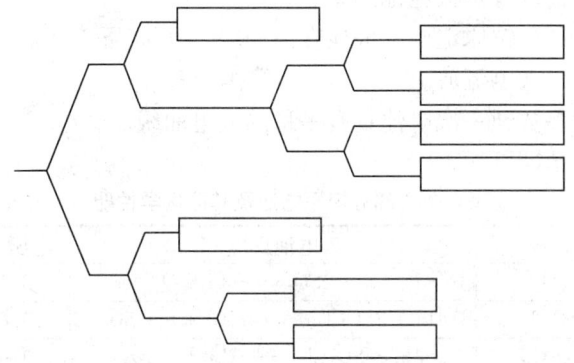

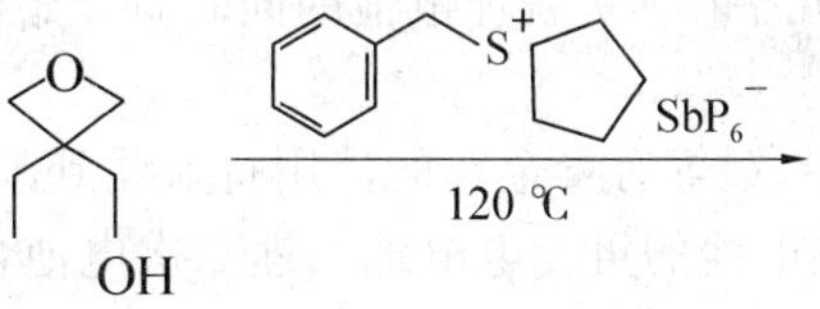

$$\text{脂肪族超支化聚酯} \tag{6.41}$$

## 6.5 储能高分子材料

### 6.5.1 聚合物锂离子电池

**1. 锂离子电池的诞生及其原理**

任何事物的诞生都有一定的背景,锂离子电池的产生同样也离不开这一点。20 世纪 60 ~ 70 年代发生的石油危机迫使人们去寻找新的替代能源。由于金属锂在所有金属中最轻、氧化还原电位最低、质量能量密度最大,因此锂电池成为替代能源之一。在 20 世纪 70 年代初实现了锂原电池的商品化。锂原电池的种类比较多(见表 6.9),其中常见的为 Li ∥ $MnO_2$、Li ∥ $CF_x$($x < 1$)、Li ∥ $SOCl_2$。前两者主要是民用,后者主要是军用。与一般的原电池相比,它具有以下明显的优点。

① 电压高,传统的干电池一般为 1.5 V,而锂原电池则可高达 3.9 V 以上。
② 比能量高,为传统锌负极电池的 2 ~ 5 倍。
③ 工作温度范围宽,锂原电池一般能在 -40 ~ 70 ℃ 下工作。
④ 比功率大,可以大电流放电。
⑤ 放电平稳,大多数锂一次电池具有平稳的放电曲线。
⑥ 储存时间长,预期可达 10 年。

表 6.9 部分锂原电池及其电化学性能

| 电解液 | 正极 | 电池反应 | 电压/V | 放电曲线 |
|---|---|---|---|---|
| 无机电解液 | $SO_2$ | $2Li + 2SO_2 \longrightarrow Li_2S_2O_4$ | 3.1 | 很平稳 |
| | $SOCl_2$ | $4Li + 2SOCl_2 \longrightarrow 4LiCl + S + SO_2$ | 3.6 | |
| | $SO_2Cl_2$ | $2Li + SO_2Cl_2 \longrightarrow 2LiCl + SO_2$ | 3.9 | 平稳 |
| 有机电解液 | $MnO_2$ | $Li + MnO_2 \longrightarrow LiMnO_2$ | 3.0 | 较平稳 |
| | $(CF_x)_n$ | $nxLi + (CF_x)_n \longrightarrow nxLiF + nC$ | 3.1 | 较平稳 |
| | $Bi_2O_3$ | $6Li + Bi_2O_3 \longrightarrow 3Li_2O + 2Bi$ | 2.0 | 较平稳 |
| | $FeS_2$ | $4Li + FeS_2 \longrightarrow 2Li_2S + Fe$ | 1.8 | 双坪阶 |
| | $CuO$ | $2Li + CuO \longrightarrow Li_2CuO$ | 2.35 | 开始电压降大 |
| | $Ag_2CrO_4$ | $2Li + Ag_2CrO_4 \longrightarrow Li_2CrO_4 + 2Ag$ | 3.35 | 双坪阶 |
| | $V_2O_5$ | $Li + V_2O_5 \longrightarrow LiV_2O_5$ | 3.6 | 双坪阶 |

因此在锂原电池的推动下,人们几乎在研究锂原电池的同时就开始可充放电锂二次电池的研究。

随着人们环保意识的日益增强,铅、镉等有毒金属的使用日益受到限制,因此需要寻找新的可替代传统铅酸电池和镍-镉电池的可充电电池。锂二次电池自然成为有力的候选者之一。

电子技术的不断发展推动了各种电子产品向小型化发展,如便携电话、微型相机、笔记本电脑等的推广普及,而小型化发展必须伴随着电源的小型化。传统铅酸电池等的容量不高,因此也必须寻找新的电池体系。锂原电池的优点使锂二次电池成为强有力的候选者。

在20世纪80年代末以前,人们主要集中在以金属锂及其合金为负极的锂二次电池体系。但是在充电的时候,由于金属锂电极表面的不均匀(凹凸不平)导致表面电位分布不均匀,从而造成锂不均匀沉积。该不均匀沉积过程导致锂在一些部位沉积过快,产生树枝一样的结晶(枝晶)。当枝晶发展到一定程度时,一方面会发生折断,产生"死锂",造成不可逆的锂;另一方面更严重的是,枝晶穿过隔膜,将正极与负极连接起来,结果产生短路,生成大量的热,使电池着火,甚至发生爆炸,从而带来严重的安全隐患。其中具有代表性的是20世纪70年代末Exxon公司研究的Li // $TiS_2$体系。尽管Exxon公司未能将该锂二次电池体系实现商品化,但是它大大推动了锂二次电池的研究和发展。后来加拿大成立了Moli公司,该公司的锂二次电池正极材料为$MoS_2$,负极为金属锂。尽管该公司初期取得了良好的经济效益,但是1989年的一起爆炸事件导致该公司破产,后来被日本企业收购。这些公司之所以没有取得根本性的市场胜利,是由于没有根本解决以金属锂或其合金为负极的锂二次电池的循环寿命和安全问题,因为:① 如上所述,在充电过程中,锂的表面不可能非常均匀,因此不可能从根本上解决枝晶的生长问题,从而不能从根本上解决安全隐患;② 金属锂比较活泼,很容易与非水液体电解质发生反应,产生高压,造成危险。

1980年,Goodenough等人提出以氧化钴锂($LiCoO_2$)为正极材料的锂充电电池,揭开了锂离子电池的雏形。1985年发现碳材料可以作为锂充电电池的负极材料,发明了锂离子电池,1986年完成了锂离子电池的原形设计。20世纪80年代末、90年代初,Moli公司和Sony公司发现用具有石墨结构的碳材料取代金属锂负极,正极则采用锂与过渡金属的复合氧化物[如氧化钴锂($LiCoO_2$)]。这样构成的充电电池体系可以成功地解决以金属锂或其合金为负极的锂二次电池存在的安全隐患,并且在能量密度上高于以前的充放电电池。同时由于金属锂与石墨化碳材料形成的插入化合物(Intercalation Compound) $LiC_6$的电位与金属锂的电位相差不到0.5V,电压损失不大。在充电过程中,锂插入到石墨的层状结构中,放电时从层状结构中跑出来,该过程可逆性很好,组成的锂二次电池体系循环性能非常优良。另外,碳材料便宜,没有毒性,且处于放电状态时在空气中比较稳定,避免活泼金属锂的使用和枝晶的产生,明显改善了循环寿命,从根本上解决了安全问题。因此在1991年,该二次电池就实现了商品化。

按照经典的电化学命名规则,充电电池的命名应该是正极在前、负极在后,这样该电池体系应该命名为"氧化钴锂-石墨充电电池",一般称为锂离子电池。

锂离子电池的充放电原理(以石墨为负极、层状复合氧化物为正极为例)如图6.37所示。

电极反应如下:

正极
$$LiCoO_2 \underset{充电}{\overset{放电}{\rightleftharpoons}} Li_{1-x}CoO_2 + xLi^+ + xe^- \tag{6.42}$$

负极
$$6C + xLi^+ + xe^- \underset{充电}{\overset{放电}{\rightleftharpoons}} Li_xC_6 \tag{6.43}$$

总反应
$$6C + LiCoO_2 \underset{充电}{\overset{放电}{\rightleftharpoons}} Li_{1-x}CoO_2 + Li_xC_6 \tag{6.44}$$

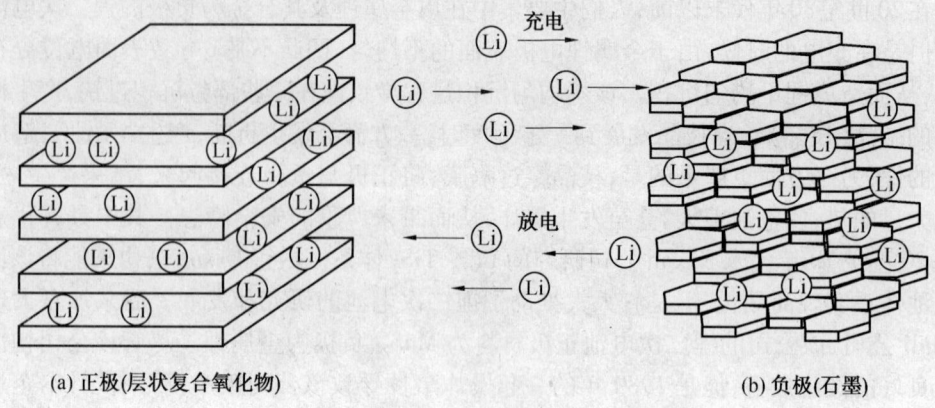

图 6.37　锂离子电池的充放电原理示意图

在正极中(以 $LiCoO_2$ 为例)，$Li^+$ 和 $Co^{3+}$ 各自位于立方紧密堆积氧层中交替的八面体位置。充电时，锂离子从八面体位置发生脱嵌，释放一个电子，$Co^{3+}$ 氧化为 $Co^{4+}$；放电时，锂离子嵌入到八面体位置，得到一个电子，$Co^{4+}$ 还原为 $Co^{3+}$。而在负极中，当锂插入到石墨结构中后，石墨结构与此同时得到一个电子。电子位于石墨的墨片分子平面上，与锂离子之间发生一定的静电作用，因此锂在负极中的原子大小比在正极中要大。在多种有关锂离子电池工作原理示意图中，图 6.37 也可以作为一个比较客观的简单示意图。

**2. 锂离子电池的优缺点及其发展**

锂离子电池自其原形诞生以来，随着技术的不断进步，其性能较以前有了明显提高。就目前的化学二次电源来看，它具有无可替代的作用。下面对其一些优点和缺点进行简单的说明。

(1) 锂离子电池的优点

① 能量密度高，其体积能量密度和质量能量密度分别可达 450 $W \cdot h/dm^3$ 和 150 $W \cdot h/kg$，而且还在不断提高。例如，对于圆柱形 18650 锂离子电池而言，比能量密度、比功率密度等自 1999 年以来得到了明显提高，如图 6.38 所示。最高的质量能量密度达到 193 $W \cdot h/kg$，比 1999 年报道的高 90%，只比美国能源部的长期目标 200 $W \cdot h/kg$ 低 5%。电池的能量密度自 1999 年来提高了 2 倍，比美国能源部的长期目标 300 $W \cdot h/dm^3$ 高约 70%。

② 平均输出电压高(约 3.6V)，为 Ni - Cd、Ni - MH 电池的 3 倍。

③ 输出功率大。

④ 自放电小，每月 10% 以下，不到 Ni - Cd、Ni - MH 的一半。

⑤ 没有 Ni - Cd、Ni - MH 电池一样的记忆效应，循环性能优越。

⑥ 可快速充放电，1C 充电时容量可达标称容量的 80% 以上。

⑦ 充电效率高，第 1 次循环后基本上为 100%。

⑧ 工作温度范围宽，- 30 ~ + 45 ℃，随着电解质和正极的改进，期望能拓宽到 - 40 ~ + 70 ℃，低温有可能拓展到 - 60 ℃。

⑨ 残留容量的测试比较方便。

⑩ 无需维修。

⑪ 对环境较为"友好",称为绿色电池。

⑫ 使用寿命长,100% DOD 充放电可达 900 次以上(图 6.39);当采用浅深度(30% DOD)充放电时,循环次数已经超过了 5 000 次。

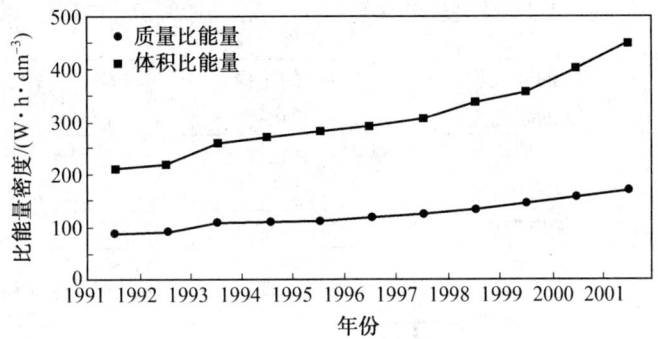

图 6.38　18650 型锂离子电池的能量密度发展趋势

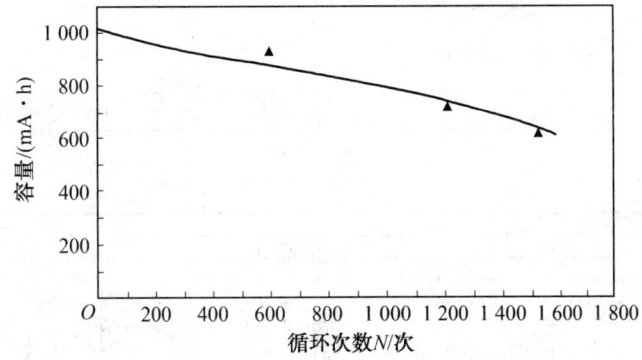

图 6.39　锂离子电池在 100% DOD 进行充放电的循环性能

(2) 锂离子电池的缺点

当然,锂离子电池也有一些不足之处:

① 成本高,主要是正极材料 $LiCoO_2$ 的价格高,随着正极技术的不断发展,可以采用 $LiMn_2O_4$、$LiFePO_4$ 等为正极,从而有望大大降低锂离子电池的成本。

② 必须有特殊的保护电路,以防止过充或过放。

③ 与普通电池的相容性差,因为一般要在用 3 节普通电池(3.6 V)的情况下才能用锂离子电池进行替代。

同其优点相比,这些缺点不成为主要问题,特别是用于一些高科技、高附加值产品中,因此应用范围非常广泛。

(3) 锂离子电池的发展

表 6.10 为锂离子电池的发展情况。我国从 1997 年起开始锂离子电池的产业化研制和开发,2000 年左右基本上研究开发成功。2001 年起为我国锂离子电池的迅速发展和扩张时期。图 6.40 为全球锂离子电池产值和产量随时间的发展趋势。目前,中国的锂离子

电池生产处于"战国"时代,产品质量参差不齐,有高档、中档、低档产品,甚至不合格产品也流入市场。随着市场规律不断起作用和国家标准不断强制实施,不合格产品和低档产品将逐渐退出市场,取而代之的是中、高档产品。

表6.10 锂离子电池的发展情况

| 年份 | 电池组成的发展 | | 体系 |
|---|---|---|---|
| | 负极 | 正极 | |
| 20世纪80年代 | Li 的嵌入物<br>Li 的碳化物 | 放过电的正极<br>锰的氧化物 | Li/LE/LiCoO$_2$ |
| 1990 | Li 的碳化物<br>(石墨) | 尖晶石氧化锰锂 | C/LE/LiCoO$_2$<br>C/LE/LiMn$_2$O$_4$ |
| 1994 | 无定形碳 | | |
| 1995 | | 氧化镍锂 | 日本开始锂离子电池的大规模投产 |
| 1997 | 锡的氧化物 | 橄榄石型 | 我国企业正式开始研制 |
| 1998 | 新型合金 | | |
| 2000 | 纳米氧化物负极 | | 我国生产出锂离子电池 |
| 2002 | | 实用性 | C//电解质//LiFePO$_4$ |

注:LE 为液体电解质

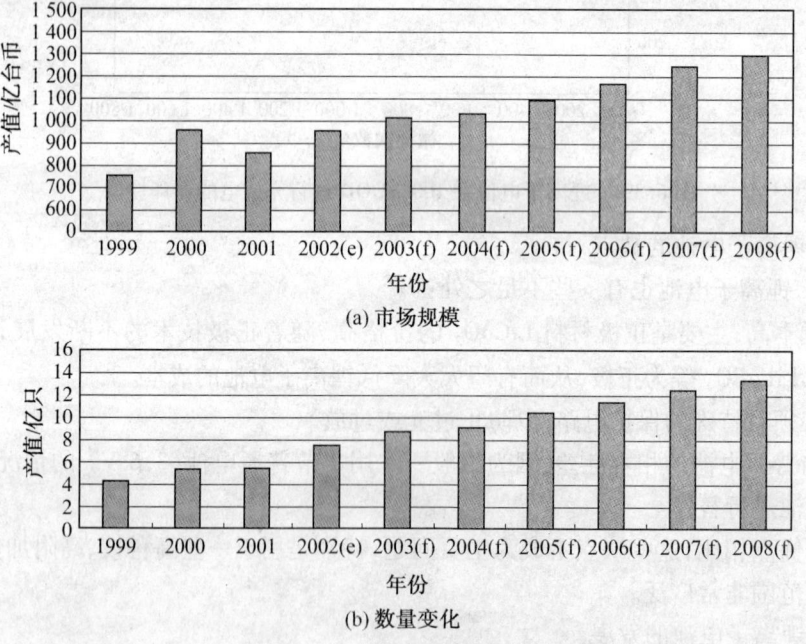

图6.40 全球锂离子电池产值和产量随时间的发展趋势
e 表示预期;f 表示推测

### 3. 聚合物锂离子电池的诞生、原理及其特点

(1) 聚合物锂离子电池的诞生和原理

聚合物锂离子电池在1994年诞生,当时是采用凝胶型聚合物电解质,其原理和概念是原Bellcore公司提出的。后来日本Sony、韩国Samsung等公司在此基础上开发出新型结构的凝胶型聚合物锂离子电池,并在2000年前后进行了生产。

目前使用的聚合物锂离子电池的原理和充放电过程中进行的电化学反应,除了电解质采用凝胶型聚合物电解质外,实际上与液体锂离子电池(图6.39)基本上一致。

(2) 聚合物锂离子电池的特点

在锂离子电池基础上诞生的聚合物锂离子电池,除了拥有锂离子电池的特点外,还具有以下特点:

① 塑型灵活性,可以制成各种形状的电池。
② 完美的安全可靠性,不易燃烧。
③ 更长的循环寿命,容量损失少。
④ 体积利用率高,比液体锂离子电池要高10% ~ 20%。
⑤ 不需要串联就可以做成大电池。
⑥ 不必使用传统的隔膜材料。
⑦ 更易于大规模工业化生产。
⑧ 应用领域更广。
⑨ 在全固态聚合物锂离子电池中,采用金属锂作为负极材料将有可能成为现实。

### 4. 聚合物锂离子电池的发展及其种类

目前,中国已经能够生产聚合物锂离子电池,但是大部分是在液体锂离子电池的基础上进行改进,与日本公司生产的凝胶型聚合物锂离子电池相比有些不同,从某种程度上而言,只能说是半(准)凝胶型聚合物锂离子电池,有些也可以说是液体锂离子电池的软包装。因此,中国聚合物锂离子电池技术的提高还有待于产业界、学术界的不断努力和合作。

据2005年《未来学家》1月刊介绍,高功率电源组为未来10年的10种创新产品之一,而高功率电源组中又首推先进的新型电池。因此,聚合物锂离子电池的发展将大大推动高功率电源组的产生,随着制备技术和相关材料的进一步发展,能量密度(图6.41)和性能将不断提高,因此,必须对这方面的研究和开发给予高度的重视,才能立于不败之地。

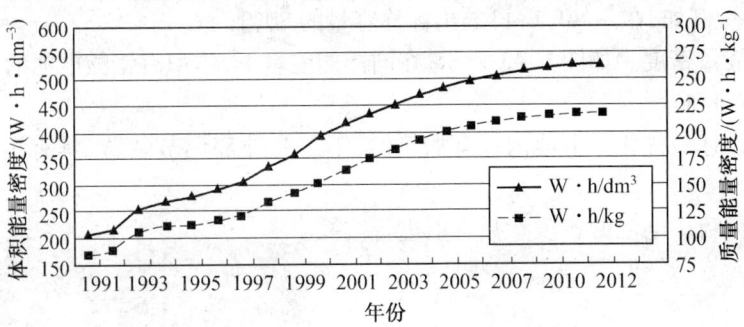

图6.41 聚合物锂离子电池的能量密度发展趋势

### 5. 聚合物锂离子电池的结构

聚合物锂离子电池的结构同锂离子电池、镍氢电池等一样,一般包括以下部件:正极、负极、电解质、正极引线、负极引线等,其中电解质还起着隔膜的作用,结构一般如图 6.42 所示。当然,外包装也可以采用铝塑软包装。

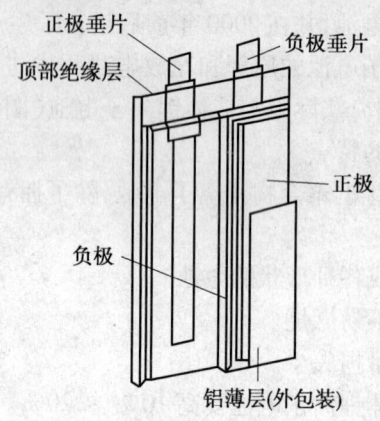

图 6.42　聚合物锂离子电池的几种结构

### 6. 金属锂聚合物电池

金属锂聚合物电池(Lithium Metal Polymer Battery,LMP)是以全固态聚合物为电解质,金属锂为负极,金属氧化物(例如 $V_6O_{13}$)为正极。尽管其与锂离子电池一样,具有良好的性能,但是在实际使用过程中还有一些问题要克服。在此以前,Valence 公司曾尝试采用辐射交叉状丙烯酸盐,使可塑电解质的 Li ∥ $V_6O_{13}$ 体系商业化,但没有成功。其工作原理见反应式(6.45)。

$$x\text{Li} + \text{Li}_y\text{VO}_x \xrightleftharpoons[\text{充电}]{\text{放电}} \text{Li}_{x+y}\text{VO}_x \tag{6.45}$$

尽管从原理上与前述的锂离子电池、聚合物锂离子电池有所区别,但是它的原理还是基于嵌入反应,因此还是属于聚合物锂离子电池的范畴,只是称呼有所区别。

金属锂聚合物电池具有以下优点。

① 成本低,免维护,可以直接替代 VRLA 电池,不需要外部的冷却或加入装置,具有长的寿命,发展初期超过 300 次,现在已超过 500 次,将向超过 1 000 次的目标努力。

② 全天候运行,使用温度范围为 -40 ~ 65 ℃,室温时的使用寿命超过10年。在低温下具有高容量,例如,在 -40 ℃ 可放出标称容量的 80%。

③ 高的能量密度。如图 6.43 所示,在同样的能量下,体积有铅酸电池的 1/3,质量只有铅酸电池的 1/4。

④ 结构设计最优化。电池内部有加热器,不需要外部调节装置,具有集成热管理系统。

⑤ 设计灵巧。电池的各项参数可以进行监控。

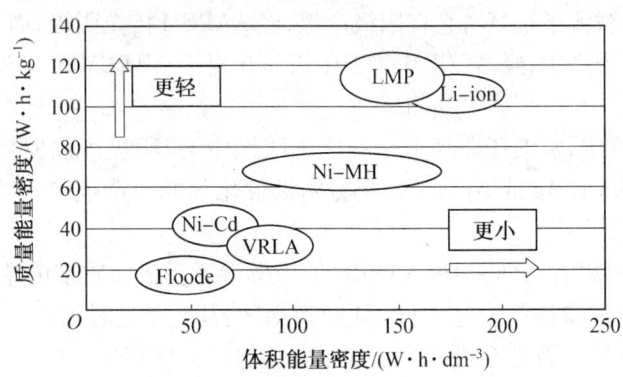

图 6.43　几种充电电池的能量密度比较

### 6.5.2　燃料电池聚合物电解质膜

聚合物电解质膜燃料电池(Polymer Electrolyte Membrane Fuel Cell, PEMFC)是一种能直接将燃料和氧化剂中的化学能转化为电能的电化学装置,具有能量转换效率高、环境友好、比能量高(相对于电池)、操作温度低、启动快的特点,可广泛应用于汽车、电站、移动电源等领域。聚合物电解质膜则是 PEMFC 中的核心部件,起着分隔燃料和氧化剂、传导离子和绝缘电子的作用,一直以来都是燃料电池研究领域的热点。

**1. PEMFC 的分类**

根据聚合物链上所含交换基团的不同,聚合物电解质膜可分为导质子的酸性阴离子聚合物电解质膜(Acid anionic Polymer Electrolyte Membrane, AAPEM)和导氢氧根离子的碱性阳离子聚合物电解质膜(Alkaline Cationic Polymer Electrolyte Membrane, ACPEM),与之相应的 PEMFC 也可分为酸性阴离子聚合物电解质膜燃料电池(AAPEMFC)和碱性阳离子聚合物电解质膜燃料电池(ACPEMFC),两者的工作原理也略有不同(图 6.44)。

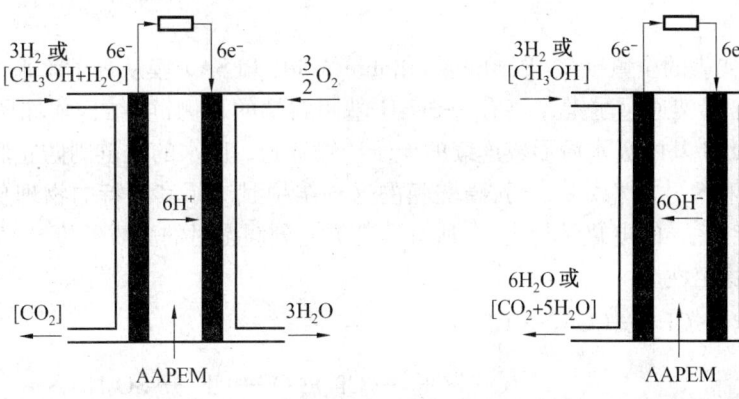

(a) 酸性阴离子聚合物电解质膜　　(b) 碱性阳离子聚合物电解质膜燃料电池示意图

图 6.44　酸性阴离子聚合物电解质膜和碱性阳离子聚合物电解质膜燃料电池示意图

AAPEMFC 的载流子是 $H^+$，它在阳极产生，经 AAPEM 传至阴极；而 ACPEMFC 的载流子是 $OH^-$，它在阴极产生，经 ACPEM 传至阳极。相对于 AAPEMFC，ACPEMFC 有以下优势：

① 在碱性介质中，氧的还原动力学远优于酸性中的，阴极可以使用较廉价且对甲醇氧化惰性的催化剂（如 Ag 或 Ni），从而拓宽阴极催化剂的筛选范围和减小甲醇渗透导致的电池性能损失。

② 由图 6.44 可以看出，同一种 AAPEM 的甲醇渗透系数随质子传导率的增加而增大，表明质子传导和甲醇渗透都通过 AAPEM 膜亲水区，甚至是通过相同的传输通道，质子传导和甲醇渗透方向的一致性会进一步增加甲醇透过；而 ACPEM 内 $OH^-$ 迁移方向与甲醇渗透方向相反，可抑制甲醇渗透，进而允许使用更薄、阻抗更小的膜来提高电池的性能。

③ 在碱性介质中，氧自由基对聚合物膜的破坏被抑制，选用无氟聚合物电解质膜更有可能。

④ ACPEMFC 中，水在阴极产生，在阳极消耗，可能会简化水的处理。

此外，ACPEMFC 也有明显的不足：

① ACPEMFC 的阴极侧与阳极侧存在较高的 pH 差，使得 ACPEMFC 热力学电势损失较大（300 mV 左右），提高温度可以减小这一损失。

② ACPEM 膜 $OH^-$ 传导率仅为相同条件下 AAPEM 膜 $H^+$ 传导率的 20% ~ 33%。

③ ACPEM 膜上的季铵基团热稳定性不如 AAPEM 膜上的磺酸基团，制约了 ACPEM 膜的使用温度（< 60 ℃）。

④ ACPEMFC 的膜电极（Membrane Electrode Assembly，MEA）制备时缺少通用黏合剂，类似 AAPEMFC 中 MEA 制备时使用的 Nafion 溶液，进行电极立体化，从而影响了 ACPEMFC 的性能。

**2. AAPEM 的研究现状**

AAPEM 可以分为全氟磺酸膜、磺化聚芳膜、磺化聚酰亚胺膜、脂肪烃主链磺化芳香侧链膜、有机/有机和有机/无机复合膜等类型。

(1) 全氟磺酸膜

以 Nafion 膜为代表的全氟磺酸（Perfluorosulfonic Acid，PFSA）膜从分子水平上看是聚四氟乙烯（PTFE）骨架通过醚键连接有 $—SO_3H$ 基团封端的长侧链（结构式如图 6.45 所示），亲水的 $—SO_3H$ 基团吸水后形成连续的质子传输通道，憎水的主链则防止膜过度溶胀以保证膜形貌和尺寸的稳定。全氟磺酸膜的这种结构赋予了其独特的物理化学性能：出色的机械性能、优异的电化学稳定性、适宜温度下充分润湿时的高质子传导率、良好的热稳定性和化学稳定性。

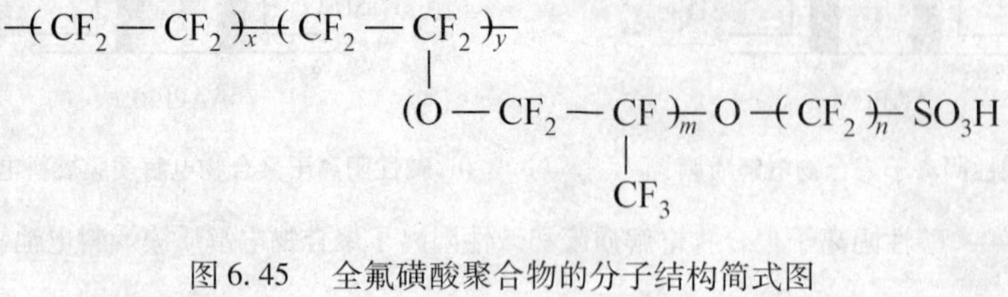

$$-(CF_2-CF_2)_x-(CF_2-CF_2)_y-$$
$$|$$
$$(O-CF_2-CF)_m-O-(CF_2)_n-SO_3H$$
$$|$$
$$CF_3$$

图 6.45　全氟磺酸聚合物的分子结构简式图

因为含水量对全氟磺酸膜形貌和质子传导率的重大影响,使得全氟磺酸膜在较高温度(>80 ℃)或较低相对湿度下操作时,质子传导性能大幅降低。其次,甲醇渗透与质子传导很可能都通过亲水的离子通道,全氟磺酸膜内连续的离子通道非常有利于甲醇的透过,使得全氟磺酸膜甲醇透过严重,阻碍其在直接甲醇燃料电池(Direct Methanol Fuel Cell, DMFC)领域的应用。最后,由于全氟磺酸膜制备工艺复杂,全氟磺酸膜的价值昂贵。这三项不足严重地制约着 AAPEMFC 的推广应用,也促使人们对耐高温(>100 ℃)、润湿条件下保持较高质子传导率和低甲醇渗透材料的探索与研究。

(2) 磺化聚芳膜

磺化芳香聚合物膜具有机械强度高、高温燃料电池环境中耐久性较好和价格低等优点。不过由于芳香骨架刚性强,憎水性弱于全氟磺酸膜的 C—F 骨架,较短的离子侧链(磺酸基直接连接在芳香主链上)和较弱的磺酸酸性,使得磺化聚芳膜没有全氟磺酸膜那样完全的亲水/憎水相分离,因此形成的亲水离子通道比全氟磺酸膜更窄更不连续,—$SO_3H$ 基团间的距离也更大。这一方面导致了水和质子的迁移对膜含水量更强的依赖性,另一方面也使得电曳力和水的渗透比全氟磺酸膜低,从而有利于在 DMFC 中应用。磺化聚芳膜的化学组成和序列长度对膜的迁移性能有着重要的影响。Roy 等人对不同的无规和嵌段磺化聚芳醚膜研究后发现,由于膜形貌的阻碍,质子、水和水合离子的扩散系数都随扩散时间开始快速下降,后逐步达到水平;在完全润湿的条件下,无规和嵌段磺化聚芳醚膜的质子传导率都是离子交换容量和含水量的函数;但在部分润湿的情况下,嵌段磺化聚芳醚膜的质子传导率高于无规磺化聚芳醚膜,且质子传导率随序列长度增加而增加。

磺化芳香聚合物可以通过先聚合后磺化和直接用磺化单体聚合两种方法获得。第一种方法是将已合成的芳香聚合物与浓硫酸、发烟硫酸、氯磺酸、三甲基硅烷基氯磺酸或三氧化硫-三乙基磷酸等磺化剂芳香亲电取代反应来制备磺化芳香聚合物。这种方法有如下不足:引入的磺酸基团通常限于芳环与醚键相邻的活化位上;醚键常会因此断裂进而降低了磺化芳香聚合物的化学稳定性;磺酸基团也比较容易从此位上脱离;产物的磺化度不易控制,过高磺化度的芳香聚合物易溶于水;当使用强磺化剂时,磺化不可避免地会引起主链的部分降解和交联。第二种方法克服了上述的缺点,可以先将磺酸基团引入单体的芳环惰性位,由此制备的磺化芳香聚合物具有更高的化学稳定性和更强酸性,而且通过调节磺化单体的量可以精确控制磺化度;不过磺化单位的反应性不高,从而对磺化芳香聚合物的相对分子质量带来不利影响。现在报道的新型磺化聚芳膜的材料大多是采用第二种方法制备。

(3) 磺化聚酰亚胺膜

聚酰亚胺是一类以酰亚胺环为结构特征的聚合物。其分子主链上含有五元杂环的酰亚胺基,减少了氢的含量,同时引入芳环和杂环,增加了聚酰亚胺分子链间的作用力(如范德华力),杂环还可使聚酰亚胺分子链产生偶极力,并且在其主链上具有 $\pi$-$\pi$,$\pi$-$p$ 等共轭体系,使聚酰亚胺具有很大的刚性。PEMFC 中应用的磺化聚酰亚胺(SPI)主要是芳香聚酰亚胺,同样可以通过聚酰亚胺的磺化或含磺化单体的直接聚合来制备。

磺化聚酰亚胺膜除了具有聚芳香化合物热稳定性好、热氧化和化学稳定性高的特点

外,还有以下三点:

① 磺化聚酰亚胺膜是刚性和各向异性的结构,只在厚度方向进行溶胀。

② 离子基团连接在聚酰亚胺主链上,而不像全氟磺酸膜位于侧链末端,亲水/憎水相分离较弱。

③ 由于磺化聚酰亚胺链的玻璃态特征,膜对外界环境不敏感;但磺化聚酰亚胺膜水解稳定性较差,在这方面仍需要进一步的研究。

Rodgers 等人合成线形的(SPI1)和弯曲刚性棒状的(SPI2)磺化聚酰亚胺(聚合物 32)。研究发现弯曲的 SPI2 增加分子链缠绕,从而限制了其溶胀,进而增加了质子交换位的浓度,使得 SPI2 膜的吸水量虽低于 SPI1 膜,但质子传导率却高于 SPI1 膜。

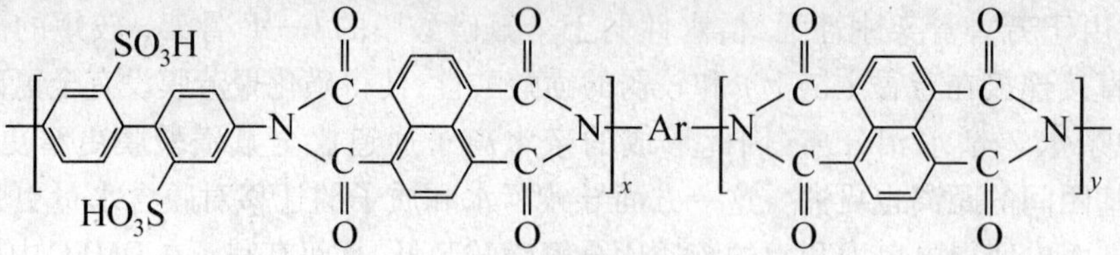

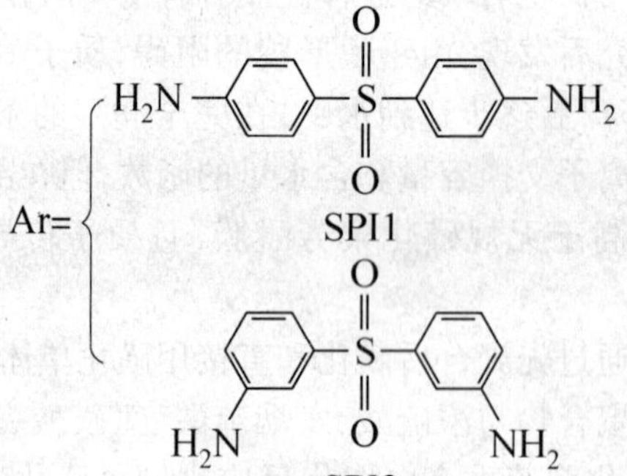

Guo 等人合成了含亚芴基的 SPI(聚合物 33),研究表明在相似条件下,由于亚芴基二胺碱性较强,含亚芴基的 SPI 膜水解稳定性优于不含亚芴基的 SPI 膜;含亚芴基的 SPI 膜(80 ℃,相对湿度为 100%)质子传导率都大于 0.1 S/cm。Ye 等人合成了一系列亲水段含 C=C,憎水段含亚芴基或其他芳香基团的 SPI,由此而得的膜都显示了很好的热性能。70 ℃ 下高相对湿度或在水中的质子传导率超过 0.01 S/cm,有的与 Nafion115 膜相当;但在 140 ~ 160 ℃(相对湿度 < 15%),由于大体积亚芴基导致的链内空间中吸收的水不易蒸发和含亚芴基的 SPI 膜的质子传导活化能较高,含亚芴基的 SPI 膜显出略高于 Nafion115 膜的质子传导率,表明了其应用于高温 PEMFC 的可能。

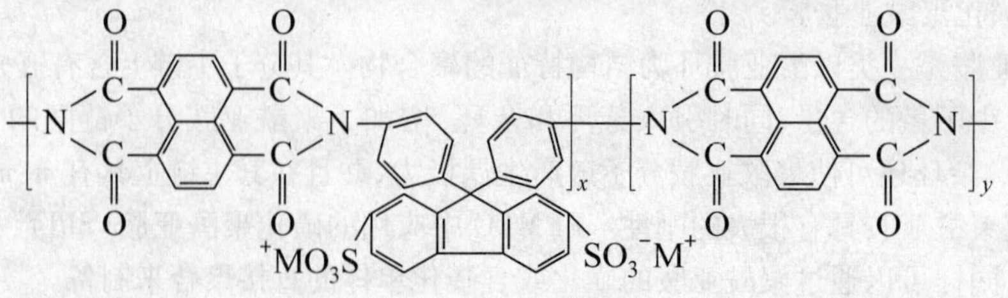

Qiu 等人合成了两种磺酸基位于苯甲酮侧链的 SPI(聚合物 34a、34b),研究发现 34a 型 SPI 膜有比 34b 型 SPI 膜更高的水解稳定性、更高的吸水率、更高的热氧化稳定性和质子传导率。这是因为 34a 型是不对称结构,34b 型是对称的线形棒状刚性结构,34a 型有更多的自由体积和稍弱的分子链内作用,可提供更多吸水的空间;磺化苯甲酮摩尔含量为 50% 的 34a 型 SPI 膜在 Fenton 试剂中可耐 83 h,在沸水中可坚持 196 h 而不破坏,80 ℃ 下质子传导率为 0.26 S/cm。

34a

34b

　　为改善 SPI 膜的水解稳定性,Yin 等人合成了一系列支化/交联的磺化聚酰亚胺,交联的 SPI 膜尽管 IEC 很高(2.2~2.6 meq/g),在130 ℃ 水中仍显示出良好的耐水解性和机械性能。该系列 SPI 膜质子传导率(120 ℃)在水中为 0.2~0.3 S/cm,而在相对湿度为 50% 下则为 0.02~0.03 S/cm。由优化得到的交联 SPI 膜组装的 $H_2/O_2$ 燃料电池性能与 Nafion112 膜相当,而 DMFC 性能则比 Nafion112 膜高 50%。Lee 等人用 N,N-二(2-羟乙基)-2-氨基乙烷基磺酸(BES)对 SPI 膜进行交联,交联剂上所带的磺酸可以弥补因交联导致的 SPI 膜质子传导率的损失,该方法所得的交联 SPI 膜的质子传导率随 BES 含量增加而增加,但甲醇渗透系数却随 BES 增加而减小。90 ℃ 在相对湿度为 90% 下质子传导率达 0.1 S/cm,甲醇渗透系数为 $1.63 \times 10^{-7}$ $cm^2/s$。Jang 等人则分别制备了酸性聚酰亚胺和碱性聚酰亚胺(聚合物 35a、35b),然后将两种聚酰亚胺混合成膜,结果表明随着碱性聚酰亚胺含量的增加,混合膜的 IEC、吸水率和质子传导率降低,而水解稳定性增强。Hu 等人先制备了带磺酸侧链的二胺,然后与萘二酐以及别的二胺单体共聚得到 SPI,由此制得的膜热稳定达 300 ℃,在水中的溶胀亦为各向同性。质子传导率普遍较高,在 60 ℃ 水中都接近或高于 Nafion112 膜。最优的一组 SPI 膜 120 ℃ 在相对湿度为 50% 和相对湿度为 100% 下的质子传导率分别为 0.05 S/cm 和 0.30 S/cm。Wang 等人将 SPI 膜浸入 Nafion 溶液从而制备了 Nafion/SPI/Nafion 复合膜,研究发现该复合膜可抑制 SPI 的降解,组装的电池性能和寿命也优于 SPI 膜。复合膜质子传导率 80 ℃ 下为 0.10 S/cm,80 ℃ 下 $H_2/O_2$ 燃料电池极化曲线与 Nafion NRE-212 膜相似。

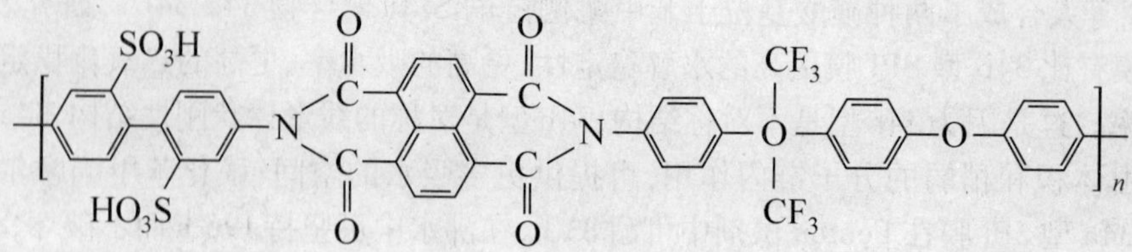

[结构式 35a]

[结构式 35b]

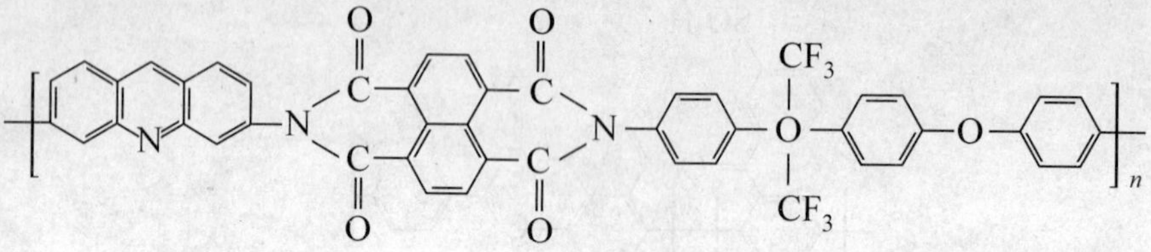

**（4）脂肪烃主链磺化芳香侧链膜**

这类 AAPEM 由于在 PEMFC 运行环境中脂肪主链稳定性较差，一般多以低温 DMFC 为应用目标。

Chen 等人考察了 6 种含氟商品膜（PTFE、FEP、PFA、ETFE、PVDF 和 PVF）和交联 PTFE 膜（cPTFE）辐射-接枝苯乙烯/磺化用于 PEMFC 的适宜性。结果表明 PTFE 在辐射时易断链降解，PVF 化学不稳定，两者都不适宜用作基膜；其余材料的辐射-接枝/磺化膜质子传导率和含水量都依赖于 IEC 和基膜，其中 FEP 基的膜质子传导率最高而吸水最少；全氟基的膜化学稳定性高，适用于氢气 PEMFC，部分含氟基的膜机械强度较高，适用于 DMFC。Huang 等人研究了 PVDF 接枝苯乙烯磺酸（PVDF-g-PSSA）和 Nafion 膜的高角环形暗场像（HAADF），发现 PVDF-g-PSSA 膜的 PSSA 相中有 3～5 nm 的离子团聚，且这种团聚较 Nafion 膜中的不规则和不均匀；在甲醇溶液中浸泡 5 天后，Nafion 膜中的磺酸聚集区尺寸由 4 nm 增长到 12 nm，而 PVDF-g-PSSA 膜的仅略有变化，说明其在甲醇中更稳定，更适用于 DMFC。Ni 等人用电子转移反应，在聚丙烯腈-苯乙烯的苯基对位引入了与 Nafion 相似的侧链得 SFAS（聚合物 36），磺酸基团从聚合物上脱落的温度为 197 ℃；由此而得的膜吸水量根据 IEC 的不同为 13.4%～135.3%，25 ℃ 的质子传导率皆在 0.01 S/cm 之上。Rubatat 等人对（偏氟乙烯-六氟丙烯共聚物）/磺化苯乙烯（P(VDF-co-HFP)-b-SPS）嵌段共聚物膜形貌研究后发现，这些膜在两个尺度上都有结构，在 40 nm 的尺度上是膜内 F-C 链与亲水磺化苯乙烯的相分离结构，而在只有几个纳米尺度上的磺化苯乙烯微区内则是亲水磺酸基团与憎水苯乙烯链分离的亚结构。

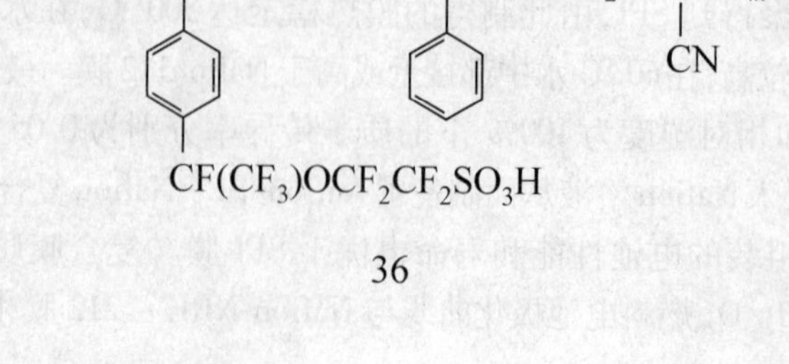

[聚合物 36 结构式]

36

### (5) 有机/有机和有机/无机复合膜

有机/有机复合膜由于材料间的协同作用,可能会使膜的性能(如质子传导率、甲醇渗透系数)比单一材料有所改善。有机/无机复合膜使膜同时具有无机材料的机械性能和热稳定性能,有机材料的化学反应性和柔韧性。聚合物电解质的复合是全氟磺酸膜替代材料研究的重要方法和内容。

Deimede 用聚环氧乙烷(PEO)以酯键连接在间二苯酚上的单体聚合得到 PEO 接枝的聚醚砜(PES-g-PEO)(聚合物37)等材料,与磺化聚砜(SPSF)混合制备了相容性好的复合膜(SPSFPPES-g-PEO),膜的含水量高,机械性能良好。SEM 表明膜内存在尺寸为 50~100 nm 的椭球亲水微区,室温下质子传导率(相对湿度为65%)为 $4 \times 10^{-3}$ S/cm。

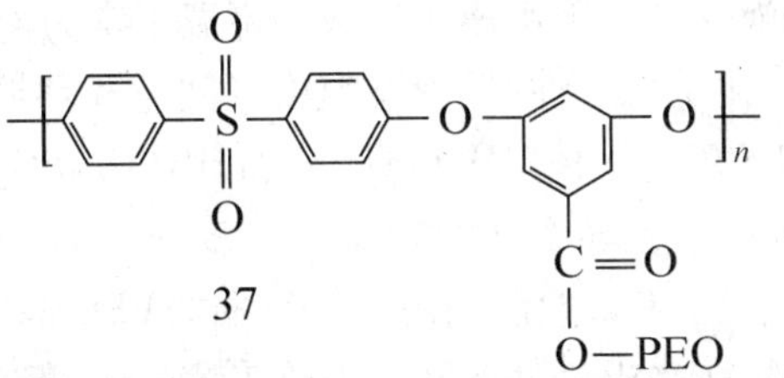

研究人员研究了磺化聚芳醚酮/聚苯胺和磺化聚芳醚酮/聚吡咯复合膜,都发现由于膜内离子交联作用,复合膜的阻醇性能有所改善,但同时质子传导率也有所下降,这和磺化聚芳醚酮与 PVDF 或苯并咪唑(PBI)复合膜的结果一致。但这种离子交联在较高温度的水中易被破坏,不如用交联剂得到的共价交联稳定。Fu 等人合成了带侧链苯并咪唑的聚砜(聚合物38),与 SPEEK 混合后制备了酸碱复合膜。由于咪唑基团在磺酸基间起到桥梁作用,促进了质子传递,使其在低相对湿度下显示出优于 SPEEK 膜的质子传导率;复合膜的甲醇渗透性也有所改善;由其组装的 DMFC 性能高于 Nafion115 膜而与 Nafion112 膜相当。

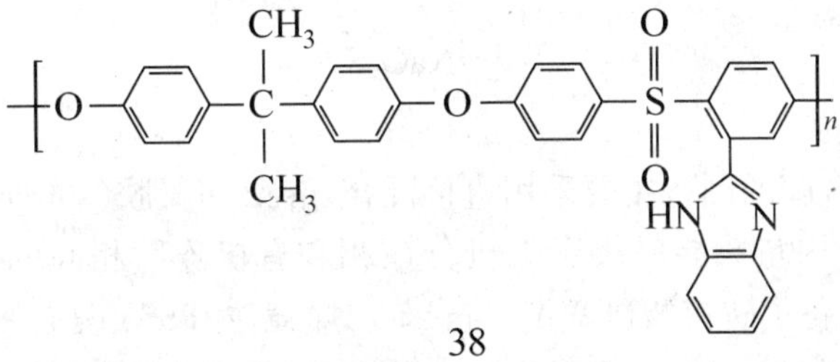

Carollo 等人考察了不同结构的 PBI 掺杂磷酸的性能,结果表明质子传导率和磷酸的掺杂水平随 PBI 的相对分子质量和碱性增加而增加;甲醇渗透系数比 Nafion117 膜低两个数量级;在相对湿度小于 50% 时,各种 PBIP 磷酸复合膜 80 ℃ 的质子传导率都高于 Nafion117 膜。其中含嘧啶基 PBI(聚合物39)的复合膜 80 ℃ 时(相对湿度为20%)质子传导率已高于 0.1 S/cm。Lin 等人将 PBI 用 PTFE 增强制成超薄(约22 μm)复合膜与磷酸掺杂,所得复合膜 150 ℃ 和 180 ℃ 的质子传导率超过 Nafion117 膜的 4 倍,却比 PBIP 磷酸复合膜的质子传导率减少一半以上。由于该系列复合膜比较薄,干态 $H_2/O_2$ 燃料电池的性能要优于较厚的 PBI/磷酸复合膜(约为 100 μm)。Mitov 等人则用 PTFE 增强磺化聚

砜(SPSU),20 μm 厚 SPSU/PTFE 复合膜的尺寸稳定性和机械性能比 70 μm 厚的 SPSU 膜都有增强,20 μm 厚 SPSU/PTFE 复合膜 $H_2/O_2$ 燃料电池 80 ℃ 的最高功率密度为 2.4 $W/cm^2$,而同等操作条件下的 Nafion112 膜仅 1.2 $W/cm^2$。同时还发现单独降低甲醇渗透并不能改善燃料电池的电压 - 电流曲线,还与膜厚和膜的组成有关,因为 MEA 中作黏合剂的 Nafion 树脂和有的材料黏合性差,常引起电催化剂层与膜的剥离。

39

作为高温( > 100 ℃)下质子迁移的载体,咪唑和离子液体是两种较好的选择,但咪唑会使催化剂中毒;离子液体是全部由离子组成的室温下常为液态的化合物,具有高传导性、蒸气压极低、热稳定和化学稳定性高、液态温度区间宽和环境友好等特点。Sekhon 等人在 PFDF - HFP 膜中加入离子液体 DMOImTFSI 和 $HN(CF_3SO_2)_2$ 制得复合膜,该膜具有良好机械性能。130 ℃ 的质子传导率是 $2.74 \times 10^{-3}$ S/cm。Tigelaar 等先制备了含三嗪基团的磺化芳香聚合物(聚合物40),然后用由二胺终端的 PEO 低聚物通过与主链上的氯反应进行交联,但所得聚合物在水中过度溶胀。为改善该问题,聚合时在主链上引入了憎水的含吡啶链段,然后同样用由二胺终端的 PEO 低聚物交联,成膜后再浸入离子液体中形成复合膜。研究发现,后一种含吡啶环的复合膜吸水率小于 Nafion 膜,但吸收离子液体率高于 Nafion 膜。无水条件下 150 ℃ 的质子传导率是 $5 \times 10^{-2}$ S/cm,显示了其良好的高温应用前景。

40

有机/无机复合膜的制备主要采用直接混合、溶胶 - 凝胶(sol-gel)和插层复合等方法,所得膜材料的结构与性能取决于无机分散相和有机连续相间的界面特性和界面作用。Yamada 等人制备了磷钨酸(PWA)与聚苯乙烯磺酸(PSS)复合膜,研究发现 PWA 与 —$SO_3H$ 间存在氢键作用。PWA 含量为 10%(质量分数)的复合膜干氮气流下 180 ℃ 的质子传导率是 $1 \times 10^{-2}$ S/cm。Zhang 等人研究了磺化二氮杂萘酮结构的聚醚酮(SPPEK)与 PWA 复合膜,也发现 PWA 与 —$SO_3H$ 间存在氢键作用,且 PWA 的流失也因此被抑制。PWA 含量为 10%(质量分数)的复合膜(80 ℃,相对湿度为 100%)的质子传导率达 0.17 S/cm。Li 等人研究了酚酞型磺化聚醚醚酮(SPEEKK)与 PWA 复合膜的制备条件对其性能的影响,由于 SPEEKK 与 PWA 和 DMF 间都存在氢键作用,使得成膜温度和成膜液浓度对复合膜性能皆有影响。30 ℃ 下所得复合膜内的氢键更易于形成,30%(质量分数)PWA 的复合膜(80 ℃,相对湿度为 100%)的质子传导率为 0.04 S/cm。

Di Von 等人先用聚苯砜与低温正丁基锂反应再与 $PhSiCl_3$ 反应,然后水解得到 $-SiPh(OH)_2$ 共价连接在聚合物主链上的聚苯砜,用浓硫酸磺化后得到磺化度为 2.0 的磺化聚合物(SiSPPSU)(聚合物41)。此聚合物仍然不溶于水,与磺化度为 0.9 的 SPEEK 混合后制得复合膜,研究发现 SiSPPSU 含量为 5%(质量分数)的复合膜在 120 ℃下,无论是干态还是含 50%(质量分数)水都显出稳定的质子传导率,分别为 $6.1 \times 10^{-3}$ S/cm 和 $6.4 \times 10^{-2}$ S/cm。Shahi 先用 sol-gel 法将磺化聚醚砜(SPES)和氨基-丙基三乙氧基硅烷制备成有机/无机复合膜,然后用甲醛和 $H_3PO_4$ 对复合膜的无机部分进行磷酸化得到高荷电的复合膜(SPS-Si(P))。研究发现 Si 含量 20%(质量分数)的 SPS-Si(P)/20 复合膜质子传导率可达 $6.36 \times 10^{-2}$ S/cm,甲醇渗透系数为 $4.89 \times 10^{-7}$ cm$^2$/s,显示了优于 Nafion117 膜的选择性。进一步的 DMFC 实验表明 SPS-Si(P)/20 复合膜有与 Nafion117 膜相当的电池性能。Lu 等人用 TEOS 和 $H_3PO_4$ 制得磷硅酸盐凝胶后与 SPPO 混合得到复合膜,研究发现所得的复合膜有良好的氧化稳定性和尺寸稳定性,室温下复合膜在水中的最高质子传导率为 0.216 S/cm。

41

### 3. ACPEM 的研究现状

ACPEM 的阳离子均固定在聚合物链上,液相中不存在游离的盐,从而可避免传统的液体电解质碱性燃料电池 $CO_2$ 与碱性电解液反应生成盐的现象。载流子 $OH^-$ 在 ACPEM 中的迁移应该与质子在 AAPEM 中相似,通过与水结合形成 $OH^-(H_2O)_3$ 和 $H_3O_2^-$ 的水合离子,然后以运载机理或跃迁机理在膜内传输。

目前,燃料电池 ACPEM 的研究较少,ACPEMFC 中使用的聚合物电解质膜多是其他电化学领域如电渗析中应用的碱性阴离子交换膜,如 Tokuyama Soda 公司生产的带季铵基团的 AFN、AMX、ACS 和 ACM 等。Slade 等人报道的通过辐射-接枝得到的 ACPEM(图 6.46),其 $OH^-$ 传导率在 50 ℃可以达到 0.023 S/cm 的水平。这种方法的好处是主体膜材料可以购买,这样可以减少实验步骤,另外有大量别的领域辐射-接枝的参数可以借鉴。Li 等人先对苯酚型聚醚砜进行氯甲基化,然后再季铵化获得了季铵化的苯酚型聚醚砜(QPES-C)(图 6.47),在 1mol/L 的 NaOH 溶液中室温 $OH^-$ 传导率为 0.041 S/cm,70 ℃下为 0.092 S/cm。甲醇渗透率 25 ℃时为 $5.72 \times 10^{-8}$ cm$^2$/s,70 ℃时为 $1.23 \times 10^{-7}$ cm$^2$/s。而且 QPES-C 在 25~70 ℃,在 1 mol/L 的 NaOH 溶液中都很稳定。Fang 等人研究了季铵化二氮杂萘酮结构的聚醚砜酮膜,其在 2 mol/L KOH 溶液中室温下 $OH^-$ 传导率可达 0.14 S/cm,只是在 80 ℃以上时 $OH^-$ 传导率会因为主链上季铵盐的脱落而下降。Zhang 等人则研究了季铵化二氮杂萘酮结构的聚醚酮膜,80 ℃时 $OH^-$ 传导率达到最大值 $1.14 \times 10^{-2}$ S/cm,但这类季铵化二氮杂萘酮结构的聚合物膜 80 ℃下在 1 mol/L 的 KOH 水溶液中极不稳定,35 h 后即破裂成碎片,因而仅适用于低温 ACPEMFC。

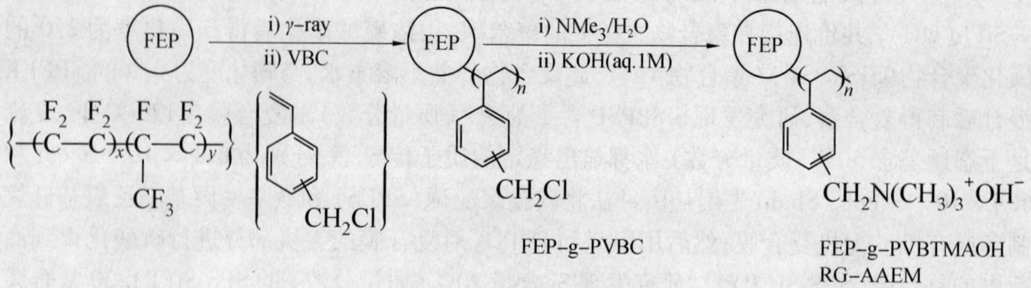

图 6.46　ACPEM 辐射–接枝路线

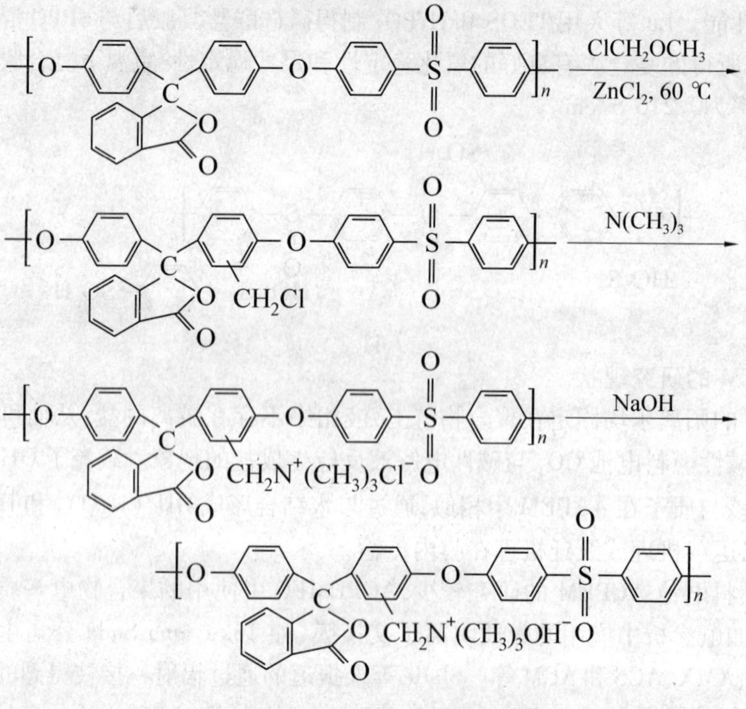

图 6.47　QPES-C 的合成

Huang 等人先用 4-乙烯吡啶与苯乙烯共聚得到线性吡啶盐,然后与纤维织物制备复合膜,所得膜 25 ℃ 的 $OH^-$ 传导率为 $8 \times 10^{-3}$ S/cm,但由于热稳定性较差和甲醇渗透严重,由其组装的 DMFC 最大功率密度仅为 1.5 mW/cm$^2$。Stoica 等人在环氧氯丙烷和烯丙基缩水甘油醚共聚物上引入对 Hoffman 脱除不敏感的环状二胺,然后和聚酰亚胺一起制得复合膜,该类膜有较好的强度和尺寸稳定性,IEC 为 1.3 meq/g 的复合膜(60 ℃,相对湿度为 98%)的 $OH^-$ 传导率在 $10^{-2}$ S/cm 以上,基本能满足 PEMFC 的应用要求。

# 参考文献

[1] 潘祖仁. 高分子化学[M]. 5版. 北京:化学工业出版社,2011.
[2] 金日光,华幼卿. 高分子物理[M]. 3版. 北京:化学工业出版社,2009.
[3] 符若文,李谷,冯开才. 高分子物理[M]. 北京:化学工业出版社,2005.
[4] 董炎明,张海良. 高分子科学简明教程[M]. 北京:科学出版社,2008.
[5] 张留成,瞿雄伟,丁会利. 高分子材料基础[M]. 北京:化学工业出版社,2007.
[6] 孙立新,张昌松. 塑料成型基础及成型工艺[M]. 北京:化学工业出版社,2012.
[7] 俞芙芳. 塑料成型工艺与模具设计[M]. 北京:清华大学出版社,2011.
[8] 杨清芝. 实用橡胶工艺学[M]. 北京:化学工业出版社,2009.
[9] 张岩梅,邹一明. 橡胶制品工艺[M]. 北京:化学工业出版社,2005.
[10] 沈新元. 高分子材料加工原理[M]. 北京:中国纺织出版社,2009.
[11] 樊美公. 光子存储原理与光致变色材料[J]. 化学进展,1997,9(2):170-178.
[12] PIERONI O,FISSI A,POPOVA G. Photochromic polypeptides[J]. Progress in Polymer Science, 1998, 23(1): 81-123.
[13] 陈齐,王志平. 光致变色聚合物[J]. 合成树脂及塑料,1999,16(3):61-65.
[14] 黄德音,晏意隆. 酞菁类化合物在光导材料方面的应用[J]. 感光材料,1997(1):9-12.
[15] 丁瑞松,王艳乔,蒋克健,等. 静电复印用双偶氮颜料的研究[J]. 化学通报,2001,64(1):53-55.
[16] 孙景志,汪茫,周成. 有机/聚合物光导机理与图像传感器件[J]. 高等学校化学学报,2001(3):498-505.
[17] 谭业邦,张黎明,李卓美. 用高分子化学反应法制备阳离子聚合物[J]. 精细石油化工,1998(4):41-46.
[18] 尹向春. 水溶性聚合物[J]. 广州化工,1996(2):14-18.
[19] 淡宜,王琪. 聚(丙烯酰胺-丙烯酸)/聚(丙烯酰胺-二甲基二烯丙基氯化铵)分子复合型聚合物驱油剂的增黏作用[J]. 高等学校化学学报,1997(5):818-822.
[20] 张黎明. 油田用水溶性两性聚合物[J]. 油田化学,1997(2):166-174.
[21] 徐祖顺,封麟先,易昌凤,等. 两亲聚合物溶液性质及其乳液聚合的研究进展[J]. 高分子材料科学与工程,1998(4):1-4.
[22] MORGENROTH F, MULLEN K. Dendritic and hyperbranched polyphenylenes via a simple Diels-Alder route[J]. Tetrahedron, 1997, 53(45): 15349-15366.
[23] Mi Yongli, Tang Benzhong. Advancing Macromolecular Science and Developing Functional Polymeric Materials[J]. Polymer News, 2001, 26: 170-176.
[24] Xu Kaitian, Peng Han, Sun Qunhui, et al. Polycyclotrimerization of diynes: Synthesis and properties of hyperbranched polyphenylenes[J]. Macromolecules, 2002, 35(15):5821-5834.

[25] HAUSSLER M, LAM J W Y, Zheng Ronghua, et al. Hyperbranched polyarylenes[J]. Comptes Rendus Chimie, 2003, 6(8-10):833-842.

[26] CHEUK K K L, Li Bingshi, Tang Benzhong. Amphiphilic polymers comprising of conjugated polyacetylene backbone and naturally occurring pendants: Synthesis, chain helicity, self-assembling structure, and biological activity[J]. Current Trends in Polymer Science 2002, 7: 41-56.

[27] Chen Junwu, LAW C C W, LAM J W Y, et al. Synthesis, light emission, nanoaggregation, and restricted intramolecular rotation of 1,1-substituted 2,3,4,5-tetraphenylsiloles[J]. Chemistry of Materials, 2003, 15(7): 1535-1546.

[28] Chen Junwu, Xie Zhiliang, LAM J W Y, et al. Silole-containing polyacetylenes: Synthesis, thermal stability, light emission, nanodimensional aggregation, and restricted intramolecular rotation[J]. Macromolecules, 2003, 36(4): 1108-1117.

[29] Xie Zhiliang, LAM J W Y, Dong Yuping, et al. Blue luminescence of poly[1-phenyl-5-(alpha-naphthoxy)pentyne][J]. Optical Materials, 2003, 21(1-3): 231-234.

[30] LAM J W Y, Luo Jingdong, Dong Yuping, et al. Functional polyacetylenes: Synthesis, thermal stability, liquid crystallinity, and light emission of polypropiolates[J]. Macromolecules, 2002, 35(22): 8288-8299.

[31] LAM J W Y, Kong Xiangxing, Dong Yuping, et al. Synthesis and properties of liquid crystalline polyacetylenes with different spacer lengths and bridge orientations[J]. Macromolecules, 2000, 33(14): 5027-5040.

[32] ISHIDA Y, JIKEI M, KAKIMOTO, M. Synthesis of hyperbranched aromatic polyesters prepared by the palladium catalyzed CO insertion reaction[J]. Kobunshi Ronbunshu, 1997, 54(12): 891-895.

[33] 王素娟,赵宝辉,焦会云,等. 超支化聚酯的合成及表征[J]. 河北大学学报,自然科学版,2004,24(1):51-54.

[34] HAHN S W, YUN Y K, JIN J I, et al. Thermotropic hyperbranched polyesters prepared from 2-[(10-(4-hydroxyphenoxy)decyl)oxy]terephthalic acid and 2-[(10-((4′-hydroxy-1,1′-biphenyl-4-yl)oxy)decyl)oxy]terephthalic acid[J]. Macromolecules, 1998, 31(19): 6417-6425.

[35] 汤为,侯健,颜德岳. 由4′,4″-二羟基-2-甲酸-三苯基甲烷及其衍生物制备高碳超支化芳香聚酯[J]. 化学学报,2003,61(8):1299-1304.

[36] DAVIS N, RANNARD S. Synthesis of hyperbranched polymers using highly selective chemical reactions[J]. Polymeric Materials Science and Engineering, 1997,77: 158-159.

[37] Liu Mingjun, VLADIMIROV N, FRECHET J M J. A new approach to hyperbranched polymers by ring-opening polymerization of an AB monomer: 4-(2-hydroxyethyl)-epsilon-caprolactone[J]. Macromolecules, 1999, 32(20):

6881-6884.

[38] TROLLSAS M, LOWENHIELM P, LEE V Y, et al. New approach to hyperbranched polyesters: Self-condensing cyclic eater polymerization of bis(hydroxymethyl)-substituted epsilon-caprolactone [J]. Macromolecules, 1999, 32(26): 9062-9066.

[39] SRINIVASAN S, TWIEG R, HEDRICK J L, et al. Heterocycle-activated aromatic nucleophilic substitution of AB2 poly(aryl ether phenylquinoxaline) monomers [J]. Macromolecules, 1996, 29(26): 8543-8545.

[40] MUELLER A, KOWALEWSKI T, WOOLEY K L. Synthesis, characterization, and derivatization of hyperbranched polyfluorinated polymers [J]. Macromolecules, 1998, 31(3): 776-786.

[41] CHANG H T, FRECHET J M J. Proton-transfer polymerization: A new approach to hyperbranched polymers [J]. Journal of the American Chemical Society, 1999, 121(10): 2313-2314.

[42] SUNDER A, HANSELMANN R, FREY H, et al. Controlled synthesis of hyperbranched polyglycerols by ring-opening multibranching polymerization [J]. Macromolecules, 1999, 32(13): 4240-4246.

[43] SUNDER A, MULHAUPT R, FREY H. Hyperbranched polyether-polyols based on polyglycerol: Polarity design by block copolymerization with propylene oxide [J]. Macromolecules, 2000, 33(2): 309-314.

[44] Zhang Yadong, Wang Liming, WADA T, et al. Synthesis and characterization of novel hyperbranched polymer with dipole carbazole moieties for multifunctional materials [J]. Journal of Polymer Science Part A-Polymer Chemistry, 1996, 34(7): 1359-1363.

[45] MAGNUSSON H, MALMSTROM E, HULT A. Synthesis of hyperbranched aliphatic polyethers via cationic ring-opening polymerization of 3-ethyl-3-(hydroxymethyl)oxetane [J]. Macromolecular Rapid Communictions, 1999, 20(8): 453-457.

[46] 吴宇平,戴晓兵,马军旗,等. 锂离子电池——应用与实践[M]. 北京:化学工业出版社,2004.

[47] SIT K, LI P K C, IP C W, et al. Studies of the energy and power of current commercial prismatic and cylindrical Li-ion cells [J]. Journal of Power Sources, 2004, 125(1): 124-134.

[48] BROUSSELY M, ARCHDALE G. Li-ion batteries and portable power source prospects for the next 5-10 years [J]. Journal of Power Sources, 2004, 136(2): 386-394.

[49] KIM J, KIM B, JUNG B. Proton conductivities and methanol permeabilities of membranes made from partially sulfonated polystyrene-block-poly(ethylene-ran-butylene)-block-polystyrene copolymers [J]. Journal of Membrane Science, 2002,

207(1): 129-137.

[50] MAURITZ K A, MOORE R B. State of understanding of Nafion [J]. Chemical Reviews, 2004, 104(10): 4535-4585.

[51] ROY A, HICKNER M A, YU X, et al. Influence of chemical composition and sequence length on the transport properties of proton exchange membranes [J]. Journal of Polymer Science Part B-Polymer Physics, 2006, 44(16): 2226-2239.

[52] Guan Rong, Gong Chunli, Lu Deping, et al. Development and characterization of homogeneous membranes prepared from sulfonated poly(phenylene oxide) [J]. Journal of Applied Polymer Science, 2005, 98(3): 1244-1250.

[53] Li Cuihua, Liu Jianhong, Guan Rong, et al. Effect of heating and stretching membrane on ionic conductivity of sulfonated poly(phenylene oxide) [J]. Journal of Membrane Science, 2007, 287(2): 180-186.

[54] MIYATAKE K, SHOUJI E, YAMAMOTO K, et al. Synthesis and proton conductivity of highly sulfonated poly(thiophenylene) [J]. Macromolecules, 1997, 30(10): 2941-2946.

[55] FUJIMOTO C H, HICKNER M A, CORNELIUS C J, et al. Ionomeric poly(phenylene) prepared by diels-alder polymerization: Synthesis and physical properties of a novel polyelectrolyte [J]. Macromolecules, 2005, 38(12): 5010-5016.

[56] AOKI M, CHIKASHIGE Y, MIYATAKE K, et al. Durability of novel sulfonated poly(arylene ether) membrane in PEFC operation [J]. Electrochemistry Communications, 2006, 8(9): 1412-1416.

[57] Shang Xueya, Shu Dong, Wang Shuanjin, et al. Fluorene-containing sulfonated poly(arylene ether 1,3,4-oxadiazole) as proton-exchange membrane for PEM fuel cell application [J]. Journal of Membrane Science, 2007, 291(1-2): 140-147.

[58] TIAN Shuang, Shu Dong, Wang Shuanjin, et al. Poly(arylene ether)s with sulfonic acid groups on the backbone and pendant for proton exchange membranes used in PEMFC applications [J]. Fuel Cells, 2007, 7(3): 232-237.

[59] Zhong Shuangling, Cui Xuejun, Cai Hongli, et al. Crosslinked sulfonated poly(ether ether ketone) proton exchange membranes for direct methanol fuel cell applications [J]. Journal of Power Sources, 2007, 164(1): 65-72.

[60] Xing Peixiang, ROBERTSON G P, GUIVER M D, et al. Sulfonated poly(aryl ether ketone)s containing the hexafluoroisopropylidene diphenyl moiety prepared by direct copolymerization, as proton exchange membranes for fuel cell application [J]. Macromolecules, 2004, 37(21): 7960-7967.

[61] Liu Baijun, ROBERTSON G P, GUIVER M D, et al. Sulfonated poly(aryl ether ether ketone ketone)s containing fluorinated moieties as proton exchange membrane materials [J]. Journal of Polymer Science Part B-Polymer Physics, 2006, 44(16):

2299-2310.

[62] Ge Xiangcai, Xu Yan, Xiao Min, et al. Synthesis and characterization of poly(arylene ether)s containing triphenylmethane moieties for proton exchange membrane [J]. European Polymer Journal, 2006, 42(5): 1206-1214.

[63] NORSTEN T B, GUIVER M D, MURPHY J, et al. Highly fluorinated comb-shaped copolymers as proton exchange membranes (PEMs): Improving PEM properties through rational design [J]. Advanced Functional Materials, 2006, 16(14): 1814-1822.

[64] Yang Yunsong, Shi Zhiqing, HOLDCROFT S. Synthesis of sulfonated polysulfone-block-PVDF copolymers: Enhancement of proton conductivity in low ion exchange capacity membranes [J]. Macromolecules, 2004, 37(5): 1678-1681.

[65] Wu Shuqing, Qiu Zhiming, Zhang Suobo, et al. The direct synthesis of wholly aromatic poly(p-phenylene)s bearing sulfobenzoyl side groups as proton exchange membranes [J]. Polymer, 2006, 47(20): 6993-7000.

[66] JOUANNEAU J, MERCIER R, GONON L, et al. Synthesis of sulfonated polybenzimidazoles from functionalized monomers: Preparation of ionic conducting membranes [J]. Macromolecules, 2007, 40(4): 983-990.

[67] KIM D S, SHIN K H, PARK H B, et al. Synthesis and characterization of sulfonated poly(arylene ether sulfone) copolymers containing carboxyl groups for direct methanol fuel cells [J]. Journal of Membrane Science, 2006, 278(1-2): 428-436.

[68] SCHUSTER M, KREUER K D, ANDERSEN H T, et al. Sulfonated poly(phenylene sulfone) polymers as hydrolytically and thermooxidatively stable proton conducting ionomers [J]. Macromolecules, 2007, 40(3): 598-607.

[69] RODGERS M, YANG Y S, HOLDCROFT S. A study of linear versus angled rigid rod polymers for proton conducting membranes using sulfonated polyimides [J]. European Polymer Journal, 2006, 42(5): 1075-1085.

[70] ASANO N, AOKI M, SUZUKI S, et al. Aliphatic/aromatic polyimide Ionomers as a proton conductive membrane for fuel cell applications [J]. Journal of the American Chemical Society, 2006, 128(5): 1762-1769.

[71] ESSAFI W, GEBEL G, MERCIER R. Sulfonated polyimide ionomers: A structural study [J]. Macromolecules, 2004, 37(4):1431-1440.

[72] Guo Xiaoxia, Fang Jianhua, WATARI T, et al. Synthesis and proton conductivity of polyimides from 9,9-bis(4-aminophenyl)fluorene-2,7-disulfonic acid [J]. Macromolecules, 2002, 35(17): 6707-6713.

[73] Ye Xinhuai, Bai He, HO W S W. Synthesis and characterization of new sulfonated polyimides as proton-exchange membranes for fuel cells [J]. Journal of Membrane Science, 2006, 279 (1-2): 570-577.

[74] Qiu Zhiming, Wu Shuqing, Li Zhiying, et al. Sulfonated

poly(arylene-co-naphthalimide)s synthesized by copolymerization of primarily sulfonated monomer and fluorinated naphthalimide dichlorides as novel polymers for proton exchange membranes [J]. Macromolecules, 2006, 39(19):6425-6432.

[75] Yin Yan, YAMADA O, HAYASHI S, et al. Chemically modified proton-conducting membranes based on sulfonated polyimides: Improved water stability and fuel-cell performance [J]. Journal of Polymer Science Part A-Polymer Chemistry, 2006, 44(12): 3751-3762.

[76] LEE C H, PARK H B, CHUNG Y S, et al. Water sorption, proton conduction, and methanol permeation properties of sulfonated polyimide membranes cross-linked with N,N-bis(2-hydroxyethyl)-2-aminoethanesulfonic acid (BES) [J]. Macromolecules, 2006, 39(2): 755-764.

[77] JANG W, SUNDAR S, CHOI S, et al. Acid-base polyimide blends for the application as electrolyte membranes for fuel cells [J]. Journal of Membrane Science, 2006, 280(1-2): 321-329.

[78] Hu Zhaoxia, Yin Yan, Chen Shouwen, et al. Synthesis and properties of novel sulfonated (co)polyimides bearing sulfonated aromatic pendant groups for PEFC applications [J]. Journal of Polymer Science Part A-Polymer Chemistry, 2006, 44(9): 2862-2872.

[79] Wang Liang, Yi Baolian, Zhang Huamin, et al. Novel multilayer Nafion/SPI/Nafion composite membrane for PEMFCs [J]. Journal of Power Sources, 2007, 164(1): 80-85.

[80] Chen Jinhua, ASANO M, MAEKAWA Y, et al. Suitability of some fluoropolymers used as base films for preparation of polymer electrolyte fuel cell membranes [J]. Journal of Membrane Science, 2006, 277(1-2): 249-257.

[81] NI Hongbo, LI Zhenghuan, DOU Hongyan, et al. Synthesis and characterization of fluorinated ionomer p-perfluoro-[1-(2-sulfonic)ethoxy]ethylated polyacrylonitrile-styrene [J]. Journal of Fluorine Chemistry, 2006, 127(8): 1036-1041.

[82] RUBATAT L, SHI Z Q, DIAT O, et al. Structural study of proton-conducting fluorous block copolymer membranes [J]. Macromolecules, 2006, 39(2):720-730.

[83] DEIMEDE V A, KALLITSIS J K. Synthesis of poly(arylene ether) copolymers containing pendant PEO groups and evaluation of their blends as proton conductive membranes [J]. Macromolecules, 2005, 38(23): 9594-9601.

[84] Fu Yongzhu, MANTHIRAM A, GUIVER M D. Blend membranes based on sulfonated poly(ether ether ketone) and polysulfone bearing benzimidazole side groups for proton exchange membrane fuel cells [J]. Electrochemistry Communications, 2006, 8(8): 1386-1390.

[85] CAROLLO A, QUARTARONE E, TOMASI C, et al. Developments of new proton

conducting membranes based on different polybenzimidazole structures for fuel cells applications [J]. Journal of Power Sources, 2006, 160(1): 175-180.

[86] LIN H L, YU T L, Chang Weikai, et al. Preparation of a low proton resistance PBI/PTFE composite membrane [J]. Journal of Power Sources, 2007, 164(2): 481-487.

[87] MITOVI S, VOGEL B, RODUNER E, et al. Preparation and characterization of stable ionomers and ionomer membranes for fuel cells [J]. Fuel Cells, 2006, 6(6): 413-424.

[88] SEKHON S S, KRISHNAN P, SINGH B, et al. Proton conducting membrane containing room temperature ionic liquid [J]. Electrochimica Acta, 2006, 52(4): 1639-1644.

[89] TIGELAAR D A, WALDECKER J R, PEPLOWSKI K M, et al. Study of the incorporation of protic ionic liquids into hydrophilic and hydrophobic rigid-rod elastomeric polymers [J]. Polymer, 2006, 47(12): 4269-4275.

[90] YAMADA M, HONMA I. Heteropolyacid-encapsulated self-assembled materials for anhydrous proton-conducting electrolytes [J]. Journal of physical chemistry B, 2006, 110(41): 20486-20490.

[91] Zhang Hongwei, Zhu Baoku, Xu Youyi. Composite membranes of sulfonated poly(phthalazinone ether ketone) doped with 12-phosphotungstic acid ($H_3PW_{12}O_{40}$) for proton exchange membranes [J]. Solid State Ionics, 2006, 177(13-14): 1123-1128.

[92] Li Xianfeng, Xu Dan, Zhang Gang, et al. Influence of casting conditions on the properties of sulfonated poly(ether ether ketone ketone)/phosphotungstic acid composite proton exchange membranes [J]. Journal of Applied Polymer Science, 2007, 103(6): 4020-4026.

[93] VONA M L, D'EPIFANIO A, MARANI D, et al. SPEEK/PPSU-based organic-inorganic membrane: proton conducting electrolytes in anhydrous and wet environments [J]. Journal of Membrane Science, 2006, 279(1-2): 186-191.

[94] SHAHI V K. Highly charged proton-exchange membrane: Sulfonated poly(ether sulfone)-silica polyelectrolyte composite membranes for fuel cells [J]. Solid State Ionics, 2007, 177(39-40): 3395-3404.

[95] Lu Wei, Lu Deping, Liu Jianhong, et al. Preparation and characterization of sulfonated poly(phenylene oxide) proton exchange composite membrane doped with phosphosilicate gels [J]. Polymers for Advanced Technologies, 2007, 18(3): 200-206.

[96] Li Lei, Wang Yuxin. Quaternized polyethersulfone Cardo anion exchange membranes for direct methanol alkaline fuel cells [J]. Journal of Membrane Science, 2005, 262(1-2): 1-4.

[97] Fang Jun, Shen Peikang. Quaternized poly(phthalazinon ether sulfone ketone) membrane for anion exchange membrane fuel cells [J]. Journal of Membrane Science, 2006, 285(1-2):317-322.

[98] Zhang Hongwei, Liu Xiaofen, Ma Xiaoting, et al. Quaternized poly (phthalazinone ether ketone) membranes for alkaline fuel cells [J]. Journal of Functional Materials, 2007, 38(3): 412-414.

[99] Huang Aibin, Xia Chaoyang, Xiao Chaobo, et al. Composite anion exchange membrane for alkaline direct methanol fuel cell: Structural and electrochemical characterization [J]. Journal of Applied Polymer Science 2006, 100(3): 2248-2251.

[100] STOICA D, OGIER L, AKROUR L, et al. Anionic membrane based on polyepichlorhydrin matrix for alkaline fuel cell: Synthesis, physical and electrochemical properties [J]. Electrochimica Acta, 2007, 53(4):1596-1603.